"十三五"国家重点图书出版规划项目

中国工程院重大咨询项目

三峡工程建设
第三方独立评估

航运评估报告

中国工程院三峡工程建设第三方独立评估航运评估课题组　编著

· 北京 ·

内 容 提 要

“三峡工程建设第三方独立评估”是国务院三峡工程建设委员会委托中国工程院开展的重大咨询项目。本书作为该项评估工作的航运评估报告，包括一个总报告和七个专题报告，系统分析总结了三峡工程船闸运行情况，阐述了三峡工程建成后上下游通航条件的变化和航运发展情况，分析了长江航运发展趋势，科学评价了三峡工程的建设对航运发展的促进作用，并提出了对下一步工作的建议。

本书对大型水利和内河航运项目建设以及相关部门决策具有重要参考价值，也可供有关科研人员和高等院校相关专业师生参考使用。

图书在版编目（CIP）数据

三峡工程建设第三方独立评估航运评估报告 / 中国工程院三峡工程建设第三方独立评估航运评估课题组编著. -- 北京 : 中国水利水电出版社, 2024.6
中国工程院重大咨询项目
ISBN 978-7-5226-1330-7

Ⅰ. ①三… Ⅱ. ①中… Ⅲ. ①三峡水利工程－航运－评估－研究报告 Ⅳ. ①TV632

中国国家版本馆CIP数据核字(2024)第059148号

书　　名	**中国工程院重大咨询项目：三峡工程建设第三方独立评估航运评估报告** ZHONGGUO GONGCHENGYUAN ZHONGDA ZIXUN XIANGMU: SAN XIA GONGCHENG JIANSHE DI - SAN FANG DULI PINGGU HANGYUN PINGGU BAOGAO
作　　者	中国工程院三峡工程建设第三方独立评估航运评估课题组　编著
出版发行	中国水利水电出版社 （北京市海淀区玉渊潭南路1号D座　100038） 网址：www.waterpub.com.cn E-mail：sales@mwr.gov.cn 电话：（010）68545888（营销中心）
经　　售	北京科水图书销售有限公司 电话：（010）68545874、63202643 全国各地新华书店和相关出版物销售网点
排　　版	中国水利水电出版社微机排版中心
印　　刷	北京印匠彩色印刷有限公司
规　　格	184mm×260mm　16开本　21.75印张　414千字
版　　次	2024年6月第1版　2024年6月第1次印刷
定　　价	**220.00**元

凡购买我社图书，如有缺页、倒页、脱页的，本社营销中心负责调换

《中国工程院重大咨询项目　三峡工程建设第三方独立评估　航运评估报告》课题组成员名单

专　家　组

组　长：梁应辰　（交通运输部技术顾问，中国工程院院士）
副组长：王光纶　（清华大学，教授）
　　　　吴　澎　（中交水运规划设计院有限公司，全国工程勘察设计大师，正高级工程师）
成　员：蒋　千　（交通运输部原总工程师，教授级高级工程师）
　　　　宋维邦　（长江水利委员会长江勘测规划设计研究院，教授级高级工程师）
　　　　何升平　（重庆市交通运输委员会，原副主任，重庆市政府参事，高级工程师）
　　　　姚育胜　（交通运输部长江航务管理局，原副总工程师，高级工程师）
　　　　覃祥孝　（长江三峡通航管理局，教授级高级工程师）
　　　　龚国祥　（湖北省交通规划设计院，副总工程师，教授级高级工程师）
　　　　程国强　（国务院发展研究中心学术委员会秘书长、国际局局长，研究员）

工　作　组

组　长：曹凤帅　（中交水运规划设计院有限公司，正高级工程师）
　　　　刘　樱　（中交水运规划设计院有限公司，高级工程师）
成　员：商剑平　（中交水运规划设计院有限公司，正高级工程师）

汤建宏　（中交水运规划设计院有限公司，正高级工程师）
刘晓玲　（中交水运规划设计院有限公司，高级工程师）
王效远　（中交水运规划设计院有限公司，高级工程师）
檀会春　（中交水运规划设计院有限公司，高级工程师）
田　琦　（中交水运规划设计院有限公司，高级工程师）
闫蜜果　（中国长江三峡工程开发总公司，高级工程师）
刘盈斐　（中国水利水电科学研究院，正高级工程师）
葛长华　（清华大学，副教授）
诸慎友　（清华大学，副教授）

前言

为做好三峡工程整体竣工验收工作，根据第十一届全国人民代表大会财政经济委员会的意见，国务院向全国人民代表大会或全国人民代表大会常务委员会报告三峡工程整体竣工验收结论时，需同时提供三峡工程整体竣工验收报告、竣工决算审计报告和第三方独立评估报告。据此，2013 年 12 月，国务院三峡工程建设委员会正式委托中国工程院组织开展三峡工程建设第三方独立评估。本次评估的主要目标是："针对三峡工程论证及可行性研究中的重大问题和结论，对照三峡工程实施及建成后运行的现实情况，进行科学分析和客观评价，并按照科学发展观的要求，结合全球气候变化、我国经济发展新形势，提出对今后工作的相应对策和建议。"

本次评估要求对三峡工程实施及运行成果从水文与调度、泥沙、地质灾害、地震、生态影响、环境影响、枢纽建筑、航运、电力系统、机电设备、移民以及社会经济效益影响等 12 个方面进行全面评估。其中，对航运方面评估的要求是："重点分析川江航运发展的实际情况和三峡工程所起到的作用，预测今后发展趋势和三峡过坝设施能满足的程度并提出建议。"

为完成上述评估内容，中国工程院组织成立了以梁应辰院士为组长的航运评估课题组。2014 年 5 月 16 日，航运评估课题组参加了中国工程院召开的三峡工程建设第三方独立评估项目的启动会。5 月 19 日，航运评估课题组召开了课题的启动会，确定了课题评估的实施方案和工作进度。针对三峡工程涉及航运的各个方面，课题组通过收集资料、现场调研、总结分析、交流研讨，分别完成了"三峡船闸运行情况和评估""三峡工程运行和长江航运发展的十年实践和评估""长江上游航运发展评估""三峡工程对下游湖北段航运发展的影响和评估”“三峡通航需求分析与中长期预测”“三峡船闸货运量和通过能力分析”和“三峡水利枢纽货运过坝新通道研究”七项专题研究。相关研究报告中叙述了三峡船闸的建设过程，重点分析了三峡船闸的设备设施运行和通航情况，总结了为提高三峡船闸通航效率采取的措施，提出了三峡船闸运行中存在的主要问题和发展建议；对比了三峡工程运行前后长江上中游航运的发展情况，详细分析了三峡工程的航运效益，总结了三峡工程涉及航运方面的主要工作经验，提出了三峡工程涉及长江航运发展的主要问题和对今后工作的建议；在总结三峡通航的总体特征的基础上，分析了三峡通航需求的影响因素和发展趋势，研判了长江上游经济社会发展面临的宏观形势，提出了三峡枢纽过坝总量和分类货物过坝运量预测，根据对三峡过闸船舶标准化的发展预测，采用计算机仿真模拟技术分析了三峡船闸的合理通过能力；为满足货运量发展需求，对三峡工程货运过坝新通道船闸建设可行性进行了初步分析论证。2015 年 5 月，课题组在总结上述专题研究成果的基础上，结合《三峡工程阶段性评估报告》《三峡工程试验性蓄水阶段性评估报告》的有关内容，汇总形成了《航运评估课题总报告》。根据项目组的统一要求，本次评估报告中的有关统计数据除特别注明外，均截至 2013 年 12 月底。

本着科学认真、实事求是的工作精神，本次航运评估在总结分析三峡船闸运行、上中游航道演变和长江航运发展等情况的基础上，认真总结了相关工程建设和运行管理中的经验，提出了今后应重点关注的问题和工作建议。

三峡工程是治理长江和开发利用长江水资源的关键性骨干工程，改善长江航运是三峡工程综合利用的主要目标之一。三峡船闸为双线连续五级船闸，是三峡工程的主要通航建筑物，也是目前世界上规模最大、技术最复杂的内河船闸。与目前世界上已建的船闸相比，三峡船闸的规模、总设计水头、上下游需适应的水位变幅等远较同类工程大，坝址复杂的水沙条件和地形，使船闸在总体设计、输水技术及结构设计等方面的技术难度，均超过了世界已建船闸。三峡船闸设计和建设取得了多项重大技术创新，包括复杂工程条件下的船闸总体设计技术、高水头梯级船闸输水技术、高边坡稳定及变形控制技术、全衬砌式船闸结构技术、超大型人字门及其启闭设备技术、船闸运行监控技术、船闸原型调试技术以及运行后的提高通过能力创新技术等。三峡船闸是我国在船闸设计和建设方面取得的一项突出成就，也是对世界船闸工程建设技术进步的重大贡献。

三峡船闸自 2003 年 6 月 18 日投入试运行以来，在 135m 水位施工期通航、156m 水位初期运行、175m 水位试验性蓄水期等运行阶段，经历了包括单向运行、换向运行等各种运行工况的检验。在各运行阶段，通过调整和完善运行工艺，优化运行参数，设备设施持续保持了安全、高效、稳定运行，各项运行指标已达到或超过设计参数。三峡船闸通航以来，为适应逐年攀升的船舶过坝需求，相关部门在政策、建设、科研、管理等方面全方位采取措施，挖掘船闸通过能力的潜力，提高通航效率，并取得了显著成效。通过政策引导、配套设施建设、科技创新和管理创新，充分发挥了综合管理优势，强化了通航组织和安全监管，确保了坝区航运安全畅通，日均运行闸次明显提高，过闸船舶载重吨位大幅增长，船闸通航率持续保持较高水平。2021 年三峡枢纽通过量超过 1.5 亿 t，再创历史新高，其中三峡船闸通过量为 1.46 亿 t。

三峡工程的建设，显著改善了长江上游航运条件，提高和扩大了长江上游与中下游之间的通航能力和规模，长江干支直达、江海直达面貌明显改观，水路货运量大幅增长，运输船舶标准化、大型化、专业化发展加快，营运性能大幅提高，库区水上交通安全状况明显改善，取得了显著的航运效益。同时，长江内河航运降低了沿江地区的综合物流成本，加快了长江中上游综合交通体系结构调整，推动了产业向长江沿江地带集聚，拉动了地区经济持续健康快速发展，区域内国民经济和对外贸易增长速度均高于同期全国平均增长速度，经济社会效益巨大。

三峡工程的建设极大地促进了长江航运的发展，充分发挥了内河航运运量大、占地少、成本低、能耗小、污染少的优势，长江航运已成为长江经济带综合立体交通运输体系的重要组成部分，是打造高质量发展经济带的重要支撑，在区域经济社会发展中的战略作用更加凸显。

本书汇集了“三峡工程建设第三方独立评估　航运评估”课题的总报告和专题报告，是航运评估成果的集成，凝聚了参与航运评估工作各位院士和专家的智慧、心血和汗水。课题组希望借此书的出版，向关心和参与三峡工程建设与三峡通航运行管理的各界人士表示衷心的感谢！

中国工程院三峡工程建设第三方独立评估航运评估课题组

2022年1月

目录

前言

总　报　告

专　题　报　告

总报告

ZONG BAOGAO

三峡船闸是目前世界上规模最大、技术条件最复杂的内河船闸。三峡船闸自2003年6月18日投入试运行以来，在135m水位施工期通航、156m水位初期运行、175m水位试验性蓄水期等运行阶段，经历了包括单向运行、换向运行、四级不补水及补水运行、五级不补水及补水运行、船闸检修等各种运行工况的检验。三峡船闸运行十多年来，船闸设备设施持续保持了安全、高效、稳定的运行状态，各项运行指标已达到或超过设计参数。

三峡船闸通航以来，为适应逐年攀升的船舶过坝需求，相关部门在政策、建设、科研、管理等方面全方位采取措施，挖掘船闸通过能力，提高通航效率，并取得了显著成效。截至2013年年底，已累计运行9.46万闸次，通过船舶59.46万艘次，通过旅客1034万人次，过闸货运量6.44亿t，最大年货运量突破1亿t。其中，2011年船闸单向货运量（上水）达到5534万t，提前19年实现了三峡工程的航运规划目标，2011—2013年的三峡船闸单向过闸货运量均超过5000万t，2013年已突破6000万t（上水）。但随着过坝运量的增长，船舶过闸运输的供需矛盾也在逐步显现，船舶在锚地待闸时间总体呈延长趋势，船闸通航压力日益增加。

三峡工程蓄水后，实施了一系列航道整治工程，长江中上游航道维护尺度显著提高。库区多数险滩淹没，通航水流条件改善，助航设施全面升级，通航支流的通航里程得到延伸。在三峡水库175m水位试验性蓄水期，一年中有半年以上时间，重庆朝天门至三峡大坝河段具备行驶万吨级船队和5000吨级单船的航道尺度和通航水流条件。枯水期通过三峡水库的流量调节，葛洲坝下游最小流量有所提高，有效改善了中下游航道航行条件。总体上看三峡工程蓄水后，长江中上游航道总体改善的现实和发生碍航的河段与原论证结论基本一致，通过逐步建设航道整治与护岸等工程，总体河势保持了基本稳定且可控。

三峡工程蓄水后，水路货运量大幅增长，三峡过坝货运量和重庆市港口吞吐量增长迅速，运输船舶标准化、大型化、专业化发展加快，营运性能大幅提高，库区水上交通安全明显改善，取得了显著的航运效益。此外，三峡工程的建设降低了沿江地区的综合物流成本，加快了长江中上游综合交通体系结构的调整，吸引了产业加快向长江沿江地带集聚，拉动了沿江经济社会可持续发展，经济社会效益巨大。

三峡工程促进了长江航运的发展，在三峡库区和葛洲坝以下航道条件得到明显改善的情况下，水运需求必将持续增长。根据三峡过坝运量需求和三峡船闸通过能力预测，今后几年三峡船闸将难以满足航运发展的需求。因此，必须同时开展挖掘既有船闸潜力、建立综合立体交通走廊、加快三峡枢纽水运新通道和葛洲坝枢纽船闸扩能工程前期研究三方面工作，从而提高三峡枢纽、葛洲坝船闸和两坝间航道在内的航运系统的通过能力。此外，还应建立长江上游水库群调度协调机制，完善三峡枢纽运行高层协调机制，统筹考虑防洪、航运、发电等各方面的需求，实现水资源多目标开发和协调发展。

第一章

评估工作的背景与依据

1992年4月3日，第七届全国人民代表大会第五次会议审议通过了《关于兴建长江三峡工程的决议》。1994年12月14日，三峡工程正式开工建设。经过近14年的建设，三峡工程于2008年开始实施试验性蓄水，并于2010—2013年连续4年实现175m蓄水目标，开始全面发挥防洪、发电、航运等巨大综合效益。

为做好三峡工程整体竣工验收工作，根据第十一届全国人民代表大会财政经济委员会的意见，国务院向全国人民代表大会或全国人民代表大会常务委员会报告三峡工程整体竣工验收结论时，需同时提供三峡工程整体竣工验收报告、竣工决算审计报告和第三方独立评估报告。据此，国务院三峡工程建设委员会（以下简称“三峡建委”）正式委托中国工程院组织开展三峡工程建设第三方独立评估。

2013年12月，三峡建委委托中国工程院开展“三峡工程建设第三方独立评估”工作，要求在“三峡工程论证及可行性研究结论的阶段性评估”和“三峡工程试验性蓄水阶段评估”的基础上，组织开展对三峡工程建设的整体评估工作，全面总结三峡工程建设的成功经验，科学评价三峡工程的综合效益，准确分析三峡工程的相关影响，并提出有关建议。

本次评估要求对三峡工程实施及运行成果从水文与调度、泥沙、地质灾害、地震、生态影响、环境影响、枢纽建筑、航运、电力系统、机电设备、移民以及社会经济效益影响等12个方面进行全面评估。

对航运方面评估的要求是：“重点分析川江航运发展的实际情况和三峡工程所起到的作用，预测今后发展趋势和三峡过坝设施能满足的程度并提出建议。”

为完成上述评估内容，中国工程院组织成立了以梁应辰院士为组长的航运评估课题组。针对三峡工程涉及航运的各个方面，课题组通过收集资料、现场调研、总结分析、交流研讨，分别完成了“三峡船闸运行情况和评估”“三峡工程运行和长江航运发展的十年实践和评估”“长江上游航运发展评估”“三峡工程对下游湖北段航运发展的影响和评估”“三峡通航需求分析与中长期预测”“三峡船闸货运量和通过能力分析”和“三峡水利枢纽货运过坝新通道研究”七项专题研究。

“三峡船闸运行情况和评估”专题研究，叙述了三峡船闸的建设过程，重点分析了三峡船闸的设备设施运行和通航情况，总结了为提高三峡船闸通航效率采取的措施，提出了三峡船闸运行中存在的主要问题和发展建议。

“三峡工程运行和长江航运发展的十年实践和评估”专题研究，对比了三峡工程运行前后长江上中游航运的发展情况，详细分析了三峡工程的航运效益，总结了三峡工程涉及航运方面的主要工作经验，提出了三峡工程涉及长江航运发展的主要问题和对今后工作的建议。

“长江上游航运发展评估”专题研究，分析了三峡成库后长江上游地区航运发展的变化和特点，指出了存在的主要问题和矛盾，对长江上游航运发展情况进行了预测，提出了提升航运能力的具体建议。

“三峡工程对下游湖北段航运发展的影响和评估”专题研究，总结了三峡成库前后长江湖北段港口、航道和运输船舶的发展情况，分析了三峡工程对下游湖北段航道及港口的影响，提出了湖北段航运发展后续工程的建议。

“三峡通航需求分析与中长期预测”专题研究，总结了三峡通航的总体特征，分析了三峡通航需求的影响因素和发展趋势，提出了三峡枢纽过坝总量和分类货物过坝运量预测。

“三峡船闸货运量和通过能力分析”专题研究，简要分析了长江上游经济社会发展面临的宏观形势；综合不同阶段三峡枢纽运量预测情况，预测了不同水平年的三峡过坝运量，总结了长江运输船舶标准化发展历程；根据对三峡过闸船舶标准化的发展预测，采用计算机仿真模拟技术分析了三峡船闸的合理通过能力。

“三峡水利枢纽货运过坝新通道研究”专题研究，对三峡工程货运过坝新通道船闸建设可行性进行了初步分析论证。

课题组在总结上述专题研究成果的基础上，结合《三峡工程阶段性评估报告》《三峡工程试验性蓄水阶段性评估报告》的有关内容，汇总形成了《航运评估课题总报告》。

第 二 章

评估的具体内容与结论

一、三峡枢纽工程船闸建设情况概述

(一) 设计方案概述

1. 设计标准

《长江三峡水利枢纽初步设计报告》中提出三峡船闸的设计标准如下：

(1) 规模及设计水平年。三峡双线连续五级船闸可通过万吨级船队，设计最大单船为3000吨级。船闸有效尺度为280m×34m×5.0m（长×宽×最小水深），船闸设计水平年为2030年，设计年货运量（下水）为5000万t。

(2) 船闸及其建筑物等级。三峡工程属Ⅰ等工程，双线五级船闸级别为Ⅰ级；闸首、闸室和输水廊道系统为1级建筑物；进水箱涵、泄水箱涵、导航墙、靠船墩为2级建筑物；引航道隔流堤及其他附属建筑物为3级建筑物。

(3) 通航水位。船闸通航水位见表2.1-1。

表2.1-1 船闸通航水位 单位：m

通航水位		施工期	初期	正常运行期
上游	最高	135	156	175
	最低		135	145
下游	最高	71.8	73.8	
	最低	65.6	62	

注 三峡工程永久建筑物按下游最低水位62m设计，但船闸正常运行的下游最低水位应按63m控制。

(4) 通航流量（枢纽下泄流量）。最大通航流量为56700m³/s。56700m³/s流量下允许3000t船队单向通行，45000m³/s流量下允许万吨级船队迎向通行。

(5) 设计过坝船型船队。设计过坝船型船队见表2.1-2，代表船队的最大平面尺度为264.0m×32.4m，最大吃水深度为3.3m。

表2.1-2　　三峡水利枢纽设计过坝船型船队

序　号	船队组成（推船＋驳船）	船队尺度（长×宽×吃水深度）/（m×m×m）
1	1＋6×500t	126.0×32.4×2.2
2	1＋9×1000t	264.0×32.4×2.8
3	1＋9×1500t	248.5×32.4×3.0
4	1＋6×2000t	196.0×32.4×3.1
5	1＋4×3000t	196.0×32.4×3.3
6	1＋4×3000t（油）	219.0×31.2×3.3

2. 船闸设计

根据船闸运行水位和坝址地形特点，经不同级数、不同布置方案比较，最后选用了在工程量、投资、运行管理条件和与枢纽总布置的关系等方面具有明显优势的连续五级船闸的布置方式（图2.1-1）。

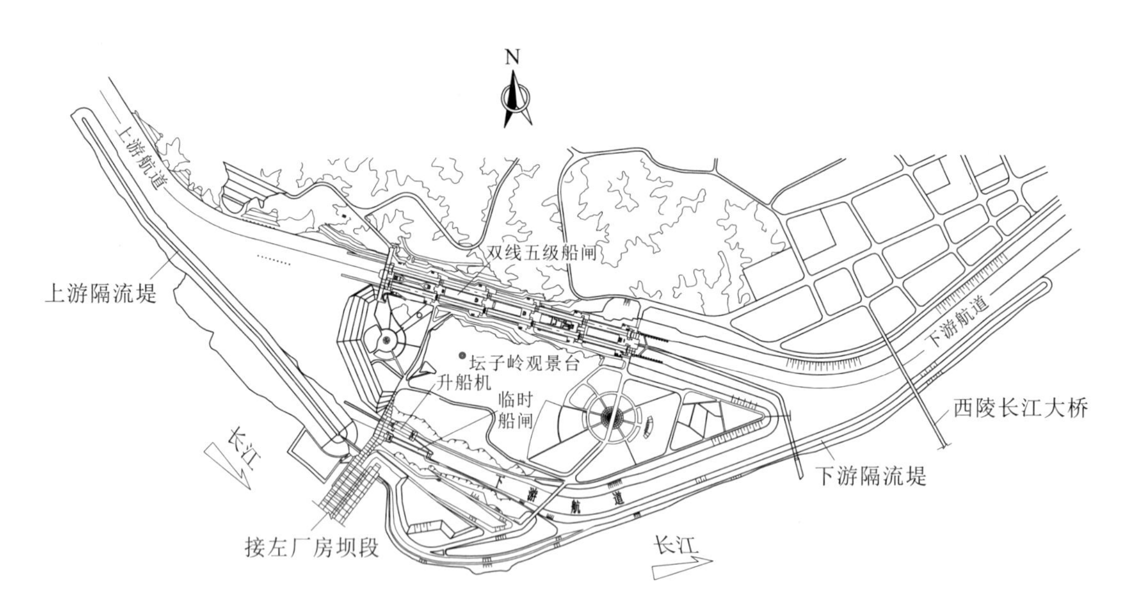

图2.1-1　三峡枢纽平面布置示意图

船闸线路布置在河床左岸，坝轴线的延长线由船闸的二闸首通过，大坝的防渗线经船闸右侧的185m平台一直延伸至上游，通过北线船闸一闸首两侧的挡水坝段与左岸山体相接。

船闸主体段的长度为1621m，上、下游引航道右侧布置有长度分别为2670m和3700m的隔流堤，引航道长度上游为2113m，下游为2708m，船闸线路总长6442m。

船闸引航道布置的标准为：闸前直线段长度 930m，弯曲半径不小于 1000m，底部宽度不小于 180m，最小水深上游为 6.0m，下游为 5.5m。

船闸的闸首和闸室全部采用分离式结构。船闸工作门为人字门，输水阀门为反向弧形门，均采用液压启闭机进行操作。

按照水库水位分期运行的要求，第一闸首在初期不参加运行，人字门按后期运行水位安装。第二闸首人字门先按适应二期施工期水位的要求安装，在水库转为后期运行前，对第一和第二闸首的底槛、闸门及其机电设备进行完建。

船闸输水系统级间的最大工作水头 45.2m。船闸按只补不溢方式划分水级，根据不同的水位组合，可分别采用五级或四级运行，在初期采用四级运行上游出现某些水位，或在后期采用五级运行上游出现某些水位时，第三级或第二级闸室需要补水，但船闸在任何时候不需要溢水。

三峡船闸中间级输水水头高度远大于世界已建高水头船闸，一次充、泄水的最大水量为 23.7 万 m^3，输水时间为 12min。为解决输水系统防空蚀、声振，闸室快速、平稳输水问题，并满足上、下游引航道通航水流条件，船闸输水系统在闸室两侧对称各布置一条输水隧洞式主廊道，采用增大阀门淹没水深、快速开启阀门、门后顶扩加底扩廊道体型、支臂和面板全包型式的反向弧形门、门楣自然通气等多项先进的防空蚀技术和措施，闸室底板内对称于闸室中心线布置输水廊道，采用 4 区段 8 条分支廊道立体分流等惯性分散出水、出水孔上带消能盖板的型式，上游分散进水，下游通过长廊道向长江主河道泄水等，保证了闸室输水的安全、快速、平稳，同时保证了下游引航道通航水流条件满足要求。

船队过闸间隔时间约 60min，年单向通过能力为 5152 万 t，船队过闸总历时约 2.35h。船闸的运行方式通常采用一线上行、一线下行。在其中一线船闸检修时，另一线船闸采用单向成批过闸定时换向的运行方式。

与目前世界上已建的船闸相比，三峡船闸的规模、总设计水头、上下游需适应的水位变幅等远较同类工程大，坝址复杂的水沙条件和地形，使船闸在总体设计、输水技术及结构设计等方面的技术难度，均超过了世界已建船闸。在三峡船闸的设计建设过程中，通过采用已有的先进技术，进行自主科技创新，解决了船闸总体设计、高水头梯级船闸输水、全衬砌式船闸结构、超大型人字门及其启闭机设备、船闸运行监控等一系列极具挑战性的关键技术难题，经过多年的运行实践检验，所采用的技术先进、合理、可靠，总体上达到了国际领先水平。

（二）施工过程

(1) 开挖工程。开挖工程于 1994 年 4 月 17 日开工，1999 年 9 月 30 日主体段开挖结束。主要施工内容包括山体排水洞、输水系统施工支洞、输水隧洞、阀门井、闸室航槽、边坡支护等开挖。

（2）混凝土浇筑工程。混凝土浇筑工程于 1998 年 9 月开工，2002 年 6 月 25 日完成主体混凝土浇筑。主要施工内容包括船闸输水隧洞、阀门井和船闸闸室、闸首及闸室输水系统等混凝土浇筑。

（3）金属结构和机电设备安装及调试工程。金属结构和机电设备安装于 2000 年 7 月 16 日开工，2002 年 6 月 1 日完成了船闸的闸门、阀门和启闭机械等主要设备的安装。2003 年 5 月底完成了船闸全部设备的无水、有水联合调试。

2003 年 6 月 11—15 日组织实施了蓄水 135m 后船闸通航实船试验，至此完成了船闸试通航前全部调试工作。

（4）完建施工。完建施工主要工程内容如下：

1）一闸首底槛混凝土高度由 131m 加高至 139m，并浇筑事故检修门和人字门底槛二期混凝土；二闸首底槛混凝土高度由 131m 加高至 139m，浇筑闸首边墙门龛底部、启闭机房和顶枢 AB 拉杆混凝土，浇筑底枢、底槛以及埋件二期混凝土。

2）一闸首底槛埋件安装；二闸首人字门抬高 8m 并重新安装，相应人字门启闭机抬高 8m 并重新安装；设备调试。

南线船闸于 2006 年 9 月 15 日至 2007 年 1 月 20 日完成了完建施工，北线船闸于 2007 年 1 月 20 日至 2007 年 5 月 1 日完成了完建施工。

（三）施工期通航

三峡工程建设分三期施工，总工期为 17 年。第一个施工期从 1993 年至 1997 年，以 1997 年 11 月 8 日三峡大江截流成功为标志；第二个施工期从 1998 年至 2003 年，以 2003 年三峡水库蓄水至 135m、永久船闸通航和第一批机组发电为标志；第三个施工期从 2004 年至 2009 年。

因为第一个施工期长江主航道保持通航，第三个施工期三峡双线五级船闸已投入运行，所以三峡工程施工期通航的关键时段为 1998—2003 年的第二个施工期，期间长江主航道被截断、双线五级船闸尚未建成。

三峡工程施工期通航问题十分复杂，解决的难度比较大。对于三峡工程二期施工期通航问题，参建各方都十分重视，在实施过程中对设计提出的施工期通航方案进行了细化和优化，研究了多种措施以提高导流明渠的最大通航流量。最终通过扩大右岸导流明渠及其进出口，使明渠的通航水流条件得以改善，再加上对明渠通航运行的有效管理，在确保通航安全的前提下，导流明渠的最大通航流量得到显著提高，增加了导流明渠的年通航天数。与导流明渠通航相配合，在左岸修建了专用的临时通航船闸，保证在长江流量太大、部分船舶不能从明渠通航时，可以转由临时船闸通过坝址，从而大大提高了三峡工程施工期通航设施整体的通过能力。另外，在右岸建设一套驳运翻坝设施，解决水库蓄水期有 67d 短期断航的过坝运输问题，以维持坝址上、下游的客货运输不断。施工期导流明渠通航情况、临时船闸运行情况、翻坝转运情况见表 2.1－3～表 2.1－5。

表 2.1－3　1998—2002 年导流明渠通航情况统计表

年　份	日历天数/d	通航天数/d	停航天数/d	通过船舶数量/艘次	货运量/万 t	客运量/万人次
1998	365	323	42	151233	1103.5	293.3
1999	365	355	10	131836	1068.8	291.2
2000	366	358	8	132018	1181.0	272.4
2001	365	365	0	143646	1501.2	270.9
2002	304	300	4	126846	1430.3	260.6

注　2002 年导流明渠通航至 10 月 31 日明渠截流前为止。

表 2.1－4　1998—2003 年临时船闸运行情况统计表

年　份	1998	1999	2000	2001	2002	2003
船闸运行闸次数/闸次	554	807	1137	996	1948	2004
通过船舶数量/艘次	3411	6765	6391	5924	12077	12954
货运量/万 t	33.4	88.1	121.8	122.9	412.5	449.6
客运量/万人次	14.8	25.9	7.6	4.7	6.2	6.9

注　临时船闸通航时间为 1998 年 5 月 1 日至 2003 年 4 月 9 日。

表 2.1－5　2002 年 11 月 1 日至 2003 年 5 月 20 日翻坝转运情况统计表

转运旅客/万人次	转运客车/辆次	转运载货汽车/辆次	集装箱/TEU	商品车/辆次	件杂货/万 t
120.3	39342	117180	9410	6820	1.2

注　2003 年 5 月 21 日至 6 月 16 日，因蓄水期水位变化大，过坝运输被迫短期停止。

三峡工程的施工期通航设施，为三峡工程按计划、高质量地完成施工任务，提供了有力的保障。三峡工程采用导流明渠，在解决施工导流问题的同时，成功解决了大量运输船舶在施工期通过坝址的问题。在三峡工程参建各方和航运、科研等相关单位的共同努力下，三峡工程成功解决了长达 17 年的整个施工期，尤其是第二期施工期间长江通过三峡坝址的客货运输问题。在断航期，只有在翻坝设施单独运行期间（从2003年5月21日至6月16日的27d内），因水库蓄水造成不利的水流条件，翻坝设施停止运行，给三峡工程施工期的过坝运输带来了一定的不利影响。三峡工程施工通航明渠实际的最大通航流量和年通航天数，大大超过了预期，临时船闸也较好地满足了施工期大流量时部分船舶过坝的要求，各种临时通航设施在整个施工通航期，实现了安全无事故运行。三峡工程的施工期通航方案，不但成功地解决了自身的通航问题，也为世界特大型水利枢纽工程解决施工期通航问题积累了丰富的经验。

二、三峡船闸运行情况及评估

（一）运行阶段

2003年6月15日三峡库区蓄水至135m，6月18日开始进入为期一年的试运行。2003年11月5日根据水库运行条件蓄水至139m。以后上游库区水位按汛期135m、枯水期139m控制运行。船闸按四级补水方式运行。在运行过程中，按验收专家组要求，在2003年12月10日7：00至12月23日14：00，南线船闸停航13d，2004年2月20日8：00至3月5日8：00，北线船闸停航14d，对两线船闸输水系统进行了排干检查，并将北四人字门门体顶升后对其底枢进行了检查。

2004年7月8日船闸通过国家验收，转入初期运行。由于采用四级补水运行方式，一闸室成为船舶进闸通道和输水通道。为缩短闸次间隔时间，提高通航效率，相关单位通力合作，于2004年9—10月，完成了一闸室的水力学原型试验与观测。12月14—25日，完成了实船试验，调整优化了输水阀门的运行参数，测试了一闸室水力特性、流速特性及船舶系缆力，形成了新的一闸室待闸调度工艺。2005年1月13日，该成果通过验收并投入运用。

2006年9月15日至2007年5月1日，船闸南北线分别停航128d和100d进行完建施工。完建期三峡水库在蓄水至156m后，上游运行水位控制在144～156m，下游水位一般保持在64m以上，船闸采用四级运行、单线单向过闸、定时换向的运行方式，换向周期一般为24h，根据船闸上下游待闸船舶量的情况进行微调。

2007年5月1日，船闸开始采用南线下行、北线上行的正常运行方式。

2008年9月28日，三峡水库开始172m试验性蓄水，蓄水分两阶段进行。第一阶段从9月28日至10月5日，三峡工程坝前水位由145m上升至156m，期间2008年10月3日三峡水库坝上水位达到153.88m，依据三峡船闸运行管理规程，三峡船闸首次采取五级补水方式运行；第二阶段从10月17日至11

月4日，水位由156m上升至172m，其间2008年10月31日，三峡水库上游水位到达165m左右，下游水位为65.8m左右，三峡船闸首次采取五级不补水方式运行。

2010年9月10日，三峡水库开始175m试验性蓄水，至10月6日三峡水库蓄水至175m。175m试验性蓄水完成后，库水位按汛期145m、枯水期175m控制；其间，船闸根据水位的不同，选择四级或者五级运行方式运行。

（二）通航情况

三峡船闸自2003年运行以来，截至2013年年底已经安全运行10.5年，累计运行9.46万闸次，通过船舶59.46万艘次，通过旅客1034万人次，过闸货运量6.44亿t。

1. 船闸通航

（1）船闸运行时间和闸次。三峡船闸通航运行情况见表2.2-1。

表2.2-1 三峡船闸通航运行情况表

项目		2003年	2004年	2005年	2006年	2007年	2008年	2009年	2010年	2011年	2012年	2013年
日历天数/d		197	366	365	365	365	366	365	365	365	366	365
日历时数/h		4713	8784	8760	8760	8760	8784	8760	8760	8760	8784	8760
设计运行时数/h		—	7370	7370	7370	7370	7370	7370	7370	7370	7370	7370
实际运行时数/h	北线	4644.31	8233.24	8675.03	8683.79	6220.48	8595.14	8483.92	8368.53	8661.37	8301.81	8132.88
	南线	4297.75	8649.60	8625.97	6249.38	7953.20	8606.56	8407.20	8408.08	8651.46	7824.59	8538.63
运行闸次数/闸次	上行	2269	4446	4218	4203	4142	4405	4109	4713	5191	4880	5350
	下行	2117	4273	4118	3847	3945	4256	3973	4694	5156	4833	5420
	合计	4386	8719	8336	8050	8087	8661	8082	9407	10347	9713	10770
日均运行闸次数/闸次	上行	11.73	12.96	11.67	11.62	15.98	12.30	11.62	13.52	14.38	14.11	15.79
	下行	11.82	11.86	11.46	14.77	11.90	11.87	11.34	13.40	14.30	14.82	15.23
	合计	23.55	24.82	23.13	26.39	27.88	24.17	22.96	26.92	28.68	28.93	31.02
闸室面积利用率/%	北线	67.72	74.65	71.35	72.51	70.01	69.51	71.60	75.56	76.30	72.24	70.83
	南线	73.65	77.68	73.59	73.22	75.52	71.36	74.44	76.73	77.57	73.22	71.84
	平均	70.69	76.17	72.47	72.87	72.77	70.44	73.02	76.15	76.94	72.73	71.34

注 1. 三峡船闸年设计通航335d，每天运行22h。
2. 闸室面积利用率=过闸船舶集泊面积/闸室集泊面积。
3. 日均运行闸次数=年闸次数/通航天数。
4. 2006年三峡南线船闸完建期施工停航128d，2007年三峡北线船闸完建期施工停航100d。

（2）过闸客货运量。三峡船闸历年过闸客货运量情况见表 2.2－2。表中数据表明：货运量逐年增长，到 2011 年已超过预测的 2030 年设计通过量（图 2.2－1）；货物流向变化明显，初期下行货运量远大于上行，逐步变化到近期上行货运量大于下行（图 2.2－1）；一次过闸船舶艘次数逐年降低（图 2.2－2），货船平均载重吨位逐年攀升（图 2.2－3），一次过闸平均吨位显著提高（图 2.2－4），表明船舶大型化的趋势明显。

表 2.2－2　　三峡船闸过闸客货运量情况表

项目		2003年*	2004年	2005年	2006年	2007年	2008年	2009年	2010年	2011年	2012年	2013年
货运量/万t	上行	448	1010	1037	1371	1696	2112	2921	3599	5534	5345	6029
	下行	929	2421	2255	2568	2990	3259	3168	4281	4499	3266	3678
	合计	1377	3431	3292	3939	4686	5371	6089	7880	10033	8611	9707
旅客量/万人次	上行	49.10	69.30	78.50	68.60	38.33	40.15	29.21	19.92	20.92	13.56	21.96
	下行	59.10	103.30	109.90	93.40	46.54	45.35	44.78	30.83	19.08	10.85	21.27
	合计	108.20	172.60	188.40	162.00	84.87	85.50	73.99	50.75	40.00	24.41	43.23
船闸运行闸次数/闸次	上行	2269	4446	4218	4203	4142	4405	4109	4713	5191	4880	5350
	下行	2117	4273	4118	3847	3945	4256	3973	4694	5156	4833	5420
	合计	4386	8719	8336	8050	8087	8661	8082	9407	10347	9713	10770
过闸船舶数量/艘次	上行	17255	37555	31968	27622	26553	27735	25953	29129	27947	22204	22726
	下行	17625	37501	31981	28761	26759	27616	25862	29173	27663	22059	22943
	合计	34880	75056	63949	56383	53312	55351	51815	58302	55610	44263	45669
过闸客船数量/艘次	上行	2893	5906	5653	4056	2855	2911	2949	2198	1658	979	1272
	下行	2815	5919	5751	4046	2876	2918	2942	2190	1673	969	1261
	合计	5708	11825	11404	8102	5731	5829	5891	4388	3331	1948	2533
一次过闸平均船舶数量/艘	上行	7.60	8.45	7.58	6.57	6.41	6.30	6.32	6.18	5.38	4.55	4.25
	下行	8.33	8.78	7.77	7.48	6.78	6.49	6.51	6.21	5.37	4.56	4.23
	综合	7.95	8.61	7.67	7.00	6.59	6.39	6.41	6.20	5.37	4.56	4.24
过闸船舶总定额吨/万t	上行	1482	3268	3427	3720	3868	4113	4084	5617	7444	7346	8050
	下行	1552	3365	3505	3569	3943	4112	4090	5659	7426	7324	8163
	合计	3034	6633	6932	7289	7811	8225	8174	11276	14870	14670	16213
过闸货船平均定额吨/t	上行	1032	1032	1302	1579	1632	1657	1775	2086	2831	3461	3752
	下行	1048	1065	1336	1444	1651	1665	1784	2097	2857	3473	3765
	综合	1040	1049	1319	1510	1642	1661	1780	2092	2844	3467	3759

续表

项目		2003年*	2004年	2005年	2006年	2007年	2008年	2009年	2010年	2011年	2012年	2013年
一次过闸平均吨位/t	上行	7845	8721	9870	10375	10464	10432	11213	12892	15244	15748	15940
	下行	8722	9350	10378	10798	11198	10802	11615	13034	15329	15850	15937
	综合	8269	9029	10121	10575	10822	10614	11411	12963	15286	15799	15938
装载系数	上行	0.30	0.31	0.30	0.37	0.44	0.51	0.72	0.64	0.74	0.73	0.75
	下行	0.60	0.72	0.64	0.72	0.76	0.79	0.77	0.76	0.61	0.45	0.45
	综合	0.45	0.52	0.47	0.54	0.60	0.65	0.74	0.70	0.67	0.59	0.60
不均衡系数	上行	1.16	1.11	1.20	1.19	1.17	1.14	1.23	1.24	1.21	1.34	1.19
	下行	1.20	1.12	1.17	1.23	1.21	1.36	1.30	1.21	1.15	1.25	1.17

* 2003年统计时间为6月18日至12月31日。

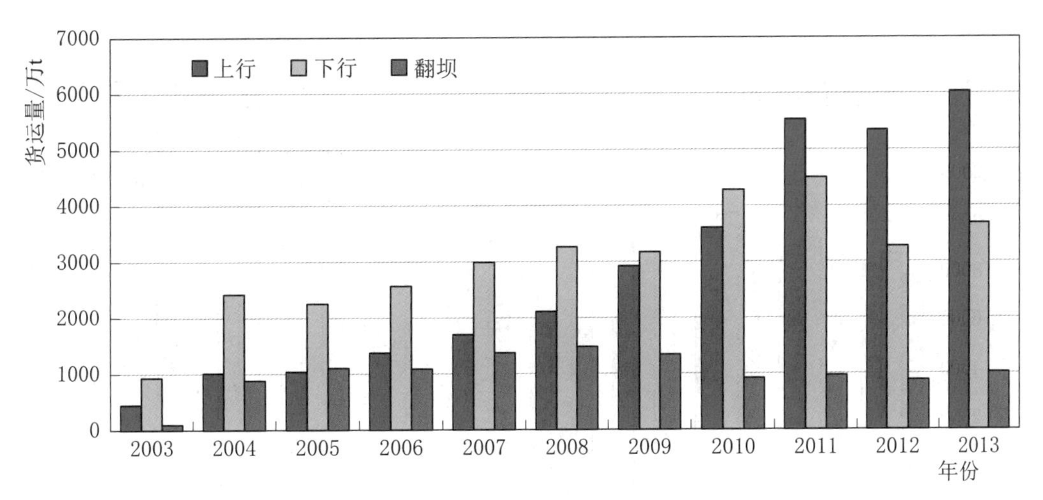

注 2003年统计时间为6月18日至12月31日。

图2.2-1 三峡船闸过闸及翻坝货运量

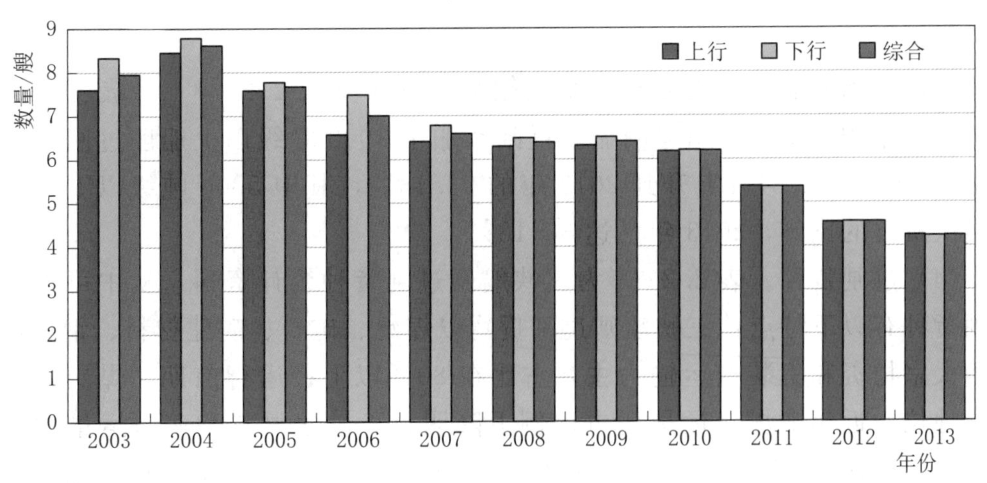

注 2003年统计时间为6月18日至12月31日。

图2.2-2 三峡船闸一次过闸船舶艘次数

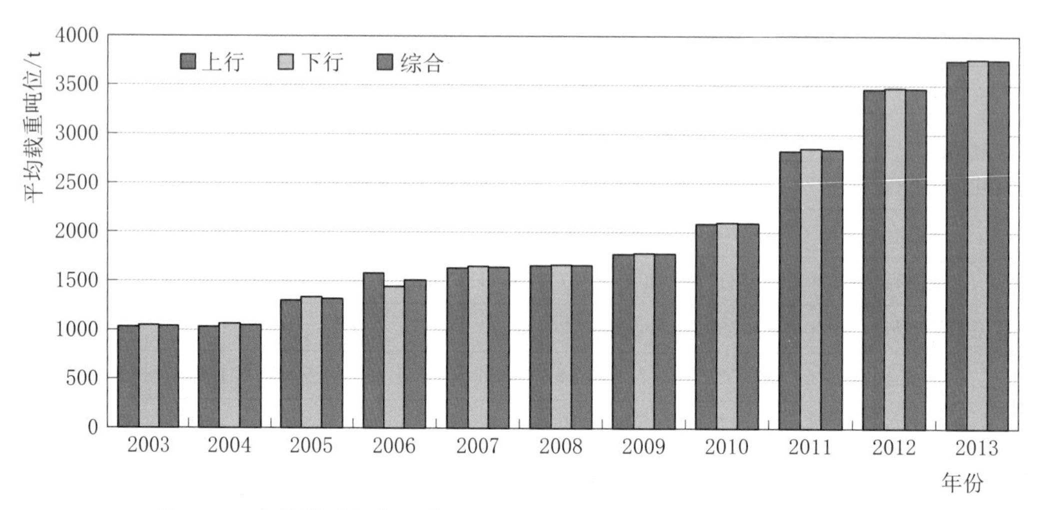

注 2003 年统计时间为 6 月 18 日至 12 月 31 日。

图 2.2-3 三峡船闸过闸货船平均载重吨位

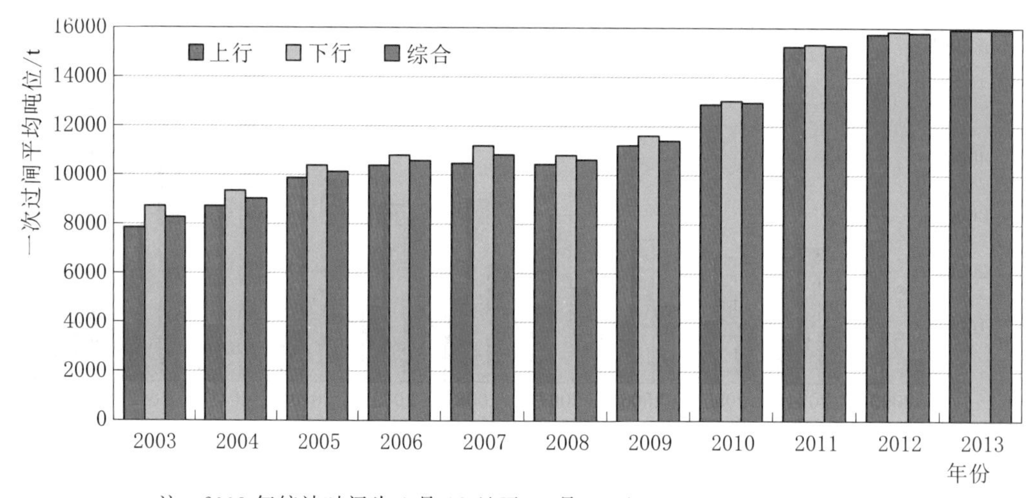

注 2003 年统计时间为 6 月 18 日至 12 月 31 日。

图 2.2-4 三峡船闸一次过闸平均吨位

（3）过闸船舶。三峡船闸过闸船舶吨位分布见表 2.2-3。从表中数据可以看出，船舶大型化的趋势明显。过闸船舶中 3000 吨级以上船舶过闸艘次占比由 2004 年的 2.37%上升到 2013 年的 56.18%，其中 5000 吨级以上船舶过闸艘次所占的比例，2013 年已达 30.18%。

（4）过闸货种。表 2.2-4 为三峡船闸过闸货种统计资料，从中可以看出过闸货种有以下特点：三峡船闸过闸货物以煤炭、矿石、矿建材料、钢材、石油等大宗物资和集装箱运输为主，占比在 80%以上；运行前期，煤炭运量居主导地位，近年来煤炭运量所占比例下降明显；矿建材料和矿石运量增长迅速，2004—2013 年分别增长了 15.22 倍和 6.94 倍；钢材、集装箱运输快速增长，2004—2013 年分别增长了 4.99 倍和 4.46 倍。

表 2.2-3　三峡船闸过闸船舶吨位分布表

吨位等级		2004年	2005年	2006年	2007年	2008年	2009年	2010年	2011年	2012年	2013年
1000t及以下	数量/艘次	50977	36173	23498	18061	22232	20432	18014	10860	5166	4430
	占比/%	67.92	56.57	41.68	33.88	40.17	39.43	30.90	19.53	11.67	9.70
1001～2000t	数量/艘次	18285	20362	19623	17747	17005	14939	17121	13097	7641	6644
	占比/%	24.36	31.84	34.80	33.29	30.72	28.83	29.37	23.55	17.26	14.55
2001～3000t	数量/艘次	4016	5580	9350	10897	11017	10433	12859	12837	9643	8939
	占比/%	5.35	8.73	16.58	20.44	19.90	20.14	22.06	23.08	21.79	19.57
3001～4000t	数量/艘次	1778	1834	3912	4167	2804	2730	4155	5878	5969	6731
	占比/%	2.37	2.87	6.94	7.82	5.07	5.27	7.13	10.57	13.49	14.74
4001～5000t	数量/艘次	2007年以前3000t以上船舶未分级统计，均统计为3000t以上			1720	1593	1964	2423	3794	4383	5143
	占比/%				3.23	2.88	3.79	4.16	6.82	9.90	11.26
5001t以上	数量/艘次				720	700	1317	3730	9144	11461	13782
	占比/%				1.35	1.26	2.54	6.40	16.44	25.89	30.18
合　计		75056	63949	56383	53312	55351	51815	58302	55610	44263	45669

注　吨位等级采用船舶登记信息中的参考载货量划分。

表 2.2-4　三峡船闸过闸货种分布表　单位：万 t

货物种类		2004年	2005年	2006年	2007年	2008年	2009年	2010年	2011年	2012年	2013年
煤炭	上行	0	0	0	0	10.28	42.34	68.55	193.57	210.06	374.01
	下行	1784.9	1749.9	1821.8	2030.1	2203.61	2172.98	2806.27	2278.81	1160.03	824.39
	合计	1784.9	1749.9	1821.8	2030.1	2213.89	2215.32	2874.82	2472.38	1370.09	1198.4
	占比/%	52.03	53.17	46.25	43.32	41.23	36.38	36.48	24.64	15.91	12.35
石油	上行	71.8	65.2	108.8	125	222.47	329.49	430.29	465.59	439.04	509.18
	下行	6.6	22.6	7.2	9.2	14.54	19.39	21.24	14.29	15.63	16.93
	合计	78.4	87.8	116	134.2	237.01	348.88	451.53	479.88	454.67	526.11
	占比/%	2.29	2.67	2.94	2.86	4.41	5.73	5.73	4.78	5.28	5.42
木材	上行	3	3.3	4	4.9	13.7	28.6	33.87	30.8	34.36	56.7
	下行	0.2	0.1	0.3	0.9	1.31	1.09	1.13	1.56	1.52	1.62
	合计	3.2	3.4	4.3	5.8	15.01	29.69	35	32.36	35.88	58.32
	占比/%	0.09	0.10	0.11	0.12	0.28	0.49	0.44	0.32	0.42	0.60

续表

货物种类		2004年	2005年	2006年	2007年	2008年	2009年	2010年	2011年	2012年	2013年
集装箱	上行	71.3	110.6	187.2	251.9	337.04	354.62	329.07	392.49	461.88	538.55
	下行	110	155.3	243	294.4	367.99	327.35	319.9	365.34	383.62	451.7
	合计	181.3	265.9	430.2	546.3	705.03	681.97	648.97	757.83	845.5	990.25
	占比/%	5.28	8.08	10.92	11.66	13.13	11.20	8.24	7.55	9.82	10.20
水泥	上行	13.2	63.1	71.2	87.4	185.69	316.3	137.36	33.72	17.91	6.09
	下行	8.4	0.4	0.2	0.2	0.36	4.53	34.64	255.7	160.35	245.86
	合计	21.6	63.5	71.4	87.6	186.05	320.83	172	289.42	178.26	251.95
	占比/%	0.63	1.93	1.81	1.87	3.46	5.27	2.18	2.88	2.07	2.60
矿建材料	上行	136.7	220	231.2	231.2	158.69	204.41	522.91	1674.47	1806.37	2110.4
	下行	21.2	17.5	29.5	25.2	17.09	12.06	27.1	114.07	119.21	450.98
	合计	157.9	237.5	260.7	256.4	175.78	216.47	550.01	1788.54	1925.58	2561.38
	占比/%	4.60	7.22	6.62	5.47	3.27	3.56	6.98	17.83	22.36	26.39
矿石	上行	208.2	186.8	414.4	536.7	618.67	771.87	1084.13	1431.22	1210.18	1306.25
	下行	44.2	75.8	127.1	169.2	164.03	206.63	396.46	585.72	557.43	698.01
	合计	252.4	262.6	541.5	705.9	782.7	978.5	1480.59	2016.94	1767.61	2004.26
	占比/%	7.36	7.98	13.75	15.06	14.57	16.07	18.79	20.10	20.53	20.65
粮棉	上行	20.5	42.6	43.6	57.8	69.18	75.89	79.39	72.66	99.6	94.53
	下行	4.2	1.2	2.2	0.7	1.62	6.76	2.26	3.11	3.47	3.29
	合计	24.7	43.8	45.8	58.5	70.8	82.65	81.65	75.77	103.07	97.82
	占比/%	0.72	1.33	1.16	1.25	1.32	1.36	1.04	0.76	1.20	1.01
钢材	上行	57.1	77.8	85.2	126.1	199.43	373.06	451.51	510.27	485.87	503.76
	下行	56.5	66.9	80	120.5	152.01	94.4	183.98	249.06	278.68	290.03
	合计	113.6	144.7	165.2	246.6	351.44	467.46	635.49	759.33	764.55	793.79
	占比/%	3.31	4.40	4.19	5.26	6.54	7.68	8.06	7.57	8.88	8.18

续表

货物种类		2004年	2005年	2006年	2007年	2008年	2009年	2010年	2011年	2012年	2013年
水果	上行	0.2	0	0.3	1.1	0.27	0.67	0.2	0	0	0
	下行	1.9	1.8	1.3	1.5	0.33	0.28	0.01	0.02	0.27	0.35
	合计	2.1	1.8	1.6	2.6	0.6	0.95	0.21	0.02	0.27	0.35
	占比/%	0.06	0.05	0.04	0.06	0.01	0.02	0.00	0.00	0.00	0.00
化肥	上行	48.1	57.8	47.6	33.7	25.07	38.93	25.8	22.28	20.11	16.98
	下行	56.5	42.1	55.3	90.7	68.58	63.41	88.31	101.89	119.61	133.81
	合计	104.6	99.9	102.9	124.4	93.65	102.34	114.11	124.17	139.72	150.79
	占比/%	3.05	3.04	2.61	2.65	1.74	1.68	1.45	1.24	1.62	1.55
其他	上行	376.6	199.4	177.3	240.2	271.06	385.05	436.42	706.49	560.06	512.6
	下行	329.2	130.9	200.4	247.3	267.23	258.62	399.6	529.23	465.8	560.66
	合计	705.8	330.3	377.7	487.5	538.29	643.67	836.02	1235.72	1025.86	1073.26
	占比/%	20.57	10.04	9.59	10.40	10.02	10.57	10.61	12.32	11.91	11.06
大宗货物和集装箱运输占比/%		74.87	83.52	84.67	83.63	83.15	80.62	84.28	82.47	82.78	83.19

（5）过闸客运。过闸客船数量呈下降趋势（图2.2-5和图2.2-6），客运量向旅游客运方向集中。

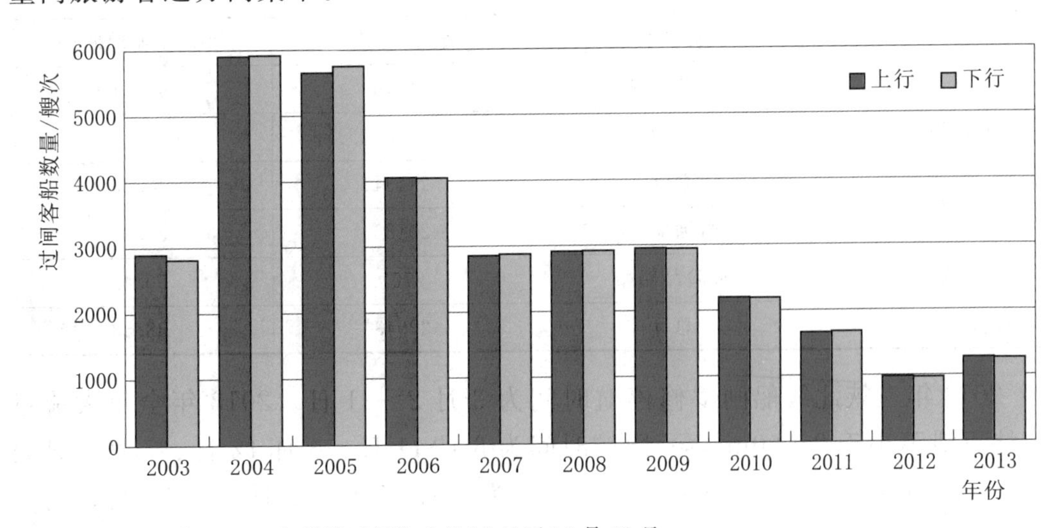

注　2003年统计时间为6月18日至12月31日。

图2.2-5　三峡船闸过闸客船数量

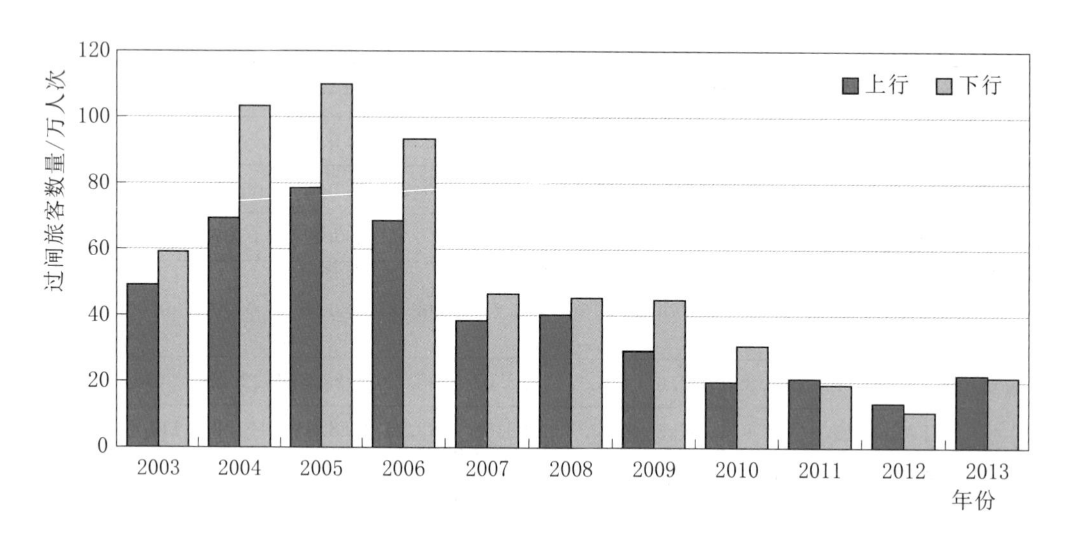

注　2003 年统计时间为 6 月 18 日至 12 月 31 日。

图 2.2-6　三峡船闸过闸旅客数量

（6）船舶待闸。随着船舶过闸需求的快速增长，2010 年以后待闸船舶日益增多，船舶待闸时间增加，相关部门开始对过闸船舶的待闸时间进行统计，2013 年待闸情况统计资料见表 2.2-5、图 2.2-7 和图 2.2-8。其中，待闸时间为船舶实际过闸时间与船舶申报的过闸时间的差值。“船舶实际过闸时间”以船舶进闸时间为准；“船舶申报的过闸时间”前如果该船舶尚未到锚，则以其到锚时间计算。船舶到锚的定义为船舶到达调度边线，下行船舶为到达距三峡大坝约 72km 的巴东大桥，上行船舶为到达距葛洲坝约 66.5km 的枝城大桥。

表 2.2-5　　2013 年待闸船舶数量和待闸时间

方　向	类　型	数量/艘次	平均待闸时间/h
葛洲坝上行	普通船舶	21798	40.91
	危险品船舶	2636	58
	总计	24434	42.75
三峡下行	普通船舶	20186	36.91
	危险品船舶	2757	50.42
	总计	22943	38.53

2013 年三峡北线船闸岁修停航时间为 3 月 2—21 日。2013 年全年大流量（三峡下泄不小于 25000m^3/s）限航时间为 6 月 11 日、6 月 12 日、7 月 3 日至 8 月 8 日，其中不小于 30000m^3/s 的时间为 7 月 12 日、7 月 17—25 日；另外在 7 月 15 日、27 日、28 日，连续限航导致大量小功率船舶被限航待闸，经交

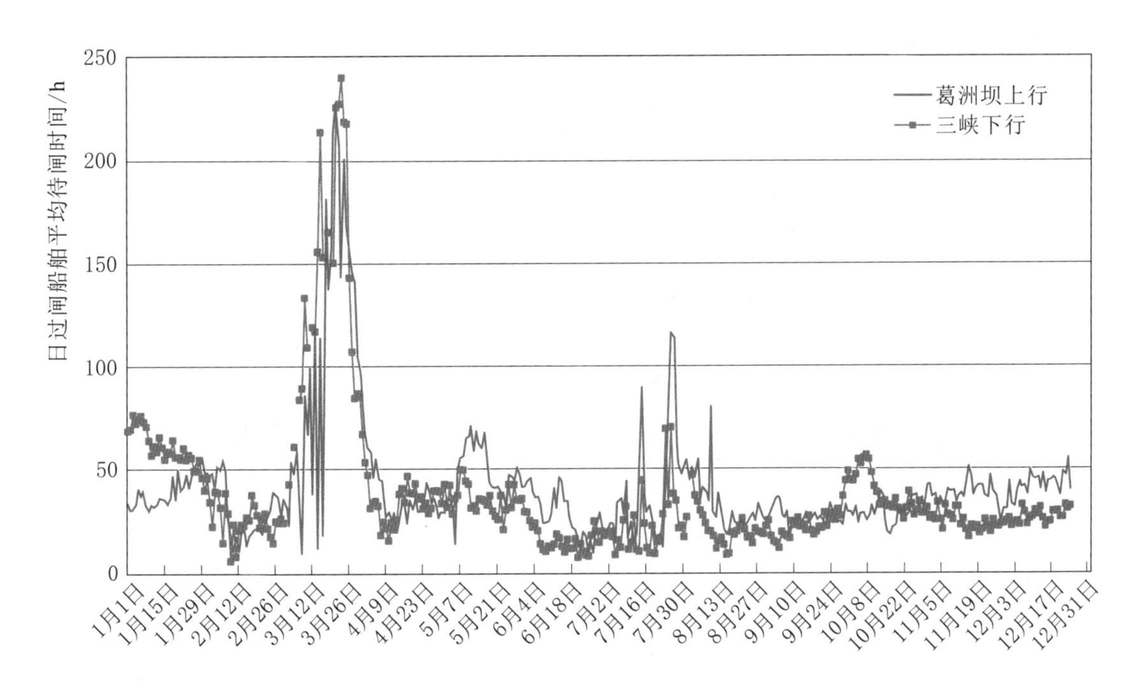

图 2.2-7　2013 年日过闸船舶平均待闸时间

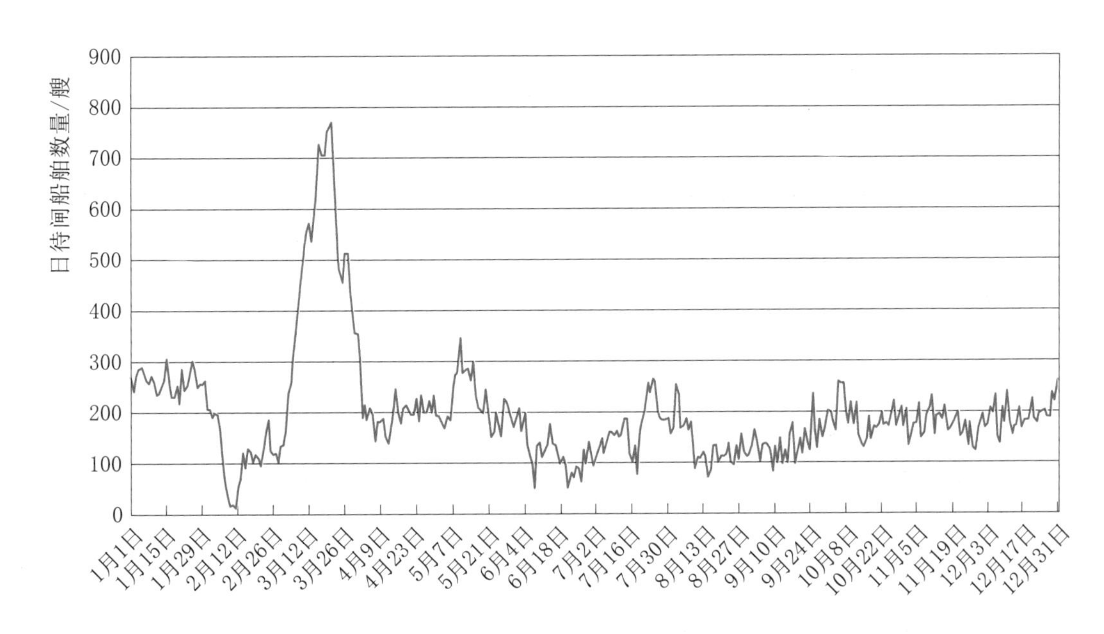

图 2.2-8　2013 年日待闸船舶数量

通运输部与国家防汛抗旱总指挥部协调后，控制下泄以放行待闸船舶，下泄流量为 24600～24900m^3/s。

从图 2.2-8 中可以看出，船闸在正常通航情况下（非检修期、汛期及其他恶劣天气条件下），船舶待闸时间平均为 1d 左右。一旦发生停航、限航等情况，船舶待闸时间急剧增加。2013 年待闸时间的第 1 个峰值区与 3 月 2—21

日的三峡北线船闸岁修停航时间段吻合，第2个峰值区与7月3日至8月8日的大流量（三峡下泄不小于25000m^3/s）限航时间段吻合。一旦发生停航等情况，待闸船舶急剧增加，而船舶疏散较为缓慢。2013年待闸船舶数量统计数据表明（图2.2-8），自3月2日三峡北线船闸岁修停航开始，待闸船舶数量持续增加，3月21日待闸船舶达773艘，为全年最大值；至4月2日，待闸船舶数量降至正常水平，疏散历时12d。

每年的9—12月三峡枢纽入库和下泄流量较小，基本没有大风大雾等恶劣天气，没有安排船闸停航检修，船闸保持高效运行。对近年来9—12月的船舶待闸数据进行分析发现，坝区也出现船舶积压现象，船舶在锚地待闸时间为20～40h（表2.2-6）。

表2.2-6　　2010—2013年9—12月坝区船舶滞留统计表

日　期	存在船舶滞留的天数/d	平均每天滞留船舶/艘次	船舶在锚地待闸时间/h
2011年9—12月（122d）	108	124	23
2012年9—12月（122d）	122	169	43
2013年9—12月（122d）	119	135	29

2. 翻坝运输

自2003年三峡船闸投入运行以来，为了解决船闸检修、突发故障、过闸高峰等因素导致的船舶积压问题，相关部门组织了短线客船旅客、滚装汽车的翻坝转运工作，有效地缓解了船舶积压局面。

从2004年6月30日起，对滚装船舶实行长期翻坝运输，通过三峡的载货滚装运输车辆全部采用“水—陆—水”翻坝转运方式过坝。2011年6月30日，随着沪渝高速公路和三峡江南翻坝专用公路的全线通车，三峡枢纽“水—陆—水”滚装翻坝转运方式结束，所有滚装货运车辆全部经江南翻坝高速公路过坝。三峡枢纽滚装翻坝运输情况见表2.2-7。

表2.2-7　　三峡枢纽滚装翻坝运输情况表

年　份	滚装车/万辆			折算货运量/万t	翻坝转运旅客数量/万人次
	上　行	下　行	合　计		
2003	1.23	1.58	2.81	98.35	6.65
2004	12.30	12.78	25.08	877.80	22.34
2005	15.46	16.01	31.47	1101.45	16.59
2006	14.80	16.20	31.00	1085.00	67.78

续表

年份	滚装车/万辆			折算货运量/万t	翻坝转运旅客数量/万人次
	上行	下行	合计		
2007	18.4	20.76	39.16	1370.60	109.50
2008	20.63	21.56	42.19	1476.65	—
2009	19.20	18.99	38.19	1336.65	2.70
2010	13.15	12.97	26.12	914.20	—
2011	14.34	13.21	27.55	964.25	—
2012	13.93	11.14	25.07	877.59	22.50
2013	16.08	12.93	29.01	1015.35	—

（三）船闸运行情况评估

1. 船闸主要设备、设施运行情况评估

三峡船闸年设计通航天数为 335d，设计运行时间为 22h/d，年运行时数 7370h。实际上自 2004 年以来，除因完建期停航导致 2006 年南线、2007 年北线运行时数不到 7370h 外，实际运行时数均大于设计运行时数（表 2.2-8）。

表 2.2-8　　三峡船闸通航运行情况表

项目		2003年	2004年	2005年	2006年	2007年	2008年	2009年	2010年	2011年	2012年	2013年
日历天数/d		197	366	365	365	365	366	365	365	365	366	365
日历时数/h		4713	8784	8760	8760	8760	8784	8760	8760	8760	8784	8760
设计运行时数/h		—	7370	7370	7370	7370	7370	7370	7370	7370	7370	7370
实际运行时数/h	北线	4644.31	8233.24	8675.03	8683.79	6220.48	8595.14	8483.92	8368.53	8661.37	8301.81	8132.88
	南线	4297.75	8649.60	8625.97	6249.38	7953.20	8606.56	8407.20	8408.08	8651.46	7824.59	8538.63

三峡船闸通航以来，三峡船闸运行单位在整理船闸设计、安装、调试和船闸水力学试验等资料的基础上，通过对运行数据的积累分析和对比试验，调整和完善运行工艺，解决了运行初期存在的二闸室输水时间过长、一闸室水流条件差等问题；通过分析各运行水位条件下各闸首闸阀门启闭时间、启闭曲线、输水时间和启闭力等数据，提出了参数优化调整方案并得到中国长江三峡工程开发总公司和长江水利委员会长江勘测规划设计研究院的支持和认可，闸阀门启闭参数优化方案实施后，上、下行闸次设备设施运行时间分别比设计的运行时间缩短 185s、405s。三峡船闸主要运行设备实际运行时间见表 2.2-9。

表 2.2-9　　三峡船闸主要运行设备实际运行时间表　　单位：min

项　目	一闸首	二闸首	三闸首	四闸首	五闸首	六闸首
人字门关门时间	6.5	4.0	4.0	4.5	3.5	4.5
人字门开门时间	3.5	3.0	3.0	3.0	3.0	3.0
输水阀门关阀时间	4.0	4.0	4.0	4.0	4.0	6.0
输水阀门开阀时间	2.0	6.0（四级） 2.0（五级）	3.5	3.5	3.5	4.0
闸室输水时间	10.0	11.0～15.0	10.5	10.3	10.0	11.2

注　1. 二闸室输水时间受补水、不补水、一闸室待闸等运行方式及上游水位影响，输水时间不同，但总体控制在 15min 以内。
2. 本表未统计阀门单边输水时间。

二峡船闸试运行阶段故障率较高，经过一年的试运行后，故障率明显降低且呈逐年下降趋势，2010 年故障率达到最低，而后又有上升趋势，主要是因为一闸首人字门漂移故障增多（表 2.2-10）。

表 2.2-10　　三峡船闸设备故障率统计表

年　份	2003	2004	2005	2006	2007	2008	2009	2010	2011	2012	2013
停机故障次数/次	1456	442	131	65	64	113	61	27	49	52	47
停机故障率/%	33.10	4.87	1.57	0.87	0.87	1.30	0.75	0.29	0.47	0.54	0.44

注　停机故障率=停机故障次数/总闸次数。

针对运行中发现的问题，三峡船闸运行管理单位组织实施了一系列专项修理和缺陷整改，并对部分设备进行了技术升级；实施了 6 项比较大的更新改造，包括北线船闸 PLC 升级改造、船闸控制系统人机界面升级、上游引航道增设拦漂排、上下游靠船墩增设安全标志、南线船闸工业电视系统改造和消防水系统改造，改造均取得了预期效果；进行了 19 次停航检修，包括两线船闸各两次排干检查并处理缺陷、两线船闸完建期检修和两线船闸各一次岁修等，检修中对发现的问题进行了处理，未发现影响运行安全的重大缺陷。

三峡船闸运行和检修情况表明：三峡船闸输水系统满足运行要求，输水时间基本控制在设计时间 12min 内。闸室水面流态平稳，门楣通气顺畅，阀门及阀门段水工结构基本无空化与气蚀现象。通过调整阀门运行方式，进一步改善了水力学条件，在完建期单线运行模式下，中间级实际最大运行水头达到

46.0m，运行状况良好，船舶系缆力满足要求，通过维修，第二分流口分流舌气蚀有明显改善。采用提前关闭阀门措施，超灌、超泄水头控制在20cm以内，满足安全运行要求。船闸闸门、阀门、启闭机和监控系统等机电设备性能良好、控制灵活，关键部件运行平稳、安全、可行，能够满足运行要求。

2. 船闸通过能力评估

三峡船闸通航以来，为适应逐年攀升的船舶过坝需求，相关部门在政策、建设、科研、管理等全方位采取措施，挖掘船闸通过能力，提高通航效率，并取得了明显成效。政策方面，通过限制小吨位船舶过闸、加快推进船型标准化和制定新的过闸船舶吃水控制应用标准，引导船舶向大型化、专业化和标准化发展；建设方面，加大通航配套基础设施建设投入，共投资建设13个项目，包括三峡枢纽坝区通航调度及锚地工程、三峡坝区通航船舶服务区待泊锚地建设工程、三峡枢纽航运配套设施工程、两坝间乐天溪航道整治工程、三峡坝区监管救助基地工程、三峡通航检测维修设施工程等，构成了较为完整的通航调度及锚地设施和管理系统，完善了两坝间的通航安全设施，改善了工程河段的通航水流条件，部分改善了两坝间的通航环境，大力推进了三峡通航管理信息化建设，建设了长江三峡水上GPS综合应用系统、通航调度系统、船舶监管VTS系统、数字航道管理系统、协同办公系统和政务网站等，并通过数据中心的建设，实现了各系统的数据互通，为过闸船舶提供远程申报、调度计划推送和通航信息服务，同时还具有安全监控、过闸指挥以及应急搜救等功能；科研方面，科学研究论证并实施了新的过闸船舶吃水控制应用标准、156m水位四级运行方式运行、四级运行时一闸室待闸、增设靠船设施并实行导航墙待闸、创新同步进闸同步移泊方式等；管理方面，不断强化管理，建立了两坝船闸匹配运行的调度组织模式、停航检修期通航组织及保障等措施。通过政策引导、配套设施建设、科技创新和管理创新，充分发挥综合管理优势，强化通航组织和安全监管，确保了坝区航运安全畅通，日均运行闸次明显提高，过闸船舶载重吨位大幅增长，船闸通航率持续保持较高水平，促使三峡过闸货运量持续快速增长，到2011年达到设计通过能力，单向货运量达5534万t，提前19年实现了三峡工程的航运规划目标。2011—2013年连续三年单向货运量均大于船闸设计单向通过能力。

三峡论证阶段货运量预测为2000年川江下水过坝运量为1550万t，2030年川江下水过坝运量为5000万t，下行客运量预测2000年为250万人次，2030年为390万人次。设计阶段，根据预测的设计船型计算的船闸单向通过能力为5152万t。

由于自航船运输在船员配备、运营效率、运营成本、运营管理与组织、航行操作性和运营安全性等方面比船队运输更有优势，三峡船闸投入运行后实际过闸船舶中船队极少。随着船舶大型化发展，一次过闸平均船舶数量逐年降低，2013 年平均为 4.24 艘/闸次，在过闸船舶绝大多数为单船、最大船舶为 5000 吨级标准化船型的情况下，一次过闸船舶 4～5 艘是合理的；多艘船舶顺序进闸、移泊和系解缆，进闸和移泊时间均远大于单个船队在距闸首前缘 60m 位置进闸、单船队移泊的时间，2013 年三峡船闸双线日均闸次总数为 31.02 闸次。

中交水运规划设计院有限公司采用计算机仿真模拟技术，模拟船舶随机过闸排档，以 2013 年过闸船舶实际运行数据对模型进行验证，并用验证后的模型对三峡船闸现状船型组成情况下的通过能力进行分析，得到的结果是现状船型组成情况下船闸的单向合理通过能力（上行）为 6500 万～7000 万 t。随着船舶大型化、标准化的不断发展，当大型船舶（5000 吨级标准化船型）占比约 50%时，同时限制客船通过三峡船闸，货运量较大一侧的船舶装载系数取 0.75，其合理的单向通过能力约为 7500 万 t。

增大翻坝能力也是扩大过坝能力的一个途径，但翻坝运输只适宜于通过坝区的载货汽车。集装箱、干散货等长途运输货种采用翻坝运输将大幅增加综合物流费用和运输时间，经济上是不合理的。因此，翻坝货运量增长的空间也会受到限制，基本上保持表 2.2-7 统计数据的水平，大体在每年 1000 万 t 左右。

（四）坝区航道和锚地评估

1. 三峡船闸枢纽航道

三峡船闸枢纽航道上起太平溪，下至鹰子嘴，全长 12.4km，枢纽航道设计最大通航流量为 $56700m^3/s$，目前，三峡船闸实际最大通航流量为枢纽下泄流量 $45000m^3/s$。

三峡船闸上游引航道一般宽 180m，上口门宽 220m，设计底部高程 130m，后期运行清淤高程 139m；下游引航道一般宽 180m，下口门区航道宽 200m，设计底部高程 56.5m。三峡船闸上游最低通航水位 145m，下游航道最低通航水位 62.5m，目前三峡船闸坝区航道计划维护尺度为 4.5m×180m×1000m（水深×宽度×弯曲半径）。

三峡水库 175m 试验性蓄水以后，上游引航道口门区水流流态平稳，表面流速约 0.5m/s。下游引航道口门区在三峡大坝下泄流量大于 $20000m^3/s$ 时，口门区 530m 范围内存在回流或缓流；随着流量增大，口门区水流流速随之增加。

随着三峡大坝上游水库蓄水位的提高，上游来沙绝大部分淤积在上游引航道外河道深水区域，上游引航道内泥沙呈累积性淤积，但淤积增加的幅度较小，一般高程在132m左右。

下游引航道受枢纽布置方式、枢纽调度运行方式及水沙条件变化等影响，河床演变较为明显，其基本规律是六闸首至分汊口泥沙淤积较弱；分汊口至下引航道口门淤积呈楔形分布，下游淤积厚度大于上游，航道中间区域淤积厚度大于航道两侧；口门区淤积也较为明显，并形成了拦门沙坎，经疏浚，施工没有影响通航。下游引航道连接段航道河床冲淤变化幅度较小。

三峡船闸坝区航道通航条件与设计论证结论基本相同。

2. 两坝间航道

三峡水利枢纽—葛洲坝水利枢纽两坝间航道长约38km，原为长江西陵峡段山区河流，河床底质绝大部分为岩石，河道弯曲，水流湍急，河段类型有峡谷河段和宽谷河段两种，其中鹰子嘴水厂—乐天溪河段河谷较宽阔，汛期河面最大宽度可达1000m左右，水田角—南津关河段河床断面较为狭窄。

葛洲坝水利枢纽蓄水前，两坝间航道是川江较为困难的航行区段之一，主要的碍航滩险部位有水田角、喜滩、大沙坝、石牌弯道和偏脑等。

葛洲坝水利枢纽建成后，此段航道属水库常年回水区，原有滩险被淹没于水下，枯水期水深增加，流速减缓，比降减小，石牌弯道的曲度半径也得到了扩大，航道条件得到了很大的改善。但由于葛洲坝水利枢纽属低水头径流式电站，调节库容小，中水期和洪水期过水断面面积增加有限，因此，在汛期流量达到35000m^3/s以上时，两坝间河道尤其是重点河段水田角、喜滩、大沙坝、石牌弯道和偏脑等处的水流流速和局部比降仍很大，流态紊乱，泡漩水密布，呈现出天然河流的特性，对船舶航行造成一定困难。

三峡水库运行后，汛期电站调峰期间水位和流量的变化对航道条件，尤其是三峡水库坝下近坝河段的通航水流条件，在纵向和横向同时存在较大的影响。电站调峰对船舶的影响主要表现在流量增加的过程中，河道内存在附加比降，增加了船舶航行的难度。目前施行的电站调峰流量变化控制标准是：枢纽下游水位小时变幅不大于1m，水位日变幅不大于3m。运行实践表明，对流量的变化应有更细致的控制标准，这需要通过系统的研究才能得出。

3. 待闸锚地

三峡工程二期施工期（三峡大江截流至三峡船闸通航），三峡坝区上下游共设置庙河、仙人桥、伍厢庙、青鱼背、乐天溪等5座锚地。三峡船闸投入运行后，三峡枢纽水域共设置6座锚地，其中三峡坝上设有庙河、杉木溪、兰陵溪、沙湾、仙人桥等5座锚地，三峡坝下设有乐天溪锚地。锚地主要功能包括：为过闸船舶提供待闸集泊服务；在恶劣通航条件下为船舶提供应急停泊服务；为船队编解队提供作业水域；满足其他船舶在锚地临时寄泊的需要。

三峡船闸待闸锚地在三峡工程建设期间，为通过枢纽施工水域的船舶提供了编解队作业条件和不利天气及水情下的临时停泊条件；三峡船闸运行后，锚地充分发挥了为过闸船舶提供待闸集泊及应急停泊服务的作用。

运行实践表明，待闸锚地为保障三峡枢纽通航安全、畅通、有序发挥了重要作用，特别是在三峡船闸完建、两坝船闸停航检修以及由于大风、大雾、大流量等发生大量船舶待闸、水上安全形势紧张的特殊时期，待闸锚地充分发挥了服务功能，在枢纽通航保障中发挥了重要作用。

三、通航条件改善评估

（一）长江上游航道

1. 三峡水库蓄水前的长江上游航道

长江干流重庆至宜昌（以下简称“渝宜段”）航道长 660km，水位落差 120m。地处丘陵和高山峡谷区，航道条件极为复杂，长江的水上交通事故多发生在此段。据统计，渝宜段航道共有滩险 139 处，其中急流滩 77 处，险滩 39 处，浅滩 23 处。流速大于 4m/s、比降超过 3‰的急流滩，均设有绞滩站，共 25 处。还有单向航行的控制河段 46 处，其中风箱峡、巴阳峡、兰竹坝 3 处单行航道长度均在 10km 左右；不能夜航或只能单向夜航的控制河段 27 处。渝宜段下水能通行 2000 吨级至 3000 吨级船队，上水能通行 1300 吨级至 1500 吨级船队。

1981 年 6 月，长江葛洲坝工程蓄水后，葛洲坝水库淹没了 30 余处滩险，改善了滩多流急的三峡江段约 110km 航道。渝宜段还有约 550km 航道处于天然状态。

三峡水库蓄水前的 2002 年，渝宜段航道全年最小航道尺度为 2.9m×60m×750m（水深×宽度×弯曲半径）。

长江重庆至三峡大坝段通航支流有嘉陵江、乌江、大宁河、小江和神农溪等 5 条。其中嘉陵江和乌江通航条件较好，航道等级较高；大宁河和神农溪通航条件稍差，航道等级较低，但旅游条件优越，旅游经济效益很好。此外，还有少量季节性通航支流。

2. 三峡水库蓄水后的长江上游航道

三峡水库论证时拟定的重庆至武汉段远景航道尺度为 3.5m×100m×1000m（水深×宽度×弯曲半径）。2013 年，除重庆九龙坡至羊角滩 12km 航道尺度较小外，其余绝大部分航道水深已达到或超过远景规划目标，航道宽度已达远景规划目标，个别河段航道弯曲半径未达远景规划目标。

三峡水库蓄水后，库区航道尺度明显增大。川江多数险滩淹没，实现昼夜通航。库区水位变幅减小，水流条件改善。库区助航设施全面升级。三峡库区航行实施船舶定线制。通航支流的通航里程延伸，许多原不通航的支流具备了通航条件，为建设库区较高等级航道网创造了条件。

在三峡水库不同的蓄水期，长江航道的改善程度不同。三峡水库蓄水至175m后，水库回水上延至江津红花碛（长江上游航道里程720.0km处），库区长度约为673.5km，其中江津红花碛至涪陵段为变动回水区，长184.0km；涪陵至三峡大坝段为常年回水区，长489.5km。

（1）变动回水区航道。三峡水库变动回水区航道随着三峡坝前水位和入库流量的变化，不同江段、不同时期有不同程度的改善。航道尺度得到提高，航行水流条件得到改善。变动回水区航道条件总体改善的现实与专题论证和初步设计的预测是一致的。

三峡水库蓄水至175m时，航道尺度得到提高，随着库水位的下降，从上至下逐步出现一些碍航情况。变动回水区上段（江津—重庆），碍航浅滩位置较为固定。碍航机理主要表现为消落初期流量小，枯水河槽内卵石输移量沿程增加过程明显，局部少量淤积在航槽内，导致碍航。典型碍航浅滩水道是占碛子、胡家滩、三角碛和猪儿碛等水道，需要采取疏浚措施。变动回水区中段（重庆—长寿），目前主要有上洛碛和王家滩两处卵石累积性淤积影响航道，低水位时航道尺度不足。变动回水区下段（长寿—涪陵），175m试验性蓄水以来出现累积性淤积，主要在边滩、深槽等部位，目前尚未对现行维护尺度造成影响。但青岩子水道的累积性淤积会对今后航道尺度的进一步提升造成很大的影响。

变动回水区河段仅设置单向航行控制河段9处、航道信号台18个，控制河段总长度17.3km，全年只在部分时段控制单向航行。

总体上看，现阶段变动回水区航道总体改善的现实和发生碍航的河段与原论证结论基本一致，通过原型观测、分析预测、制定预案和实施疏浚等措施基本可以保证航道的畅通。今后应通过进一步加强观测和研究，采取工程措施，不断改善航道条件。

（2）水库常年回水区航道。三峡水库试验性蓄水后，常年回水区河段航道维护尺度得到显著提高，航道条件大幅度改善，单行控制河段、航道信号台和绞滩站全部取消。在部分时段、局部区段存在礁石碍航和细沙累积性淤积碍航现象。

三峡水库蓄水后，航道泥沙累积性淤积发展较快，淤积量、范围、厚度等均较大，大多数浅滩未达到冲淤平衡，累积性淤积部位年际间基本一致。泥沙淤积造成边滩扩展、深槽淤高、深泓摆动，乃至原通航主汊道淤死，兰竹坝、丝瓜碛、黄花城水道已先后出现了航槽易位现象。

常年回水区泥沙淤积规模（总量、淤厚、淤积范围）最大的是黄花城水道，兰竹坝水道和平绥坝—丝瓜碛水道次之。目前，黄花城水道左汊和右汊淤积量有逐渐减小的趋势，左汊进口、上部等局部处于一种准平衡的状态。兰竹坝水道、平绥坝—丝瓜碛水道的航道泥沙淤积还未达到平衡，边滩淤积继续向主航道扩展。

下一步应关注黄花城水道、兰竹坝水道、平绥坝—丝瓜碛水道以及其他弯曲分汊河段航道，开展必要的观测和研究并采取措施，消除碍航影响，进一步改善通航条件。

（3）重庆至宜昌段航道。三峡水库175m试验性蓄水的实施，加之此前先后实施的3次三峡工程变动回水区航道整治工程，使长江重庆至三峡大坝段航道显著改善。三峡水库蓄水前后长江上游干流航道变化见表2.3-1。

表2.3-1　三峡水库蓄水前后长江上游干流航道变化表

河段	里程/km	三峡水库蓄水前（2002年）		三峡水库蓄水后（2013年）	
		航道尺度（水深×宽度×弯曲半径）/(m×m×m)	保证率/%	航道尺度（水深×宽度×弯曲半径）/(m×m×m)	保证率/%
重庆江津红花碛—重庆羊角滩	60.0	2.5×50×560	98	2.7×50×560	98
重庆羊角滩—涪陵李渡长江大桥	112.4	2.9×60×750	98	3.5×100×800	98
涪陵李渡长江大桥—重庆忠县	127.6	2.9×60×750	98	4.5×150×1000	98
重庆忠县—宜昌中水门	416.5	2.9×60×750	98	4.5×140×1000	98

在三峡水库175m试验性蓄水期，一年中有半年以上时间，重庆朝天门至三峡大坝河段具备行驶万吨级船队和5000吨级单船的航道尺度和通航水流条件。重庆至宜昌全面实现昼夜航行。

（4）库区支流航道。三峡水库蓄水后，水库水位的大幅抬升，使原有5条通航支流的通航里程延伸，航道尺度增大，水流条件变好；使其他原不通航的溪沟、支流具备通航条件。香溪河、无夺溪、大宁河、梅溪河、汤溪河、小江建有码头多处。进入上述通航支流的货船有500吨级、1000吨级和2000吨级等多种。众多支流航道实现了干支连通，促进了地方经济建设和社会发展。

三峡水库 175m 试验性蓄水期，嘉陵江口位于三峡水库变动回水区内，三峡水位较高时，嘉陵江下游部分江段航道改善较大。乌江口位于三峡水库常年回水区内，乌江下游部分江段航道改善很大。

（二）长江中游航道

1. 三峡水库蓄水前的长江中游航道

根据长江航运的行业特点和航运习惯，宜昌至汉口为长江中游航道，长 626km。

三峡水库蓄水前，长江中游航道有多处碍航水道，多为枯水浅滩，每年 10 月至次年 3 月，长江航道全线进入紧张的枯水期航道维护阶段，以调标、改泓和疏浚等为主要措施。其中宜昌至城陵矶河段历来是长江黄金水道上的“瓶颈”，河段内碍航情况较为严重，曾发生出浅碍航或水深条件有限的浅滩水道包括宜都、芦家河、枝江、江口、太平口、瓦口子、马家嘴、周公堤、天星洲、藕池口、碾子湾、调关、莱家铺、窑集脑、监利、大马洲、铁铺、反嘴、熊家洲、尺八口、八仙洲以及观音洲等 22 个。该段枯季航道维护尺度为 2.9m×80m×750m（水深×宽度×弯曲半径），相应保证率为 95%，通航 1000～1500t 驳船组成的 3000～6000 吨级船队。

三峡水库蓄水前的 2002 年，长江宜昌至临湘段全年最小航道尺度为 2.9m×80m×750m（水深×宽度×弯曲半径），临湘至武汉段全年最小航道尺度为 3.2m×80m×750m（水深×宽度×弯曲半径）。

2. 三峡水库蓄水后的长江中游航道

三峡水库蓄水运用后，水库下泄枯水流量明显加大，加之正逐步实施的长江中游航道整治与护岸等工程，使坝下河段总体河势保持了基本稳定且可控，航道条件也整体向好的方向发展，并已得到明显改善（表 2.3－2）。

表 2.3－2 三峡水库蓄水前后长江中游干流航道变化表

河段	里程/km	三峡水库蓄水前（2002 年）		三峡水库蓄水后（2013 年）	
		航道维护尺度（水深×宽度×弯曲半径）/(m×m×m)	保证率/%	航道维护尺度（水深×宽度×弯曲半径）/(m×m×m)	保证率/%
宜昌中水门—宜昌下临江坪	14	2.9×80×750	95	4.5×80×750	95
宜昌下临江坪—城陵矶	385	2.9×80×750	95	3.2×80×750	95
城陵矶—临湘	20	2.9×80×750	95	3.7×80×750	98
临湘—武汉长江大桥	207	3.2×80×750	98	3.7×80×750	98

三峡水库蓄水后，枯水期通过三峡水库的流量调节，葛洲坝下游最小通航流量由 3200m³/s 提高到 5500m³/s 左右，明显改善了航道通航条件。近坝段葛洲坝水利枢纽三江下引航道最低通航水位由 38m 恢复到设计要求的 39m；中游航道清水下泄引起的枯水河槽中航槽部位的冲刷，加之航道整治工程效果的逐步发挥，使维护水深比蓄水初期增加了 0.3m 左右。2013 年，宜昌至下临江坪的航道维护尺度为 4.5m×80m×750m（水深×宽度×弯曲半径），下临江坪至城陵矶的航道维护尺度为 3.2m×80m×750m（水深×宽度×弯曲半径），城陵矶至武汉长江大桥的航道维护尺度为 3.7m×80m×750m（水深×宽度×弯曲半径）。

但是，清水下泄引起的长距离长河段的冲刷仍将使局部河段调整具有不确定性。由于水库的调蓄作用，清水下泄以及汛末蓄水使得河床发生较大的冲淤调整。对于砂卵石河段，主要是河床冲刷造成的同流量下水位明显下降对航道水深影响较大，使航道局部坡陡流急水浅问题更加突出。对于沙质河段，分汊河段江心洲（滩）头部冲刷后退和支汊发展、弯道段凸冲凹淤与切滩撇弯、顺直放宽段或者长顺直段的边滩冲刷与局部岸线崩退等现象的发生和加剧，使航道不稳定性增加，航道条件出现不利变化甚至恶化。

设计论证阶段对葛洲坝以下航道条件的预测是基本正确的，今后应继续加强观测、分析和研究，以趋利避害。三峡水库 175m 水位蓄水后，汛后退水过程的加快给长江中游航道带来影响，应积极探索解决的办法。

（三）重庆港

1. 三峡水库蓄水前的重庆港情况

三峡水库成库前，重庆市只有主城九龙坡、江津猫儿沱和兰家沱、涪陵荔枝园、万州红溪沟几个半机械化码头，单个码头吞吐能力均没有超过 300 万 t。其他码头基本处于人工装卸的自然状态。码头结构形式主要为自然岸坡，有少量斜坡缆车道、斜坡梯步和下河引道，码头功能弱、规模小、布局散、机械化程度低。码头靠泊能力只有 200～1500t，单个货运泊位的年平均通过能力不足 4 万 t。2002 年，重庆港货运通过能力 3841 万 t，集装箱吞吐能力 10 万 TEU。

2. 三峡水库蓄水后的重庆港情况

三峡水库蓄水成库后，重庆航运得到快速发展，重庆港的布局发生了重大调整。原有港口已不能满足经济发展需要，重庆加快港口基础设施建设，建成了以主城果园、主城寸滩、万州江南、涪陵黄旗等为代表的一批 5000 吨级大型化、专业化、机械化码头，普遍采用了沿海港口直立式码头结构和装卸工艺，单个码头年吞吐能力超过 500 万 t，最大的果园港达到 3000 万 t。这批码头装卸效率较成库前提高了 3～5 倍。

随着上游水利工程的修建和水土保持工程的实施，三峡水库来沙量呈明显减少趋势。蓄水后，入库泥沙大幅减少，2003—2010 年年均入库沙量为 2.14 亿 t，仅为 1961—1970 年系列的 42%。2003—2013 年，库区干流总淤积量为 14.60 亿 m^3，只为初步设计阶段计算淤积量的 1/3 左右。随着三峡蓄水时间的增加，受制于三峡水库泥沙冲淤、泥沙运动、坝前水位变化等因素，泥沙淤泥逐年囤积。蓄水 11 年来，重庆主城九龙坡港区、朝天门港区以及涪陵港区、万州港区均出现一定程度的淤积，但未出现影响港口正常运行的情况。

从近几年来看，重庆主城九龙坡港区蓄水前主要是推移质淤积，蓄水后主要是悬移质淤积，由于自然冲刷，累积性泥沙淤积较少，除 2008 年出现过一次船舶进出港搁浅外，其余时间航道和船舶进出港区都正常；主城朝天门港区泥沙淤积量比成库前天然河道状态下少，航行条件还有所改善；万州港区、涪陵港区仅有局部边滩出现少量泥沙淤积，但未发生影响港口正常生产作业的情况。三峡水库成库后，泥沙淤积对重庆港的影响，还需要相当长时间的原型观测，进一步加强分析研究。

三峡水库成库后，库区水位为 145～175m，水位落差达 30m。由于要满足大水位差条件下的装卸作业要求，重庆港码头建设成本高，工程造价约为沿海同规模港口的 2 倍。

到 2013 年年底，重庆港货物吞吐能力达到 1.56 亿 t。其中：规模化集装箱码头 14 个，年吞吐能力达到 350 万 TEU；规模化干散货码头 15 个，年吞吐能力达到 1.1 亿 t；规模化危险品码头 13 个，年吞吐能力达到 720 万 t；规模化滚装码头 10 个，年吞吐能力达到 150 万辆。

2013 年，重庆港口完成货物吞吐量 1.37 亿 t，其中集装箱吞吐量达 90.58 万 TEU，成为西部地区重要的枢纽港。

四、三峡工程的航运效益分析

（一）水路货运量大幅增长

2013 年，三峡坝区过坝货运量达到 10722 万 t（其中过闸货运量 9707 万 t，翻坝运量 1015 万 t），是蓄水前 2002 年葛洲坝船闸通过量 1803 万 t 的 5.95 倍。2004—2013 年三峡枢纽过闸货运量年均增速达到 12.25%，长江上游货运量增长幅度较大（图 2.4-1）。

三峡水库成库后，库区港口水域面积、岸线长度均有增加，新建了一大批

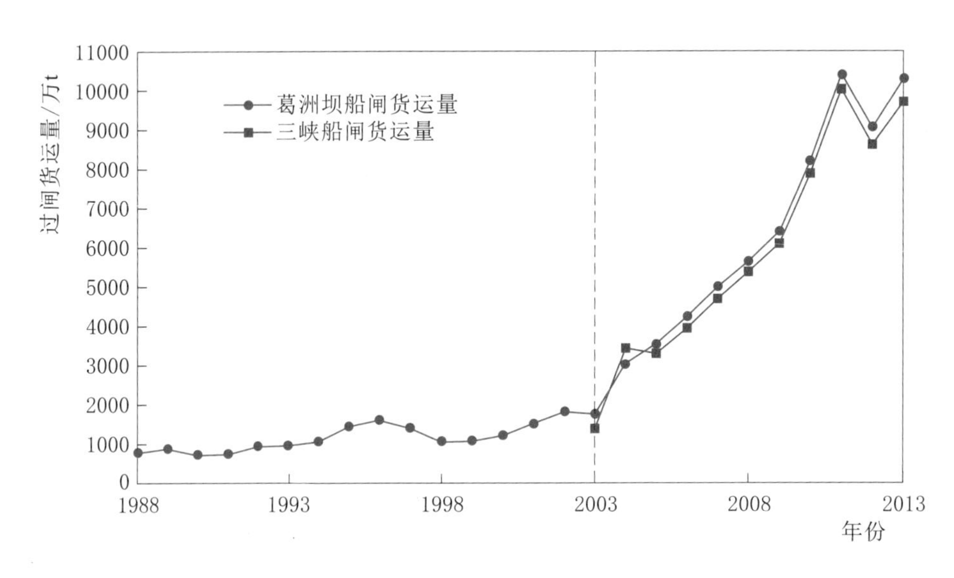

图 2.4-1　葛洲坝船闸与三峡船闸过闸货运量

大型化、专业化、机械化的码头，港口货物吞吐能力大幅提高。2013 年重庆市水路货运量达到 1.44 亿 t，港口吞吐量达 1.37 亿 t，水路货运周转量达 1983 亿 t·km，分别为成库前（2002 年）的 7.6 倍、4.6 倍和 13.8 倍（图 2.4-2）。同时，港口作业条件的改善明显提高了港口生产效率，缩短了船舶在港停泊时间，提高了港口安全度，带动了库区物流发展，促进了沿江经济社会发展。

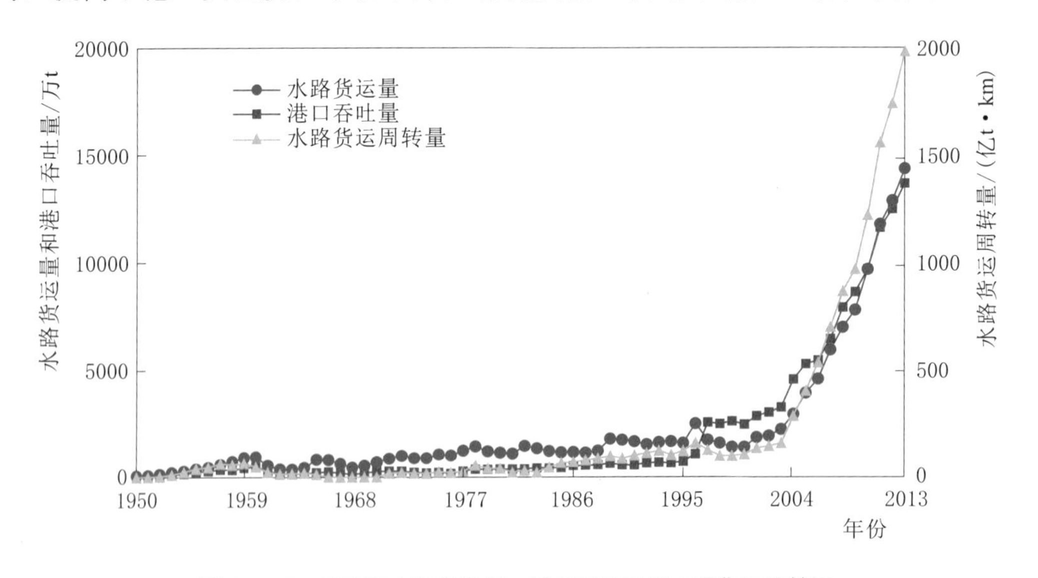

图 2.4-2　重庆市水路货运量、港口吞吐量和水路货运周转量

（二）运输船舶营运性能显著提高

三峡过坝船舶主要是长江上游地区的运输船舶。三峡水库成库前，长江上游地区以船队运输为主，并有少量千吨级单船。三峡水库成库后，随着航道条

件的改善，长江上游地区船队比重逐年下降，自航船快速发展，船舶大型化、专业化、标准化进程明显加快，集装箱、危险品、载货汽车滚装、商品汽车滚装、三峡豪华邮轮等新型运输方式快速发展，并在长江干线具有比较优势。2013 年，重庆危险品、集装箱、汽车滚装等高附加值运输方式，以 19%的船舶运力，完成了 25%的运输量，实现了 47%的航运收入。到 2013 年年底，重庆市货运船舶总运力 590 万载重吨，是 2002 年约 91 万载重吨的 6.5 倍。2013 年货运船舶平均吨位 2460 载重吨，是 2002 年约 400 载重吨的 6 倍。2013 年重庆从事长江干线货物运输船舶的平均吨位达 3300 载重吨，标准化船舶运能已占 65%，5000 吨级船舶已成为主力船型。

1. 运力结构优化

重庆干散货主力船型从 2003 年的 1000 吨级左右发展到 2013 年的 5000 吨级；集装箱主力船型从 2003 年的 80～100TEU 发展到 2013 年的 300～325TEU；危险品船主力船型从 2003 年的 1000～1500t 发展到 2013 年的 3000～4500t；商品汽车滚装船主力船型为 800 车位；船体长 120～150m 的邮轮已成为三峡豪华邮轮的主力船型。成库初期建造的一批 3000 吨级以下干散货船舶、144TEU 集装箱船舶等小吨位船舶已逐步退出跨省长距离运输市场。

2. 船队运输向自航船转变

2000 年以前，长江上游航运以顶推船队运输为主。2000 年开始，各公司注重发展自航船运输。2003 年成库后，自航船运输得到快速发展，以拖轮和驳船组成的船队运输逐步被自航船运输替代。目前，长江上游航运船队已基本消失，过去以船队运输方式为主的重庆长江轮船公司、民生轮船公司、重庆轮船总公司等航运公司已经基本淘汰了顶推船队。自航船运输在船员配备、运营效率、运营成本、运营管理与组织、航行操作性和运营安全性等方面比船队运输更有优势，更能适应水路运输市场发展需要。主要原因如下：

（1）自航船作业简单，时间短，效率高，运行周期短。

（2）自航船对航道条件要求相对较低，运输组织更加方便灵活，更能适应运输市场发展需要。

（3）自航船操控性更好，安全性大大提高。

（4）港口企业市场化后对船队运输方式服务弱化。

（5）自航船运输更适合分散度高、不具备实现规模化运输组织的民营中小型航运企业。

3. 船舶营运性能大幅提高

由于库区航道水流条件改善，船舶载运能力明显提高，营运效率有所提高。

初步统计，库区船舶单位千瓦拖带能力由成库前的1.5t，提高到目前的4～5t。2002年每千载重吨平均配备船员8～10人，2013年每千载重吨平均配备船员降为2~3人，与成库前相比，船员数量减少了2/3以上，劳动生产率大大提高。

长江上游船舶平均油耗由2002年的7.6kg/(kt·km)（柴油，下同），下降到2013年的2.0kg/(kt·km)左右。蓄水以来，由于船舶单位能耗下降，运输船舶空气污染物的单位排放量明显减少。

4. 船型标准化、大型化和专业化明显加快

三峡库区深水航道的形成为船舶大型化发展提供了条件，同时交通主管部门逐步实施限制小吨位船舶通过三峡船闸，制定了拆解老旧船舶、鼓励标准化船舶发展等相关政策，川江船舶船型标准化、大型化步伐明显加快。

蓄水后的2013年与蓄水前的2002年相比，过闸船舶中，500吨级以下的船舶艘次占比由58.95%下降到5.76%；3000吨级以上的船舶艘次占比达到56.18%。2013年，一次过闸平均吨位15938t。船舶大型化快速发展。

蓄水后的2013年与蓄水前的2002年相比，过闸船舶中，专业化水平大幅提高。2013年，集装箱船、商品车滚装船、油船和化学品船等4类船舶过闸艘次占总艘次的16.33%。

5. 库区水上交通安全状况显著改善

由于航道条件的改善、交通主管部门实施船舶定线制和加强水上交通安全监管，三峡库区的船舶运输安全性显著提高。三峡工程蓄水后（2003年6月至2013年12月）与蓄水前（1999年1月至2003年5月）相比，三峡库区年均事故件数、死亡人数、沉船数和直接经济损失分别下降了72%、81%、65%、20%。

总之，三峡工程蓄水后，库区航运条件显著改善，长江上游通航能力大幅提高，内河航运运量大、能耗小、污染轻、成本低的比较优势得到较好发挥，航运效益（表2.4-1）实现并超过了三峡工程初步设计规划的预测。

表2.4-1　　三峡工程建设以来库区航运效益简表

项目			2002年（蓄水前）	2013年（蓄水后）	增减趋势	增减幅度
航道条件	羊角滩—三峡大坝	最小航道水深/m	2.9	3.5～4.5	↑	21%～55%
		最小航道宽度/m	60	100～150	↑	66.7%～150%
		最小航道弯曲半径/m	750	800～1000	↑	7%～33%
		洪水期平均纵比降/‰	0.2	0.057	↓	−71.5%
		枯水期平均纵比降/‰	0.2	0.0005	↓	−99.8%

续表

项　目		2002年（蓄水前）	2013年（蓄水后）	增减趋势	增减幅度
港口条件	重庆市港口货物吞吐能力/(万 t/a)	3841	15600	↑	3.06倍
	重庆市港口集装箱吞吐能力/(万 TEU/a)	12	350	↑	28.17倍
船舶发展	重庆市水运总运力/万 t	91	590	↑	5.5倍
	重庆市集装箱船总运力/TEU	1661	67483	↑	39.63倍
	渝宜段主要通航船舶吨位/t	100～1000	1000～5000	↑	4～9倍
	过闸船舶中1000吨级以上船舶占全年总艘次数比例/%	14.4	90.3	↑	5.27倍
	过闸货船平均定额吨位/t	850	3759	↑	3.42倍
过闸过坝	三峡船闸年货运量/万 t	1803	9707	↑	4.38倍
	三峡断面年过坝货运量/万 t	1803	10722	↑	4.82倍
水上交通安全	年均事故件数/件	蓄水前多年平均33	蓄水后多年平均9.3	↓	−72%
	年均死亡人数/人	蓄水前多年平均59	蓄水后多年平均11	↓	−81%
	年均沉船数/艘	蓄水前多年平均17	蓄水后多年平均6	↓	−65%
船舶营运效益	单位拖带量/(t/kW)	1.5	4～5	↑	1.67～2.33倍
	单位耗油量/[kg/(kt·km)]	7.6	2.0	↓	−74%

注　2002年三峡船闸年货运量和三峡断面年过坝货运量用2002年葛洲坝船闸货运量代替。

（三）三峡工程促进航运发展带来的间接效益

1. 降低了沿江地区的综合物流成本

2013年，重庆市水运的长江干线干散货运输价格为0.025元/(t·km)，低于三峡成库前的价格［约0.045元/(t·km)］，铁路约0.18元/(t·km)，公路约0.45元/(t·km)。上述数据从一个侧面反映，三峡工程的建设降低了沿江地区的综合物流成本。

2. 加快了长江中上游综合交通体系结构调整

水路运输方式具有运量大、能耗小、污染轻、成本低等比较优势，三峡工程总体改善了库区航道条件，提高了长江上游通航能力，使长江航运在长江中上游地区综合交通体系中的地位和作用得到加强，进一步加快了长江中上游地区，特别是三峡库区综合运输体系结构调整和优化的进程。

随着三峡库区航道改善和三峡船闸投入运行，长江中上游地区原来就采用水运方式的货物，运输需求得到充分满足和释放，同时，对于原来采用陆上运输的货物，诱发了弃陆走水的运输需求，很多原来不考虑或放弃水运方式的货主，纷纷转而成为长江航运的新客户。2003 年以来，通过三峡枢纽的运量增长速度，明显高于全国和中西部地区经济以及其他运输方式的增长速度，充分说明长江航运不但服务了长江流域既有型水路运输市场的延续性和递增性需求，而且还服务了新生型水路运输市场的转移性和新增性需求。三峡工程在推动长江航运加快发展的同时，促进了长江中上游综合交通体系结构的调整。

以重庆市为例，三峡水库蓄水前的 2002 年，在铁路、公路、水路总的货物周转量中，铁路占 41.5%，公路占 22.5%，水路占 36.0%；蓄水后的 2013 年，铁路占 5.9%，公路占 28.0%，水路占 66.1%，水运优势得到了充分发挥。

3. 吸引了产业加快向长江沿江地带集聚

三峡工程提高和扩大了长江上游与中下游之间的通航能力与规模，长江干支直达、江海直达面貌因之明显改观，长江流域各地政府高度重视长江黄金水道对于发展区域经济和调整产业布局的重要意义，凸显了长江航运在促进长江流域，尤其是中上游西部地区经济发展中的拉动作用。

我国实施西部大开发战略和中部崛起战略，中西部扩大资源输出，承接东部地区和海外的产业转移，必然带来旺盛的运输需求，因此，运输能力的强弱，成为中西部地区某个区域或城市能否占得先机的制约性因素之一。长江流域各地政府高度重视长江黄金水道作用，以长江水运优势为依托，吸引大运量、大用水等大进大出的产业加快向沿江地带集聚，长江航运与长江经济带形成了航运能力提高与运输需求增长之间的良性互动关系，使三峡工程航运效益在更高层次上和更大范围内得到体现。三峡工程满足了当前和今后一定时期内，东部、中部、西部地区之间扩大水路交通运输规模的需求，为长江航运在统筹区域协调发展与合作中发挥了积极作用，奠定了重要基础。

三峡水库蓄水运行后，随着长江中上游航运条件的改善，重庆市以产业链为纽带，以开发区、工业园区为载体的临港基础产业带逐渐成熟。42 个工业园区中有 25 个沿江分布，临港基础产业带集中了全市约 95%以上的冶金、机械制造和化工等企业，95%以上的电力企业，100%的水泥企业，100%的造纸企业，成为全市汽车、摩托车、化工、冶金、建材、机械制造和能源等集聚地。

4. 节能减排效益明显

三峡水库蓄水后，受其影响的沿江地区的水路货物周转量在货物周转总量中的占比增大，降低了交通运输业的燃油总消耗量，船舶单位货物周转量平均油耗降低。

仅以重庆市为例，计算全市船舶燃油单耗降低（每千吨千米货物周转量降低5.6kg燃油）带来的环境效益。以2002年的单耗标准作为测算依据，从2003年6月至2013年年底，重庆市运输船舶共节约燃油447万t，按国家环保有关技术标准估算，蓄水后共减排二氧化碳1341万t、二氧化硫17.9万t、氮氧化物23.7万t。

三峡航运在保障沿江经济发展的同时，有力地促进了资源节约型、环境友好型社会建设，增强了经济社会可持续发展能力。

五、评估结论

三峡枢纽十年来的运行实践表明：枢纽建设对长江航运的发展非常有利；在枢纽布置中，通航建筑物的位置选择恰当；船闸选择连续五级布置形式合理；船闸上、下游引航道平面尺度和通航水流条件满足船舶航行要求，有利于船舶航行和过闸；通航建筑物的规模和尺度的确定，符合当时的国情和长江航运发展的现实；在枢纽施工期，采用导流明渠通航、修建临时船闸和翻坝设施等措施，较好地解决了施工期通航问题；三峡工程建设极大地促进了长江航运发展。

三峡船闸是我国在船闸设计和建设方面取得的一项突出成就，也是对世界船闸工程建设技术进步的重大贡献。三峡船闸设计和建设取得了多项重大技术创新，包括复杂工程条件下的船闸总体设计技术、高水头梯级船闸输水技术、高边坡稳定及变形控制技术、全衬砌式船闸结构技术、超大型人字门及其启闭设备技术、船闸运行监控技术、船闸原型调试技术以及运行后的提高通过能力创新技术等。三峡船闸的设计、科研和建设，将世界船闸技术推向了新的水平。

三峡船闸水工建筑物布置合理、结构稳定安全；输水系统及船闸水力学性能良好；闸室内水面流态平稳；上下游引航道平面布置尺度和水流条件满足船舶航行要求；船闸闸门、阀门、启闭机和监控系统等机电设备性能良好、控制灵活，关键部件运行平稳、安全、可行；总体满足设计及安全运行要求。

三峡船闸通航以来，为适应逐年攀升的船舶过坝需求，相关部门在政策、建设、科研、管理等方面全方位采取措施，挖掘船闸通过能力的潜力，提高通航效率，并取得了显著成效。通过政策引导、配套设施建设、科技创新和管理创新，充分发挥综合管理优势，强化通航组织和安全监管，确保了坝区航运安全畅通，日均运行闸次明显提高，过闸船舶载重吨位大幅增长，船闸通航率持续保持较高水平。

截至 2013 年年底，已累计运行 9.46 万闸次，通过船舶 59.46 万艘次，通过旅客 1034 万人次，过闸货运量 6.44 亿 t。其中，2011 年船闸货运量已突破 1 亿 t，提前 19 年实现了三峡工程的航运规划目标。近三年来，三峡船闸单向过闸货运量均超过 5000 万 t，2013 年已突破 6000 万 t（上水）。但随着过坝运量的增长，船舶过闸运输的供需矛盾也在逐步显现，船舶在锚地待闸时间总体呈增长趋势，船闸通航压力日益增加。

为了解决三峡船闸检修、突发故障、过闸高峰等因素导致的船舶积压问题，相关部门组织了短线客船旅客、滚装汽车的翻坝转运工作，有效地缓解了船舶积压问题。翻坝货运量年均 1000 万 t 左右。

三峡船闸坝区航道通航条件与设计论证结论基本相同。三峡枢纽运行后，汛期电站调峰期间水位和流量的变化对航道条件，尤其是三峡工程坝下近坝河段的通航水流条件，在纵向和横向同时存在较大的影响。电站调峰对船舶的影响主要表现在流量增加的过程中，河道内存在附加比降，增加了船舶航行的难度。目前施行的电站调峰流量变化控制标准是：枢纽下游水位小时变幅不大于 1m，水位日变幅不大于 3m。运行实践表明，对流量的变化应有更细致的控制标准，这需要通过系统的研究才能得出。

三峡船闸试通航期、三峡船闸完建期、两坝船闸停航检修期以及因大风、大雾、洪峰等情况停航期间，船舶大量积压，待闸锚地充分发挥了缓冲功能，实践证明锚地对于三峡船闸的安全运行发挥了重要作用。

三峡水库变动回水区航道随着三峡坝前水位和入库流量的变化，不同江段、不同时期有不同程度的改善。航道尺度得到提高，航行水流条件得到改善。变动回水区河段仅设置单向航行控制河段 9 处、航道信号台 18 个，控制河段总长度 17.3km，全年只在部分时段控制单向航行。总体上看，现阶段变动回水区航道总体改善的现实和发生碍航的河段与原论证结论基本一致，通过原型观测、分析预测、制定预案和实施疏浚等措施基本保障了航道畅通。但仍需要通过进一步加强观测和研究，采取工程措施，不断改善航道条件。

三峡水库试验性蓄水后，常年回水区河段航道维护尺度得到显著提升，航道条件大幅度改善，单行控制河段、航道信号台和绞滩站全部取消。重庆至宜昌全面实现昼夜航行。在三峡水库 175m 水位试验性蓄水期，一年中有半年以上时间，重庆朝天门至三峡大坝河段，具备行驶万吨级船队和 5000 吨级单船的航道尺度和通航水流条件。但在部分时段、局部区段仍存在礁石碍航和细沙累积性淤积的碍航现象。

三峡工程蓄水后，水库水位大幅抬升，使原有通航支流通航里程延伸，航道尺度增大，水流条件变好，使部分原不通航的溪沟、支流具备通航条件。众多支流航道实现了干支连通，促进了地方经济建设和社会发展。三峡水库175m试验性蓄水期，嘉陵江口位于三峡水库变动回水区内，三峡水位较高时，嘉陵江下游部分江段航道改善较大。乌江口位于三峡水库常年回水区内，乌江下游部分江段航道改善很大。

三峡水库蓄水运行后，坝下河段来沙减少，总体表现为长距离长时段的河床冲刷，对葛洲坝以下长江中游航道条件的影响深远且有利有弊。水库下泄枯水流量的明显加大，加之正逐步实施的长江中游航道整治与护岸等工程，坝下河段总体河势保持了基本稳定且可控，航道条件也整体向好的方向发展，并已得到明显改善，但是局部河段调整仍将具有不确定性。设计论证阶段对葛洲坝以下航道条件的预测是基本正确的，今后应继续加强观测、分析和研究，以趋利避害。三峡水库蓄至175m水位后，汛后退水过程的加快给长江中游航道带来了影响，应积极探索解决的办法。

三峡工程蓄水后，水路货运量大幅增长，三峡过坝货运量和重庆市港口吞吐量增长迅速，运输船舶标准化、大型化、专业化发展加快，营运性能大幅提高，库区水上交通安全状况明显改善，取得了显著的航运效益。此外，三峡工程的建设降低了沿江地区的综合物流成本，加快了长江中上游综合交通体系结构调整，吸引了产业加快向长江沿江地带集聚，拉动了沿江经济社会可持续发展，减轻了长江沿江地区的空气污染，经济社会效益巨大。

第三章

对今后工作的建议

一、进一步提高三峡坝区河段通航能力

三峡枢纽工程的建成，极大地促进了长江航运的发展，推动了沿江地区经济的快速增长。地区经济社会的快速发展，反过来对航运需求提出了更高要求，航运基础设施包括三峡、葛洲坝通航设施，两坝间航道等设施，将面临新的、更大的挑战。

1. 过坝货运量发展趋势

三峡枢纽作为长江上游地区与中下游地区交流的水运咽喉，是长江综合运输通道的重要组成部分。2004—2013 年，三峡枢纽过坝运量年均增长 12.24%，2013 年达到 10722 万 t。过闸货运量中煤炭、矿石、矿建材料等大宗散货占主导，危险品、钢材、集装箱和商品汽车滚装运输成为新的增长点；过闸客运量逐年下降。三峡过闸货运量的快速发展和结构变化是上游地区沿江产业发展和城市建设加快的结果。

三峡工程对长江航运条件的显著改善，促进了地区经济持续健康快速发展，区域内国民经济和对外贸易增长速度均高于全国平均增长水平。区域经济高速发展是水运量增长的主要原因，沿江产业发展、对外开放是长江水运量增长的动力，水运优势促进了过坝运输的高速增长。

作为我国西南地区经济发展的中心地区，2020 年成渝经济区区域一体化格局将基本形成，成为我国综合实力最强的区域之一；凭借长江黄金水道、东西铁路大动脉、高速公路网以及西部航空枢纽之利，成为国内外产业转移的热点地区之一；依托雄厚的产业基础，将成为高新技术和装备制造业为主导的新兴产业基地；人民生活水平和质量将会上一个大台阶，生态环境将会得到较大改善。

长江综合运输通道以长江黄金水道、沿江铁路、沿江高速公路为主骨架，主要承担长江上游地区与华中、华东沿江沿海地区之间的物资交流任务。近年来，依托水运大运能、低能耗、低成本的优势，长江黄金水道在加强西部地区与国际国内市场联系等方面发挥的作用日益突出。为满足川渝地区经济快速发展和扩大对外开放的需要，该区域交通发展目标主要为“强化枢纽建设、扩大对外通道、完善区域内部网络”，形成水陆空一体化的综合交通枢纽和国际物流大通道。

长江水运服务腹地是西部与东中部省份和海外物资交流最活跃的地区，将在区域产业集聚、对外开放中发挥引导和支撑作用。水运作为腹地大宗能源和外贸物资的主要运输方式，将加强航道和港口建设：以长江干线和嘉陵江、渠江、乌江、岷江等支流高等级航道为重点，建设干支衔接、水陆联运、功能完善的内河水运系统；加强重庆港主要港口和泸州、宜宾、乐山港口建设；大力发展集装箱、汽车滚装、大宗散货、化学危险品运输和旅游客运，推进重庆长江上游航运中心建设。

在三峡工程建设前，1988 年三峡工程论证阶段完成的《长江三峡工程航运论证报告》预测，2000 年长江川江下水过坝运量为 1550 万 t、客运量 250 万人次；2030 年川江下水过坝运量 5000 万 t、客运量 390 万人次。而现实发展状况是，货运量远远超过了当年的预测，必须在新的条件下对这个问题进行深入研究。

三峡枢纽船闸投入运行后，2005—2013 年，先后有多家机构对过坝运量进行了预测（表 3.1 - 1）。自三峡船闸投入运行以来，随着运量的高速增长，船闸通过能力不足的矛盾日显突出，预测者们根据每一个阶段过坝运量的发展特色作出了相应的运量需求调整。虽然各家从各自的角度进行运量预测，其结果存在一定的差异，但随着时间的推移，过坝运量预测值逐步提高的规律是一致的。

表 3.1 - 1　各阶段三峡过坝运量预测成果表

预测机构	预测时间	货运量	2000 年	2010 年	2015 年	2020 年	2030 年
三峡工程论证航运专家组	1988 年	下行/万 t	1550				5000
国家发展和改革委员会综合运输研究所	2005 年	总量/万 t		6100		8750	11400
		下行/万 t					
		滚装车辆/万辆		50		45	

续表

预测机构	预测时间	货运量	2000 年	2010 年	2015 年	2020 年	2030 年
交通部长江航务管理局	2005 年	总量/万 t		6700		10400	13000
		下行/万 t		4360		6315	7750
		滚装车辆/万辆		50		55	60
武汉理工大学	2008 年	总量/万 t		5900	8100	9100	10800
交通运输部水运科学研究院	2009 年	总量/万 t			11400	13800	16200
		上行/万 t			3225	4500	5350
		下行/万 t			8175	9300	10850
		滚装车辆/万辆			57	60	63
大连海事大学	2009 年	总量/万 t			10600	12000	14700
		上行/万 t			2800	3700	4700
		下行/万 t			7800	8300	10000
交通运输部水运科学研究院	2011 年	总量/万 t			10400	12900	
交通运输部规划研究院	2012 年	总量/万 t			12050～13800	14520～16600	18040～20400
		下行/万 t			5250～6400	6000～7300	7400～8700
		翻坝运量/万 t			1400	1800	2100
重庆市交通运输委员会	2012 年	总量/万 t			16775	23524	
		上行/万 t			9712	12744	
		翻坝运量/万 t			1500	2500	
国家发展和改革委员会综合运输研究所	2012 年	总量/万 t				13690～20000	20960～31690
		上行/万 t				8210～12000	11530～17430
		下行/万 t				5470～8000	9430～14260

近年来，国家高度重视三峡枢纽通过能力问题。《国务院关于依托黄金水道推动长江经济带发展的指导意见》（国发〔2014〕39 号）提出，加快三峡枢纽水运新通道和葛洲坝枢纽水运配套工程前期研究工作。其中，国家发展和改革委员会综合运输研究所、国务院发展研究中心、交通运输部规划研究院、长江勘测规划设计研究有限责任公司 4 家机构分别提出各自过闸运量预测成果，

见表 3.1-2。

表 3.1-2　三峡船闸货运量预测情况

预测机构			国家发展和改革委员会综合运输研究所	国务院发展研究中心	交通运输部规划研究院	长江勘测规划设计研究有限责任公司
货运量/万 t	2020 年	总量	15690	16300	18000	14000～16500
		上行	9040	9580	10700	8000～9400
	2030 年	总量	24280	18200	25000	21000～24500
		上行	13350	10075	14500	11600～13500
	2050 年	总量	25820	19500	30000	25000～31000
		上行	13990	10370	17000	13000～16000

4 家机构综合考虑社会经济、产业布局、交通运输等影响因素后，初步提出的预测结果有一定差异。但一致认为，2030 年前三峡枢纽过闸货运需求尽管不可能延续过去的“跳跃式”增长，但依然呈现增长态势。2030 年后随着沿江工业化和城镇化进入平稳发展阶段，大宗物资运输需求趋缓乃至有所下降，三峡过闸货运需求低速增长。

研究人员对各阶段三峡枢纽过坝运量的预测是基于三峡枢纽船闸运行后的运量增长、结构变化的分析而完成的，随着运量不断超出各阶段的预测成果，预测值也在不断地变化和提升。综合各家分析预测结果，选择三峡过坝运量在 2020 年、2030 年的货运需求分别达到 1.6 亿～1.8 亿 t、2.0 亿～2.5 亿 t，可能是较为适宜的。由于长江经济带等发展战略正在制定当中，过闸货运发展存在不确定性，建议下一阶段深入研究，广泛探讨，凝聚共识。

2. 进一步提高三峡枢纽通过能力

通过挖掘既有船闸潜力、深入推进船舶标准化以及三峡升船机的投入运行可进一步提高过坝能力，但提升空间有限。根据三峡过坝运量需求和三峡船闸通过能力预测，今后几年内三峡船闸将难以满足航运发展的需求。

另外，葛洲坝船闸的设计货物单向通过能力为 5000 万 t。大江航道和 1 号船闸汛期因通航水流条件不良导致通过能力受限。三江航道和 2 号船闸及 3 号船闸枯水期因航道水深不足也会导致通过能力受限。

还有汛期两坝间的通过能力受限的问题。目前，对两坝间汛期通航水流条件的改善，缺乏包括水库调度和航道整治在内的综合对策和有力措施。

总之，三峡工程促进了长江航运的发展，在三峡库区和葛洲坝以下航道条件得到明显改善的情况下，在未来一定时期内水运需求必将持续增长，因此必须同时开展挖掘既有船闸潜力、建设综合立体交通走廊、加快三峡枢纽水运新通道和葛洲坝枢纽船闸扩能工程前期研究三方面工作，从而提高三峡枢纽、葛洲坝船闸和两坝间航道在内的航运系统的通过能力。

（1）挖掘三峡及葛洲坝既有船闸潜力。根据目前的研究成果，现状船舶组成情况下，针对三峡船闸通过能力挖潜空间有限的问题，建议通加快推广三峡船型、限制非标准船型过闸、限制客船过闸、合理利用升船机、合理实施过闸船舶限制吃水标准等挖潜措施，缓解三峡船闸通过能力不足对长江上游地区航运和经济发展的不利影响。

（2）建设综合立体交通走廊。依托长江黄金水道，统筹铁路、公路、航空、管道建设，加强各种运输方式的衔接和综合交通枢纽建设，加快多式联运发展，建成安全便捷、绿色低碳的综合立体交通走廊，增强对长江经济带发展的战略支撑力。

（3）加快三峡枢纽水运新通道和葛洲坝枢纽船闸扩能工程前期研究工作。根据目前的研究成果，要从根本上解决货运量增长与通过能力不足之间的矛盾，必须在三峡坝区建设新的水运通道，并同步推进葛洲坝船闸扩能、三峡大坝至葛洲坝两坝间航道整治，整体提高三峡枢纽通航能力。

根据三峡水利枢纽坝区地形条件，新通道船闸的线路位置可在左岸选择。设计修建新通道船闸的技术，基本上与已建三峡船闸相似。新通道船闸的总布置，仍可采用五级连续布置的形式，船闸主体段位于深挖岩槽中，主体结构仍基本采用在直立开挖岩坡上浇筑钢筋混凝土衬砌结构的形式。

初步分析，新通道船闸的建设存在技术上的可行性，无难以克服的重大技术难题。但新通道船闸工程的建设规模及投资较大，还存在一些新的技术问题需要深入研究，建议尽快安排前期工作，为决策提供必要的条件。

二、建立长江上游水库群联合调度体制机制

在未来一段时期内，长江上游将陆续建成若干大型水库。三峡工程汛后蓄水期、长江枯水期、三峡工程汛前水库消落期和长江洪水期的长江航道条件，既与三峡工程和葛洲坝工程密切相关，也与整个长江上游水库群的水库调度密切相关。长江上游水库群和三峡水库的联合调度，需要建立统一高效的体制机制，统筹考虑防洪、航运、发电等各方面的需求，实现水资源多目标开发和协调发展。

完善三峡枢纽运行高层协调机制，建立涉及防洪、航运、发电等三峡枢纽综合效益的国家级协调机制并完善防汛会商制度，确保枢纽航运效益的发挥和船舶航行安全。在汛期，通过兼顾防洪、发电、通航，把对三峡—葛洲坝枢纽通过能力的影响降至最小。

专题报告

ZHUANTI BAOGAO

专 题 一

三峡船闸运行情况和评估

一、三峡船闸概况

（一）设计标准

1. 规模及设计水平年

三峡双线连续五级船闸，船闸及其引航道可通过万吨级船队，设计最大单船为3000吨级。船闸有效尺度为280m×34m×5.0m（长×宽×最小水深），船闸设计水平年为2030年，设计年货运量（下水）5000万t。

2. 船闸及其建筑物等级

三峡工程属Ⅰ等工程，双线五级船闸级别为Ⅰ级；闸首、闸室和输水廊道系统为1级建筑物；进水箱涵、泄水箱涵、导航墙、靠船墩为2级建筑物；引航道隔流堤及其他附属建筑物为3级建筑物。

3. 通航水位

上游最高通航水位：初期156m，后期175m。

上游最低通航水位：初期135m，后期145m。

下游最高通航水位：后期73.8m。

下游最低通航水位：62m（按下游最低水位62m设计，但船闸正常运行下游最低水位应按63m控制）。

上游检修水位：175m。

下游检修水位：68m。

上游最高挡水位：180.4m。

下游最高挡水位：83.1m。

4. 通航流量（枢纽下泄流量）

最大通航流量：56700m^3/s。

$56700m^3/s$ 流量下允许 3000t 船队单向通行，$45000m^3/s$ 流量下允许 10000t 船队迎向通行。

5. 设计过坝船型船队

三峡水利枢纽设计过坝船型船队见表 1.1-1，代表船队的最大平面尺度为 264.0m×32.4m，最大吃水深度为 3.3m。

表 1.1-1　　三峡水利枢纽设计过坝船型船队

序号	船队组成（推船＋驳船）	船队尺度（长×宽×吃水深度）/（m×m×m）
1	1＋6×500t	126.0×32.4×2.2
2	1＋9×1000t	264.0×32.4×2.8
3	1＋9×1500t	248.5×32.4×3.0
4	1＋6×2000t	196.0×32.4×3.1
5	1＋4×3000t	196.0×32.4×3.3
6	1＋4×3000t（油）	219.0×31.2×3.3

（二）三峡船闸工程建设

1. 开挖工程

开挖工程于 1994 年 4 月 17 日开工，1999 年 9 月 30 日主体段开挖结束。主要施工内容包括山体排水洞、输水系统施工支洞、输水隧洞、阀门井、主体段航槽。

2. 混凝土浇筑工程

混凝土浇筑工程于 1998 年 9 月开工，2002 年 6 月 25 日完成主体混凝土浇筑。主要施工内容包括船闸输水隧洞、阀门井及船闸闸室、闸首等混凝土浇筑。

3. 金属结构和机电设备安装及调试工程

金属结构和机电设备安装于 2000 年 7 月 16 日开工，2002 年 6 月 1 日完成了船闸的闸门、阀门和启闭机械等主要设备的安装。

2002 年 6 月 30 日完成了船闸单机调试和单闸首机、电、液联合调试。

2002 年 7 月 1 日至 2002 年 8 月 30 日完成无水调试联合调试。

2002 年 9 月 1 日开始有水联合调试，其间对船闸南北线的土建工程和金属结构机电设备安装工程进行了排干检查和缺陷处理。2003 年 5 月底基本完成有水联调。

2003 年 6 月 11—15 日组织实施了蓄水 135m 后船闸通航实船试验，至此完成了船闸试通航前全部调试工作。

4. 完建施工

完建施工主要工程内容如下：

（1）一闸首底槛混凝土由131m加高至139m，并浇筑事故检修门和人字门底槛二期混凝土；二闸首底槛混凝土由131m加高至139m，浇筑闸首边墙门龛底部、启闭机房和顶枢AB拉杆混凝土，浇筑底枢、底槛以及埋件二期混凝土。

（2）一闸首底槛埋件安装；二闸首人字门抬高8m并重新安装，相应人字门启闭机抬高8m并重新安装；设备调试。

南线船闸于2006年9月15日至2007年1月20日完成了完建施工；北线船闸于2007年1月20日至2007年5月1日完成了完建施工。至此三峡船闸施工全部结束。

（三）三峡船闸运行阶段

1. 围堰发电期

围堰发电期运行时间为2003年6月18日至2006年9月15日。设计上游水库水位135m，2003年11月5日根据水库运行条件蓄水至139m，以后上游库区水位按汛期135m水位、枯水期139m水位控制运行。船闸按四级补水方式运行，运行正常。围堰发电期最大通航流量为45000m^3/s，并在流量不小于25000m^3/s时，按每增加5000m^3/s流量为一个等级，对通过两坝间的船舶按总功率和单位功率拖带量实行限航。

（1）船闸试运行。2003年6月15日三峡库区蓄水至135m，6月16—17日船闸调试运行，6月18日开始进入为期一年的试运行期。2003年11月5日库区蓄水至139m，2004年5月库区水位降至135m。船闸按四级补水方式运行，运行正常。

在运行过程中，按验收专家组要求，在2003年12月10日7：00至12月23日14：00，南线船闸停航13d，2004年2月20日8：00至3月5日8：00，北线船闸停航14d，对两线船闸输水系统进行了排干检查，并将北四人字门门体顶升后对其底枢进行了检查。

（2）船闸正式运行。2004年7月8日船闸通过国家验收，转入正式运行，库区水位按135～139m控制。船闸按四级补水方式运行，运行正常。

由于采用四级补水运行方式，一闸室成为船舶进闸通道和输水通道。为缩短闸次间隔时间，提高通航效率，交通部、中国长江三峡工程开发总公司、水利部交通运输部国家能源局南京水利科学研究院等通力合作，于2004年9—10月完成了一闸室的水力学原型试验与观测。12月14—25日，完成了实船试验，调整优化了输水阀门的运行参数，测试了一闸室水力特性、流速特性及船舶系缆力，形成了新的一闸室待闸调度工艺。2005 年 1 月 13 日该成果通过验收并投入运用。

2. 初期运行期

2006 年 9 月 15 日三峡水库开始初期运行期运行，最高蓄水位 156m，三峡船闸相应进入初期运行期，至今运行正常。初期运行期最大通航流量及限航流量与围堰发电期相同。

（1）完建期运行。根据三峡工程建设工期安排，进入初期运行后，三峡船闸需要进行完建施工，三峡船闸进入完建期运行，完建期运行时间自 2006 年 9 月 15 日 8：00 至 2007 年 5 月 1 日 9：00，共 228d。

2006 年 9 月 15 日 8：00，三峡南线船闸停航开始完建施工，北线船闸单线运行；2007 年 1 月 20 日 8：00，南线船闸施工结束恢复通航，北线船闸停航开始完建施工；2007 年 5 月 1 日 9：00，北线船闸施工结束恢复通航。

三峡船闸完建期运行为单线单向运行、定期换向，换向周期一般为 24h，根据上下游船舶量的情况进行微调。

三峡水库 2006 年 10 月 27 日蓄水至 156m 后，上游运行水位控制在 144～156m，下游水位一般保持在 64m 以上，船闸运行采用四级补水和四级不补水的运行方式。

（2）正常运行。2007 年 5 月 1 日后，船闸正常运行，采用南线下行、北线上行的运行方式。

水库最高蓄水至 156m 水位期，三峡船闸根据上下游水位的不同，采用四级补水和四级不补水的运行方式。

2008 年 9 月 28 日，三峡水库开始 172m 试验性蓄水；2008 年 10 月 3 日 18：00，三峡水库坝上水位达到 153.88m，三峡船闸首次采用五级补水的运行方式；2008 年 10 月 31 日，三峡水库坝上水位到达 165m 左右后，三峡船闸首次采用五级不补水的运行方式。

2010 年 9 月 10 日开始，三峡水库开始 175m 试验性蓄水；10 月 6 日三峡水库蓄水至 175m。

三峡水库 175m 试验性蓄水完成后，库水位按汛期 145m 水位、枯水期 175m 水位控制运行；三峡船闸根据水位的不同，按照运行管理规程的要求选择四级或五级运行。

二、三峡船闸通航情况

三峡船闸自 2003 年投入运行以来，截至 2013 年年底已经运行 10.5 年，

累计运行 9.46 万闸次、通过船舶 59.46 万艘次，通过旅客 1034 万人次，过闸货运量 6.44 亿 t。

（一）三峡船闸通航运行情况

三峡船闸通航运行情况见表 1.2－1。

表 1.2－1　　三峡船闸通航运行情况表

项　目		2003 年	2004 年	2005 年	2006 年	2007 年	2008 年	2009 年	2010 年	2011 年	2012 年	2013 年
日历天数/d		197	366	365	365	365	366	365	365	365	366	365
日历时数/h		4713	8784	8760	8760	8760	8784	8760	8760	8760	8784	8760
设计运行时数/h		—	7370	7370	7370	7370	7370	7370	7370	7370	7370	7370
实际运行时数/h	北线	4644.31	8233.24	8675.03	8683.79	6220.48	8595.14	8483.92	8368.53	8661.37	8301.81	8132.88
	南线	4297.75	8649.60	8625.97	6249.38	7953.20	8606.56	8407.20	8408.08	8651.46	7824.59	8538.63
运行闸次	上行	2269	4446	4218	4203	4142	4405	4109	4713	5191	4880	5350
	下行	2117	4273	4118	3847	3945	4256	3973	4694	5156	4833	5420
	合计	4386	8719	8336	8050	8087	8661	8082	9407	10347	9713	10770
日均运行闸次	上行	11.73	12.96	11.67	11.62	15.98	12.30	11.62	13.52	14.38	14.11	15.79
	下行	11.82	11.86	11.46	14.77	11.90	11.87	11.34	13.40	14.30	14.82	15.23
	合计	23.55	24.82	23.13	26.39	27.88	24.17	22.96	26.92	28.68	28.93	31.02
闸室面积利用率/%	北线	67.72	74.65	71.35	72.51	70.01	69.51	71.60	75.56	76.30	72.24	70.83
	南线	73.65	77.68	73.59	73.22	75.52	71.36	74.44	76.73	77.57	73.22	71.84
	平均	70.69	76.17	72.47	72.87	72.77	70.44	73.02	76.15	76.94	72.73	71.34

注　1. 三峡船闸年设计通航 335d，每天运行 22h。
2. 闸室面积利用率＝过闸船舶集泊面积/闸室集泊面积。
3. 日均运行闸次＝年闸次/通航天数。
4. 2006 年三峡南线船闸完建期施工停航 128d，2007 年三峡北线船闸完建期施工停航 100d。

从表中可以看出：

（1）船闸实际运行时数远大于设计运行时数。

三峡船闸年设计通航天数为 335d，设计运行时间为 22h/d，年运行时数 7370h。实际自 2004 年以来，除因完建期停航导致 2006 年南线、2007 年北线运行时数不到 7370h 外，实际运行时数均大于设计运行时数。

综上所述，说明三峡船闸维护保养、故障停航、检修等耗时较少，从一个侧面反映三峡船闸建设和运行管理的高质量。

（2）闸室面积利用率近期稳定在 70%左右。

（3）2013 年日均运行超过 31 闸次，在现有船舶过闸条件下已趋于饱和。

三峡船闸设计船型为船队，每闸次过 1 个船队，船队进闸距离为距闸首前缘的 60m，进闸速度为 0.6m/s，设计进闸时间为（330＋60）/0.6＝650（s）＝10.8min。实际运行中船队极少，一次过闸平均艘次虽然随着船舶大型化逐年降低，但 2013 年仍然达 4.24 艘/闸次（表 1.2－2），多艘船舶顺序进闸、移泊和系解缆，进闸和移泊时间均远大于单个船队在距闸首前缘 60m 位置进闸、单船队移泊的时间，2013 年三峡船闸双线日均闸次总数为 31.02 闸次，在现有船舶过闸条件下已趋于饱和。

（二）过闸运输情况

1. 过闸客货运量情况

三峡船闸过闸客货运量情况见表 1.2－2。

表 1.2－2　　三峡船闸过闸客货运量情况表

项目		2003 年*	2004 年	2005 年	2006 年	2007 年	2008 年	2009 年	2010 年	2011 年	2012 年	2013 年
货运量/万 t	上行	448	1010	1037	1371	1696	2112	2921	3599	5534	5345	6029
	下行	929	2421	2255	2568	2990	3259	3168	4281	4499	3266	3678
	合计	1377	3431	3292	3939	4686	5371	6089	7880	10033	8611	9707
旅客量/万人次	上行	49.10	69.30	78.50	68.60	38.33	40.15	29.21	19.92	20.92	13.56	21.96
	下行	59.10	103.30	109.90	93.40	46.54	45.35	44.78	30.83	19.08	10.85	21.27
	合计	108.20	172.60	188.40	162.00	84.87	85.50	73.99	50.75	40.00	24.41	43.23
船闸运行闸次数/闸次	上行	2269	4446	4218	4203	4142	4405	4109	4713	5191	4880	5350
	下行	2117	4273	4118	3847	3945	4256	3973	4694	5156	4833	5420
	合计	4386	8719	8336	8050	8087	8661	8082	9407	10347	9713	10770
过闸船舶数量/艘次	上行	17255	37555	31968	27622	26553	27735	25953	29129	27947	22204	22726
	下行	17625	37501	31981	28761	26759	27616	25862	29173	27663	22059	22943
	合计	34880	75056	63949	56383	53312	55351	51815	58302	55610	44263	45669
过闸客船数量/艘次	上行	2893	5906	5653	4056	2855	2911	2949	2198	1658	979	1272
	下行	2815	5919	5751	4046	2876	2918	2942	2190	1673	969	1261
	合计	5708	11825	11404	8102	5731	5829	5891	4388	3331	1948	2533
一次过闸平均船舶数量/艘	上行	7.60	8.45	7.58	6.57	6.41	6.30	6.32	6.18	5.38	4.55	4.25
	下行	8.33	8.78	7.77	7.48	6.78	6.49	6.51	6.21	5.37	4.56	4.23
	综合	7.95	8.61	7.67	7.00	6.59	6.39	6.41	6.20	5.37	4.56	4.24

续表

项目		2003年*	2004年	2005年	2006年	2007年	2008年	2009年	2010年	2011年	2012年	2013年
过闸船舶总定额吨/万t	上行	1482	3268	3427	3720	3868	4113	4084	5617	7444	7346	8050
	下行	1552	3365	3505	3569	3943	4112	4090	5659	7426	7324	8163
	合计	3034	6633	6932	7289	7811	8225	8174	11276	14870	14670	16213
过闸货船平均定额吨/t	上行	1032	1032	1302	1579	1632	1657	1775	2086	2831	3461	3752
	下行	1048	1065	1336	1444	1651	1665	1784	2097	2857	3473	3765
	综合	1040	1049	1319	1510	1642	1661	1780	2092	2844	3467	3759
一次过闸平均吨位/t	上行	7845	8721	9870	10375	10464	10432	11213	12892	15244	15748	15940
	下行	8722	9350	10378	10798	11198	10802	11615	13034	15329	15850	15937
	综合	8269	9029	10121	10575	10822	10614	11411	12963	15286	15799	15938
装载系数	上行	0.30	0.31	0.30	0.37	0.44	0.51	0.72	0.64	0.74	0.73	0.75
	下行	0.60	0.72	0.64	0.72	0.76	0.79	0.77	0.76	0.61	0.45	0.45
	综合	0.45	0.52	0.47	0.54	0.60	0.65	0.74	0.70	0.67	0.59	0.60
不均衡系数	上行	1.16	1.11	1.20	1.19	1.17	1.14	1.23	1.24	1.21	1.34	1.19
	下行	1.20	1.12	1.17	1.23	1.21	1.36	1.30	1.21	1.15	1.25	1.17

* 2003年统计时间为6月18日至12月31日。

从表1.2-2中可以看出：

(1) 货运量逐年增长，到2011年达到设计通过能力。单向货运量2011—2013年分别为5534万t、5345万t、6029万t，达到设计通过能力。货运量由2004年的3431万t逐年增长到2011年的10033万t，年增长率达到16.56%，远高于同期经济增长速度。

(2) 一次过闸平均吨位逐年攀升而一次过闸船舶艘次数逐年降低，船舶大型化趋势明显。一次过闸平均吨位由2004年的9029t逐年攀升到2013年的15938t，一次过闸平均船舶数量由2004年的8.61艘逐年降低到2013年的4.24艘，过闸货船平均定额吨由2004年的1049t逐年攀升到2013年的3759t，船舶大型化趋势明显。

(3) 货物流向变化明显，初期下行货物量远大于上行货物量，逐步变化到近期上行货物量远大于下行货物量。货物流向由2004年下行2421万t、上行1010万t，逐步变化到2013年下行3678万t、上行6029万t。

(4) 装载系数偏低。由于受上、下行货物严重不均衡（2013年：上行/下行=1.64）及船舶大型化后枯水期需减载通过等影响，装载系数在2009年达到最大值0.74后（2009年：下行/上行=1.07，为最均衡年），逐年降低到

2013 年的 0.60。2012 年、2013 年下行船舶的装载系数均仅为 0.45，低于设计规范中装载系数的最小值。

2. 过闸船舶类型分布

三峡船闸过闸船舶类型分布见表 1.2－3。

表 1.2－3　　三峡船闸过闸船舶类型分布表　　单位：艘次

船舶类型		2008 年	2009 年	2010 年	2011 年	2012 年	2013 年
客船	普通客船	1982	1905	1257	315	159	201
	客货船	2193	1935	765	143	80	86
	旅游客船	1553	2006	2179	2654	1692	2231
	其他客船	101	45	187	219	17	15
	占比/%	10.53	11.37	7.53	5.99	4.40	5.55
普通货船	普通货船	26504	20981	23451	19680	13634	12496
	杂货船	241	148	145	218	186	223
	散货船	2999	2850	4852	7636	8042	9281
	集装箱船	3415	2935	2745	2313	1975	1889
	商品车船	967	1141	1061	1067	976	941
	多用途船	3112	3495	4828	6960	6809	7153
	其他干货船	6754	8169	10696	8638	6140	6244
	占比/%	79.48	76.66	81.95	83.64	85.31	83.70
危险品船舶	油船	2006	2332	2791	3103	2714	2628
	化学品船	779	1068	1228	1416	1502	2001
	其他液货船	351	171	226	169	85	67
	占比/%	5.67	6.89	7.28	8.43	9.72	10.28
其他	工程船	12	36	40	29	12	10
	公务船	226	368	132	126	143	87
	其他类船舶	107	97	66	30	23	47
	拖船	2049	2133	1653	894	74	69
	占比/%	4.33	5.08	3.24	1.94	0.57	0.47

3. 过闸船舶吨位分布

三峡船闸过闸船舶吨位分布见表 1.2－4。

表 1.2-4　　三峡船闸过闸船舶吨位分布表

吨位等级		2004 年	2005 年	2006 年	2007 年	2008 年	2009 年	2010 年	2011 年	2012 年	2013 年
1000t 及以下	数量/艘次	50977	36173	23498	18061	22232	20432	18014	10860	5166	4430
	占比/%	67.92	56.57	41.68	33.88	40.17	39.43	30.90	19.53	11.67	9.70
1001～2000t	数量/艘次	18285	20362	19623	17747	17005	14939	17121	13097	7641	6644
	占比/%	24.36	31.84	34.80	33.29	30.72	28.83	29.37	23.55	17.26	14.55
2001～3000t	数量/艘次	4016	5580	9350	10897	11017	10433	12859	12837	9643	8939
	占比/%	5.35	8.73	16.58	20.44	19.90	20.14	22.06	23.08	21.79	19.57
3001～4000t	数量/艘次	1778	1834	3912	4167	2804	2730	4155	5878	5969	6731
	占比/%	2.37	2.87	6.94	7.82	5.07	5.27	7.13	10.57	13.49	14.74
4001～5000t	数量/艘次	2007 年以前 3000t 以上船舶未分级统计，均统计为 3000t 以上			1720	1593	1964	2423	3794	4383	5143
	占比/%				3.23	2.88	3.79	4.16	6.82	9.90	11.26
5001t 以上	数量/艘次				720	700	1317	3730	9144	11461	13782
	占比/%				1.35	1.26	2.54	6.40	16.44	25.89	30.18
合　计		75056	63949	56383	53312	55351	51815	58302	55610	44263	45669

注　吨位等级采用定额吨划分。

从表 1.2-4 中可以看出船舶大型化趋势明显，过闸船舶中 3000 吨级以上船舶的过闸艘次占比由 2004 年的 2.37%上升到 2013 年的 56.18%，2013 年 5000 吨级以上船舶艘次占比达到 30.18%。

4. 过闸货种分布

三峡船闸过闸货种分布见表 1.2-5。

表 1.2-5　　三峡船闸过闸货种分布表　　单位：万 t

货物种类		2004 年	2005 年	2006 年	2007 年	2008 年	2009 年	2010 年	2011 年	2012 年	2013 年
煤炭	上行	0	0	0	0	10.28	42.34	68.55	193.57	210.06	374.01
	下行	1784.90	1749.90	1821.80	2030.10	2203.61	2172.98	2806.27	2278.81	1160.03	824.39
	合计	1784.90	1749.90	1821.80	2030.10	2213.89	2215.32	2874.82	2472.38	1370.09	1198.40
	占比/%	52.03	53.17	46.25	43.32	41.23	36.38	36.48	24.64	15.91	12.35
石油	上行	71.8	65.2	108.8	125	222.47	329.49	430.29	465.59	439.04	509.18
	下行	6.6	22.6	7.2	9.2	14.54	19.39	21.24	14.29	15.63	16.93
	合计	78.4	87.8	116	134.2	237.01	348.88	451.53	479.88	454.67	526.11
	占比/%	2.29	2.67	2.94	2.86	4.41	5.73	5.73	4.78	5.28	5.42

续表

货物种类		2004年	2005年	2006年	2007年	2008年	2009年	2010年	2011年	2012年	2013年
木材	上行	3	3.3	4	4.9	13.7	28.6	33.87	30.8	34.36	56.7
	下行	0.2	0.1	0.3	0.9	1.31	1.09	1.13	1.56	1.52	1.62
	合计	3.2	3.4	4.3	5.8	15.01	29.69	35	32.36	35.88	58.32
	占比/%	0.09	0.10	0.11	0.12	0.28	0.49	0.44	0.32	0.42	0.60
集装箱	上行	71.3	110.6	187.2	251.9	337.04	354.62	329.07	392.49	461.88	538.55
	下行	110	155.3	243	294.4	367.99	327.35	319.9	365.34	383.62	451.7
	合计	181.3	265.9	430.2	546.3	705.03	681.97	648.97	757.83	845.50	990.25
	占比/%	5.28	8.08	10.92	11.66	13.13	11.20	8.24	7.55	9.82	10.20
水泥	上行	13.2	63.1	71.2	87.4	185.69	316.3	137.36	33.72	17.91	6.09
	下行	8.4	0.4	0.2	0.2	0.36	4.53	34.64	255.7	160.35	245.86
	合计	21.6	63.5	71.4	87.6	186.05	320.83	172	289.42	178.26	251.95
	占比/%	0.63	1.93	1.81	1.87	3.46	5.27	2.18	2.88	2.07	2.60
矿建材料	上行	136.7	220	231.2	231.2	158.69	204.41	522.91	1674.47	1806.37	2110.4
	下行	21.2	17.5	29.5	25.2	17.09	12.06	27.1	114.07	119.21	450.98
	合计	157.9	237.5	260.7	256.4	175.78	216.47	550.01	1788.54	1925.58	2561.38
	占比/%	4.60	7.22	6.62	5.47	3.27	3.56	6.98	17.83	22.36	26.39
矿石	上行	208.2	186.8	414.4	536.7	618.67	771.87	1084.13	1431.22	1210.18	1306.25
	下行	44.2	75.8	127.1	169.2	164.03	206.63	396.46	585.72	557.43	698.01
	合计	252.4	262.6	541.5	705.9	782.7	978.5	1480.59	2016.94	1767.61	2004.26
	占比/%	7.36	7.98	13.75	15.06	14.57	16.07	18.79	20.10	20.53	20.65
粮棉	上行	20.5	42.6	43.6	57.8	69.18	75.89	79.39	72.66	99.6	94.53
	下行	4.2	1.2	2.2	0.7	1.62	6.76	2.26	3.11	3.47	3.29
	合计	24.7	43.8	45.8	58.5	70.8	82.65	81.65	75.77	103.07	97.82
	占比/%	0.72	1.33	1.16	1.25	1.32	1.36	1.04	0.76	1.20	1.01
钢材	上行	57.1	77.8	85.2	126.1	199.43	373.06	451.51	510.27	485.87	503.76
	下行	56.5	66.9	80	120.5	152.01	94.4	183.98	249.06	278.68	290.03
	合计	113.6	144.7	165.2	246.6	351.44	467.46	635.49	759.33	764.55	793.79
	占比/%	3.31	4.40	4.19	5.26	6.54	7.68	8.06	7.57	8.88	8.18
水果	上行	0.2	0	0.3	1.1	0.27	0.67	0.2	0	0	0
	下行	1.9	1.8	1.3	1.5	0.33	0.28	0.01	0.02	0.27	0.35
	合计	2.1	1.8	1.6	2.6	0.6	0.95	0.21	0.02	0.27	0.35
	占比/%	0.06	0.05	0.04	0.06	0.01	0.02	0.00	0.00	0.00	0.00

续表

货物种类		2004年	2005年	2006年	2007年	2008年	2009年	2010年	2011年	2012年	2013年
化肥	上行	48.1	57.8	47.6	33.7	25.07	38.93	25.8	22.28	20.11	16.98
	下行	56.5	42.1	55.3	90.7	68.58	63.41	88.31	101.89	119.61	133.81
	合计	104.6	99.9	102.9	124.4	93.65	102.34	114.11	124.17	139.72	150.79
	占比/%	3.05	3.04	2.61	2.65	1.74	1.68	1.45	1.24	1.62	1.55
其他	上行	376.6	199.4	177.3	240.2	271.06	385.05	436.42	706.49	560.06	512.6
	下行	329.2	130.9	200.4	247.3	267.23	258.62	399.6	529.23	465.8	560.66
	合计	705.8	330.3	377.7	487.5	538.29	643.67	836.02	1235.72	1025.86	1073.26
	占比/%	20.57	10.04	9.59	10.40	10.02	10.57	10.61	12.32	11.91	11.06
大宗货物和集装箱运输占比/%		74.87	83.52	84.67	83.63	83.15	80.62	84.28	82.47	82.78	83.19

从表1.2-5中可以看出：

（1）三峡船闸过闸货物以煤炭、矿石、矿建材料、钢材、石油等大宗物资和集装箱为主，大宗物资和集装箱运输总量与总货运量保持同步增长，虽然各货运量占比在不断地变化，但2005年以后总占比稳定在总货运量80%以上。

（2）运行前期煤炭运量居主导地位，以电煤下行东送为主，近年来煤炭运量所占比例下降明显，并出现了大量煤炭上行进入川、渝等地的现象。2004年，煤炭运量1784.90万t，占过闸总货运量的52.03%，全为下行；2013年煤炭运量1198.40万t，占过闸总货运量的12.35%，上下行运量比例为3∶7。

（3）矿建材料和矿石运量增长迅速，2004—2013年9年间分别增长了15.22倍和6.94倍，并成为总量最大的2宗过闸货物。

（4）钢材运输快速增长，9年间增长了5.99倍。

（5）集装箱运输快速增长，9年间增长了4.46倍。

（6）另外，表内未单独列出的危险品运量增加较快。2009年通过三峡船闸的危险品总量（含集装箱及其他普通货船装运危险品）为3798艘次、448万t，2013年达到了5345艘次、762万t。目前平均每天约有15艘危险品船舶和2万多吨危险品过闸，约2d就需安排一个一级易燃易爆危险品专闸。

5. 过闸旅客运输情况

2009年以前过闸旅客主要集中在春运、五一、十一黄金周期间，春运期间达到最大值，水路是老百姓进出川的主要通道之一。随着腹地经济的发展、人们生活水平的提高和进出川交通基础设施的改善，人们出行有了更多方便快捷的交通方式可供选择，客运量向旅游客运方向集中。

三峡船闸过闸旅客运输情况见表1.2-6。

表1.2-6　　三峡船闸过闸旅客运输情况表

项　目	2006年	2007年	2008年	2009年	2010年	2011年	2012年	2013年
旅客数量/万人	161.99	84.87	85.5	73.99	50.75	40	24.41	43.23
客船数量/艘次	8102	5731	5829	5891	4388	3331	1948	2533
客船艘次占比/%	14.37	10.75	10.53	11.37	7.53	5.99	4.40	5.55
客船面积占比/%	12.66	10.1	9	10.6	8	7.2	5.88	8.07
客船折算吨/万t	570.96	526.45	531.13	721.93	685.25	778.37	538.37	851.79

注　$客船折算吨=\frac{客船面积占比}{1-客船面积占比}\times 货运量$。

从表1.2-6中可以看出，过闸客船数量呈下降趋势，但按过闸面积折算过闸吨位呈现上升趋势，2013年达到851.79万t。

（三）过闸船舶待闸情况

1. 2010—2012年过闸船舶平均待闸时间

三峡船闸通航以来，货运量逐年快速上升，2010年单向货运量（下行）达到4281万t，达到设计能力的80%以上，待闸船舶日益增多、船舶待闸时间增加，因此，三峡通航管理部门于2010年3月开始对过闸船舶待闸情况进行统计，统计范围针对下行过闸船舶，待闸时间为船舶进出锚地时间差，此统计方式延续至2012年12月。

2010—2012年过闸船舶平均待闸时间见表1.2-7。

表1.2-7　　2010—2012年过闸船舶平均待闸时间　　单位：h

月　份	2010年		2011年		2012年	
	船舶平均待闸时间	其中：危险品船舶	船舶平均待闸时间	其中：危险品船舶	船舶平均待闸时间	其中：危险品船舶
1	—	—	23.58	31.17	8.66	27.03
2	—	—	7.33	21.17	8.01	23.74
3	7.08	11.95	13.58	25.06	54.71	49.67
4	12.76	26.66	21.93	30.77	98.06	64.28
5	19.38	42.48	14.65	24.71	66.21	66.14
6	17.03	28.05	9.52	27.34	10.59	30.06
7	28.41	39.09	10.79	26.78	47.24	82.43
8	44.20	51.42	24.16	29.94	105.04	81.20

续表

月份	2010年		2011年		2012年	
	船舶平均待闸时间	其中：危险品船舶	船舶平均待闸时间	其中：危险品船舶	船舶平均待闸时间	其中：危险品船舶
9	31.94	35.84	16.19	31.38	30.10	37.04
10	17.13	29.32	22.04	34.20	28.57	37.95
11	26.09	38.59	23.72	37.14	53.53	63.34
12	24.23	37.47	7.96	25.48	24.54	48.62
年平均	19.41	30.55	16.95	28.71	43.69	49.52

2. 2013年待闸船舶总量和待闸时间

2013年，对船舶待闸的相关指标及其定义进行了补充完善，并将统计范围覆盖三峡河段所有过闸船舶。

相关指标定义如下：

待闸船舶：已申报过闸计划并已到锚的等待过闸船舶。

待闸时间：船舶实际过闸时间与船舶申报的过闸时间的差值。船舶实际过闸时间以船舶进闸时间为准。如果船舶在其申报的过闸时间前尚未到锚，则以船舶到锚时间计算。

到锚：沿用了以前的调度词语，现在的定义为船舶到达调度边线，下行船舶为到达距三峡大坝约72km的巴东大桥，上行船舶为到达距葛洲坝约66.5km的枝城大桥。

平均待闸时间：统计时段内所有过闸船舶的待闸时间的平均值。

最长待闸时间：统计时段内所有船舶待闸时间的最大值。

2013年待闸船舶总量和待闸时间见表1.2-8。

表1.2-8　　2013年待闸船舶总量和待闸时间

方向	类型	数量/艘次	待闸时间/h	
			平均值	最大值
葛洲坝上行	普通船舶	21798	40.91	351
	危险品船舶	2636	58	319.05
	总计	24434	42.75	
三峡下行	普通船舶	20186	36.91	341.22
	危险品船舶	2757	50.42	282.2
	总计	22943	38.53	

2013年日待闸船舶数量见表1.2-9。

表1.2-9　　2013年日待闸船舶数量表

日期	待闸船舶数量/艘											
	1月	2月	3月	4月	5月	6月	7月	8月	9月	10月	11月	12月
1日	272	208	136	307	196	188	99	170	135	205	207	197
2日	246	193	140	192	195	210	116	256	167	203	138	172
3日	274	200	165	216	183	166	134	235	147	182	160	177
4日	288	197	238	189	173	200	151	172	106	169	180	209
5日	292	169	263	211	194	141	124	175	138	262	181	203
6日	281	103	327	197	188	119	147	189	141	260	218	234
7日	267	63	363	146	243	106	163	169	138	260	154	153
8日	261	40	420	184	275	55	163	181	129	204	162	141
9日	274	20	466	184	282	136	158	137	87	181	197	211
10日	262	21	526	189	346	142	165	93	133	221	212	185
11日	238	16	559	155	281	115	154	112	105	180	234	242
12日	242	53	573	141	286	128	158	111	150	219	160	182
13日	255	72	539	171	288	139	191	124	103	157	195	160
14日	266	123	589	194	266	179	191	115	125	140	198	173
15日	308	97	666	250	299	141	122	76	104	134	190	176
16日	258	131	728	201	236	137	107	89	160	148	213	210
17日	234	126	708	181	214	117	135	135	183	193	167	173
18日	234	107	708	211	207	105	83	136	105	151	170	185
19日	254	119	755	216	202	112	161	105	127	175	179	186
20日	221	112	765	208	246	96	191	114	150	171	192	187
21日	288	99	773	199	206	57	205	115	123	178	201	227
22日	248	123	659	199	156	83	260	119	168	199	155	192
23日	256	163	541	229	163	76	243	140	143	178	160	181
24日	275	187	484	185	202	95	267	104	129	180	185	198
25日	304	128	458	235	183	90	264	100	237	177	139	201
26日	288	121	516	203	156	68	207	134	165	201	180	203
27日	254	122	516	203	228	128	189	110	131	223	132	194
28日	260	106	442	224	224	104	187	157	185	177	128	193

续表

日期	待闸船舶数量/艘											
	1月	2月	3月	4月	5月	6月	7月	8月	9月	10月	11月	12月
29日	260	—	406	204	211	143	188	123	154	194	169	239
30日	266	—	358	236	189	121	189	115	173	210	183	224
31日	210	—	356	—	174	—	160	119	—	176	—	263

从表1.2-9中可以看出，船舶待闸呈常态化，一旦发生停航等情况，待闸船舶急剧增加，而船舶疏散较为缓慢。2013年三峡北线船闸岁修停航时间为3月2—21日，表中自3月2日停航开始，待闸船舶数量基本为持续增加，3月21日待闸船舶达773艘，为全年最大值，至4月2日待闸船舶数量降至正常水平，疏散历时12d。

2013年日过闸船舶平均待闸时间见表1.2-10、表1.2-11和图1.2-1。

表1.2-10　　2013年日过闸船舶平均待闸时间（三峡下行）

日期	过闸船舶平均待闸时间/h											
	1月	2月	3月	4月	5月	6月	7月	8月	9月	10月	11月	12月
1日	63.46	46.34	26.95	67.70	34.09	30.12	18.48	27.44	25.85	49.71	26.71	26.75
2日	69.19	34.93	24.81	53.86	43.34	29.83	19.48	②	18.24	45.31	27.91	23.05
3日	69.96	23.05	①	47.82	32.27	25.79	20.47	47.75	15.66	44.8	25.99	24.73
4日	77.15	39.97	43.44	31.85	42.84	22.6	17.91	37.88	14.85	47.78	34.43	25.31
5日	72.90	39.42	①	34.52	28.94	24.65	9.28	34.86	12.54	55.28	26.13	23.74
6日	74.98	32.29	61.49	35.24	36.42	20.88	16.37	30.61	20.25	53.32	21.43	33.20
7日	76.66	15.19	①	32.88	38.04	14.54	12.80	28.21	18.71	56.09	33.13	29.75
8日	73.71	39.26	84.26	18.88	50.42	11.78	26.05	24.53	17.95	57.38	28.59	24.00
9日	71.39	29.39	89.77	25.21	50.14	10.94	32.53	20.80	17.21	55.46	27.90	26.73
10日	64.54	6.48	133.50	22.10	44.89	13.47	11.97	20.52	25.34	48.93	26.08	27.57
11日	57.37	24.06	109.40	16.18	43.44	12.74	15.19	18.31	23.37	42.11	32.34	30.50
12日	61.84	8.57	①	24.80	31.91	14.41	28.20	12.24	27.02	39.26	32.41	28.64
13日	59.14	21.21	119.30	21.58	33.08	19.24	11.79	15.77	22.78	33.00	23.48	32.09
14日	66.11	23.99	117.20	26.14	30.48	17.45	10.91	17.39	23.64	34.92	26.44	26.66
15日	61.22	23.45	155.80	38.61	36.33	13.32	45.14	14.08	20.89	35.11	21.21	22.77
16日	55.49	27.46	213.60	41.39	35.97	10.59	24.35	9.32	27.98	32.41	17.68	24.95

续表

日期	过闸船舶平均待闸时间/h											
	1月	2月	3月	4月	5月	6月	7月	8月	9月	10月	11月	12月
17日	59.17	26.14	153.10	34.67	35.22	16.74	12.62	9.85	20.88	33.02	23.30	25.27
18日	58.41	38.27	①	47.26	33.34	12.31	10.10	20.04	18.85	31.69	21.66	30.03
19日	64.71	33.36	165.20	39.26	37.87	12.54	23.20	18.97	20.23	36.19	22.98	30.01
20日	56.53	28.53	①	38.97	30.42	16.95	9.79	20.54	22.69	31.49	19.55	30.33
21日	56.57	22.50	150.40	43.63	27.86	8.00	15.59	23.22	22.14	30.18	21.40	27.19
22日	55.41	26.59	225.50	36.46	26.24	14.54	17.20	26.81	29.54	26.35	26.19	27.24
23日	60.90	29.31	227.10	37.36	37.89	10.88	28.93	21.36	22.97	31.74	22.71	33.22
24日	55.22	22.13	239.80	31.62	21.45	9.10	70.22	17.49	26.03	39.67	20.24	31.36
25日	57.58	18.12	218.50	34.33	30.99	8.63	33.34	18.09	29.18	33.71	25.94	32.61
26日	56.24	15.06	217.60	29.34	43.20	18.62	71.00	14.81	25.97	28.32	23.00	
27日	49.87	25.50	143.20	31.70	32.05	25.47	38.71	21.88	31.21	30.61	22.92	
28日	49.70	24.83	107.40	40.19	43.07	20.59	35.47	20.34	27.85	34.88	24.14	
29日	55.24	—	85.09	40.30	35.77	15.21	22.15	19.90	37.52	29.26	24.37	
30日	46.59	—	87.25	39.81	35.66	20.42	23.28	19.15	44.98	29.33	25.49	
31日	40.56	—	85.83	—	36.46	—	17.79	23.14	—	31.99	—	

① 检修期间单线单向运行，当日未运行下行过闸。

② 利用冲沙时间检修，当日未运行下行过闸。

表 1.2-11　　2013年日过闸船舶平均待闸时间（葛洲坝上行）

日期	过闸船舶平均待闸时间/h											
	1月	2月	3月	4月	5月	6月	7月	8月	9月	10月	11月	12月
1日	33.45	49.19	26.71	80.21	29.78	42.23	20.90	54.97	26.75	30.25	42.12	44.46
2日	34.42	47.92	36.27	68.56	29.86	44.64	20.44	44.86	29.75	30.02	37.72	33.87
3日	31.26	48.50	32.42	61.10	36.22	46.14	24.11	51.18	33.44	28.02	38.02	32.70
4日	31.61	40.05	23.54	58.67	35.76	39.68	23.87	47.80	36.63	32.24	32.98	40.61
5日	33.85	51.74	54.27	47.09	31.57	36.86	17.87	55.42	36.50	24.83	36.31	44.42
6日	41.14	50.79	48.93	55.20	14.55	37.18	34.40	36.37	28.46	28.63	33.21	42.17
7日	38.21	54.59	59.30	46.21	50.03	33.36	36.33	41.18	27.49	29.09	35.33	42.44
8日	39.77	49.72	35.38	44.71	56.02	24.82	29.00	39.50	29.64	25.72	40.75	38.64

续表

日期	过闸船舶平均待闸时间/h											
	1月	2月	3月	4月	5月	6月	7月	8月	9月	10月	11月	12月
9日	33.05	26.51	10.27	36.01	56.96	24.73	44.61	34.50	17.93	28.41	39.93	49.84
10日	30.36	17.48	86.24	27.74	65.53	25.20	17.37	80.49	26.45	32.78	39.96	46.83
11日	33.17	10.99	67.92	29.66	66.60	29.02	24.63	29.77	23.57	28.6	35.03	45.89
12日	32.71	17.92	99.03	26.05	71.26	40.94	14.60	27.16	28.06	33.97	37.41	46.30
13日	34.10	11.61	38.81	29.47	59.86	32.19	18.98	38.86	24.24	39.45	38.43	40.98
14日	36.92	19.37	118.90	20.20	68.63	46.67	38.66	30.90	26.33	37.34	36.74	48.06
15日	36.23	21.54	12.97	26.54	62.89	44.97	89.45	21.34	29.50	25.50	42.98	39.87
16日	35.77	14.01	114.20	33.47	60.71	34.93	38.44	19.10	25.08	20.62	51.31	45.03
17日	33.98	18.57	19.11	35.17	68.12	35.02	29.65	21.38	27.93	19.24	46.81	45.36
18日	37.17	19.88	180.80	24.16	57.01	26.79	32.71	29.69	29.05	22.25	38.37	46.83
19日	47.77	21.75	137.70	35.36	44.90	22.79	26.15	25.03	26.04	23.39	41.33	45.46
20日	35.80	21.90	154.50	31.46	42.09	20.88	19.54	24.07	27.91	31.52	42.62	41.38
21日	50.15	20.70	213.40	36.47	41.47	16.23	15.94	24.75	26.06	28.57	42.22	37.98
22日	40.95	19.51	227.70	30.52	42.02	11.55	18.99	27.55	22.96	32.37	37.78	49.28
23日	42.63	24.30	206.40	30.33	39.15	20.32	13.43	22.74	22.49	27.67	37.02	48.18
24日	48.37	27.90	143.80	32.72	39.10	18.48	45.30	25.23	33.95	28.83	47.18	55.54
25日	41.35	30.97	200.40	44.37	31.53	11.55	45.86	27.29	27.24	37.64	39.84	40.95
26日	47.38	39.41	169.10	41.04	47.55	15.98	116.50	28.94	27.24	37.82	37.47	—
27日	50.69	38.07	156.60	34.80	46.52	10.57	114.10	25.35	24.88	38.26	30.52	—
28日	53.40	36.98	147.00	36.14	43.95	24.31	73.98	33.97	25.03	30.79	24.24	—
29日	53.07	—	141.20	33.34	51.02	29.56	52.80	29.77	23.67	36.05	31.04	—
30日	55.04	—	104.70	26.53	47.30	22.46	47.97	27.18	33.18	30.74	31.31	—
31日	48.58	—	97.50	—	42.12	—	50.50	25.55	—	42.63	—	—

2013年全年大流量（三峡下泄流量大于等于25000m^3/s）限航时间为6月11—12日、7月3日至8月8日，其中大于等于30000m^3/s的时间为7月12日、7月17—25日；另外在7月15日、27日、28日，因连续限航导致大量小功率船舶被限航待闸，经交通运输部与国家防汛抗旱总指挥部协调后，控制下泄以放行待闸船舶，下泄流量为24600～24900m^3/s。

从表1.2-10和图1.2-1中可以看出，正常情况下的船舶待闸时间为1～2d，一旦发生停航、限航等情况，船舶待闸时间急剧增加。2013年待闸时间的第一个峰值区与3月2—21日的三峡北线船闸岁修停航时间段吻合，第二个峰值区与7月3日至8月8日的大流量（三峡下泄流量大于等于25000m^3/s）

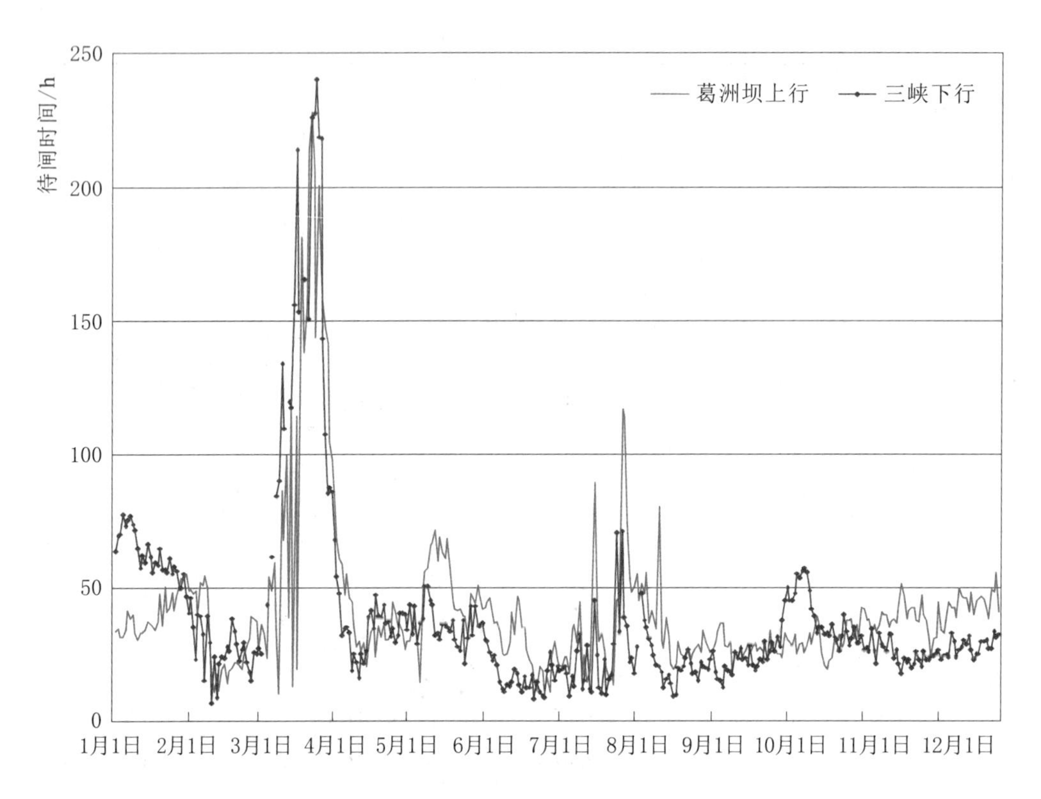

图 1.2-1　2013 年过闸船舶日平均待闸时间

限航时间段吻合。

（四）翻坝运输情况

当船闸通过能力不足或停航时，为保证航运不在大坝区域中断或受阻，需要对部分客货流在大坝上、下游实行“弃水走陆”的交通方式转换，使这部分航运物流避开大坝的阻碍，保持运输的连续性，被形象地称之为“翻坝”。翻坝转运主要有客运翻坝和滚装翻坝。

自 2003 年三峡船闸正式投入运行以来，为了解决三峡船闸通过能力不足以及船闸检修、突发故障、过闸高峰等因素导致的船舶积压问题，中国长江三峡工程开发总公司（现为中国长江三峡集团有限公司）与长江三峡通航管理局、地方政府等组织了短线客船旅客、滚装货运汽车的翻坝转运工作，有效地缓解了船舶积压问题。

从 2004 年 6 月 30 日起，对货运汽车滚装运输船舶实行长期翻坝运输，通过三峡的货运滚装运输车辆全部采用“水—陆—水”翻坝转运方式过坝。2011 年 6 月 30 日，随着三峡江南翻坝专用公路的全线通车，三峡枢纽“水—陆—水”货运汽车滚装翻坝转运方式结束，所有货运滚装车辆全部经江南翻坝高速公路过坝。

三峡枢纽滚装翻坝运输情况见表 1.2-12。

表 1.2-12　三峡枢纽滚装翻坝运输情况

年 份	滚装车/万辆			折算货运量/万 t
	上 行	下 行	合 计	
2003	1.23	1.58	2.81	98.35
2004	12.30	12.78	25.08	877.80
2005	15.46	16.01	31.47	1101.45
2006	14.80	16.20	31.00	1085.00
2007	18.40	20.76	39.16	1370.60
2008	20.63	21.56	42.19	1476.65
2009	19.20	18.99	38.19	1336.65
2010	13.15	12.97	26.12	914.20
2011	14.34	13.21	27.55	964.25
2012	13.93	11.14	25.07	877.59
2013	16.08	12.93	29.01	1015.35

注　折算货运量按每辆滚装车 35t 折算。

（五）评价、存在问题及建议

1. 三峡工程的建设，有效改善了川江航运条件，大力促进了川江航运的发展

三峡工程建成后，随着水库蓄水，库区航道航深加大，航道扩宽，滩多水急的川江峡谷航道变为航行条件较好的深水库区航道，重庆至宜昌的航运条件得到明显改善。航道条件的改善，大力促进了川江航运的发展。

2. 三峡船闸保持安全高效运行，三峡船闸过闸货运量提前 19 年达到设计规划水平，航运效益得到充分发挥

三峡船闸通航以来，运行安全稳定，实际通航运行时数均大于设计运行时数；过闸货运量逐年攀升，2011 年三峡船闸过闸货运量达到 10033 万 t。单向货运量 2011—2013 年分别为 5534 万 t、5345 万 t、6029 万 t，提前 19 年达到设计规划水平，船闸航运效益得到了显著发挥。

3. 船闸通航效率得到较充分发挥，进一步扩能空间有限且安全风险加大

为适应逐年攀升的船舶过坝需求，交通运输部及三峡船闸运行管理单位在政策、建设、科研、管理等全方位采取措施，挖掘船闸通过能力，提高通航效率，并取得了突出效果。船闸实际年通航率、故障碍航率、停机故障率均保持在船闸行业领先水准，通过实施计算机辅助调度决策、葛洲坝和三峡两坝船闸统一调度、过闸船舶导航墙待闸、船舶同步进出闸和同步移泊等调度手段，三峡船闸每线船闸的日运行闸次数已由运行初期的不足12闸次提升到目前的15～16闸次，在现有通航条件下，船闸通航效率已得到比较充分的发掘，进一步采取管理措施挖潜扩能的空间十分有限。同时也必须看到，有些能力挖潜措施是以牺牲安全余量为代价的。

4. 船闸满负荷运行，船舶待闸常态化，船舶易积压且疏散缓慢

三峡船闸2010年单向货运量达到设计通过能力83%，船舶待闸呈常态化，待闸时间逐年延长，船闸基本处于满负荷运行，一旦船闸检修停航或因大风、大雾、洪水等停航限航，就产生大量船舶积压并且疏散缓慢，2012年、2013年三峡船闸岁修期间，虽然采取了提前预告、长江全线联动等措施，待闸船舶数峰值仍达770艘以上，复航后疏散历时12d以上。

三、三峡船闸设备设施运行情况与评价

2003年6月18日8：00，三峡船闸进入为期一年的试运行期。2004年7月，三峡船闸通过国家验收，转入正式运行。2003年6月至2006年9月，上游水位控制在135～139m，下游水位一般保持在66m左右，船闸运行按四级补水方式运行。2006年9月15日蓄水至156m后，上游运行水位控制在144～156m，下游水位一般保持在64m以上，船闸运行采用四级补水和四级不补水的运行方式。2008年9月28日，三峡水库开始172m试验性蓄水；2008年10月3日18：00，三峡水库坝上水位达到153.88m，三峡船闸首次采用五级补水运行方式；2008年10月31日，三峡水库坝上水位到达165m左右后，由于下游水位较高（65.8m左右），三峡船闸首次采用五级不补水运行方式。2010年9月10日开始，三峡水库开始175m试验性蓄水，至10月6日三峡水库蓄水至175m。175m试验性蓄水完成后，库水位按汛期145m水位、枯水期175m水位控制运行；三峡船闸根据水位的不同，按照运行管理规程的要求选择四级或五级运行。

在此期间，2003年12月南线船闸停航13d，2004年2—3月北线船闸停航14d，分别进行了两线船闸排干检查；2006—2007年，南、北线船闸分别停航128d和100d进行了完建施工。

（一）船闸水工建筑物

1. 船闸主体段水工结构

船闸主体段水工结构运行正常，闸面、管线廊道及基础排水廊道没有发现结构块之间有明显的错动和不均匀沉陷。船闸混凝土结构与基岩石没有错动及

挤压破坏。

运行中出现的主要问题都得到了及时处理，主要包括：2003 年 10 月 17 日南四闸室冲淤孔钢盖板被冲脱，2003 年 11 月 7 日北二闸室进人孔盖板被冲脱，2003 年 11 月中南五消防水管漏水，2003 年 12 月中北五消防水管漏水，闸首表面裂缝、排水泵房顶部和基础廊道渗漏处理；2006 年 9 月至 2007 年 1 月南北线船闸一、二闸首完建期间进行了基础廊道结构缝渗漏检查处理；2010 年 7 月 13—19 日先后排干南北线一至四闸室输水廊道进行了基础廊道渗漏检查、闸室边墙结构缝反向压水检查，检查发现结构缝渗漏缺陷于 2012 年 3 月、2013 年 3 月南北线船闸岁修期间进行了处理；对闸室底板结构缝渗漏采用“拆除原结构缝表面止水＋缝口切槽嵌填 SR－2 塑性止水材料＋粘贴防渗盖片＋混凝土防护板”方式设置表面止水；对闸室边墙结构缝密封止水材料聚硫密封胶更换后重新封闭；对其他结构裂缝渗漏采取止水检查槽分段堵塞、LW－4 水溶性弹性聚氨酯灌浆回填处理。

2. 船闸输水系统

三峡船闸输水系统总体情况较好，经试运行期及完建期现场检查表明，输水隧洞结构段之间没有明显的错动，结构稳定。在围堰发电期及初期运行期，输水时间满足设计要求，输水系统水力学条件满足要求，船舶在闸室内的停泊条件比较平稳，廊道阀门段没有气蚀现象。在完建期单线运行阶段，船闸中间级最大运行水头达 46.0m，超过了设计的最大水头，由于采取了阀门间歇开启措施，输水系统性能保持良好。

在试运行期及完建期检查发现的主要问题为输水隧洞裂缝及三、四级船闸第一分流口部位表面气蚀。应用 CW 系化学灌浆材料、LW 水溶性聚氨酯化学灌浆材料、HW 水溶性聚氨酯灌浆材料对漏水裂缝进行了灌浆处理。灌浆取芯的芯样观察表明，灌浆材料沿缝充填饱满，灌浆处理达到了较好的效果。对第一分流口分流表面缺陷进行了重点处理。修补采用 EMACO S188 型抗硫酸盐高强度修补砂浆材料，实施泵喷射施工，对修补面采用打孔、植筋、挂网等措施，修补后经过取芯检查，修补面均密实，新老接合面粘接良好，满足设计要求。

2010 年 7 月 13—19 日先后排干南、北线一至四闸室输水廊道并进行了输水廊道蚀损检查，发现各级闸室第一分流口部位表面气蚀严重，北二输水阀门后底扩廊道有较大冲坑，北一、中南二阀门井层间漏水严重。2010 年 8 月处理了北二输水阀门后底扩廊道冲坑缺陷，其余缺陷于 2012 年 3 月、2013 年 3 月南、北线船闸岁修期间也进行了处理，分别对输水廊道结构表面破损采取“基面处理＋植筋及钢筋网＋环氧砂浆填充修补”方式处理，对输水廊道表面裂缝采取化学灌浆处理，对输水廊道分流舌破损采取“基面处理＋植筋及钢筋网＋环氧砂浆填充修补＋倒悬面喷涂处理＋表面刷涂 HK－961 单性环氧”方式处理，并对第一分流口分流舌进行防冲磨处理。

3. 导航墙和靠船墩

船闸上、下游靠船墩安全稳定，满足船舶停靠要求。

船闸上游导航墙支墩稳定安全，浮箱结构安全、箱体混凝土无裂缝及漏水等现象，能随水位上、下浮动，满足船舶运行要求。但浮箱的干弦高度为 1.5m，不适应大型空载船舶下行待闸系缆的要求。

船闸原设计未设置航行安全标识，存在一定的航行安全风险，特别是上游库水位高位，靠船墩水面以上高度只有 2.5m，安全风险更为突出。2011 年，增设了上、下游靠船墩安全标志，分别在上游靠船墩、下游导航墙及靠船墩装设 LED 同步闪航标灯和雷达反射器，下游导航墙及上游靠船墩涂刷斜纹反光标志，以警示提醒夜间航行船舶，避免误操作。

2011 年，为解决导航墙不能安全靠泊一个闸次待闸船舶的问题，上、下游导航墙采取了增加趸船延长的措施，各延长约 65m，10 月 18 日北线趸船设施投用，11 月 23 日南线上游导航墙延长趸船设施投用。2013 年，将上述设施改建为永久设施，其中北线船闸下游沿导航墙增设 5 个靠船墩，间距 24m，使北线下游导航设施长度由 196m 延伸至 320m；南线船闸上游浮式导航墙末端增设一艘 70m 趸船，替代原来的临时趸船，趸船一端用固定连接装置固定于导航浮堤端部，另一端用抛锚方式固定于上游引航道，使南线上游导航设施长度由 250m 延伸至 320m。

（二）船闸闸阀门及启闭机

1. 人字门

三峡船闸南北两线共 24 扇人字门，单扇门叶宽 20.2m、厚 3.0m，门重约 850t，由液压直推式启闭机启闭。

一闸首人字门在 2007 年 5 月船闸完建前不具备使用条件，锁定在开终位置，船闸一、二闸首完建完成后至 2008 年 10 月，因船闸采取四级运行方式，无须投入使用，仍锁定在开终位置，仅每月两次例行动机运行。2008 年 10 月 3 日首次五级补水运行，一闸首人字门投入使用，投用以来挡水状况较好、运行正常。2009 年以来，四级运行时，一闸首人字门锁定在开终位置，每月两次例行动机运行。2013 年南线一闸首人字门导轮损坏，8 月 1 日停航检修予以更换。2013 年 3 月北线船闸岁修期间更换了人字门底止水。

二至六闸首人字门自投用以来挡水状况较好、运行正常。

完建期检查发现，北线一至六闸首人字门门叶长期淹没水面以下的部分存在稀土铝防腐涂层鼓泡和局部脱落现象，已对门体正常运行水位下的淹没部分采用喷砂除锈、涂料涂装的方法进行了处理。

人字门底止水多次被发现局部漏水后，均及时进行了处理。在 2012 年 3 月和 2013 年 3 月南、北线船闸岁修期间，首次对人字门底止水进行了全部更新，现在部分闸门门轴柱、斜接柱异形橡皮止水仍有漏水现象。

2004 年人字门顶和底枢经北四人字门顶门检查、完建期二闸首门体检查、2012 年 3 月南线船闸岁修期六闸首人字门专项检修、2013 年 3 月北线船闸岁修期间六闸首人字门专项检修等表明，顶、底枢自润滑轴承的运行状况正常，磨损在允许范围以内。

人字门门轴柱、斜接柱支枕垫块工作基本正常，承力效果较好，但受船舶碰擦和夹卡钢丝绳异物，部分闸首人字门支枕垫块局部有损伤，关闭后有局部漏水现象，南、北线船闸岁修期间予以修补后，改善效果不明显。

人字门背拉杆工作正常，部分闸门出现松弛现象，在南、北线船闸岁修期间，对两线船闸的六闸首、北线船闸的三、四闸首人字门背拉杆进行了调整。

从 2012 年开始，人字门联门轴关节轴承陆续出现失效损坏，2012 年 2 月 25 日、4 月 27 日分别更换了北四、北五人字门联门轴关节轴承。2012 年 3 月和 2013 年 3 月南、北线船闸岁修期间，对三至六闸首除已更换的北四、北五人字门联门轴关节轴承外的共 14 个人字门联门轴关节轴承全部予以更新，目前运行正常。

2. 输水廊道工作阀门

三峡船闸输水廊道工作阀门采用反向弧形门，共 24 扇。首、末级闸首设计最大工作水头 22.6m，中间级闸首设计最大工作水头 45.2m。通过优化输水工艺及参数，船闸完建期间允许最大工作水头提高到 23.5m 和 47.0m，实际运行中最大工作水头达到 23.0m 和 46.0m。2008 年 10 月 3 日以前采用四级运行，其间一闸首输水廊道工作阀门除每月两次例行动机运行外未投入运用，处于常开状态。

六闸首两侧辅助泄水短廊道设置的工作阀门型式为潜孔式平面定轮门，用竖缸式液压启闭机操作，两线船闸共设辅助泄水工作阀门 4 扇。自船闸试通航以来，六闸首辅助泄水阀门主要用于汛期较大流量（一般在 $25000m^3/s$ 以上）、五闸室不能通过主输水廊道与下游引航道泄平或泄平时间较长时，现场手动开启泄水，每年工作 30 余次。

反弧门总体运行正常。初期投用时三至五闸首反弧门顶止水更换较频繁，约 3 个月 1 次。为了延长反弧门顶止水寿命，2006—2007 年完成了顶止水结构形式和安装方式改进研究，2008—2011 年完成全部反弧门顶止水更新改造施工，目前顶止水实际使用寿命约为 3 年；反弧门侧止水情况正常，2008 年 10 月更换了北三、中北三反弧门侧止水，2013 年 3 月北线船闸岁修期间更换了北二反弧门侧止水，2014 年 4—5 月先后更换了中南五、北四、北六反弧门侧止水；反弧门底止水及底止水座板未见明显缺陷；反弧门吊杆、支铰、门体在 2003 年排干检查和完建期检查中，未见明显异常；2010 年 11 月 27 日北五反弧门联门轴脱落，此后每年对反弧门吊杆系进行一次全面检查，发现异常及时处理，之后再未发生类似设备故障；两次岁修期间对反弧门吊杆系统、支铰、门体焊缝进行检查，部分反弧门支臂下缘包板焊缝出现裂纹，南五反弧门联门轴轴承失效，对焊缝裂纹进行了补焊处理，对南五反弧门联门轴轴承进行了更换。

3. 闸阀门启闭机

三峡船闸共有人字门液压启闭机 24 台、输水阀门液压启闭机 24 台、辅助泄水阀门液压启闭机 4 台，另外在一、二、六闸首设置人字门全开位液压锁定装置共 12 套。各闸首的闸门和阀门启闭机共用一套液压泵站驱动。

人字门液压启闭机总体运行正常。2004 年 4 月 9 日、2005 年 4 月 2 日中北五和中南三油缸活塞杆表面分别出现拉伤故障，分别于 2004 年 10 月和 2005 年 4 月将油缸整体返厂进行解体检修，并更换了新的活塞杆；对油缸端部压盖和油缸尾部支撑进行了改造，油缸运行正常；2012 年南线船闸岁修期间对中南三人字门油缸整体返厂解体检修，更换了活塞、活塞杆、吊头、导向套及密封件；2013 年北线船闸岁修期间对北三、北四人字门油缸和北五反弧门油缸整体返厂解体检修，解体更换导向套、密封件，其中人字门油缸还更换了活塞杆。输水阀门液压启闭机运行正常，投用初期存在缸旁管路及阀组普遍渗漏油、部分高压软管接头和管路连接螺栓锈蚀等现象，2009 年立项进行了全面改造。

（三）船闸电控系统

1. 集中监控系统

船闸集中监控系统由计算机监控系统、通航信号及广播指挥系统、工业电视监控系统等组成，系统功能设计满足船闸安全运行的总体需求，系统集成性好，设备冗余度高，可维修性好，运行稳定可靠。

计算机监控系统运行正常，其设计的过闸工艺流程顺畅，程序运行稳定；系统控制方式多样，操作方式灵活可靠；系统安全保护功能设计完整，且具备必要的应急操作功能。该系统运行至今，设备故障率较低，以前期控制系统磨合性故障和后期电气设备器部件失效性故障为主，一般通过设备参数的调整和器部件更换后故障得到消除；另有一类故障属于设备运行过程中由干扰信号引发的系统故障保护动作，通常可通过系统运行程序复位等方式予以清除。

通航信号及广播指挥系统、工业电视监控系统运行正常。

由于船闸集中监控系统长期处于7×24h不间断运行状态，电气设备不断老化，尤其以工业电视设备、计算机服务器等设备老化较快。近些年来，通过工程手段，陆续对老化的设备进行了更新或技术升级，主要包括：在船闸完建期完成了集控室控制台换型、设备规范化布线、UPS供电方案变更，2008年12月完成了两线集控系统服务器、工作站等计算机设备更新，2006年完成了两线船闸工业电视系统监视器由CRT监视器到50寸×21屏DLP拼接大屏技术升级改造，2007年对工业电视系统进行部分功能的完善，增设了集中硬盘录像设备，实现对现场16路较为重要视频信号的实时录像，2013年8月对南线船闸DLP拼接大屏进行了整体升级更新，新型大屏采用LED光源型一体化机芯，完全替代了前一代高压汞灯光源型机芯，彻底解决了原型号大屏光源部件使用寿命短的问题。

2. 现地控制系统

现地控制系统在每个闸首的闸、阀门启闭机液压泵站配置一套现地电控装置（子站）用于控制和操作闸首本侧和对侧人字门及充、泄水阀门等现地设备，三峡船闸共24个。每个子站通过冗余网络与集控站进行信息数据通信，接收和执行集中监控系统指令并向监控系统返送现场信息。

现地控制系统运行正常，常见故障与集中控制系统相类同。

现地控制系统同样长期处于7×24h不间断运行状态，电气设备不断老化，阀门开度仪故障较多，均已逐步更新和升级，主要包括：2009—2011年对阀门开度仪逐步进行了换型更新，主要解决原开度仪恒力弹簧钢带易卡阻和断裂、开度仪更换和维护难度大等问题，更新后开度仪运行可靠性和使用寿命大大提高；2011年1—3月对北线船闸PLC系统CPU模块、通信模块等核心器件进行了硬件更新，更新后PLC硬件类故障率显著降低。

（四）船闸供配电系统

三峡船闸共设有4座10kV/0.4kV变电所，供电电源三回。

三峡船闸供配电系统运行正常，供电可靠、稳定。

2012年，三号变电所新增两台配电柜，分别安装在三号变电所的两段0.4kV母线上，用于船闸停航检修期向五闸室的4台大功率排水泵配电。

（五）辅助运行设备

1. 检修门及启闭机

南、北线船闸的一闸首上游侧各设有事故检修门及其桥式启闭机一套，两线船闸各设叠梁门 8 节；船闸下游设有浮式检修门 1 扇，两线船闸共用；两线船闸共设有输水主廊道平板检修门 4 组 16 扇，其中一闸首和六闸首上、下游平板检修门各一组，二至五闸首上、下游平板检修门各一组，每组均为 4 扇；船闸设有辅助泄水廊道平板检修门 2 扇，两线船闸共用。

检修门及启闭机在船闸检修、完建施工、历次闸室排干检查和船闸岁修中，挡水效果良好，运行正常。

2. 防撞警戒装置

在三峡船闸二、三闸首人字门上游侧各安装有一套防撞警戒装置，全船闸共 4 套。二闸首防撞警戒装置在船闸四级运行时采取一闸室待闸和五级运行时投入，三闸首防撞警戒装置只在船闸四级运行时投入。实际运用中，曾出现两次船舶拉挂拦阻钢丝绳现象，其中一次将其挂断；防撞警戒装置吊架滑块易磨损、警示牌和拦阻钢丝绳警示套易损坏，需定期检查更换。

3. 检修排水系统

三峡船闸检修排水系统包括 54 台深井泵、30 台潜水泵和 84 套水泵拖动控制装置。

三峡船闸检修排水系统工作正常。廊道渗漏排水泵满足船闸廊道渗漏水抽排需求；输水廊道工作阀门检修排水泵和闸室检修排水泵日常处于备用状态，每月例行动机 3 次，偶发故障均得到及时处理，总体运行状况良好，在历次反弧门检修、排干检查、船闸完建、岁修等施工中，顺利完成了抽排水任务，满足了检修排水需要。

4. 消防系统

三峡船闸消防系统由消防报警联动系统、消防水系统、气体灭火系统组成。

消防系统总体性能良好，系统自投入应用以来运行状况基本正常。近年来，受现场长期潮湿性工作环境的影响，电缆廊道感温电缆火灾报警误报次数明显增多，已着手采用新型电缆火灾检测技术逐步进行升级换代。

2013 年对水系统进行了部分改造以满足局部停水检修的需要，同时对消防报警系统进行了软硬件升级以解决火灾报警系统检修备件的市场供给问题。

（六）运行主要数据统计

1. 设备设施运行时间

三峡船闸主要设备设施实际运行时间见表 1.3－1。

2. 设备完好率

三峡船闸设备完好率见表 1.3－2。

表 1.3-1　　三峡船闸主要设备设施实际运行时间表　　单位：min

设备设施运行时间	一闸首	二闸首	三闸首	四闸首	五闸首	六闸首
人字门关门时间	6.5	4.0	4.0	4.5	3.5	4.5
人字门开门时间	3.5	3.0	3.0	3.0	3.0	3.0
输水阀门关阀时间	4.0	4.0	4.0	4.0	4.0	6.0
输水阀门开阀时间	2.0	6.0（四级） 2.0（五级）	3.5	3.5	3.5	4.0
闸室输水时间	10.0	11.0～15.0	10.5	10.3	10.0	11.2

注　1. 二闸室输水时间受补水、不补水、一闸室待闸等运行方式及上游水位影响，输水时间不同，但总体控制在 15min 以内。
2. 本表未统计阀门单边输水时间。

表 1.3-2　　三峡船闸设备完好率表

年　份	2003	2004	2005	2006	2007	2008	2009	2010	2011	2012	2013
主要设备完好率/%	100	100	100	97.60	100	100	100	98.58	98.24	99.06	99.56
设备完好率/%	98.70	98.70	99.10	97.60	97.14	99.00	98.70	98.69	98.39	99.14	99.60

注　1. 全部设备划分为 A 类、B 类、C 类，其中 A 类为生产运行设备，B 类为辅助运行设备，C 类为其他设备。
2. 主要设备包括 A 类和 B 类设备。
3. 设备完好率＝完好设备台（套）数/总台（套）数。

3. 设备停机故障率

三峡船闸因设备停机导致的运行中断故障见表 1.3-3。

表 1.3-3　　三峡船闸设备停机故障表

年　份	2003	2004	2005	2006	2007	2008	2009	2010	2011	2012	2013
停机故障次数	1456	442	131	65	64	113	61	27	49	52	47
停机故障率/%	33.10	4.87	1.57	0.87	0.87	1.30	0.75	0.29	0.47	0.54	0.44

注　停机故障率＝停机故障次数/总闸次数。

从表 1.3-3 中可以看到，船闸试运行阶段故障率较高，试运行后故障率明显降低且逐年下降，至 2010 年故障率达到最低，之后又有上升，主要是一闸首人字门漂移故障增多。

4. 故障碍航时间

三峡船闸故障碍航时间见表 1.3-4。

表 1.3－4　　三峡船闸故障碍航时间表

年　份	2003	2004	2005	2006	2007	2008	2009	2010	2011	2012	2013
故障碍航时间/h	1.72	1.10	1.08	0	1.93	2.70	1.92	4.66	10.55	5.05	0

（七）评价、存在的问题及建议

1. 设施设备运行评价

（1）水工建筑物及输水系统。水工建筑物布置合理、结构稳定安全，施工质量优良，局部小缺陷不影响正常运行，满足设计运行要求。输水系统设计合理、船闸水力学特性满足运行要求，输水时间均控制在设计时间 12min 内；闸室水面流态平稳，门楣通气顺畅，输水阀门及阀门段廊道基本无空化与气蚀现象。通过调整阀门运行方式，进一步改善了水力学条件，在完建期单线运行模式下，中间级实际最大运行水头达到 46.0m，运行状况良好，船闸闸室水流条件、船舶系缆力满足船舶停泊要求，第二分流口分流舌气蚀有明显改善。采用提前关闭阀门措施，超灌、超泄水头控制在 20cm 以内，满足安全运行要求。

（2）金属结构、闸阀门及其启闭机、机电设备。三峡船闸金属结构、闸阀门及其启闭机、监控系统等机电设备运行检测数据表明，设备性能良好、控制灵活，关键部件运行平稳、安全，能够满足运行要求。

（3）船闸设备设施整体性能。三峡船闸 2003 年通航以来，设备设施工作时间在总体上大于设计的昼夜平均工作时间 22h；各闸室平均输水时间小于 12min，人字门运行时间小于设计时间；设备设施运行良好、安全可靠、故障率低，整体性能达到设计要求。

2. 存在的问题及建议

（1）辅助泄水阀门未能投入集控运行。船闸实际运用情况表明，下泄流量在 25000m^3/s 以上时，需要投用辅助泄水阀门。由于辅助泄水阀门未能投入集控运行，当需要开启辅助阀门泄水时，必须中断集控运行流程，在现场进行手动操作，对运行安全和效率影响较大。建议调整集控运行程序以实现辅助阀门运行的集中联动控制。

（2）过闸船舶状态监控设施尚待完善。三峡船闸现有设施对过闸船舶状态监控缺乏必要的手段和措施。过闸船舶在通过船闸时，对其吃水、速度等都有要求，超速、超吃水都可能造成安全事故；同时在过闸过程中，船舶超越停靠线而不能及时被发现并采取措施，可能导致撞门、夹船等事故。建议研究建设过闸船舶吃水自动检测装置、船舶进闸和移泊速度检测装置、船舶越过闸室禁停线检测报警装置等，完善对船舶过闸状态的监控，提高运行安全性。

（3）浮式系船柱不能满足大型船舶安全系泊要求。随着过闸船舶的大型化，过闸船舶干舷高度增高、吨位增大，现有浮式系船柱的系缆高度和允许的系缆力均已不能满足其安全系泊的要求。2013 年，进行了北线第五闸室浮式系船柱的试验性改造，建议尽早研究确定最终改造方案并实施。

（4）浮式导航墙系缆设施不满足船舶待闸条件。三峡船闸运行采用导航墙待闸，而上游浮式导航墙的系缆桩高度及强度都不满足大型船舶待闸系缆的要求，建议进行更新改造。

四、待闸锚地运行情况与评价

（一）锚地设置情况

1. 三峡船闸设计配套锚地情况

1993 年 6 月，三峡建委批准《长江三峡水利枢纽工程初步设计》，其中确定的三峡坝上及两坝间锚地设置情况如下。

仙人桥锚地：40m 趸船 1 艘，10t 起锚艇 1 艘。

伍厢庙锚地：40m 锚趸 1 艘；本锚地为三峡工程导流明渠及临时船闸配套锚地，三峡船闸投入运行后，取消设置。

青鱼背锚地：40m 锚趸 2 艘，设置系缆柱、标志牌；本锚地为三峡工程导流明渠及临时船闸配套锚地，乐天溪锚地投入运行后，取消设置。

乐天溪锚地：40m 工作趸船 1 艘，设置系缆柱、标志牌。

庙河危险品锚地：40m 防爆锚泊趸船 1 艘，设置系缆柱、标志牌。

上述锚地的建设和运行，在三峡二期施工期（三峡大江截流至永久船闸通航）通航中发挥了重要作用。三峡船闸投入运行后，对于伍厢庙锚地、青鱼背锚地，因位于船舶进出三峡船闸的航路上，锚地取消；对于仙人桥锚地、庙河危险品锚地和乐天溪锚地，为适应新的水位条件和过闸船舶需求，交通运输部投资增建了靠船、系船结构，改善了锚泊条件，扩大了锚地容量。

2. 三峡船闸通航后锚地完善建设情况

2003 年 6 月，三峡水库蓄水至 135m，三峡船闸投入运行，为保障通航安全，交通部陆续投资对三峡枢纽水域待闸锚地进行了改扩建工程和适应性调整，至 2013 年年底，三峡枢纽水域共设置 6 座锚地，其中三峡坝上设有庙河、杉木溪、兰陵溪、沙湾、仙人桥等 5 座锚地，三峡坝下设有乐天溪锚地。锚地的主要功能包括：为过闸船舶提供待闸集泊服务；在恶劣通航条件下为船舶提供应急停泊服务；为船队编解队提供作业水域；满足其他需要在锚地临时寄泊的需要。

（1）庙河危险品锚地。庙河危险品锚地水域范围为长江上游航道里程61.0～61.2km左岸一侧的柳林溪溪口内1000m水域。锚地系泊设施为148m、160m两级水位下的岸线系船柱，每级7个，可抵坡丁靠7艘3000吨级危险品船舶。

（2）杉木溪化学危险品锚地。杉木溪化学危险品锚地水域范围为长江上游航道里程58.30～58.59km处右岸杉木溪溪口内400m水域。锚地系泊设施为分四列五层布置的20个岸线系船柱，可抵坡丁靠4艘3000吨级危险品船舶。由于杉木溪溪口左侧岸坡出现地质滑坡疑似现象，岸线蠕动变形加剧，地表裂缝扩张，对该水域待闸船舶锚泊安全构成威胁，该锚地已于2009年暂停使用。

（3）兰陵溪油类危险品锚地。兰陵溪油类危险品锚地水域范围为长江上游航道里程57.3～57.6km处右岸兰陵溪溪口内600m水域。锚地系泊设施为：左岸分四列五层布置20个岸线系船柱，可抵坡丁靠4艘3000吨级油类危险品船舶；右岸布置4个直立式靠船墩，可靠泊1个4×3000吨级油类危险品船队。

（4）沙湾锚地。沙湾锚地水域范围为长江上游航道里程55.9～57.1km右岸一侧，水域长1100m、宽130m。锚地系泊设施为：65m锚泊趸船1艘，可同时靠泊2个船队；148m高程岸线系船柱10个，可抵坡丁靠10艘3000吨级船舶。

（5）仙人桥锚地。仙人桥锚地水域范围为长江上游航道里程54.5～55.7km右岸一侧的仙人桥水域内，靠船墩外侧水域长300m、宽100m，内侧水域长300m、宽70m。锚地系泊设施为直立式靠船墩10个，库水位155m以下时可同时靠泊16～44艘单船，库水位155m以上时可同时靠泊2个船队和10～30艘单船。

（6）乐天溪锚地。乐天溪锚地分为上锚地、下锚地两个部分。其中乐天溪上锚地位于长江上游航道里程37.92～38.72km处左岸侧，设置用于锚地指泊的40m级趸船1艘。乐天溪下锚地位于长江上游航道里程36.0～37.5km处左岸侧。在三峡大坝下泄流量为25000m^3/s以下时最高锚泊60艘；三峡大坝下泄流量为25000～30000m^3/s时最高锚泊40艘；三峡大坝下泄流量为30000m^3/s以上时最高锚泊30艘。

（二）待闸锚地运行情况

三峡待闸锚地自投入运行以来，针对船舶种类及特点，划定不同功能区域，对船舶分区、分类指泊，保障船舶有序停泊。锚地运行正常，安全稳定，未发生漂移、碰撞事故。

三峡坝上锚地在运行过程中，通过针对不同货种和不同种类船舶实施分类分区指泊，危险品船舶待闸实施有效隔离，提高了安全保障能力。仙人桥锚地建设的靠船墩充分发挥了船舶靠泊功能，为不宜抵坡锚泊的船舶提供了安全待闸水域。开辟的沙湾锚地抵坡待闸水域，切实提高了三峡坝上待闸容量。

乐天溪锚地整治工程完工后，锚地面积扩大，锚地划分为 7 个锚位，采取多行相帮的锚泊方式，待闸船舶安全、有序、整齐；锚泊容量由原来的 20 艘扩大到 60 艘，满足了三峡船闸北线满负荷运行时的上行船舶待闸集泊的需要，特别是在两坝间实施限制上行船舶夜航措施时，为三峡北线船闸夜间运行提供 6 个闸次以上的船舶储备。

（三）评价及存在的问题

1. 待闸锚地评价

三峡船闸待闸锚地在三峡工程建设期间，为通过枢纽施工水域的船舶提供了编解队作业条件和不利天气及水情下的临时停泊条件；三峡船闸运行后，锚地充分发挥了为过闸船舶提供待闸集泊及应急停泊服务的作用。

运行实践表明，待闸锚地为保障三峡枢纽通航安全、畅通、有序发挥了重要作用，特别是在三峡船闸完建、两坝船闸停航检修以及由于大风、大雾、大流量等发生大量船舶待闸、水上安全形势紧张的特殊时期，待闸锚地充分发挥了服务功能，在枢纽通航保障中发挥了重要作用。

2. 存在的问题

（1）锚地设施在库水位变化过程中出现水毁现象。自三峡水库实施 135m、156m、175m 蓄水以及此后每年的库水位消落及回蓄过程，三峡河段锚地设施（特别是三峡坝上的岸线系缆柱）出现了不同程度的水毁现象，具体表现为岸坡基础淘刷严重，沙石土体流失，系缆桩基础裸露，主体结构倾斜，坡岸防护结构体下陷、断裂、破损，系船柱系泊能力弱化，甚至成为抵坡锚泊的重大安全隐患。

（2）锚地容量严重偏小，无法满足船舶安全锚泊的需要。随着长江航运的快速发展而船闸通过能力趋于饱和，船舶待闸已呈常态化，待闸船舶数量增多、待闸时间加长，现有待闸锚地泊位容量已不能完全满足船舶待闸需求。

（3）危险品锚地水域资源不足。长江干线化学危险品运量近年增长趋势明显、增幅较大，化学危险品待闸船舶数量较大，受锚地水域资源限制，难以开辟启用新的化学危险品锚地，危险品锚地水域资源不足。

五、三峡—葛洲坝河段航道运行情况与评价

三峡—葛洲坝河段航道包括如下航道。①三峡船闸枢纽航道：从三峡船闸上游引航道口门区到下游引航道口门区，全长12.4km。②葛洲坝船闸枢纽航道：包括葛洲坝大江航道和葛洲坝三江航道，葛洲坝大江航道位于葛洲坝水利枢纽右侧，葛洲坝坝上巷子口—坝下卷桥河，全长7.5km；葛洲坝三江航道位于葛洲坝水利枢纽左侧，葛洲坝坝上王家沟—坝下镇川门，全长6.5km。③三峡—葛洲坝两坝间航道：三峡坝下鹰子嘴—葛洲坝三江航道上游王家沟，全长约38km。④三峡坝上库区航道（至庙河），三峡大坝—庙河河段，全长为16km。

（一）三峡船闸枢纽航道运行情况

1. 航道基本情况

（1）航道布置。三峡船闸枢纽航道上起太平溪，下至鹰子嘴，全长12.4km，包括上游连接段、上游引航道、双线五级船闸、三峡升船机（在建）、下游引航道、连接段及上下游口门区。其中上游引航道全长2113m，直线段全长930m，下游引航道全长2708m，直线段长930m，口门区长530m，连接段长1125m。船闸上下游引航道右侧为满足通航水流条件均布置有隔流堤，上游隔流堤堤身全长2720m，堤顶高程150m，除坝前段上部为混凝土堤外，其他部位均为土石料填筑堤；下游隔流堤全长3550m，堤顶高程上段为78m，下段为76m，高程70m以下采用土石料填筑，以上为混凝土结构。三峡枢纽航道设计最大通航流量为枢纽下泄流量56700m^3/s，目前，三峡枢纽航道实际最大通航流量为枢纽下泄流量45000m^3/s。

（2）航道尺度。三峡船闸上游引航道一般宽180m，上口门区航道宽220m，设计底部高程130m，后期运行清淤高程139m；下游引航道一般宽180m，下口门区航道宽200m，设计底部高程56.5m。由于三峡船闸上游航道最低运行水位145m，下游航道最低运行水位62.5m，因此目前三峡船闸枢纽航道计划维护尺度为180m×4.5m×1000m（宽度×水深×弯曲半径）。

2. 水流条件

三峡水库175m试验性蓄水以后，三峡船闸上游航道受水位抬高及过水断面增大等影响，航道水流条件变化较大，水流流态趋于平稳，表面流速大幅下降，实测资料表明其表面流速约为0.5m/s。三峡船闸下游航道特别是口门区受三峡大坝下泄流量影响明显，当三峡大坝下泄流量大于20000m^3/s时，无论退水还是涨水，在下口门区530m长的航道范围内都存在回流或缓流；随

着流量增大，口门区水流流速也随之增加，同流量级涨退水过程相比较，涨水过程斜向水流流速较大，退水过程斜向水流流速较小；当流量达到 35000m^3/s 以上时，口门区水流最大横向水流流速大于 0.6m/s，主流与引航道口门区航道中心线交角为 28°～36°，超过了规范规定的口门区横向流速要求；回流范围随流量变化，流量越大，回流范围越大，回流部位从口门处逐渐下移。

3. 航道演变情况

自三峡围堰发电期以来，随着三峡大坝上游水库蓄水位的提高，三峡大坝上游水面变宽，水深增加，流速减缓，上游来沙绝大部分淤积在上游引航道外河道深水区域，上游引航道内泥沙呈累积性淤积，但淤积幅度较小，河床表面比较平整，一般高程在 132m 左右，总体上引航道内河床与原竣工河床地形相比较变化很小，高程与后期清淤高程 139m 还相差 7m，该区域的泥沙淤积状况暂不会对上游引航道的正常运用产生不良影响。

三峡船闸下引航道受枢纽布置方式、枢纽调度运行方式及水沙条件变化等影响，河床演变较为明显，其基本规律是六闸首至分汊口泥沙淤积较弱；分汊口至下引航道口门受异重流影响淤积较为明显，淤积形态呈楔形分布，下游淤积厚度大于上游，航道中间区域淤积厚度大于航道两侧；口门区受回流、缓流与异重流的共同影响淤积较为明显，并形成了拦门沙坎。河床演变情况具体如下。

（1）纵向演变情况。航道中心线纵断面以六闸首为起点下延伸至口门区，全长约 3300m。如图 1.5－1 所示，2004—2007 年下引航道淤积较为明显，其中距离六闸首 1500m 范围内的平均淤积深度达 1.0m，距离六闸首 1500～3300m 范围内河床演变形态表现为冲淤交替，但总体上为淤积，口门区淤积较为明显。2008 年三峡船闸下引航道实施了维护性疏浚，河床底高程降低 1.0m 左右，2010—2012 年距六闸首 1100m（分汊口下游 300m 处）以内的区域航道河床呈现冲淤交替变化的态势，但基本处于冲淤平衡，底高程基本保持在 57m 左右；距六闸首 1200～2600m（口门区）的区域则表现为明显淤积，且随着距离增加其淤积幅度也相应增加，说明造成此区域泥沙淤积的主要原因为异重流影响；距六闸首 2600m 以后的区域由于已接近于下引航道连接段，河床冲淤变化幅度较小。

（2）口门区河床演变情况。下引航道口门区受异重流影响较大，并伴有斜流、回流，因此该区域属于极易淤积河段，每年都有相当数量的泥沙潜入到引航道而导致淤积。如图 1.5－2 所示，2004—2007 年口门区表现为淤积，以航道中心线区域淤积尤为明显，2008 年三峡船闸下引航道实施维护性疏浚以后，

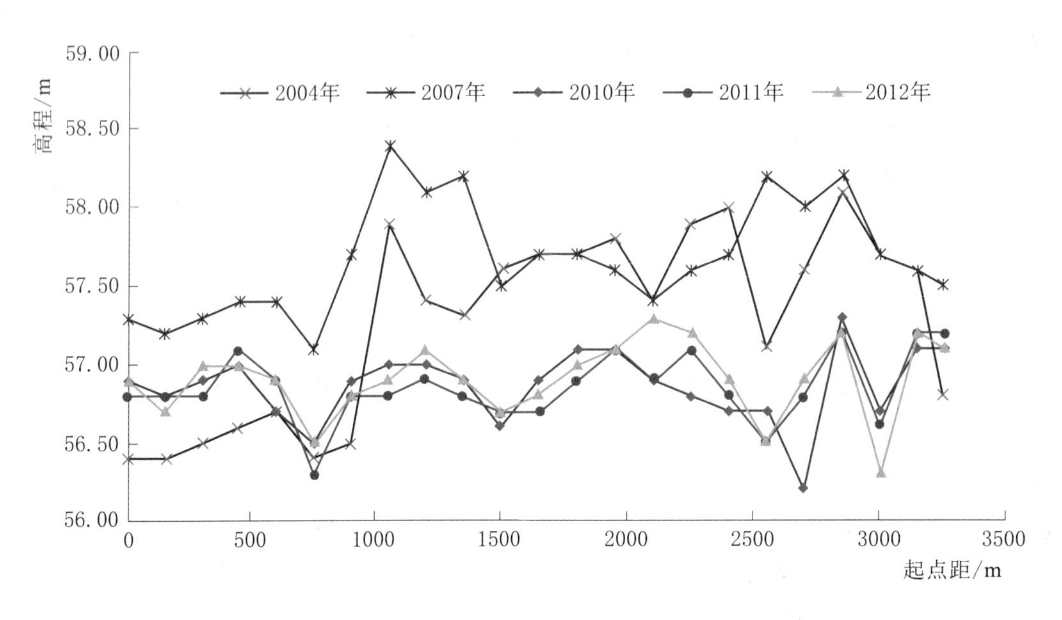

图 1.5-1　下引航道中心线纵断面图

河床底高程下降，而 2011 年年初该区域再次实施了维护性疏浚，所以 2010—2011 年口门区表现为冲刷，但 2011—2012 年表现为明显淤积，最大淤积深度达 2m，平均淤积深度约为 0.8m，目前口门区表现为累积性淤积，形成与主航道中心线呈一定角度的拦门沙坎。

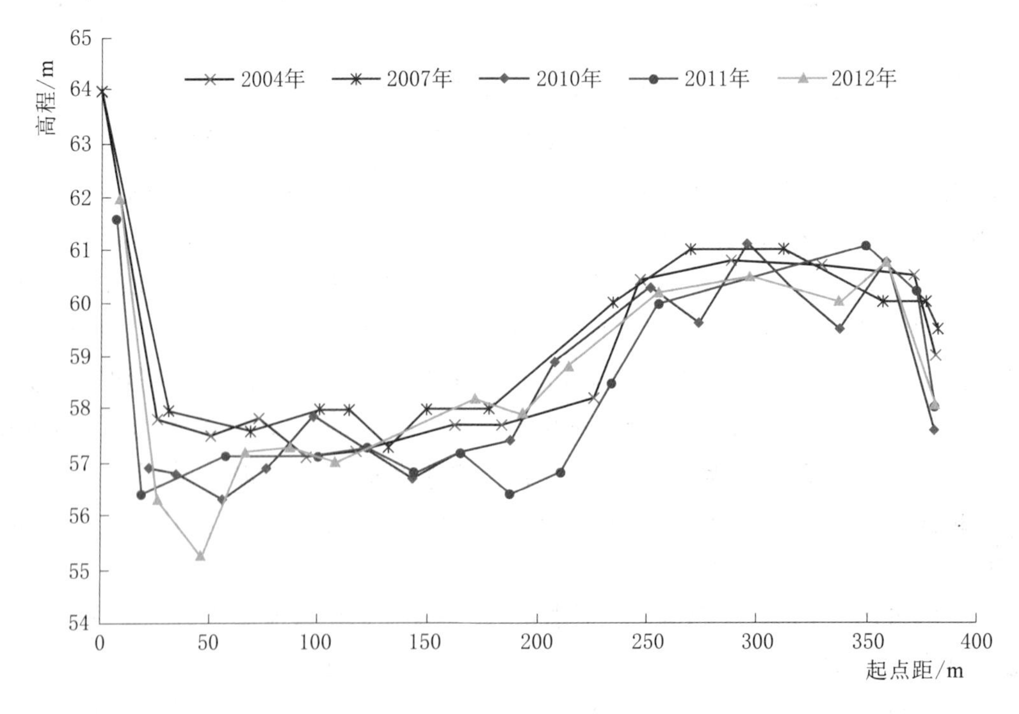

图 1.5-2　下引航道口门区代表断面图

（二）葛洲坝船闸枢纽航道运行情况

葛洲坝水利枢纽是具有发电和航运综合效益的现代化大型水利设施，也是三峡大坝的反调节枢纽，其通航设施按“一体两翼、两线三闸”的原则进行布置。左线在河道凹岸，为三江航道和 2 号、3 号船闸；右线在河道凸岸，为大江航道、1 号船闸及 9 孔冲沙闸。为解决枢纽航道的泥沙淤积问题，经模型试验和泥沙研究确定了“静水通航，动水冲沙，并辅以机械清淤”的运用原则。在三江 2 号、3 号船闸之间设置了 6 孔冲沙闸，在上游的二江和三江之间设置了防淤堤，并为满足上游航道口门区的通航水流条件，整治了南津关、巷子口、玉井和向家嘴等影响岸线平顺、水流流态的突出岸嘴。

1. 航道基本情况

（1）大江航道。

1）航道布置。大江航道建于葛洲坝水利枢纽右侧，其航道范围上起巷子口，下至卷桥河，全长 7.5km，其中上游航道 3.1km，下游航道长 4.4km，1 号船闸下闸首建有长 390m 的导航隔流堤，旨在起隔流、防沙、束水冲沙和导航的作用，自 1988 年过流试运行以来，由于下游导航隔流堤偏短，导致二江电站和大江电站发电尾水进入大江下游航道范围，致使大江下游航道紫阳河以下航道内的纵向流速、横向流速、水流流态、波浪等通航水流条件，在达到一定流量时，不能满足船舶安全进出大江下游航道的要求，因此大江航道最大通航流量按 20000m^3/s 控制运用。2004 年年底至 2006 年年初实施大江下游河势调整工程，在下游导航隔流堤下偏左侧位置新建了一条江心隔流堤以改善大江下游航道水流流态、提高大江航道通航流量，目前大江航道设计最大通航流量为 35000m^3/s。

2）航道尺度。大江上引航道最小航宽 160m，口门及口门内航宽 200m，向家嘴弯道设计航道中心线曲度半径 1000m，下游航道最小航宽 140m，在笔架山附近与天然航道相接处航宽约 170m，设计底高程 33.5m，下游最低通航水位 39m，因此目前大江航道计划维护尺度为 140m×4.5m×1000m（宽度×水深×弯曲半径）。

（2）三江航道。

1）航道布置。葛洲坝三江航道布置在葛洲坝水利枢纽左侧，其航道范围上起王家沟，下至镇川门，是长江上第一条人工引航道，航道全长 6.5km，其中上引航道长 2.5km，上引航道中部左侧有支流黄柏河汇入，下引航道全长 4km，设计最大通航流量 60000m^3/s，最小通航流量 3200m^3/s，最低通航水位 39m。

2）航道尺度。三江上引航道口门宽230m，船闸附近300m左右，航道最小底宽180m，设计河床高程为48～55m，下引航道最小航宽120m，航道底高程34.5m。由于三江下引航道水位年内变化明显，三江航道维护尺度年际内也呈现相应变化，见表1.5-1。

表1.5-1　　三江航道维护尺度计划表

时　间	1—4月、12月	5—6月、10—11月	7—9月
航道尺度（宽度×水深×弯曲半径）/(m×m×m)	120×3.5×1000	120×4.0×1000	120×4.5×1000

2. 水流条件

（1）大江航道。大江航道，特别是下游航道，自1988年运行以来，多年实践和原型观测资料表明，存在的主要问题是下游航道出口水流条件很差。其原因是中洪水期大江电站尾水扩散，加上二江泄水闸宣泄的洪水，受西坝“鸡腿”的挑流作用，水流折向大江下引航道，与大江电站尾水形成相对于大江航道的斜向水流，在大江下引航道内，产生高能量的“涌浪”，顶托船队左右摇晃，出现歪船扎驳现象。经实船试验，顶托船和驳船间最大相对升降幅度达1.0m，曾发生过断缆现象，有散队危险，也危及船闸下人字门的正常开启和关闭。因此2007年以前，当葛洲坝入库流量达到或大于20000m^3/s时，大江航道需停止运行。

2004—2006年实施河势调整工程以后，大江下游航道水流流态得到一定程度的改善，水流流速、涌浪高度及回流流速均有所减小。2007年汛期交通部长江航务管理局组织实施了河势调整工程完成后葛洲坝大江航道实船试航，对大江下游航道水流条件进行了实地观测。

1）流速情况。当流量达25000m^3/s时，航线上的流速由河势调整工程实施前的4.0m/s降至河势调整后的2.92m/s，沿岸流速由3.52m/s降至2.88m/s；当流量达30000m^3/s时，航线上的流速由河势调整工程实施以前4.02m/s降至河势调整后的2.77m/s，沿岸流速由3.60m/s降至3.00m/s。

2）涌浪情况。当流量为35000m^3/s时，涌浪最大波高由河势调整工程实施前的2.41m降至河势调整后的0.6m左右；当流量为30000m^3/s时，最大波高由河势调整工程实施前的1.60m降至河势调整后的0.4m左右，涌浪得到明显改善。

3）回流情况。葛洲坝枢纽大江下游航道经过实施河势调整工程以后，下游航道导航墙至笔架山一带回流区域依然存在，且回流区分布范围较工程实施前

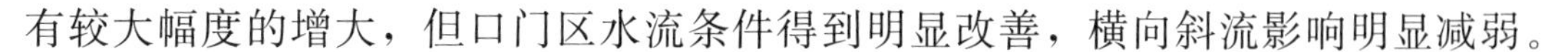

有较大幅度的增大，但口门区水流条件得到明显改善，横向斜流影响明显减弱。

（2）三江航道。三江航道由于是人工开挖的引航道，水流条件比较好，流态好，流速小，但当2号、3号船闸泄水运行时会在三江下引航道产生不稳定往复流，在枯水期对进出引航道的船舶航行安全造成较大的影响。其基本特征是：同一断面处，船闸泄水量大则水位变幅大，且水位越低则影响越甚，波幅沿程沿时衰减，具有周期性，主要是波谷时水深很小，使本来可以正常通过的船舶容易产生搁浅事故。同时由于三峡大坝拦蓄泥沙造成清水下泄，葛洲坝下游长河段长期存在河床下切引起同流量下水位下降的问题，目前三江下引航道同流量下水位已下降1.0m左右，枯水季节庙嘴水位受上述因素影响存在低于最低通航水位39m的情况，对船舶航行安全产生较大的影响。

3. 航道演变情况

（1）大江航道。大江航道的泥沙淤积上游航道较少，主要存在于下游航道。由于长江来水来沙集中于汛期，故下游航道的淤积也主要集中于汛期，高洪水持续时间越长，航道淤积越严重。总的来说，笔架山以上航道的泥沙淤积量大于其以下的航道泥沙淤积量。

在三峡枢纽围堰发电期以前，汛末冲沙后，一般每年均遗留有20万～30万m^3的碍航淤积物（包括部分卵石），需予以清除。

三峡大坝上游蓄水至135m以后，大坝拦蓄泥沙造成常年清水下泄，大江下游航道的泥沙淤积量有了较大幅度的减少，且淤积部位主要集中于笔架山至李家河两侧航道边线区域，目前每年泥沙淤积量和碍航工程量均在逐渐减少，其中以2009年以后减少尤为明显，仅在2012年开展了一次维护性疏浚，疏浚方量也仅为2200m^3，见表1.5-2。

表1.5-2　大江下游航道历年疏浚工程量统计表

年　份	疏浚工程量/万m^3	清淤高程/m	备　注
2000	40	33.5	
2001	20	33.5	
2002	19.6	33.5	
2003	38	33.5	
2004	26	33.5	
2005	18	33.5	
2006	9	33.5	
2007	7.82	33.5	
2008	6.1	33.5	

续表

年　份	疏浚工程量/万 m³	清淤高程/m	备　注
2009	0	33.5	未疏浚
2010	0	33.5	未疏浚
2011	0	33.5	未疏浚
2012	0.22	33.5	
2013	0	33.5	未疏浚

（2）三江航道。三江航道自1981年投入运行以来，多年的运行实践表明，三江航道上引航道异重流及回流淤积以口门区为主，泄洪淤积主要集中于黄柏河口以下；下引航道内是泄洪淤积、异重流及回流淤积的叠加，使其淤积沿程分布如楔形发展。原型观测资料显示，回流和异重流在上引航道年淤积140万～180万 m^3，在下引航道年淤积100万～160万 m^3，每年汛末冲沙后，上下引航道（包括王家沟边滩、2号闸上边滩、3号闸下口门、三江桥以下至庙嘴左右边滩）碍航淤积量约35万 m^3，需进行机械清淤。进入三峡工程围堰发电期以后，由于三峡大坝拦蓄了大部分泥沙，因此，进入两坝间航道并沿程运行到葛洲坝枢纽的泥沙明显减少，且随着三峡坝上蓄水位由135m至156m最后抬升到正常蓄水位175m，尤其在蓄至175m后，清水下泄尤为明显，三江航道重点部位的泥沙淤积明显减弱，三江下引航道局部甚至出现冲刷，每年枯水期需要清除的碍航泥沙也越来越少，自2010年以来未开展维护性疏浚，见表1.5－3。

表1.5－3　　三江航道历年疏浚工程量统计表

年　份	疏浚工程量/万 m³	备　注
2003	35	
2004	35	
2005	35	
2006	11	
2007	10.28	
2008	11.5	
2009	5.9	
2010	0	未疏浚
2011	0	未疏浚
2012	0	未疏浚
2013	0	未疏浚

（三）三峡—葛洲坝两坝间航道运行情况

1. 航道基本情况

（1）航道布置。三峡大坝—葛洲坝水利枢纽两坝间航道，上起鹰子嘴，下至葛洲坝枢纽三江航道上游王家沟，长约 38km，原为长江西陵峡段山区河流，河床底质绝大部分为岩石底质，河道弯曲，水流湍急，河段类型有峡谷河段和宽谷河段两种，其中鹰子嘴水厂—乐天溪河段，河谷较宽阔，汛期河面最大宽度可达 1000m 左右；乐天溪—南津关河段，河床断面多呈 V 形或 U 形，较为狭窄。

（2）航道宽度。三峡大坝—葛洲坝水利枢纽两坝间航道水面宽度较宽的位置在鹰子嘴水厂—乐天溪河段，当水位为 67m 时，大浪红—大象溪河段河面宽度可达 800m 以上，乐天溪—南津关河段河面宽窄相间，有多处河面宽度较窄，从上而下分别有水田角、喜滩、大沙坝和偏脑等处，四处水域的河床断面在水位 64m 时的河面宽度分别只有 320m、260m、260m 和 240m，平善坝锚地水域的河面宽度约达 450m。

（3）航道水深。两坝间河段为葛洲坝水利枢纽的常年回水区，总体而言，该河段的航道水深较深，能满足过闸船舶安全航行的水深要求。多年来实测资料反映，两坝间河段的河床纵剖面高低不平，起伏高差非常大，河床最深处分别位于乐天溪弯道、莲沱深潭、石牌弯道、平善坝锚地及南津关等水域，约为 90m，最高高程与最低高程的高差可达 60m 左右。2003 年三峡大坝上游 135m 蓄水后，实行三峡大坝—葛洲坝水利枢纽两坝联合调度运行，日调节下泄流量使得两坝间河段的水位变化较大，昼夜水位差最大达 3m，对两坝间河段的船舶航行、作业、停泊产生了很不利的影响。

（4）弯曲半径。两坝间河段在平面形态上蜿蜒曲折，分别有乐天溪、莲沱、石牌、南津关等四处弯道，其中尤以石牌弯道最为突出，河床以近似 90°转弯，弯曲半径仅为 750m，上下行的各类船舶航行至此不能互相通视，影响航行安全。

2. 水流条件

葛洲坝水利枢纽运行以来，两坝间河段枯水期呈现库区航道特点，比降较小，水流流速缓慢，航道条件有很大的改善；汛期则由于河段内大部分断面多呈 U 形或 V 形，中水期和洪水期过水断面面积增加有限，呈现出原山区天然河道的特点，当汛期流量达到 $35000m^3/s$ 以上时，两坝间尤其是重点河段水田角、喜滩、大沙坝、石牌、偏脑等的水流流速和局部比降仍很大，流态紊乱，通航水流条件未得到明显改善。

三峡大坝进入围堰发电期以后，实施两坝联合梯级调峰运行，水位和流量的日调节变化对航道条件存在较大的影响。两坝间河段流量和水位变化频繁而剧烈，调峰过程中流量变化在两坝间形成非恒定的波流运动，非恒定流形成附加比降和附加流速，在局部河段产生复杂的不良流态，特别是在汛期三峡出库流量超过 25000m^3/s 时，涨水过程中随着葛洲坝的反调节，两坝间流速、比降都将明显增大，对两坝间通航条件产生极为不利影响。

2010—2012 年，乐天溪水域实施了航道整治，对水下礁石进行了爆破清除，较好地改善了该航段的航道条件，水流流态得到了一定改善，但汛期三峡下泄流量超过 35000m^3/s 时，水流条件明显恶化，局部出现泡漩、回流等流态。因此两坝间河段虽进行了局部航道整治，但在汛期大流量情况下水流条件仍然较恶劣，对船舶安全航行造成一定困难。

（1）水田角河段。汛期水田角斜流与北岸莲沱上角的斜流相交于河心偏北，交界面形成剪刀水，两侧形成旺盛回流区，回流边缘及莲沱沱内多处产生强大泡漩，泡漩分布范围较广，河中心偏北泡漩更是旺盛，船舶航行较困难，上水需避开泡漩四起、回流旺盛的北岸而选择南岸缓流区上行，下水沿河心主流航行。

1）当 $H=66.5m$、$Q=18600m^3/s$ 时（H 为葛洲坝坝前水位，Q 为三峡下泄流量），流速、流向分析如下：

$V_{上max}=2.16m/s$（$V_{上max}$ 指滩段上部最大流速），发生在河道中心正对水田角，方向与河道走向基本一致，两侧斜流相夹，北岸为莲沱斜流，南岸为水田角斜流，两斜流夹主流直插河心，于滩段中部相交于河心偏北。

$V_{中max}=1.94m/s$（$V_{中max}$ 指滩段中部最大流速），发生在河道中心偏北，由南岸斜流受河道约束变向与主流及北岸斜流相交后所致，方向与河道走向基本一致。

$V_{下max}=2.06m/s$（$V_{下max}$ 指滩段下部最大流速），发生在河道中心偏北，方向偏北。

根据资料分析，当三峡下泄流量为 20000m^3/s 时，滩段产生回流和泡漩，但强度较弱，上水航线最大航速为 1.94m/s，下水航线最大流速为 2.16m/s。根据该滩段关系水尺水位测量成果，当流量为 20000m^3/s 时，狮子脑（上）与茶园的纵比降为－0.613‰。

2）当 $H=63m$、$Q=30000m^3/s$ 时，滩段流速普遍在 2.5m/s 以上，滩段最大流速为 3.05m/s，上水航线上的最大流速为 2.93m/s。根据该滩段关系水尺水位测量成果，当流量为 30000m^3/s 时，狮子脑（上）与茶园的纵比降为－0.007‰。

根据资料分析，当流量为 30000m^3/s 时，该滩段流速较大，比降偏小，北岸有回流，多处产生泡漩，强度较弱。

3）当 Q=35000m^3/s 时，滩段流速普遍在 3.0m/s 以上，滩段最大流速为 3.94m/s，上水航线上最大流速为 3.79m/s。根据该滩段关系水尺水位测量成果，当流量为 38000m^3/s 时，狮子脑（上）与茶园的纵比降为 0.745‱。

根据资料分析，当流量为 35000m^3/s 时，该滩段流速较大，比降比 30000m^3/s 流量时明显增大，但相对较小，北岸回流旺盛，多处产生泡漩，强度较大。

4）当 Q=40000m^3/s 时，滩段流速在 3.3m/s 以上，滩段最大流速为 4.34m/s，上水航线上最大流速为 3.95m/s，滩段比降为 2.20‱。

根据资料分析，当流量为 40000m^3/s 时，该滩段流速较大，滩段比降剧增，局部比降变化较大，北岸回流旺盛，泡漩四起，强度大，船舶航行较困难。

可以看出，当三峡下泄流量在 30000m^3/s 及以上时，水田角河段流速、比降大，流态紊乱，对船舶安全航行造成威胁。

（2）喜滩河段。喜滩石嘴和脚踏铺石嘴对峙，水流紧束，形成较长的洪水对口滩。汛期水流湍急，主流过莲沱偏北岸向下流，至白马沱扫弯而下，滩段流速分布左急右缓。全年上下水船舶均较靠南（右）岸航行。

1）当 H=66.5m、Q=18600m^3/s 时，流速、流向分析如下：

$V_{上\max}$=2.11m/s，发生在河道中心偏北，方向偏北 5°，滩段上口主流靠近北岸，方向与河段走向基本一致，与南岸严须沱斜流汇于三条沟，产生夹堰水。

$V_{中\max}$=2.02m/s，发生在河道中心偏北，方向与河道走向一致，受北岸新路口缩窄航道影响，主流进入瓶颈喜滩河段，平均流速、比降均有所加大。

$V_{下\max}$=2.15m/s，发生在河道中心偏北，方向与河道走向一致，此时河面相对变宽，主流走出喜滩瓶颈，直击白马沱对面弯段。

根据资料分析，当三峡下泄流量为 20000m^3/s 时，上水航线最大航速为 1.92m/s，下水航线最大流速为 2.40m/s。根据该滩段关系水尺水位测量成果，当流量为 20000m^3/s 时，喜滩与小房子的纵比降为 0.657‱。滩段由于河道狭窄，此断面上流速、比降相对较大，主流偏向北岸，右岸流速较缓，上水航线多沿右岸，但上水至白马沱时，受弯段影响上水需避开白马沱突嘴航行。

2）当 H=63m、Q=30000m^3/s 时，滩段流速普遍在 2.3m/s 以上，滩段

最大流速为 3.22m/s，上水航线上的最大流速为 2.54m/s。根据该滩段关系水尺水位测量成果，当流量为 30000m^3/s 时，喜滩与小房子的纵比降为 −0.115‱。

根据资料分析，当流量为 30000m^3/s 时，该滩段流速增大较快，比降较小。

3）当 Q=35000m^3/s 时，滩段流速普遍在 2.8m/s 以上，滩段最大流速为 3.78m/s，上水航线上最大流速为 3.10m/s。根据该滩段关系水尺水位测量成果，当流量为 35000m^3/s 时，滩段相应比降为 2.96‱。

根据资料分析，当流量为 35000m^3/s 时，该滩段流速较大，主流上流速均在 3.0m/s 以上，比降增大较快。

4）当 Q=40000m^3/s 时，滩段流速普遍在 3.0m/s 以上，滩段最大流速为 4.59m/s，上水航线上最大流速为 3.37m/s。根据该滩段关系水尺水位测量成果，当流量为 40000m^3/s 时，滩段相应比降为 3.60‱。

根据资料分析，当流量为 40000m^3/s 时，该滩段流速急增，主流上流速均在 3.0m/s 以上，比降同样急增，急流险滩显露无遗，对船舶航行安全造成威胁。

可以看出，当三峡下泄流量为 30000m^3/s 及以上时，喜滩河段流速湍急，对船舶安全航行造成威胁。

（3）大沙坝至老虎洞河段。此滩枯水期水流平缓，洪水期主流自白马沱上角偏北岸扫弯而下，受大沙坝突嘴石盘作用，主流挑向南岸，过龙进溪后主流逐渐移向河心。上水航线自阎王沱沿北岸稍偏向河心而上，于大沙坝处横驶过老虎洞后再沿南岸上行；下水航线沿主流稍偏向南岸而下，至朝阳沟横驶过河后偏向北岸下行。

1）当 H=66.5m、Q=18600m^3/s 时，流速、流向分析如下：

$V_{上max}$=1.34m/s，主流靠近北岸，方向与河道走向一致，主流经白马沱扫弯后，动能减少，流速下降。南岸流速趋缓，河道两侧有回流扫边。

$V_{中max}$=1.96m/s，发生在河道中心偏北，方向与河道走向一致，此段流速分布极不均匀，两侧有回流扫岸，近岸有小的泡漩。

$V_{下max}$=2.29m/s，发生在河道中心偏南，方向与河道走向一致，主流受白马沱突嘴作用，挑向南岸，流速随河势有所增大。

根据资料分析，当三峡下泄流量为 20000m^3/s 时，滩段水流相对平缓，上水航线最大流速为 1.96m/s，下水航线最大流速为 2.29m/s。根据该滩段关系水尺水位测量成果，当流量为 20000m^3/s 时，狮子脑（上）与茶园的纵比降为 1.312‱，相对偏大。

2）当 $H=63\text{m}$、$Q=30000\text{m}^3/\text{s}$ 时，滩段流速普遍在 2.0m/s 以上，滩段最大流速为 3.15m/s，上水航线上的最大流速为 2.43m/s。根据该滩段关系水尺水位测量成果，当流量为 $30000\text{m}^3/\text{s}$ 时，该滩段相应的纵比降为 4.13‱。

根据资料分析，当流量为 $30000\text{m}^3/\text{s}$ 时，该滩段流速增大，由于过水断面陡然变小，比降增大较快。

3）当 $Q=35000\text{m}^3/\text{s}$ 时，滩段流速普遍在 2.5m/s 以上，滩段最大流速为 3.78m/s，上水航线上的最大流速为 2.90m/s。根据该滩段关系水尺水位测量成果，当流量为 $35000\text{m}^3/\text{s}$ 时，该滩段相应的纵比降为 7.45‱。

根据资料分析，当流量为 $35000\text{m}^3/\text{s}$ 时，该滩段流速增大较快，主流流速均在 3.0m/s 以上，比降剧增。

4）当 $Q=40000\text{m}^3/\text{s}$ 时，滩段流速普遍在 2.5m/s 以上，滩段最大流速为 4.06m/s，上水航线上的最大流速为 3.00m/s。根据该滩段关系水尺水位测量成果，当流量为 $40000\text{m}^3/\text{s}$ 时，该滩段相应的纵比降为 7.61‱。

根据资料分析，当流量为 $40000\text{m}^3/\text{s}$ 时，该滩段流速比降剧增，主流流速均在 3.5m/s 以上，大型船队航行操纵困难。

可以看出，当三峡下泄流量在 $35000\text{m}^3/\text{s}$ 及以上时，大沙坝至老虎洞河段流速大、局部比降极大、流态紊乱，对船舶安全航行造成威胁。

（4）石牌弯道。下段由于石盘从右岸山脚伸入江中，约占河面宽度的 2/3，使河床形成约 80°的陡坡，水深突然抬升，迫使深泓线抵向北岸，底层水流受突起大片岩盘顶冲，一部分形成垂直向上的不稳定流，在岩盘一带形成阵发性、范围较大的泡漩水；另一部分形成程度和范围较大的单向环流，内侧则产生回流，使中间一线航道更显弯窄。上、下水航线均沿江心偏北，中枯水期水流平缓，无急流乱水，流态良好。

1）当 $H=66.9\text{m}$、$Q=21000\text{m}^3/\text{s}$ 时，流速、流向分析如下：

$V_{上\max}=2.32\text{m/s}$，主流位于河道中心，方向偏左约 5°，流速分布极不均匀，总体左急右缓，沿岸有回流，河道中心小泡漩分布较广。

$V_{中\max}=1.84\text{m/s}$，主流扫弯靠近北岸，方向偏左，南岸斜流与主流交汇于河心偏北，形成复杂流态，但总体流速较小。

$V_{下\max}=2.35\text{m/s}$，主流扫弯后挑向南岸，方向与河道走向一致，河道在天花板处收紧，河面变窄，流速相对加大。

根据资料分析，当三峡下泄流量为 $21000\text{m}^3/\text{s}$ 时，平均流速在 2.0m/s 以下，泡漩、回流强度较弱，流速较小，对船舶安全航行影响不大。根据该滩段关系水尺水位测量成果，当流量为 $20000\text{m}^3/\text{s}$ 时，龙进溪至杨家溪的纵比降为−1.952‱，鸡公滩至石牌沱的横比降为 0.115‱，胡金滩至杨家溪的横比降为−2.098‰，胡金滩至天花板的横比降为−2.321‰。

2）当H＝63m、Q＝30000m^3/s时，弯道进口流速在2.0m/s以上，滩段最大流速位于弯道顶点，为2.52m/s，上水航线上的最大流速为2.52m/s。根据该滩段关系水尺水位测量成果，当流量为30000m^3/s时，龙进溪至石牌沱的纵比降为−1.162‰，石牌沱至杨家溪的纵比降为3.633‰。

根据资料分析，该滩段在流量为30000m^3/s时，石牌弯道流速增加较平缓，比降较大。

3）当Q＝35000m^3/s时，弯道进口流速在2.5m/s以上，滩段最大流速为3.03m/s，上水航线上的最大流速为3.03m/s。根据该滩段关系水尺水位测量成果，当流量为38000m^3/s时，龙进溪至石牌沱的纵比降为−1.003‰，石牌沱至杨家溪的纵比降为0.858‰。

根据资料分析，该滩段在流量为35000m^3/s时，石牌弯道流速增加较快，鸡子沱附近主流流速近3.0m/s，大型船队航行操纵困难。

4）当Q＝40000m^3/s时，弯道进口流速在2.8m/s以上，弯道最大流速为3.32m/s，上水航线上的最大流速为3.20m/s。根据该滩段关系水尺水位测量成果，当流量为40000m^3/s时，相应的比降为−0.55‰。

根据资料分析，该滩段在流量为40000m^3/s时，石牌弯道流速剧增，鸡子沱附近主流流速近3.20m/s，大型船队航行操纵困难。

可以看出，当三峡下泄流量在35000m^3/s及以上时，石牌弯道河段流速、比降大，流态紊乱，加上90°急弯的限制，大型船队在此转向困难，上水尤甚。

（5）偏脑河段。主汛期时，受北岸偏脑突嘴挑流，产生斜流、泡漩和水梗，流态紊乱，主流偏向于南岸，流速较急。

1）当H＝63.0m、Q＝20000m^3/s时，滩段流速普遍在1.5m/s以上，滩段最大流速为1.84m/s，上水航线上的最大流速为1.84m/s。根据该滩段关系水尺水位测量成果，当流量为20000m^3/s时，该滩段相应的纵比降为0.02‰。

根据资料分析，当流量为20000m^3/s时，该滩段流速平缓，比降较小，流态良好。

2）当H＝63m、Q＝30000m^3/s时，滩段流速普遍在2.0m/s以上，滩段最大流速为2.90m/s，上水航线上的最大流速为2.78m/s。根据该滩段关系水尺水位测量成果，当流量为30000m^3/s时，该滩段相应的纵比降为−0.68‰。

根据资料分析，当流量为30000m^3/s时，该滩段流速增大，比降相对较小，南岸产生斜流和泡漩，流态开始变乱。

3）当Q＝35000m^3/s时，滩段流速普遍在2.8m/s以上，滩段最大流速为 3.68m/s，上水航线上的最大流速为 3.23m/s。根据该滩段关系水尺水位测量成果，当流量为 35000m^3/s 时，该滩段相应的纵比降为－1.55‱。

根据资料分析，当流量为 35000m^3/s 时，该滩段流速比降增大较快，主流流速均在 3.0m/s 以上，主流带宽度达 80m，南岸斜流和泡漩强度增大，急流险滩特性显露。

4）当 $Q=40000m^3/s$ 时，滩段流速普遍在 3.0m/s 以上，滩段最大流速为 3.88m/s，上水航线上的最大流速为 3.66m/s。根据该滩段关系水尺水位测量成果，当流量为 40000m^3/s 时，该滩段相应的纵比降为－2.01‱。

根据资料分析，当流量为 40000m^3/s 时，该滩段流速增大较快，比降增大，主流流速普遍达 3.5m/s，且南岸泡漩和斜流强度较大，近岸产生水梗，流态极为紊乱。

可以看出，当三峡下泄流量在 30000m^3/s 及以上时，偏脑河段流速、比降大，流态紊乱，较强斜流和泡漩对船舶安全航行造成威胁。

3. 航道演变情况

葛洲坝枢纽蓄水前，两坝间航道是川江较为困难的航行区段之一，主要的碍航滩险部位有水田角、喜滩、大沙坝、石牌弯道和偏脑等。葛洲坝水利枢纽建成后，两坝间航道属常年回水区，原有滩险被淹没于水下，水深增加，流速减缓，比降减小，石牌弯道的曲度半径也得到了扩大。

两坝间航道河床底质大部分为坚硬岩石底质，抗冲能力较强，河床相对稳定，不易发生明显的河床形态变化，在局部可能发生冲淤变化。截至 2013 年年底，两坝间航道分别于 2004 年、2008 年进行了长河段测量，典型断面石牌弯道和莲沱弯道河床演变情况如下。

（1）石牌弯道。石牌弯道代表断面形态如图 1.5－3 所示，由图可知，2004—2008 年石牌弯道段河床形态较为稳定，未发生明显的冲淤，河床断面基本呈 U 形分布，河道深泓区居于中间没有发生偏移，其最低河床高程约为－15m，河道宽度约为 450m。

（2）莲沱弯道。莲沱弯道代表断面形态如图 1.5－4 所示，由图可知，2004—2008 年莲沱弯道段河床形态基本稳定，河床中间及左侧产生了微弱的淤积，淤积厚度约为 5m，但河道深泓区仍居于中间没有发生偏移，河床断面基本呈 U 形分布，其最低河床高程约为 15m，河道宽度约为 500m。

2010—2012 年，乐天溪水域实施了航道整治，对航道内的碍航礁石进行了炸除，该水域河床形态发生了变化，目前正在开展两坝间莲沱水域航道整治前期工作，拟将莲沱至石牌水域两侧的礁石逐个清除，届时河床形态将产生一定程度的变化，航道条件将得到改善。

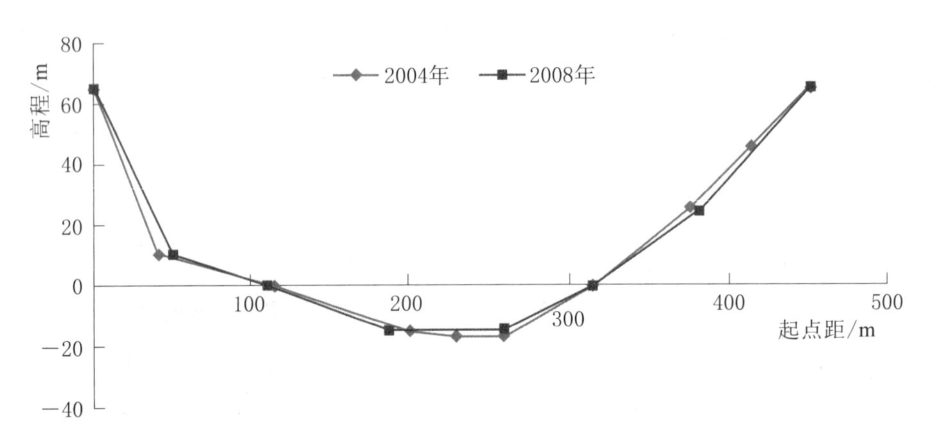

图 1.5-3　石牌弯道代表断面形态图

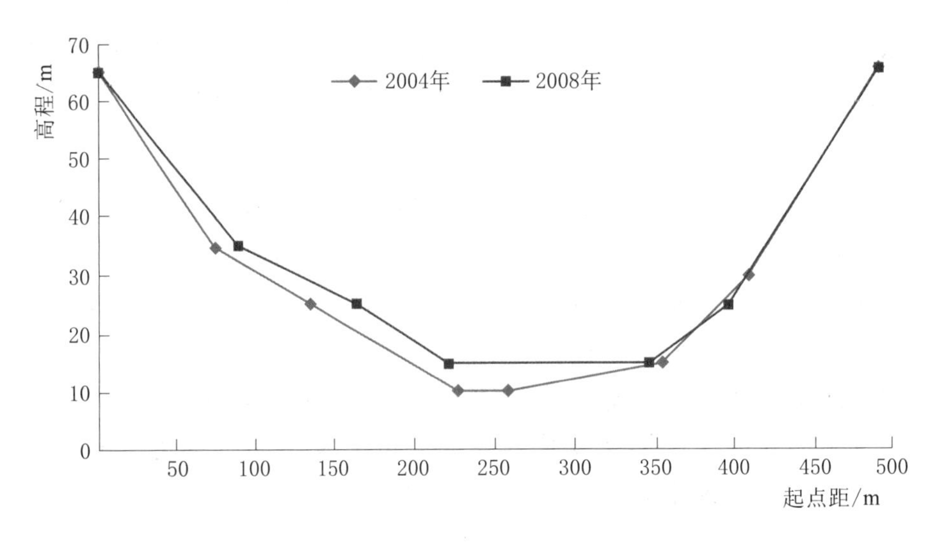

图 1.5-4　莲沱弯道代表断面形态图

(四) 三峡坝上库区航道(至庙河)运行情况

1. 航道基本情况

三峡大坝—庙河河段，全长为16km，三峡水库蓄水后，航道水深大幅增加，水面增宽，航道尺度有较大富余，航道较为顺直，航道全年维护尺度为4.5m×140m×1000m(水深×宽度×弯曲半径)。

2. 航道演变情况

三峡蓄水成库前，该河段为中洪水期天然急流河段，两岸山势陡峭，航道狭窄，水流湍急，流态紊乱，呈典型的山区峡谷河段特征。三峡成库后，坝前水位抬高，河面大幅扩宽，过水断面增加，库区航道水深较天然状况大幅度增加，航道尺度有较大富余，峡谷河段原有水流急、泡漩多的恶劣流态明显改善，水流流速和比降大大降低，且航道变得较为顺直，船道航行条件得到显著改善。

三峡坝上库区航道（至庙河）分别于2004年、2008年进行了长河段测量。

（1）整体变化情况。自三峡水库2003年蓄水运行以来，坝前段2003—2008年156m高程以下河床总淤积量为11166万m^3，90m高程以下河槽总淤积量为8259万m^3，占总淤积量的74%。其中距坝11778m范围内的淤积尤其明显，占河段总淤积量的94.5%。河段泥沙淤积分布见表1.5-4及图1.5-5。

表1.5-4　　2003—2008年三峡坝前段淤积量统计表

河段			S30+1～S33		S33～S38		S38～S40-1		S30+1～S40-1	
间距/km			2.996		7.966		3.339		14.301	
高程/m			90	135（156）	90	135（156）	0	135（156）	90	135（156）
淤积量/万m^3	135～139m运行期	2003年3—10月	1071	1420	931	1359	7	89	2049	2868
		2003年10月—2004年10月	471	554	710	881	4	78	1215	1513
		2004年10月—2005年10月	653	743	1120	1053	38	173	1911	1969
		2005年10月—2006年10月	32	55	7	146	40	-41	-1	160
		2003年3月—2006年10月	2227	2772	2768	3439	79	299	5174	6510
	145～156m运行期	2006年10月—2007年11月	245	257	341	342	27	-29	559	570
		2007年11月—2008年4月	18	65	65	98	1	23	104	186
		2008年4—11月	464	769	591	937	4	151	1159	1857
		2007年11月—2008年11月	482	834	656	1035	25	174	1263	2043
		2006年10月—2008年11月	1209	1925	1653	2412	23	319	3085	4656
	蓄水以来	2003年3月—2008年11月	3436	4697	4421	5851	2	618	8259	11166

注　1. 表中S30+1、S33～S38、S40-1等为三峡大坝上游坝前段泥沙淤积量计算断面编号。

2. 三峡坝前段淤积量统计河段为S30+1～S40+1，不包含大坝至S30+1段（长816m）。

3. 135～139m运行期，淤积量计算水位为135m；145～156m运行期，淤积量计算水位为156m。

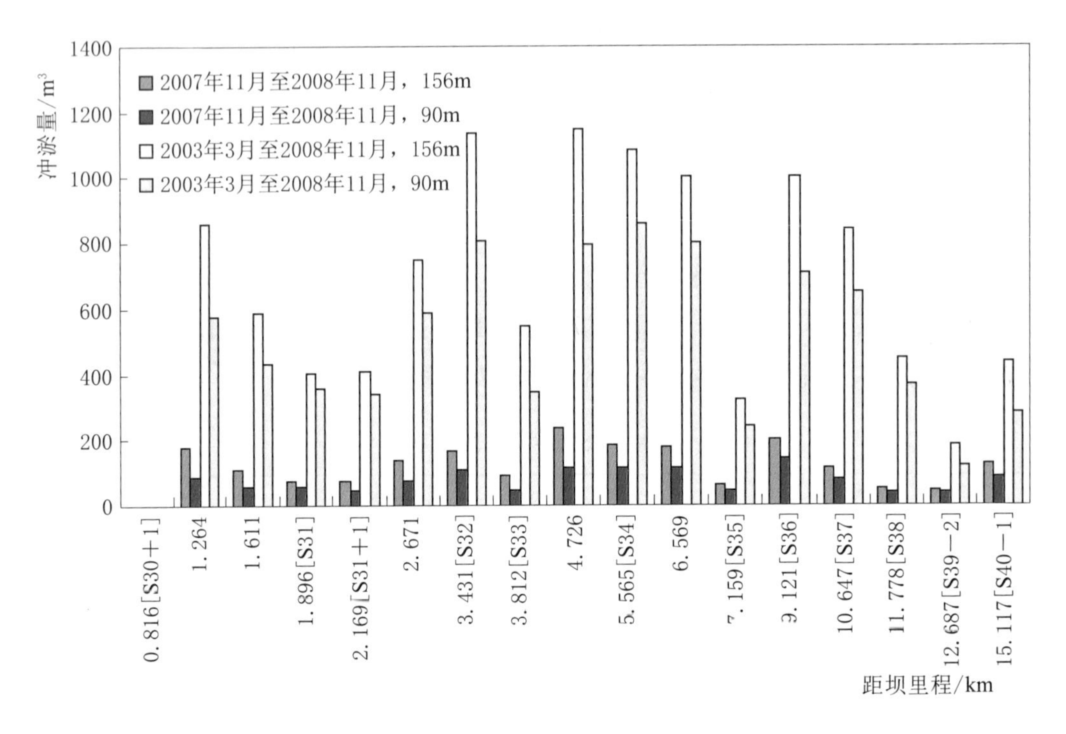

图 1.5-5　2003 年 3 月至 2008 年 11 月坝前河段淤积沿程分布图

（2）断面纵、横向变化。与整个河段的冲淤变化相应，三峡大坝坝前河段深泓变化主要表现为主河槽的明显淤积。自三峡水库 135m 蓄水运行以来，2003 年 3 月至 2008 年 11 月，坝前近坝段深泓淤积幅度较大（图 1.5-6）。其中淤积厚度最大的为距坝 5565m 的 S34 断面，达到 58.4m，其高程由蓄水前

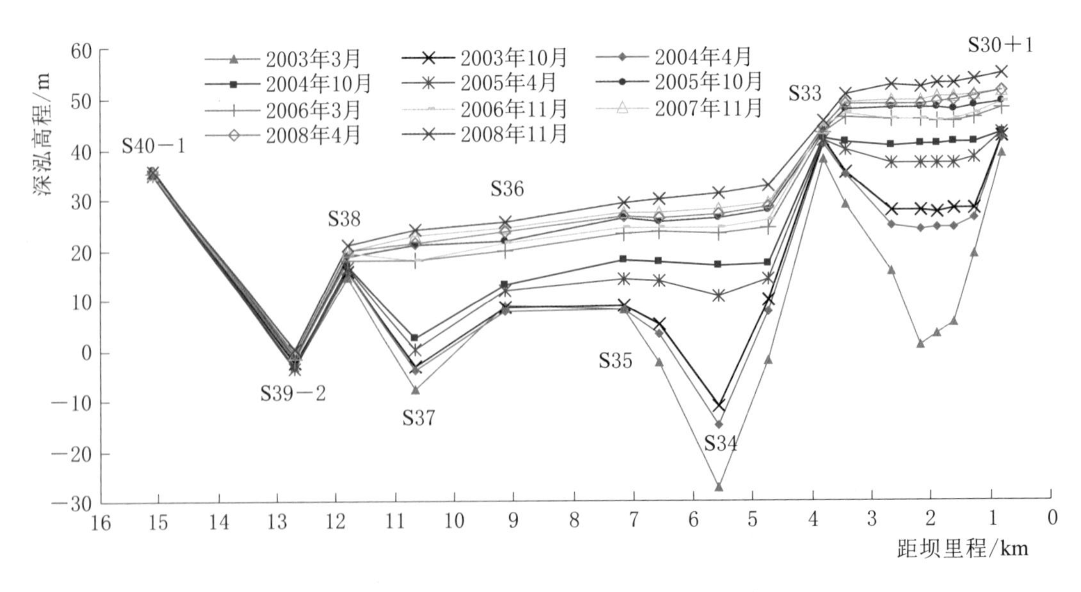

图 1.5-6　三峡大坝坝前河段深泓纵剖面冲淤变化图

2003 年 3 月的一27.3m 淤高至目前的 31.1m。大坝至庙河 16km 河段的深泓平均淤厚达 27.7m。河段的深泓年均淤积幅度最大的时段在 135～139m 围堰发电期，达 7.6m/a，而 144～156m 水库初期运行期河段的深泓年均淤积幅度则为 2.4m/a。

淤积区域主要分布于坝前至坝上 10.6km 区域（大坝至 S37 断面），以主槽的淤积为主要特征，S33 断面处于高平台向低平台过渡区域，该断面泥沙淤积不明显，而 S38 断面以上至庙河段则泥沙淤积较少（图 1.5－7）。

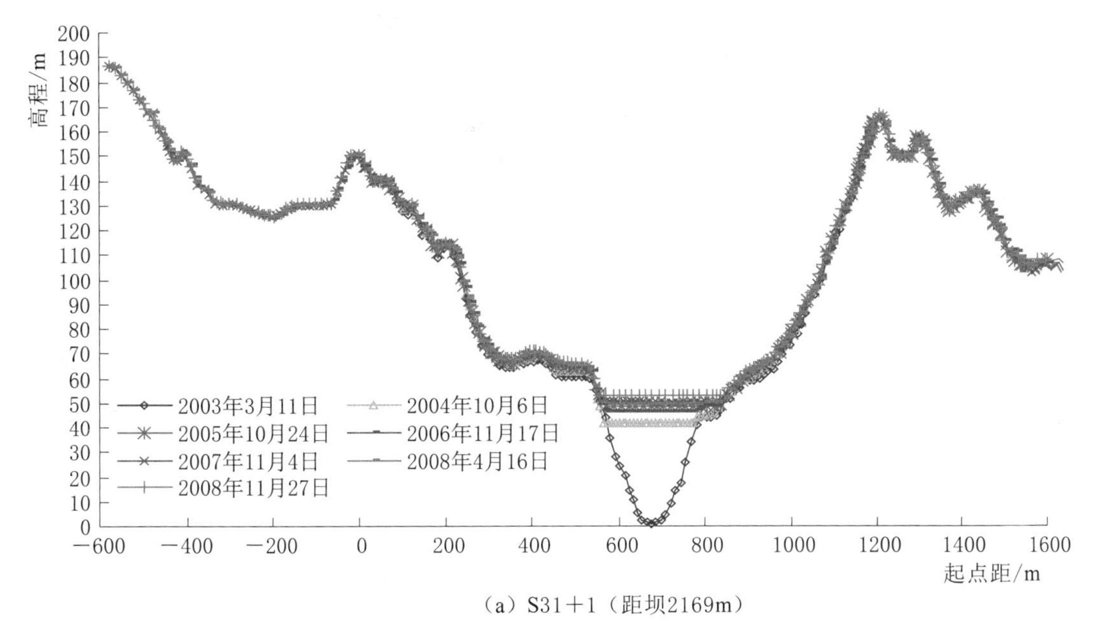

(a) S31＋1（距坝2169m）

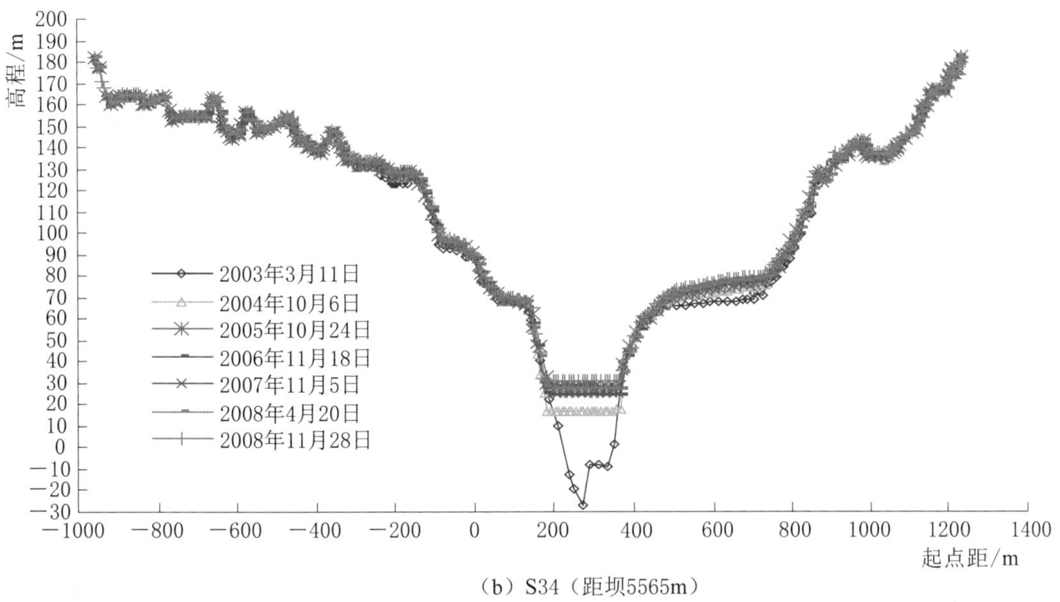

(b) S34（距坝5565m）

图 1.5－7（一） 三峡大坝坝前河段横剖面冲淤变化图

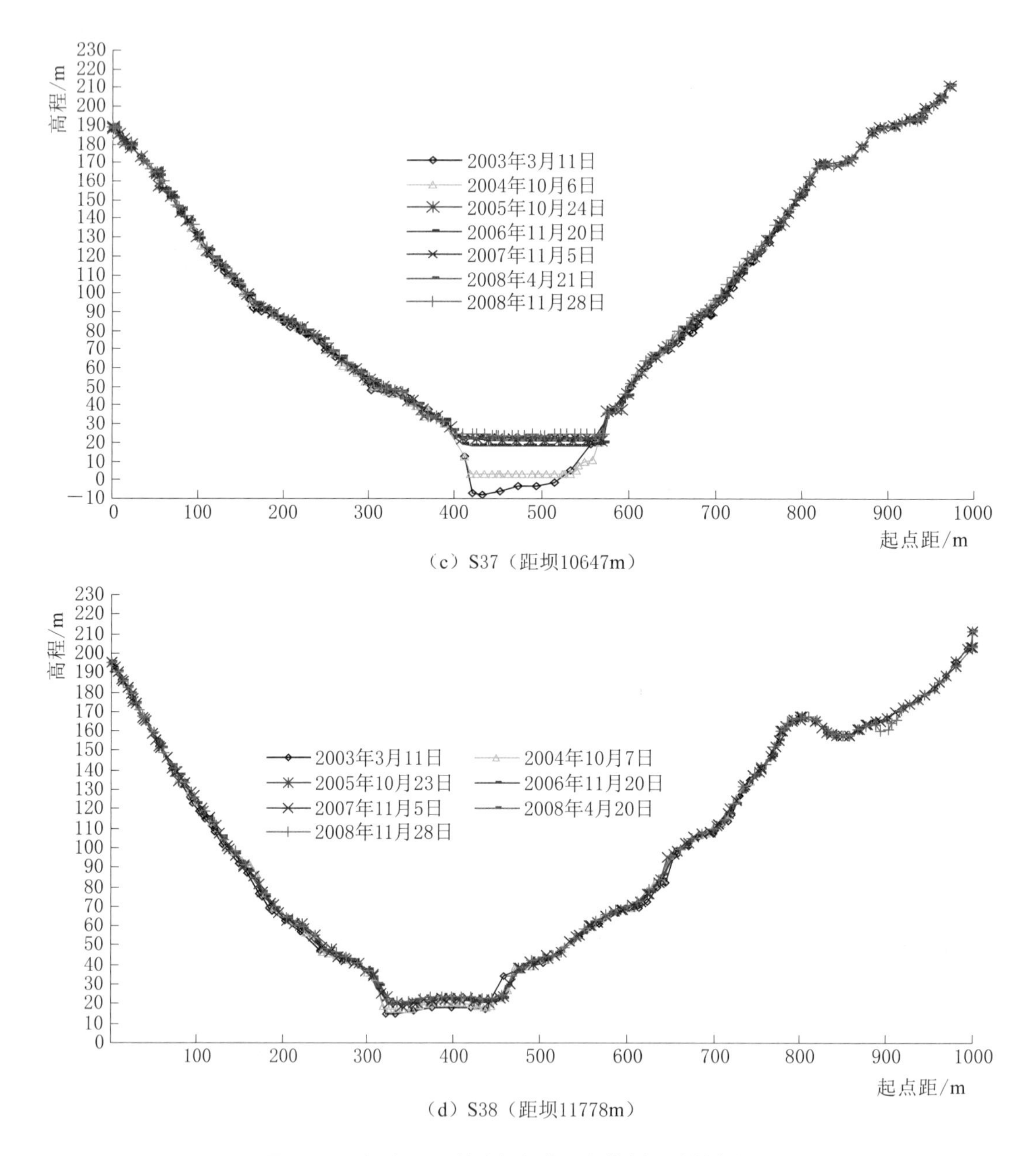

（c）S37（距坝10647m）

（d）S38（距坝11778m）

图 1.5-7（二） 三峡大坝坝前河段横剖面冲淤变化图

（五）三峡河段水上交通安全

1. 三峡河段水上交通概况

三峡河段被两座大坝分为三个航段：三峡库区航段、两坝间航段和葛洲坝下游航段。

三峡库区航段由三峡大坝至庙河，航段较宽且较为顺直，船舶通航密度大，秭归港、太平溪港、银杏沱滚装码头进出作业船舶较多，船舶按照三峡库区分道通航规则航行，日均船舶交通流量为530艘次左右。航道左岸有柳林溪、端方溪、白水溪、老太平溪、小溪口、靖江溪等支叉河，其中柳林溪为危险品船舶待闸锚地；航道右岸有杉木溪、兰陵溪、曲溪支叉河，其中杉木溪、兰陵溪为危险品船舶待闸锚地，沙湾、仙人桥水域设有普通货船待闸锚地。三峡坝上水位变动范围为145～175m，变动幅度较大。

两坝间航段具有显著的川江峡谷河道特点，航行船舶以过闸船舶为主。2009年6月1日起，两坝间水域分道航行规则施行，非洪水期船舶各自靠右航行，洪水前船舶在横驶区过河。两坝间航段大型港口码头少，但大江上游航段口门弯道、石牌弯道、喜滩弯道均存在通视盲区，且石牌弯道弯曲半径较小，船队通航困难。汛期水田角、喜滩、大沙坝、石牌、偏脑等滩段流速较大，水势湍急，流态紊乱，船舶航行困难，水上交通安全监管压力大。

葛洲坝下游航段为天然航段，航行船舶以进出葛洲坝船闸船舶为主。

2. 三峡河段水上交通安全管理

（1）客渡船安全监管。三峡枢纽河段共有渡口22处，渡线10条，渡船18艘，其中汽渡1艘、客渡17艘，渡船船员70名，年渡运旅客150万人次、车辆6万辆。中华人民共和国三峡海事局（以下简称“三峡海事局”）通过加强海事监管和服务，使三峡河段已连续16年实现客渡船“零事故”“零死亡”的双零目标。

（2）水上交通安全预警。三峡成库后，辖区内大风、大雾等恶劣天气情况频发，对此，三峡海事局大力加强预防预控工作，明确了分段、分级发布预警信息规定，进一步完善了三级发布机制，有效防范了恶劣天气情况对通航安全带来的影响。

2010—2013年水上交通安全预警情况见表1.5-5。

表1.5-5　2010—2013年水上交通安全预警情况表

预警级别	预警次数			
	2010年	2011年	2012年	2013年
一级（红色）	0	0	1	0
二级（橙色）	5	0	3	2
三级（黄色）	84	60	112	65
四级（蓝色）	40	23	8	34
合　计	129	83	124	101

（3）船舶签证管理。三峡海事局依法履行辖区进出港船舶签证管理工作，严格贯彻执行《中华人民共和国船舶签证管理规则》（交通部令2007年第7

号），船舶签证信息准确、实时录入船舶管理系统，年签证量 3 万艘次左右。

（4）船舶安全检查。过闸船舶安全检查工作，对一级危险品船舶、二级易燃易爆危险品过闸船舶实施 100%检查，其他过闸船舶实施不低于 5%的抽查，保障船舶适航、船员适任。年均过闸安全检查船舶 5000 艘次左右，船旗国安全检查 1000 艘次左右。

3. 三峡河段水上交通事故及险情

（1）水上交通事故险情总体情况。三峡河段水上交通事故及险情汇总见表 1.5-6。

表 1.5-6　　三峡河段水上交通事故及险情汇总表

年　份	事故及险情数/件	死亡人数/人	沉船艘数/艘
1998	19	30	7
1999	9	0	3
2000	17	4	7
2001	17	4	3
2002	14	10	2
2003	9	1	0
2004	13	5	1
2005	14	0	1
2006	5	7	1
2007	13	5	1
2008	19	1	1
2009	9	1	0
2010	8	5	2
2011	4	0	3
2012	5	0	1
2013	6	0	0

从表 1.5-6 中可以看出，三峡河段水上交通事故及险情总体呈下降趋势，特别是死亡人数自 2011 年来连续三年为 0。

三峡大坝蓄水前，1998—2002 年，5 年间三峡河段共发生事故及险情 76 件，死亡 48 人，沉船 22 艘。

三峡大坝蓄水以来，2003—2013 年，11 年间三峡河段共发生事故及险情 105 件，死亡 25 人，沉船 11 艘。

（2）175m 蓄水以来事故情况及分析。2009 年三峡 175m 蓄水后至 2013

年，共发生事故及险情32件，其中一般及以上等级事故8件，死亡6人，沉船6艘。三峡河段175m蓄水后事故汇总见表1.5-7。

表1.5-7　　三峡河段175m蓄水后事故汇总表

年　份	事故及险情数/件	一般及以上等级事故件数/件	死亡人数/人	沉船艘数/艘
2009	9	3	1	0
2010	8	1	5	2
2011	4	3	0	3
2012	5	1	0	1
2013	6	0	0	0
合　计	32	8	6	6

其中：汛期发生的事故共22件，占事故总数的69%；夜间发生的事故及险情共24件，占事故总数的75%；触礁事故14件、触碰事故6件，共占事故总数的62.5%；两坝间发生事故及险情18件，占事故总数的56.3%。

以上分析表明，事故及险情主要发生在汛期、两坝间、夜间，事故类型以触礁、触碰居多。

（六）评价、存在的问题及建议

1. 三峡—葛洲坝河段航道运行评价

三峡水利枢纽引航道总体布置能满足船舶（队）安全过坝的要求，三峡船闸航道适航性能较好。

三峡库区航道总体运行情况良好。库区航道尺度满足船舶航行需求且有较大富余。

两坝间航道在葛洲坝水利枢纽蓄水后，航道条件得到了很大的改善，三峡工程围堰发电期运行以来，重点滩段的河床断面形状未有明显变化。三峡电站实行调峰运行后，水流条件状况局部水域存在较大变化，影响船舶航行安全。

2. 存在的问题及建议

（1）电站调峰引起两坝间水流条件恶化问题。三峡电站日调节下泄流量的频繁变化，不可避免地将会引起两坝间水流发生不同形式的波动，使水流条件发生明显的变化。由于种种原因，三峡航道部门无法及时掌握电站调峰的具体情况，给航道维护管理和通航安全管理带来困难。

下泄流量的频繁变化对于船舶安全航行的危害程度随船舶尺度大小、控制操纵性能、调峰流量大小和船队所处河段位置而异。由于现在采用水位日变幅和小时变幅作为控制参数，并不能准确反映对船舶航行安全起主要作用的流速、比降之间的综合关系，比如：小时变幅是平均分布在60min之间，还是集中在几分钟之内产生；是在电站下泄流量小时发生，还是在电站下泄流量大时发生，其下泄流量导致的流速、比降变化将完全不同，相应地对于船舶航行安全的危害程度都各不相同。

在中洪水期（30000m^3/s及以上）时，两坝间河道的比降和流速随下泄流量增加而加大，且增加的速率较大，局部河段的比降和流速增加更多，使河道内水流流态紊乱；在电站调峰时，下泄水流产生的高流速、陡比降和强烈的水流波动现象无法预知，对通航安全影响巨大。因此建议如下：

1）建立更加细致的调峰流量控制标准，同时建立电站调峰与航运的协调机制，电站调峰计划同步发送到通航管理部门，以利于通航管理部门编制通航计划并及时对外发布通航水情信息，确保船舶安全通过三峡河段。

2）交通部门在两坝间主要断面设立水情自动监测系统，及时掌握水情变化。

3）开展两坝间航道系统整治。从调整河床形态入手，调整复杂的水流结构和断面流速分布，消除或减弱不良碍航流态。具体来说，对于河宽突扩、突缩的急流滩，调整过水断面沿程变化率，使河宽平顺过渡；对于河床陡降陡升的急流滩，减小河床高差沿程变化率，使河床高程平顺过渡；对于过水断面面积不足的急流滩，扩大近岸缓流区范围；对于有效过水断面面积不足的急流滩，减小近岸回流、泡漩水范围，降低回流、泡漩水强度，增大有效过水断面面积，扩展近岸可航行水域宽度；对于弯道急流滩，拓宽弯道可航行水域的宽度和曲率半径。

（2）葛洲坝大江航道无靠船设施和枯水期航宽不足、洪水期水流条件恶劣问题。

1）大江船闸上、下游引航道无靠船设施问题。大江船闸上、下游引航道均无靠船设施，下行船舶须在平善坝锚地水域待闸，上行船舶须在中水门锚地水域待闸，船舶进闸距离远，对通航效率存在较大的影响，建议采取工程措施在大江船闸上下游建设靠船墩。

2）大江航道枯水期航宽不足问题。由于笔架山—李家河河段航道边线附近的基岩浅区的影响，采用传统机械清淤方式难以清除。随着大江航道水深提升至4.5m，枯水期只能舍宽保深调整航标位置，航宽难以达到设计航宽140m，大型船舶操纵困难。

3）大江航道洪水期水流条件恶劣问题。大江航道经过河势调整工程后，大江下游航道水流流态得到一定程度改善，水流流速、涌浪高度及回流流速均有所减小，但当流量超过 25000m^3/s 时，高流速与涌浪等不良流态对通航的影响仍然较大。

(3) 葛洲坝三江下游引航道泄水往复流和河床下切问题。

1) 船闸泄水引起的往复流。葛洲坝 2 号、3 号船闸共用三江下游引航道，由于三江下游引航道总长约 4km，当 2 号、3 号船闸泄水时，在三江下游引航道产生不稳定往复流，其基本特征是：同一断面处，船闸泄水量大则水位变幅大，且水位越低则影响越甚，波幅沿程沿时衰减，具有周期性，在枯水期对进出引航道的船舶航行安全形成较大的影响，波谷时水深明显减小，使本来可以正常通过的船舶容易发生擦底等事故。

2) 枢纽下游河床下切引起三江下游航道水位下降。葛洲坝下游近坝河段自葛洲坝枢纽运行以来，枢纽下游航道一直存在河床下切引起同流量下水位下降的问题，三峡水库蓄水后，由于三峡大坝拦蓄泥沙造成清水下泄，进一步加剧了河床下切，目前三江下引航道水位较建坝前同流量下降已达 1.0m 左右，而且这一问题还将随着时间的推移继续发展，目前的主要措施是以加大三峡工程泄水流量进行补偿。

六、提高通航效率的措施

(一) 加强通航配套设施建设

1. 加大通航配套基础设施建设投入

“十一五”时期，交通运输部加大了三峡通航、水上安全及支持保障设施的建设力度，共投资建设 13 个项目，总投资 6.39 亿元。先后完成了三峡枢纽坝区通航调度及锚地工程、三峡坝区通航船舶服务区待泊锚地建设工程、三峡枢纽航运配套设施工程、两坝间乐天溪航道整治工程、三峡坝区监管救助基地工程、三峡通航检测维修设施工程等建设项目。以上项目的实施，构成了较为完整的通航调度及锚地设施和管理系统，确保了坝区通航调度及锚地管理工作的正常进行；完善了两坝间的通航安全设施，改善了工程河段的通航水流条件，减少了水上交通事故及险情的发生概率；提高了船舶的助航识别度，部分改善了两坝间的通航环境，为船闸通航效率和通过能力的提高提供了设施保障。

2. 大力推进信息化建设

“十一五”时期以来，三峡通航管理部门加大了信息化建设步伐，陆续实施了三峡枢纽坝区航运配套通信工程、三峡—葛洲坝船舶监管系统工程、三峡—葛洲坝水利枢纽通航调度系统工程、数字航道工程等，建成了 VTS、船舶过闸调度系统、GPS 系统、CCTV、数字航道维护管理系统、电子江图、航标遥测等系统。这些系统的投入运行，使得通航管理模式和业务流程得以优化及再造，实现了船舶过闸的远程申报和动态调度，实现了数字化、网络化的航道管理平台，建立了集交通组织、安全监控、助航服务、应急指挥于一体的通航指挥中心，两坝枢纽的通航能力、辖区水域的安全监管水平、对社会公众的服务能力等显著提升，使得三峡通航综合管理和服务的应用特色得以充分发挥，提高船闸通航效率，实现了“阳光通航”。

（二）引导船舶大型化和标准化发展

1. 限制小吨位船舶过坝

交通运输部门加强准入管理，分步限制小船过闸，2003 年发布了川江和三峡库区船舶标准化公告，先后对 100 总吨、200 总吨的船舶过三峡船闸进行了限制，加强对政策引导和市场准入的管理，禁止新建非标准船和小吨位船舶通过三峡船闸，2013 年开始禁止 600 总吨以下商船过闸。通过禁止非标准船舶和小型船舶过闸，长江干线一批吨位小、安全性能差、污染严重的老旧船舶被逐步淘汰，运力结构得到了初步调整，船型技术进步较为明显，航运市场竞争力得到一定程度的提高。对促进船舶技术进步和航运结构调整，保障安全，保护水域环境，提高三峡船闸利用率和通过能力，发挥了重要作用。

2. 加快推进船型标准化

2009 年 7 月交通运输部、财政部及沿江十省（市）出台了《推进长江干线船型标准化方案》，2010 年交通运输部发布了《关于发布川江及三峡库区运输船舶标准船型主尺度系列（2010 年修订版）的公告》，2012 年交通运输部发布了《长江水系过闸运输船舶标准船型主尺度系列》。通过政策引导，加快推进船型标准化，2013 年过闸船舶中 1000 吨级以上船舶占有比例由 2003 年的 14%上升到 88%。过闸船舶大型化，每闸次船舶平均数量从 2004 年的 8.61 艘逐年降低到 2013 年的 4.24 艘，在缩短船舶进出闸及移泊时间，提高船闸运行效率的同时，一次过闸平均吨位由 2004 年的 9029t 提高到 2013 年的 15939t，为船闸通过能力的提高奠定了重要基础。

2003—2013 年三峡船闸过闸船舶吨位情况见表 1.6-1。

表 1.6-1　2003—2013 年三峡船闸过闸船舶吨位情况统计表

年份	项　目	≤300 吨级	301～500 吨级	501～1000 吨级	1001～3000 吨级	>3000 吨级
2003	数量/艘次	10959	8097	10927	4672	225
	占比/%	31.42	23.21	31.33	13.39	0.65

续表

年份	项目	≤300 吨级	301～500 吨级	501～1000 吨级	1001～3000 吨级	>3000 吨级
2004	数量/艘次	9585	14653	26739	22301	1778
	占比/%	12.77	19.52	35.63	29.71	2.37
2005	数量/艘次	3475	9255	23443	25942	1834
	占比/%	5.43	14.47	36.66	40.57	2.87
2006	数量/艘次	3427	4709	15362	28973	3912
	占比/%	6.08	8.35	27.25	51.39	6.94
2007	数量/艘次	3670	3603	10788	28644	6607
	占比/%	6.88	6.76	20.24	53.73	12.39
2008	数量/艘次	5388	3854	12990	28022	5097
	占比/%	9.73	6.96	23.47	50.63	9.21
2009	数量/艘次	5921	2616	11895	25372	6011
	占比/%	11.43	5.05	22.96	48.97	11.60
2010	数量/艘次	4165	1922	11927	29980	10308
	占比/%	7.14	3.30	20.46	51.42	17.68
2011	数量/艘次	3200	1206	6454	25934	18816
	占比/%	5.75	2.17	11.61	46.64	33.84
2012	数量/艘次	1578	764	2824	17284	21813
	占比/%	3.57	1.73	6.38	39.05	49.28
2013	数量/艘次	1721	911	1798	15583	25656
	占比/%	3.77	1.99	3.94	34.12	56.18

3. 制定新的过闸船舶吃水控制应用标准

船舶大型化同时带来的另一个问题是船舶吃水普遍增加，2000 吨级以上的船舶吃水一般达到 3.5m，3000 吨级以上的船舶吃水普遍超过 3.7m，而 5000 吨级干散货船满载吃水更达 4.2m。按照三峡船闸设计要求，槛上水深最小为 5.0m 时，过闸船舶吃水应控制在 3.3m，因此大量大型船舶不能满载通过船闸，或者须在上下锚地进行减载转驳。2009 年运行管理单位联合科研院所，通过交通运输部立项，开展了“三峡船闸过闸船舶吃水控制标准关键技术研究”，通过理论分析、实船试验并结合相关物理模型试验结果，提出了与上下游水位组合相应的过闸船舶吃水控制应用标准。2010 年起通过三峡船闸的船舶试行新的标准，即最小槛上水深 5.5m 时船舶吃水为 4.2m，最小槛上水深 5.0～5.5m 时船舶吃水为 4.0m，2011 年全年三峡船闸过闸船舶最大吃水按 4.0m 控制运行 79d，船舶最大吃水按 4.2m 控制运行 286d，为当年过闸货运量过亿吨提供了保障，新的过闸船舶吃水控制应用标准对促进川江及三峡库区船型标准化，推动三峡船闸提高通过能力意义重大，经济社会效益显著。

（三）优化船舶过闸调度组织

1. 建立两坝船闸匹配运行的调度组织模式

两坝船闸通航受通航设施及航运配套设施自身能力，运行水文条件、气象条件、交通流等各方面影响，存在运行失衡、效率降低的问题。三峡通航调度部门尽力克服各种因素影响，采用计算机辅助调度，优化船舶过闸排档，探索闸室间船舶同步移泊方法，通过实施分段控制技术、优化船闸运行方式、提升单坝船闸运行效率和运行闸次等多种措施，以实现两坝船闸运转安全、均衡高效，衔接有序，实现匹配运行，达到两坝枢纽整体通航效率最大化。

2. 采用 156m 水位四级运行方式

三峡船闸完建期库水位蓄至 156m，船闸进入初期运行期，按初步设计要求，船闸需五级运行，将一闸首事故检修门作工作门使用，但存在运行控制风险大、安全性差、运行效率低等诸多问题。为此，2006 年 4 月运行管理部门组织进行了“156m 水位三峡船闸四级运行方案原型调试研究”，分别进行了 34.0m、40.0m、45.0m、46.0m、47.0m 水头和阀门单、双边运行和阀门间歇开启、连续开启等不同工况组合试验，共进行试验 35 组次。试验结果表明，在 40.0～47.0m 工作水头下，输水阀门采用间歇开启方式可以满足三峡船闸运行的需要和设计的各项指标，在上游 156m 与下游 63m 的水位组合下，三峡船闸可以采用四级运行方式。156m 水位三峡船闸四级运行的意义在于突破了原有设计，优化了船闸运行方式，提升了运行效率。

3. 实施四级运行时一闸室待闸

三峡船闸采用四级运行方式运行时，下行船舶在上游靠船墩待闸，进入二闸室的直线距离为 1200 多米，进闸时间一般都在 30min 以上，极大地影响了船闸下行运行的效率。为提高船闸通过能力，2004 年 9 月运行管理部门和科研单位，在 139m、144m、156m 等各种特征水位阶段开展了船舶一闸室待闸的原型观测和实船试验，在此基础上形成了一闸室待闸的船舶过闸组织方式。采取下行船舶一闸室待闸后，船舶进闸的起点由靠船墩前移至一闸室，进闸距离缩短约 1000m，平均进闸时间缩短约 15min，每天可增加 1～2 个下行闸次。此项措施在三峡船闸运行中得到了广泛应用，特别是在三峡船闸完建期发挥了巨大的作用。

4. 增设靠船设施，实行导航墙待闸

运行管理部门为提高船舶进闸效率，探索实施了导航墙待闸措施，缩短船舶进闸时间，提高船闸运行闸次和通过能力。2011 年三峡船闸上、下游导航墙加趸船各延长约 65m，2013 年实施了北线船闸下游增设靠船墩工程，从三峡北线船闸下游导航墙端部起等间距 24m 增设 5 个靠船墩，将南线船闸下游导航设施长度由 180m 延伸至 300m，同年南线船闸上游浮式导航墙末端增设永久趸船，有效延长导航待闸靠泊长度。为提高葛洲坝大江 1 号船闸通过能力，2012 年在葛洲坝大江 1 号船闸上游引航道增设待闸船舶靠泊临时设施，设置 2 艘锚趸船，使其具备一个闸次的靠泊能力。

5. 创新同步进闸、同步移泊方式

三峡船闸设计考虑的船型以船队过闸为主，这与实际的单船组合过闸为主（95%过闸船舶为自航单船）的方式区别很大。三峡船闸实际运行中，平均一次过闸船舶数量在 2010 年仍然达到 6.2 艘，进闸船舶按排档秩序，依次进闸、移泊，进闸耗时和闸室间移泊耗时均较长。运行管理人员在实践中发现可考虑多船同时移泊，并与港航企业联合组织实船试验，创造了“同步移泊”方法，提高了过闸效率。同步移泊即在保证安全的前提下，由尺度相近且排档位置处于同一排的船舶作为一个单元同时进闸或移泊，减少移泊或进闸船舶单元，有效缩短船舶进闸和在闸室间移泊的时间。

（四）提高船闸设备设施运行效率

1. 不断调整和完善运行工艺

三峡船闸运行初期，二闸室输水过程约需 25min，明显高于其他闸室的平均输水时间 11min；设备空载运行时间长，电机及液压系统温升高；一闸室水位波动幅值达 1m 多，水流条件差；输水过程及二闸首人字门开门过程中一闸室、二闸室均有明显的纵向水流，这些因素都会对人字门及液压系统的运行造成不利影响，同时也降低了三峡船闸的通过效率。运行管理部门经过对比试验和分析多种工况下的输水时间和水位波动曲线，对二闸首输水工艺进行修改完善，使输水时间减至 15min 左右，输水过程中一闸室纵向水流明显减小，水位波动幅值降至 40cm 左右，二闸首人字门开门过程中无明显纵向水流。库水位蓄至 139m 后，运行管理部门对二闸首输水工艺进行了再次调整，输水时间减至 11min 左右，与其他闸首输水时间基本持平，二闸首人字门开门过程中无明显纵向水流，人字门及液压系统运行平稳。

2. 优化主要设备设施运行参数

三峡船闸通航以来，运行管理单位在整理船闸设计、安装、调试和船闸水

力学试验等资料基础上，分析了139m、156m水位条件下各闸首闸阀门启闭时间、曲线、输水时间和启闭力等数据，提出了参数优化调整方案。自2006年11月开始，通过调整人字门启闭机比例泵控制电压，将二闸首人字门开关时间由原设计值6min缩短为3min、4min，三至六闸首人字门开门时间由原设计值3.5min缩短为3min；通过将三闸首、六闸首输水阀门动水关阀水头由原6.0m、5.0m分别改为5.5m、4.7m，将二闸室、五闸室泄水时间分别缩短45s、65s。闸阀门启闭参数优化方案实施后上行闸次间隔时间每闸次可缩短185s，下行闸次间隔时间每闸次可缩短405s。

（五）设备更新改造、快速检修和应急保障

1. 设备缺陷整改和更新改造

针对运行中发现的问题，三峡船闸运行管理单位组织实施了一系列专项修理和缺陷整改，并对部分设备进行了技术升级；实施了6项比较大的更新改造，包括北线船闸PLC升级改造、船闸控制系统人机界面升级、上游引航道增设拦漂排、上下游靠船墩增设安全标志、南线船闸工业电视系统改造和消防水系统改造，改造均取得了预期效果；进行了19次停航检修，包括两线船闸各两次排干检查并处理缺陷、两线船闸完建期检修和两线船闸各一次岁修等，检修中对发现的问题进行了处理，未发现影响运行安全的重大缺陷。

2. 建设三峡通航检测维修设施工程

为提高船闸快速检修能力，缩短维修时间，最大限度保障通航建筑物的运行，交通运输部于2010—2012年实施完成了三峡通航检测维修设施建设工程。主要建设内容为：建设检修车间、备品备件仓库、流动机械车棚和附属用房及水、电、消防等相关配套设施，总建筑面积5115.6m^2；配置机械、液压、水工、电气等系统检修设备和起重运输设备等。工程的建设能够使船闸通航设施得以快速抢修和检修，缩短停航时间，最大限度保障船闸通航，提高通航效率。

3. 开展船闸快速检修技术研究及应用

通过“三峡船闸快速检修关键技术研究”等项目的实施，研究了人字门顶落门、人字门支枕垫块表面修补、输水阀门钢止水修复、输水阀门反弧门整体吊装、输水廊道混凝土表面蚀损修补等重点检修工艺，开发了大型人字门同步升降系统等检修装备，设计了人字门顶枢拆装、底枢移出、底枢异形橡皮止水安装、反弧门钢止水修磨等专用工装，编制了“三峡船闸检修标准化预案”，这些成果的研究和应用，为实现船闸快速检修、有效缩短停航检修工期、保证

检修质量提供了技术保障和支撑。

4. 强化停航检修期通航组织及保障

船闸停航检修期间，会造成枢纽的通过能力下降，船舶在枢纽水域积压待闸。为减轻船闸检修对地区经济社会的影响，保障运输生产安全、有序，运行管理部门在努力提高船闸运行效率的同时，还采取旅客翻坝、限制普通货物船舶空载过闸、货物分流等综合措施，科学、合理、有效地做好客货运输组织工作。同时交通运输主管部门建立了三峡坝区水域船舶滞留应急联动机制，根据现场需要适时启动，控制抵达坝区船舶数量，缓解坝区通航压力，确保坝区通航安全。

七、结论

（1）三峡工程的建设，有效改善了川江航运条件，大力促进了川江航运的发展，三峡船闸的安全高效运行为川江航运发展提供了有力的保障，通航以来过闸货运量逐年攀升，2011 年三峡船闸过闸货运量达到 10033 万 t；单向货运量 2011—2013 年分别达到 5534 万 t、5345 万 t、6029 万 t，提前 19 年达到设计规划水平，枢纽航运效益得到了显著发挥。

（2）三峡枢纽船闸设计合理、建设标准高、施工质量优良。2003 年投入试运行至今，水工建筑物结构安全稳定，金属结构、闸阀门及其启闭机、监控系统等设备设施运行安全可靠、故障率低，整体性能达到设计要求；三峡船闸待闸锚地等配套设施、枢纽航道满足枢纽运行要求。

（3）两坝间航道在葛洲坝水利枢纽蓄水后，航道条件得到了很大的改善，三峡工程围堰发电期运行以来，重点滩段的河床断面形状未有明显变化，三峡电站实行调峰运行后，水流条件状况局部水域存在较大变化，给通航安全和效率带来了一定影响。葛洲坝近坝河段，三峡水库蓄水后，通过三峡水库的流量调节，葛洲坝下游枯水期最小通航流量由 $3200m^3/s$ 提高到现阶段的 $5500m^3/s$ 左右，航道条件得到较为明显的改善，同时清水下泄加剧了近坝河段的河床下切，同流量情况下水位下降明显。

（4）通过采取政策引导、配套工程建设、科研、管理等综合措施，三峡船闸通过能力已得到充分发挥，进一步挖潜扩能的空间有限。船闸目前保持满负荷运行，船舶待闸已常态化，船闸现有通过能力难以满足过坝运量持续增长的需要。

八、问题和建议

（一）理顺三峡工程正常运行期通航建筑物管理体制

三峡工程通航建筑物建设期的管理体制，在《国务院办公厅关于长江三峡枢纽工程建设期通航建筑物管理体制有关问题的通知》（国办函〔2002〕86号）中明确：三峡工程建设期间（从2003年三峡船闸135m低水位运行至工程蓄水到175m水位），三峡船闸由中国长江三峡集团公司委托交通部所属的长江三峡通航管理局管理和运行，所需经费由中国长江三峡集团公司支付。2003—2009年期间，中国长江三峡集团公司与长江三峡通航管理局三峡船闸管理处就三峡船闸运行签订委托管理协议，由三峡船闸管理处负责三峡船闸的日常运行维护，委托管理协议于2009年5月31日到期终止。

2009年三峡枢纽主体工程蓄水至175m，在管理体制未明确的情况下双方未再续签协议。

通航建筑物的管理体制对其航运效益的影响是重大而长远的，为了保障三峡船闸安全运行和畅通，充分发挥三峡枢纽航运效益，一个合理、稳定的管理体制是基础，因此，建议国家层面尽快明确三峡工程正常运行期通航建筑物的管理体制。

（二）加快推进三峡枢纽水运新通道建设

三峡船闸通过能力挖潜空间有限，而过闸需求在相当长时期内仍将保持较快增长，为了从根本上解决货运量增长与通过能力不足之间的矛盾，根据《长江三峡水利枢纽初步设计报告》中第四篇“综合利用规划”所述，“当货运量接近船闸通过能力时，可研究增建船闸或升船机，以满足过坝货运量发展需要”，鉴于三峡船闸的单向通过量已经连续三年超过设计通过能力，建议加快推进三峡枢纽新通道建设工作。

（三）进一步研究解决两坝间航道和葛洲坝船闸引航道通航条件改善问题

两坝间河段在中水期和洪水期呈现出山区天然河道的特点，尤其是重点河段水田角、喜滩、大沙坝、石牌、偏脑等，当流量达到35000m^3/s以上时，水流流速和局部比降仍很大，流态紊乱，通航水流条件较差，建议加快推进两坝间碍航滩险的系统整治，改善两坝间通航条件。

葛洲坝大江航道存在枯水期航宽不足、洪水期水流条件恶劣和大江船闸上、下游引航道无靠船设施等问题；葛洲坝三江航道由于河床下切的影响，枯水期通过三峡水库的流量调节将葛洲坝下游最小流量提高到5500m^3/s左右后，庙嘴水位也仅能达到设计要求的最低水位（39m），此时三江航道水深仅4.0m，并且受三江船闸泄水引起的往复流的影响，波谷时水深明显减小，使本来可以正常通过的船舶容易发生擦底等事故。建议开展理论研究和工程措施研究，完善大江船闸引航道靠船设施，提高葛洲坝近坝段的水深，改善葛洲坝船闸引航道通航条件。

（四）建立三峡水库调度的高层协调机制，确保枢纽航运效益的发挥

三峡水库调度直接关系到三峡工程防洪、发电、航运效益的发挥，因此在水库调度问题上，应该建立有效的工作协调机制，在保障防洪的前提下，兼顾发电与航运效益；要建立完善水情变化信息提前通报机制，汛期船舶在两坝间航行用时约为6h，因此，主要的水情变化信息应至少提前6h通知航运管理单位，以便采取对策来保障三峡河段航运安全；建立大流量时定期控泄疏散受限船舶的机制，汛期当流量超过25000m^3/s时，根据有关规定和标准的要求，部分中小功率船舶不准通过两坝间航道，造成船舶积压，通过定期控泄机制，利用洪峰间隙，将三峡下泄流量控制在25000m^3/s以下，以及时疏散受限的待闸船舶，促进航运发展，保持社会安定。

（五）进一步深入研究枢纽电站调峰对两坝间通航影响的问题

三峡蓄水成库显著优化了三峡坝上通航条件，中下游航道条件随着国家加大整治建设力度也得到了明显改善，两坝间河道成了长江干线航道最大的短板，尤其是汛期，两坝间河道具有明显的天然河道性质，成为干线通航最困难的航段。而且，电力调峰调度进一步加剧了对通航的不利影响。三峡电站32台机组全部并网发电后，电力调峰调度幅度增大，三峡出库流量变动较剧烈和频繁，改变了两坝间流速流态，尤其是主汛期，常以机组满发方式泄流，下泄流量较长时期维持在30000m^3/s以上，限制了大量小功率船舶在两坝间航行，船舶待闸往往达到十几天。建议进一步加强对两坝间河道水流条件的观测和研究，了解和掌握调峰调度造成的水流变化规律，在此基础上，进一步优化两坝间河道通航控制标准；建立完善水库调度信息通报制度，采取大的水库调度措施前，提前通报相关信息，留给航运足够的反应时间；研究细化电力调度规范，相对固化调峰调度的起止时间，约束调峰变化幅度和频率，规避对通航安全带来的剧烈影响；在主汛期保证防洪安全的前提下，建立定期控泄疏散受限船舶的长效机制。

（六）加快区域综合交通运输体系建设，通过管道运输实现危险品的分流

鉴于三峡船闸通过能力已趋于饱和，新通道短期内无法建成，同时危险品运量逐年增长，严重威胁水域和大坝安全的情况，建议根据“宜水则水、宜陆则陆”的原则，加快区域综合交通运输体系建设，打造四通八达和转运顺畅的区域综合交通运输体系，对三峡库区河段运输需求进行分流，缓解三峡河段的通航压力；同时研究建设油品管道运输通道，实现对占货运总量5%以上、占危险品艘次50%以上的油品运输的分流。

附件：

专题组成员名单

组　长：覃祥孝　长江三峡通航管理局通航工程技术中心，正高级工程师
成　员：王忠民　长江三峡通航管理局三峡船闸管理处，正高级工程师
王卫东　长江三峡通航管理局通航工程技术中心，高级工程师
张义军　长江三峡通航管理局通航安全处，高级工程师
张　红　长江三峡通航管理局通航安全处，工程师
杨　利　长江三峡通航管理局三峡待闸锚地管理处，高级经济师
李乐新　长江三峡通航管理局设备技术处，正高级工程师
冯小检　长江三峡通航管理局办公室，高级经济师
闵小飞　长江三峡通航管理局三峡航道局，高级工程师
肖玉华　长江三峡通航管理局基建办公室，高级工程师
童　庆　长江航务管理局运输服务处，高级工程师

专 题 二

三峡工程运行和长江航运发展的十年实践和评估

三峡工程于2003年6月蓄水至135m，三峡船闸开始试运行。至2013年年底，三峡工程运行了十年。十年来，川江航运发生了巨大变化。本专题重点对长江上中游航道、船舶和航运的变化与发展、三峡工程的航运效益、三峡工程涉航工作的主要经验、航运方面存在的主要问题和工作建议进行总结评估。

一、三峡工程运行与长江上中游航道发展

（一）三峡水库蓄水前的长江上中游航道

根据长江航运的行业特点和航运习惯，长江上、中、下游航道的划分区段为：宜宾至宜昌为长江上游航道，习称“川江”，长1044km；宜昌至汉口为长江中游航道，长626km；武汉至长江口为长江下游航道，长1143km。

1. 长江上游航道

（1）长江上游干流航道。重庆（指重庆羊角滩，在重庆朝天门长江对岸，下同）至宜昌（以下简称“渝宜段”）航道长660km，水位落差120m，地处丘陵和高山峡谷区，航道条件极为复杂，长江的水上交通事故多发生在此段。据统计，渝宜段航道共有滩险139处，其中急流滩77处，险滩39处，浅滩23处。流速大于4m/s、比降超过3‰的急流滩，均设有绞滩站，共设有绞滩站25处。还有单向航行的控制河段46处，其中风箱峡、巴阳峡、兰竹坝3处单行航道长度均在10km左右；不能夜航或只能单向夜航的控制河段27处。全年最适航时期，渝宜段下水能通行的最大船队为3000吨级船队（实载），上水能通行的最大船队为1500吨级船队（实载）。

1981 年 6 月，长江葛洲坝工程蓄水后，葛洲坝水库淹没了 30 余处滩险，改善了滩多流急的三峡江段约 110km 航道。渝宜段还有约 550km 航道处于天然状态。

葛洲坝工程蓄水后，江津红花碛至宜昌 720km 河段，有单向航行控制河段 41 处，单向航行控制河段总长度 117.6km，最长的单向航行控制河段达 10.8km；有绞滩站 13 个。

葛洲坝工程蓄水后与蓄水前比，渝宜段货运船队的吨级总体上没有变化。

三峡工程蓄水前的 2002 年，渝宜段航道全年最小航道尺度为 2.9m×60m×750m（水深×宽度×弯曲半径）。

川江天然航道单向年货物通过能力约为 1000 万 t。三峡工程专题论证期间，交通运输部长江航务管理局和重庆长江轮船公司研究表明：采用航道整治和港区水域整治措施，投资 17.27 亿元（1988 年价格水平），可将川江下水货物年通过能力提高到 3000 万 t；再投资 16.13 亿元（1988 年价格水平），可将川江下水货物年通过能力提高到 4300 万 t。

（2）长江上游支流航道。三峡水库蓄水前，长江重庆至三峡大坝段通航支流有嘉陵江、乌江、大宁河、小江和神农溪等 5 条。其中嘉陵江和乌江通航条件较好，航道等级较高，航运经济效益较好，每年各有 300 万 t 水路货运量；大宁河和神农溪通航条件稍差，航道等级较低，但旅游条件优越，旅游经济效益很好。此外，还有少量季节性通航支流。

2. 长江中游航道

长江中游航道长 626km，为平原河段航道。两地之间的直线距离只有 280km，河道蜿蜒，平均比降 0.04‰。

宜昌至枝城段，长 56km，河流流经丘陵地区，航道条件较好。枝城至城陵矶段为荆江河段，以藕池口为界分为上荆江和下荆江。上荆江航道长约 175km，河段内弯道较多，弯道内有江心洲，属微弯型河段。下荆江航道长约 165km，属蜿蜒型河段，河道迂回曲折。长江中游历来是枯水期长江航道维护的重中之重。主要碍航浅水道有 18 处。

三峡工程蓄水前的 2002 年，长江宜昌至临湘段航道全年最小航道尺度为 2.9m×80m×750m（水深×宽度×弯曲半径），临湘至汉口段为 3.2m×80m×1000m（水深×宽度×弯曲半径）。

长江宜昌至临湘段可通航 6000～8000 吨级船队，临湘至汉口段可通航万吨级船队。

（二）三峡水库蓄水后的长江上中游航道

三峡水库于 2003 年 6 月蓄水至 135m。2003 年 6 月至 2006 年 9 月是三峡

工程围堰发电期，坝前水位按135～139m方式运行。2006年9月三峡工程进入初期运行期。2006年9月至2008年9月坝前水位按145～156m方式运行。2008年汛后，三峡工程开始175m试验性蓄水阶段，坝前水位按144～175m方式运行。2008年三峡坝前水位抬高至172m左右。2010年三峡坝前水位首次抬高至175m。不同的蓄水期，对长江航道的影响程度不同。三峡水库蓄水至175m后，水库回水上延至江津红花碛（长江上游航道里程720km处），库区长度约为673.5km，其中江津红花碛至涪陵段为变动回水区，长184km；涪陵至三峡大坝段为常年回水区，长489.5km。

十年来，三峡工程的蓄水，给三峡库区航道带来了巨大变化，也给三峡大坝至葛洲坝“两坝间航道”和长江中游航道带来了很大影响。

1. 长江上游航道

（1）长江上游干流航道。

1）三峡水库变动回水区航道。

A. 三峡水库变动回水区上段是三峡水库消落初期卵石集中输移引起的微小淤积段，中段是卵石累积性淤积段，下段是细沙累积性淤积段，符合大型山区河流水库变动回水区泥沙淤积特点。

B. 变动回水区上段（江津—重庆），碍航浅滩位置较为固定。碍航机理主要表现为消落初期流量小，枯水河槽内卵石输移量沿程增加过程明显，局部微小淤积在航槽引起碍航。典型碍航浅滩水道是占碛子、胡家滩、三角碛和猪儿碛等水道，需要采取疏浚措施。

C. 变动回水区中段（重庆—长寿），目前主要有上洛碛和王家滩两处卵石累积性淤积影响航道。低水位时航道尺度不足。

D. 变动回水区下段（长寿—涪陵），175m试验性蓄水以来出现累积性淤积，主要在边滩、深槽等部位淤积，目前尚未对现行维护尺度造成影响。但青岩子水道的累积性淤积，对今后航道尺度的进一步提升造成很大的影响。

E. 变动回水区河段仅设置单向航行控制河段9处、航道信号台18个，控制河段总长度17.3km，全年只在部分时段控制单向航行。

2）三峡水库常年回水区航道。

A. 三峡水库试验性蓄水后，常年回水区河段航道维护尺度得到显著提升，航道条件大幅度改善，单行控制河段、航道信号台和绞滩站全部取消。在部分时段、局部区段存在礁石碍航和细沙累积性淤积碍航现象。

B. 三峡水库蓄水后，航道泥沙累积性淤积发展较快，淤积量、范围、厚度等均较大，大多数浅滩未达到冲淤平衡，累积性淤积部位年际间基本一致。泥沙淤积造成边滩扩展、深槽淤高、深泓摆动，乃至原通航主汊道淤死，兰竹坝、丝瓜碛、黄花城水道已先后出现了航槽易位现象。

C. 常年回水区泥沙淤积规模最大（总量、淤积厚度、淤积范围）的是黄花城水道，兰竹坝水道和平绥坝—丝瓜碛河段次之。目前，黄花城水道左汊和右汊淤积量有逐步减小的趋势，左汊进口、上部等局部处于一种准平衡的状态。兰竹坝水道、平绥坝—丝瓜碛水道的航道泥沙淤积还未达到平衡，边滩淤积继续向主航道扩展。

3）三峡坝区航道。三峡坝区航道大部分区域无须疏浚，就保障了航道尺度。仅下口门区航道有的年份有碍航淤积，需要挖泥船疏浚。三峡坝区通航水流条件较好。

4）重庆江津—宜昌段航道尺度和航道通过能力。三峡工程175m试验性蓄水的实施，加之此前先后实施了3次三峡工程变动回水区航道整治工程，使长江重庆—三峡大坝段航道尺度显著改善。此前，葛洲坝工程还改善了部分航段。

三峡工程蓄水后，江津红花碛—宜昌720km河段，仅设置单向航行控制河段9处，总长度17.3km，最长的单向航行控制河段仅5.5km，全年只在部分时段控制船舶单向航行；没有绞滩站和禁止夜航河段。

2013年，重庆江津红花碛—重庆羊角滩60km的航道维护尺度为2.7m×50m×560m；重庆羊角滩—涪陵李渡长江大桥的航道维护尺度为3.5m×100m×800m；涪陵李渡长江大桥—重庆忠县的航道维护尺度为4.5m×150m×1000m；重庆忠县—宜昌中水门的航道维护尺度为4.5m×140m×1000m。三峡水库蓄水前后长江上游干流航道维护尺度对比情况见表2.1-1。

表2.1-1　三峡水库蓄水前后长江上游干流航道维护尺度对比情况表

河段	里程/km	三峡水库蓄水前（2002年）		三峡水库蓄水后（2013年）	
		航道维护尺度（水深×宽度×弯曲半径）/(m×m×m)	保证率/%	航道维护尺度（水深×宽度×弯曲半径）/(m×m×m)	保证率/%
重庆江津红花碛—重庆羊角滩	60	2.5×50×560	98	2.7×50×560	98
重庆羊角滩—涪陵李渡长江大桥	112.4	2.9×60×750	98	3.5×100×800	98
涪陵李渡长江大桥—重庆忠县	127.6	2.9×60×750	98	4.5×150×1000	98
重庆忠县—宜昌中水门	416.5	2.9×60×750	98	4.5×140×1000	98

三峡工程论证时拟定的重庆九龙坡—武汉段远景航道尺度为3.5m×100m×1000m。2013年，除最上段12km航道尺度较小外，其余绝大部分航道水深

已满足或超过远景规划目标，航道宽度已达远景规划目标，个别河段航道弯曲半径未达远景规划目标。

2013年，长江重庆羊角滩至宜昌下临江坪河段航道已经达到一级航道技术标准。

根据国务院2009年批准的《长江干线航道总体规划纲要》，至2020年，重庆—城陵矶河段航道尺度要达到3.5m×150m×1000m标准。这一目标的航道宽度是按照双线航道制定的，2013年航道宽度和航道弯曲半径还未达到，航道维护尺度仍需要提升。

2013年，重庆江津红花碛—宜昌段航道实际单向通过能力超过6000万t，高于三峡工程初步设计时预计的“重庆以下川江航道的单向通过能力5000万t以上”。

在三峡工程175m试验性蓄水期，一年中有半年以上时间，重庆羊角滩至三峡大坝河段，具备行驶万吨级船队和5000吨级单船的航道尺度和通航水流条件。

（2）长江上游支流航道。三峡工程蓄水后，水库水位的大幅抬升，使原有5条通航支流通航里程延伸，航道尺度增大，水流条件变好；使原不通航的溪沟、支流具备通航条件。

三峡工程175m试验性蓄水期，嘉陵江口位于三峡水库变动回水区内，三峡水位较高时，嘉陵江下游部分江段航道改善较大。乌江口位于三峡水库常年回水区内，乌江下游部分江段航道改善很大。

三峡工程蓄水后，其他主要通航支流有香溪河、沙镇溪、神农溪、无夺溪、大宁河、抱龙河、神女溪、大溪、梅溪河、磨刀溪、汤溪河、小江、苎溪河等。其中香溪河、无夺溪、大宁河、梅溪河、汤溪河、小江建有码头多处。进入上述通航支流的货船有500吨级、1000吨级和2000吨级等多种。众多支流航道实现了干支连通，促进了地方经济建设和社会发展。

2. 长江中游航道

（1）河床冲刷对长江中游航道的影响。三峡水库蓄水后，长江中游河床冲刷量明显增加，但对航道条件的影响有利有弊。对于枯水河槽中航槽部位的冲刷，无疑对于航道条件的改善较为有利，但是对于航槽以外区域的枯水河槽、平滩河槽或洪水河槽的冲刷，有可能恶化通航条件，如太平口水道、窑监河段等。

（2）砂卵石河段航道。对于砂卵石河段，主要是河床冲刷造成的水位下降对航道条件影响较大，如芦家河水道、枝江至江口段，在近年来枯水流量增加的情况下，水位仍然还在下降，由于浅区河床难以冲刷下切，除需关注航道水深变化外，局部坡陡流急的问题尤其不能忽视。

（3）沙质河段航道。对沙质河段而言，枯水期三峡水库对长江中下游航运流量的补偿对航道条件的改善是较为明显的，但清水下泄以及汛末蓄水使得河床演变发生大幅的冲淤调整，对航道也产生了一些不利影响。进入175m试验性蓄水阶段后，进一步增加了航道变化的不确定性。

1）分汊河段在已建和在建航道整治工程的作用下，滩槽格局的稳定性得以提高，航道条件也有所改善。

2）弯曲河段中，弯道段凸冲凹淤、切滩撇弯的现象，一方面对自身航道条件产生不利影响，如急弯段出现多槽争流态势；另一方面对上、下游航道条件产生不利影响，如莱家铺弯道凸岸的冲刷变化将加剧下游放宽段的淤积。

3）顺直放宽段和长顺直段的边滩冲刷、局部岸线崩退等现象加剧，致使河道展宽、水流分散，浅滩冲刷难度加大；另外进口河势的调整还会使得顺直段稳定性变差，航道条件出现恶化。

（4）长江中游航道尺度。在三峡水库蓄水前和蓄水后，通过部分浅滩重点治理和大力疏浚，长江中游航道维护水深有所提高，尤其是175m试验性蓄水期的计划维护水深更较之前得到了进一步的提高。2013年，宜昌至城陵矶的航道维护尺度为3.2m×80m×750m，城陵矶至武汉长江大桥为3.7m×80m×750m。三峡水库蓄水前后长江中游干流航道维护尺度对比情况见表2.1-2。

表2.1-2 三峡水库蓄水前后长江中游干流航道维护尺度对比情况表

河段	里程/km	三峡水库蓄水前（2002年）		三峡水库蓄水后（2013年）	
		航道维护尺度（水深×宽度×弯曲半径）/（m×m×m）	保证率/%	航道维护尺度（水深×宽度×弯曲半径）/（m×m×m）	保证率/%
宜昌中水门—宜昌下临江坪	14	2.9×80×750	95	4.5×80×750	95
宜昌下临江坪—城陵矶	385	2.9×80×750	95	3.2×80×750	95
城陵矶—临湘	20	2.9×80×750	95	3.7×80×750	98
临湘—武汉长江大桥	207	3.2×80×750	98	3.7×80×750	98

相比于各河段的水位增加值，三峡蓄水后下游航道维护水深的增加值显著偏小，仅0.3m左右。说明低滩冲刷、枯水河槽展宽、深槽淤积等河道不利变化很大程度上削弱了枯水流量增加后水位抬升对航道条件带来的有利影响。

（5）长江中游航道发展趋势。从趋势上来看，随着三峡水库175m蓄水的运行，以及上游其他水库的运行，清水下泄的影响将是长期的、持续的，长江中游河段航道条件变化趋势初步预测如下：

1）河床将继续发生适应性调整，总体仍以冲刷为主，沿程水位有不同程度的下降，河床粗化。

2）随着护岸工程、航道整治工程的逐步完善，总体河势变化不大，航道条件也将整体向好的方向发展，但是局部仍将有所调整。

3）砂卵石河段航道局部坡陡流急水浅问题将更加突出。

4）沙质河床局部岸线崩退、支汊发展、切滩等现象仍将继续，部分河段滩槽稳定性较差，航道变化趋势值得继续关注。

综上所述，三峡水库蓄水运用后，坝下河段来沙减少，总体表现为长距离长时段的河床冲刷，对长江中游航道条件的影响深远且有利有弊。水库下泄枯水流量的明显加大，加之正在逐步实施的长江中游航道整治与护岸工程，葛洲坝坝下河段总体河势保持了基本稳定且可控，航道条件也整体向好的方向发展，并已得到明显改善，但是局部河段调整仍将具有不确定性。

三峡水库 175m 蓄水后，汛后退水过程的加快给长江中下游航道带来不利影响，应积极探索解决的办法。

（三）对三峡工程涉及长江上中游航道变化的评估

1. 三峡水库变动回水区航道

三峡水库蓄水后，加上三峡水库变动回水区航道整治工程的效果，三峡水库变动回水区航道随着三峡坝前水位和入库流量的变化，不同江段、不同时期有不同程度的改善。既有航道尺度的提高，也有航行水流条件的改善。航道条件的改善有利于船舶航行。变动回水区航道条件总体改善的现实与专题论证和初步设计的预测是一致的。

三峡水库运行十年，现阶段，变动回水区航道发生碍航的河段有限，碍航程度可控，预防和消除碍航的措施可行，现行的原型观测、分析预测、制定预案和实施疏浚的总体方略有效。

今后应予重视，进一步加强观测和研究，采取措施，消除碍航影响，改善航道条件。

2. 三峡水库常年回水区航道

三峡水库常年回水区航道明显改善。航道尺度增加，航行水流条件改善，单向航行控制河段、航道信号台和绞滩站全部取消，重庆至宜昌全面实现昼夜航行。三峡水库常年回水区改善情况的现实与专题论证和初步设计的预测是一致的。

现阶段，黄花城水道的碍航淤积问题应予重视。下一步除黄花城水道外还应重视其他弯曲分汊河段，如兰竹坝水道、平绥坝—丝瓜碛河段等，开展必要的观测和研究，采取措施，消除碍航影响，改善航道条件。

3. 长江上游支流航道

三峡水库蓄水后，使三峡库区原有5条通航支流通航里程延伸，航道尺度增大，水流条件变好；使原有不通航的69条溪沟、支流具备通航条件。众多支流航道实现了干支连通，促进了地方经济建设和社会发展。

4. 三峡至葛洲坝两坝间航道

三峡水库蓄水后，汛期三峡至葛洲坝两坝间航道通航水流条件较差，对船舶通航安全有不利影响。汛期对两坝间航行的船舶采取限制措施后，保障了通航安全，但也降低了两坝间的航道通过能力和航运效益。

当前和今后，应重点研究两坝间航道汛期通航水流条件的改善措施。

5. 长江中游航道

三峡水库蓄水后，对葛洲坝以下长江中游航道的影响有利有弊，但利大于弊。总体上看，三峡工程运行后，枯水期对航道的补水明显，加上对长江中游航道的整治，使长江中游航道条件得到改善。航运专家组对葛洲坝以下航道条件的预测是基本准确的。当前和今后，应加强观测和研究，及时采取有效措施，趋利避害。

6. 长江上游航道的通过能力

重庆江津红花碛—宜昌段航道实际单向通过能力超过6000万t，高于三峡工程初步设计时的预计数。

在三峡工程175m试验性蓄水期，一年中的半年左右时间，重庆羊角滩至三峡大坝河段，具备行驶万吨级船队的航道尺度和通航水流条件。

二、三峡工程运行与川江船舶和航运的变化与发展

(一) 三峡水库蓄水前的川江船舶和航运

三峡水库蓄水前，川江货运以推轮和驳船组成的船队为主，所承担的货运量占川江货运量的大部分；货轮吨位小，船型多而乱。

三峡水库蓄水前，最能直观反映川江航运发展水平的是葛洲坝船闸统计资料。据统计，1988—2002年，葛洲坝船闸年过闸货运量为709万～1803万t，客运量为257万～483万人次，年度上行过闸货运量占过闸货运量的比例为20%～40%。

2002年，葛洲坝船闸过闸货运量为1803万t，其中上行614万t，下行1189万t，上行货运量占34%；客运量258万人次，其中上行112万人次，下

行 146 万人次，上行客运量占 44%。

2002 年，葛洲坝船闸过闸船舶中，100 吨级以下船舶艘次占总艘次的 16.70%，100～500 吨级占 42.25%，500～1000 吨级占 26.62%，1000～2000 吨级占 10.97%，2000～3000 吨级占 2.85%，3000 吨级以上占 0.61%。

2002 年，葛洲坝船闸过闸船舶中，客轮艘次占总艘次的 20.89%，推轮和驳船占 37.52%，货轮占 38.76%。

2002 年，葛洲坝船闸过闸货物中，煤炭运量占过闸运量的 41.50%，矿石占 23.30%，矿建材料占 6.29%，集装箱占 5.99%，石油占 4.75%。

2002 年，葛洲坝 1 号、2 号和 3 号船闸的闸室面积利用率分别为 60.02%、63.14%和 52.40%。

三峡工程蓄水前，葛洲坝船闸年最大过闸货运量为 1803 万 t，年最大单向过闸货运量为 1189 万 t（下行），都发生在 2002 年。

（二）三峡工程蓄水后的川江船舶和航运

三峡工程蓄水后，三峡库区航道条件显著改善，川江船舶和航运事业快速发展。2011 年三峡船闸过闸货运量 1.003 亿 t，单向过闸货运量 5534 万 t（上行）。2012 年单向过闸货运量 5345 万 t（上行），2013 年为 6029 万 t（上行）。

2013 年，三峡船闸过闸货运量为 9707 万 t，其中上行 6029 万 t，下行 3678 万 t，上行货运量占 61%；客运量 43.23 万人次，其中上行 21.96 万人次，下行 21.27 万人次，上行客运量占 51%。

2013 年，三峡船闸计入过闸客船折合吨 852 万 t 后，三峡船闸过闸货运量为 10559 万 t，其中上行 6558 万 t，下行 4001 万 t。

2013 年，三峡船闸过闸船舶中，300 吨级以下船舶艘次占总艘次的 3.77%，300～500 吨级占 1.99%，500～1000 吨级占 3.94%，1000～2000 吨级占 14.55%，2000～3000 吨级占 19.57%，3000～4000 吨级占 14.74%，4000～5000 吨级占 11.26%，5000 吨级以上占 30.18%。

2013 年，三峡船闸过闸船舶中，客轮艘次占总艘次的 5.54%，推轮占 0.15%，货轮占 93.99%。

2013 年，三峡船闸过闸货物中，矿建材料运量占过闸运量的 26.39%，矿石占 20.65%，煤炭占 12.35%，集装箱占 10.20%，钢材占 8.18%，石油占 5.42%，水泥占 2.60%。

2013 年，三峡北线船闸年通航天数为 338.87d，南线船闸为 355.78d；三峡北线船闸、南线船闸的闸室面积利用率分别为 70.83%和 71.84%；日均运行 31.01 闸次；一次过闸平均船舶数量为 4.240 艘，货船平均额定吨位为3758.73t；单闸次货船过闸平均额定吨位为15938t；单闸次上行货船平均实载货物11939t，下行货船平均实载货物7188t，船舶平均装载系数为0.599（上行0.749、下行0.451）；运量不均衡系数为1.140（上行1.190、下行1.170）。

（三）三峡水库蓄水前后川江船舶和航运的重大变化

由于三峡水库和葛洲坝工程仅相距38km，“两坝间”码头规模很小，两座大坝的过闸运量相差无几，可以按年份对比三峡工程蓄水前后川江船舶和航运的重大变化。

1. 川江货运量高速增长

将三峡水库蓄水前的2002年和蓄水后的2013年比较，过闸货运量由1803万t增长至9707万t，后者是前者的5.38倍。加上2013年三峡坝区翻坝货运量1015万t，2013年三峡坝区过坝货运量高达10722万t。11年间，变化如此之大，发展如此之快，前所未有。

2. 自航货船运输高速发展

20多年来，长江自航货船运输发展很快，推轮与驳船组成的船队运输逐渐萎缩。最近11年，自航货船运输高速发展，船队运输迅速退出。目前，在长江干线，自航货船运输占主导地位，推轮与驳船组成的船队已很难见到。

2002年，推轮和驳船占过闸船舶总艘次的37.52%，自航货船占38.76%。2013年，推轮占0.15%，自航货轮占93.99%。在三峡坝区，约5d才会有1艘推轮过闸。川江自航货船发展之快，始料未及。

3. 船舶大型化快速发展

三峡库区航道条件的改善，促进了船舶大型化的快速发展。

2002年与2013年比较，年度过闸船舶中，1000吨级以下的船舶由85.57%减少至9.70%；1000～2000吨级的船舶由10.97%增加至14.55%；2000～3000吨级的船舶由2.85%增加至19.57%；3000吨级以上的船舶由0.61%增加至56.18%。川江船型大型化的发展速度，在长江航运史上从未有过，在世界内河航运史上也未有过。

4. 川江大宗货物种类增多

2002年，过闸运量超过过闸总运量10%的货类只有2个，煤炭占过闸总运量的41.50%，煤炭运输“一枝独秀”。2013年，过闸运量超过过闸总运量10%的货类已增至4个，煤炭运输不再“一枝独秀”，煤炭运量降至第三位，矿建材料、矿石、煤炭和集装箱成为川江运输新的“四大货类”。

5. 川江货物“上少下多”转变为“上多下少”

川江航运史上，多年来上行货物少于下行货物。三峡水库蓄水后，2003—2013年，历年三峡船闸上行过闸货物占比分别为33%、29%、32%、35%、36%、39%、48%、46%、55%、62%、62%。总体上看，11年来，川江上行货物占比增大，增长势头强劲。2011—2013年，川江上行货物明显多于下行货物。

6. 客运量减少和客船大型化

2002年过闸旅客256.83万人次，2013年为43.23万人次，过闸旅客减少83%。2002年过闸客船15179艘次，2013年为2533艘次，过闸客船减少83%。

2013年，过闸旅游船2231艘次，占过闸客船总数的88%。

2013年，川江有豪华游轮48艘。豪华游轮中，船舶大型化明显。最大的游轮，船长130m以上，总吨位10000t以上。

今后三峡升船机投入使用后，很多大型游轮无法通过三峡升船机。

7. 载货汽车翻坝运输长期存在

2003年6月，三峡船闸试运行之初，船舶过闸即十分繁忙。为减轻三峡船闸通航压力，三峡坝区在2003年下半年就开始川江载货汽车滚装船的载货汽车翻坝运输。2003年，载货汽车翻坝2.81万辆。2004—2013年，年度载货汽车翻坝最多42.19万辆，最少25.07万辆，年平均31.48万辆。

2013年，载货汽车翻坝29.02万辆，所载货物1015万t。

据预测，在三峡坝区，载货汽车翻坝运输将长期存在。

8. 过闸船舶待闸已呈常态化

2003年6月，三峡船闸试运行之初，即已出现过闸船舶待闸现象，但主要出现在三峡坝区大风、大雾、大流量和船闸检修阶段。随着过闸运量需求增大，待闸船舶逐渐增多，待闸时间逐渐增长。

2012年，三峡过闸船舶待闸率为80.02%，平均待闸时间43.69h。船舶最长待闸时间37d。在采取限制船舶进入三峡坝区的行政手段后，三峡坝区全年积压船舶最多时高达941艘（汛期大流量时段）。

2013年，三峡坝区普通船舶平均待闸时间1.6d，最长14.2d；危险品船舶平均待闸时间2.3d，最长11.8d。三峡坝区全年积压船舶最多时高达709艘。

目前，过闸船舶待闸已呈常态化。

（四）对三峡工程涉船涉航事项的评估

1. 关于运量预测和通航建筑物规模

20世纪80年代作出的三峡坝区过坝运量预测，反映了当时的世情、国情、江情和长江航运发展水平，也反映了当时的认知能力。据此确定的通航建筑物规模，是国家和有关地区、部门和行业的一致意愿。长江航运发展潜力、速度和水平的超常发挥，是当时难以预料的。

2. 关于货物船队运输和自航货船运输

20 世纪 50—80 年代，长江大力发展货物船队运输，是学习苏联内河航运的结果，是与当时计划经济时代经济建设和社会发展相适应的，也是与当时长江航道和港口相适应的。当时，长江货物运输以船队为主、自航货船为辅，有其合理性。

20 世纪 90 年代至今，长江航运发展环境、体制、机制和干线航道、港口、货物流量、流向都发生了巨大变化。根据变化了的具体情况，长江干线自航货船在经济性、安全性、时效性、适货性、适港性、适闸性等六个方面具有明显优势。现在，长江货物运输以自航货船为主，科学，合理，具有强大的生命力。据预测，以货船为主的运输方式在较长时间内不会改变。

三峡工程专题论证和初步设计阶段，长江货运和三峡过坝以船队作为设计条件和计算依据，反映了当时的长江航运客观实际、认知能力和预测水平，有其合理性。当前，让顶推船队运输回归到长江航运和三峡过闸中来，既无必要，也不可能。认为顶推船队运输货物的过闸能力一定比自航货船大，也是不符合实际的。

3. 关于船型标准化和船舶大型化

根据交通部 2006 年发布的《老旧运输船舶管理规定》，强制报废的客船（高速客船除外）船龄为 30 年以上，强制报废的货船船龄为 31 年以上。目前，长江上绝大多数船舶为政府有关部门核准建造的船舶。政府强力快速推进船型标准化和船舶大型化，受到法律法规和经济能力（政府补贴能力）的限制，也不符合资源合理利用的原则。船主是否选择标准船型和大型船舶，受到市场经济的支配。

通过三峡船闸的船舶，既有长江干线直达船舶，也有江海直达船舶，还有“干支”船舶和“支干支”船舶。从长江水系航道、港口、船舶、货源和经济发展水平的差异看，大、中、小型船舶运输同时存在的状况将是长期的，只是不同时期各自所占比例不同。

大力推行船型标准化和吨位适当、比例适当的船舶大型化是应该的。希冀政府短时期内强力推行船型标准化和船舶大型化是不切实际的，用这一方法短时期内大幅度提高三峡船闸和葛洲坝船闸的通过能力也是不切实际的。

4. 关于货船平均装载系数

1986 年交通部颁布了《船闸设计规范（试行）》（JTJ 261～266），实施时间为1987年1月1日至2001年12月31日。2001年交通部颁布了《船闸总体设计规范》(JTJ 305—2001),从2002年1月1日开始实施。上述两个规范中都明确规定:“船舶装载系数与货物种类、流向和批量有关,可根据各河流统计或规划资料选用。在没有资料的情况下,可采用0.5~0.8。”

三峡工程初步设计时,将货船装载系数确定为0.90,只是一个计算指标。这一计算指标,明显超过了《船闸设计规范(试行)》(JTJ 261~266)和《船闸总体设计规范》(JTJ 305—2001)的规定。

2004—2013年,历年三峡过闸货船平均装载系数分别为0.52、0.47、0.54、0.60、0.65、0.75、0.70、0.67、0.59、0.60。十年货船平均装载系数为0.61。

长期以来,长江干线实行的是分月计划维护水深制度,即一年内长江干线不同河段、不同月份航道水深会不一样。如2013年长江重庆羊角滩—涪陵段全年航道水深变化范围为3.5~4.5m,宜昌下临江坪—城陵矶段变化范围为3.2~5.0m。货船在设计建造时不会按全航区全年最小航道水深确定船舶吃水和船舶吨位,而是采用变吃水方式获得最大经济效益。这样做,势必导致全年货船平均装载系数不会很高。这一做法,在世界上广泛采用。

对三峡船闸槛上水深的严格控制和管理,也会导致过闸船舶装载系数不高。

由于货物的起运港、目的港、货物种类、货物数量、货运单价、货运总价、货运时间和货运质量要求的不同,加之航运企业在经济效益上的考虑,货物的集并有时十分困难,也会导致过闸船舶装载系数不高。

就航运公司而言,在确保安全和条件允许的前提下,都会主动追求和提高船舶装载系数。

无论国内和国外,过闸货船全年平均装载系数很难达到0.90。国内外都没有将货船的装载系数作为是否过闸和是否优先过闸的限制指标。

长江干线的货船大型化和货船平均装载系数是相互制约的,即货船越是大型化,货船平均装载系数会越低。总体看,通过三峡船闸的货船大型化提高了三峡船闸的通过能力。

采用行政手段提高过闸货船装载系数不可行,指望通过大幅度提高过闸货船装载系数来提高三峡船闸通过能力也是不现实的。

5. 关于川江大宗货物多元化

三峡船闸运行十年来,过闸货种发生了很大变化。三峡船闸运行初期,过闸船舶煤炭运输“一枝独秀”。最近几年,过闸船舶大宗货物多元化。2013年,矿建材料、矿石、煤炭和集装箱等“四大货类”均占比很大。随着“长江经济带”建设的深入和发展,大宗货类会进一步增加。这一局面,有利于川江货运的健康发展,避免倚重单一大宗货类而导致的货运量大起大落。

三、三峡工程的航运效益

（一）直接航运效益

1. 三峡库区航道条件显著改善

三峡水库蓄水后，库区航道尺度明显增大。川江多数滩险淹没，实现昼夜通航。库区水位变幅减小，水流条件改善。库区助航设施全面升级。三峡库区航行实施船舶定线制。重庆江津红花碛—宜昌段航道实际单向通过能力超过每年 6000 万 t，高于三峡工程初步设计时的预计数。通航支流通航里程延伸，许多原不通航的支流具备了通航条件，为建设库区较高等级航道网创造了条件。

2. 枯水期葛洲坝以下航道流量有所增加

枯水期，通过三峡水库的流量调节，葛洲坝下游最小流量从 $3200m^3/s$ 提高到 $5500m^3/s$ 左右，葛洲坝下游最低通航水位从 38m 恢复到 39m。结合正在实施的荆江河段航道整治工程，可逐步提高长江中游航道维护水深。

3. 促进了三峡库区港口快速发展

三峡水库成库后，库区港口水域、陆域面积及岸线长度约为成库前的 2 倍多；通过实施库区港口设施恢复建设，新建了一大批大型化、专业化、机械化的码头；库区港口货物吞吐能力大幅提高；与 2002 年相比，2013 年重庆市港口货物通过能力增长了 4.06 倍，港口货物吞吐量增长了 4.56 倍，港口货物吞吐量年均增速达 14.79%。同时，港口作业条件的改善降低了港口生产装卸成本，缩短了船舶在港停泊时间，提高了港口安全度，促进了库区物流发展，促进了沿江经济社会发展。

4. 川江水路货运量大幅增长

2013 年，三峡坝区过坝货运量达到 10722 万 t，是蓄水前 2002 年葛洲坝船闸通过量 1803 万 t 的 5.95 倍。2004—2013 年三峡枢纽过坝货运量年均增速达到 12.24%。川江水路货运量增长幅度很大。

5. 川江及三峡库区船型标准化、大型化、专业化明显加快

三峡库区深水航道的形成激发了大吨位船舶需求，同时交通主管部门及时限制了小吨位船舶通过三峡船闸，制定了相关鼓励政策，川江船舶船型标准化、大型化步伐明显加快。

2004—2011 年，川江新建的符合川江及三峡库区主尺度系列的标准船舶已达 2705 艘。

蓄水后的 2013 年与蓄水前的 2002 年比，过闸船舶中，500 吨级以下的船

舶艘次占比由 58.95%下降到 5.76%；3000 吨级以上的船舶艘次占比由 0.61%上升到 44.92%。2013 年，单闸次货船过闸平均额定吨位为 15938t/闸。船舶大型化高速发展。

蓄水后的 2013 年与蓄水前的 2002 年比，过闸船舶中，船舶类别由 4 个提升到 19 个。船舶专业化水平大幅提高。2013 年，集装箱船、商品车滚装船、油船和危险品船等 4 类船舶过闸艘次占总艘次的 16.33%。

6. 三峡库区船舶载运能力大幅提高

由于库区航道水流条件改善，船舶载运能力明显提高，营运效率有所提高。初步统计，库区船舶单位千瓦拖带能力由成库前的 1.5t，提高到目前的 4～7t。

7. 三峡库区船舶平均油耗明显下降

三峡库区船舶平均油耗由 2002 年的 7.6kg/(kt·km)，下降到 2013 年 2.0kg/(kt·km)。蓄水以来，运输船舶减少了大量空气污染物的排放。

8. 三峡库区水上交通安全状况明显改善

三峡水库蓄水后，由于航道条件的改善，交通主管部门实施船舶定线制和加强水上交通安全监管，三峡库区的船舶运输安全性显著提高。三峡水库蓄水后（2003 年 6 月至 2013 年 12 月）与蓄水前（1999 年 1 月至 2003 年 5 月）相比，三峡库区年均事故件数、死亡人数、沉船数和直接经济损失分别下降了 72%、81%、65%和 20%。

总之，三峡水库蓄水后，库区航运条件显著改善，长江上游通航能力大幅提高，内河航运运量大、能耗小、污染轻、成本低的比较优势得到较好发挥，基本实现了三峡工程初步设计规划的航运效益（表 2.3-1）。

表 2.3-1　　三峡工程建设以来库区航运效益简表

项　目			2002 年（蓄水前）	2013 年（蓄水后）	增减趋势	增减幅度
航道条件	羊角滩—三峡大坝	最小航道水深/m	2.9	3.5～4.5	↑	21%～55%
		最小航道宽度/m	60	100～150	↑	66.7%～150%
		最小航道弯曲半径/m	750	800～1000	↑	7%～33%
		洪水期平均纵比降/‰	0.2	0.057	↓	-71.5%
		枯水期平均纵比降/‰	0.2	0.0005	↓	-99.8%
港口条件	重庆市港口货物吞吐能力/(万 t/a)		3841	15600	↑	3.06 倍
	重庆市港口集装箱吞吐能力/(万 TEU/a)		12	350	↑	28.17 倍

续表

项　　目		2002 年（蓄水前）	2013 年（蓄水后）	增减趋势	增减幅度
船舶发展	重庆市水运总运力/万 t	91	590	↑	5.5 倍
	重庆市集装箱船总运力/TEU	1661	67483	↑	39.63 倍
	渝宜段主要通航船舶吨位/t	100～1000	1000～5000	↑	4～9 倍
	过闸船舶中 1000 吨级以上船舶占全年总艘次数比例/%	14.4	90.3	↑	5.27 倍
	过闸货船平均定额吨位/t	850	3759	↑	3.42 倍
过闸过坝	三峡船闸年货运量/万 t	1803	9707	↑	4.38 倍
	三峡断面年过坝货运量/万 t	1803	10722	↑	4.82 倍
水上交通安全	年均事故件数/件	蓄水前多年平均 33	蓄水后多年平均 9.3	↓	－72%
	年均死亡人数/人	蓄水前多年平均 59	蓄水后多年平均 11	↓	－81%
	年均沉船数/艘	蓄水前多年平均 17	蓄水后多年平均 6	↓	－65%
船舶营运效益	单位拖带量/(t/kW)	1.5	4～5	↑	1.67～2.33 倍
	单位耗油量/[kg/(kt·km)]	7.6	2.0	↓	－74%

注　由于三峡船闸和葛洲坝船闸仅相距 38km，其间没有稍具规模的港口，为对比需要，2002 年三峡船闸年货运量和三峡断面年过坝货运量以 2002 年葛洲坝船闸货运量代替。

（二）间接航运效益

1. 降低了沿江地区的综合物流成本

2013 年，重庆市水运的长江干线运输价格为 0.03 元/(t·km)，约为铁路的 1/6，公路的 1/15。同年，重庆市水路货物周转量约占全社会货物周转量的 60%以上。同年，重庆港籍船舶过三峡船闸的货运量占三峡船闸总货运量的 55.9%。上述数据从一个侧面说明，三峡工程的建设降低了沿江地区的综合物流成本。

2. 加快了长江中上游综合交通体系结构调整

水路运输方式具有运量大、能耗小、污染轻、成本低等比较优势，三峡工程总体改善了库区航道条件，提高了长江上游通航能力，使长江航运在长江中上游地区综合交通体系中的地位和作用得到加强，进一步加快了长江中上游地区，特别是三峡库区综合运输体系结构调整和优化的进程。

随着三峡库区航道改善和三峡船闸投入运行，长江中上游地区原来就采用水运方式的货物，运输需求得到充分满足和释放，同时，对于原来采用陆上运输的货物，诱发了弃陆走水的运输需求，很多原来不考虑或放弃水运方式的货主，纷纷转而成为长江航运的新客户。2003年以来，通过三峡枢纽的运量增长速度，明显高于全国和中西部地区经济以及其他运输方式的增长速度，充分说明长江航运不但服务了长江流域既有型水路运输市场的延续性和递增性需求，而且还服务了新生型水路运输市场的转移性和新增性需求。三峡工程在推动长江航运加快发展的同时，促进了长江中上游综合交通体系结构的调整。

以重庆市为例，三峡水库蓄水前的2002年，在铁路、公路、水路总的货物周转量中，铁路占41.5%，公路占22.5%，水路占36.0%；蓄水后的2013年，铁路占5.9%，公路占28.0%，水路占66.1%。三峡工程为水运发展创造了良好条件。

3. 吸引了产业加快向长江沿江地带集聚

三峡工程提高和扩大了长江上游与中下游之间的通航能力与规模，长江干支直达、江海直达面貌因之明显改观，长江流域各地政府高度重视长江黄金水道对于发展区域经济和调整产业布局的重要意义，凸显了长江航运在促进长江流域，尤其是中上游西部地区经济发展中的拉动作用。

我国实施西部大开发战略和中部崛起战略，中西部扩大资源输出，承接东部地区和海外的产业转移，必然带来旺盛的运输需求，因此，运输能力的强弱，成为中西部地区某个区域或城市能否占得先机的制约性因素之一。长江流域各地政府高度重视长江黄金水道作用，以长江水运优势为依托，吸引大运量产业加快向沿江地带集聚，长江航运与长江经济带形成了航运能力提高与运输需求增长之间的良性互动关系，使三峡工程航运效益在更高层次上和更大范围内得到体现。三峡工程满足了当前和今后一定时期内，东部、中部、西部地区之间扩大水路交通运输规模的需求，为长江航运在统筹区域协调发展与合作中发挥了积极作用，奠定了重要基础。

三峡水库蓄水运行后，随着长江中上游航运条件的改善，重庆市以产业链为纽带，以开发区、工业园区为载体的临港基础产业带逐渐成熟。42个工业园区中有25个沿江分布，临港基础产业带集中了全市约95%以上的冶金、机械制造和化工等企业、95%以上的电力企业，100%的水泥企业，100%的造纸企业，成为全市汽车、摩托车、化工、冶金、建材、机械制造和能源等集聚地。

4. 减轻了长江沿江地区的空气污染

三峡水库蓄水后，受其影响的沿江地区的水路货物周转量在货物周转总量中的占比增大，降低了交通运输业的燃油总消耗量。此外，船舶单位货物周转量平均油耗的降低，在同等水路货物周转量的条件下，也降低了水运业的燃油总消耗量。

仅以重庆市为例，计算全市船舶燃油单耗降低（每千吨千米货物周转量降低 5.6kg 燃油）带来的环境效益。

2003 年 6 月至 2013 年年底，重庆市运输船舶共节约燃油 447 万 t，按国家环保有关技术标准估算，蓄水后共减排二氧化碳 1341 万 t、二氧化硫 17.9 万 t、氮氧化物 23.7 万 t。

三峡航运在保障沿江经济发展的同时，有力地促进了资源节约型、环境友好型社会建设，增强了经济社会可持续发展能力。

四、三峡工程涉航工作的主要经验

（一）民主决策和科学决策是正确处理涉航工作的重要前提

1985 年，国务院原则批准三峡工程正常蓄水位 150m 方案可行性研究报告。而后，1986 年，中共中央、国务院下发《关于长江三峡工程论证有关问题的通知》，全面开展三峡工程专题论证。三峡工程专题论证推荐的建设方案是“一级开发、一次建成、分期蓄水、连续移民”。1992 年 3 月，第七届全国人民代表大会第五次会议以多数票通过了《关于兴建三峡工程的决议》。中华人民共和国成立后，三峡工程的决策过程体现了中国民主决策和科学决策的发展进程。

三峡工程专题论证是三峡工程民主决策和科学决策的关键环节。在三峡工程专题论证的 14 个专家组中，交通运输部门的专家参加了其中的 8 个。其中，航运专家组和泥沙专家组分别有交通运输部门的专家 18 人和 8 人。交通运输部门专家的广泛参与，交通行业专家和其他行业专家争论、交流、协商和统一的过程是民主决策和科学决策的重要实践。

三峡工程坝址的选定，三峡工程建设时机的推荐，三峡工程“一级开发、一次建成、分期蓄水、连续移民”方案的确定，三峡工程水位方案、蓄水方案的优选，三峡工程枢纽布置的优化，通航建筑物规模、施工期临时通航、三峡库区航道尺度和通航水流条件的选择和确定，三峡水库调度方式的优化，航道与泥沙问题、港口与泥沙问题的决策等，这些与长江航运密切相关的重大问题的确定和关键技术的突破，是三峡工程专题论证的丰硕成果。

（二）重点科技攻关和长期科学研究是解决涉航问题的技术保障

围绕三峡工程的涉航问题和其他科技问题，在三峡工程专题论证期间，国家安排了许多科研项目；国家科学技术委员会安排了国家科技攻关“三峡工程枢纽建设关键技术研究”课题；水利部和交通运输部共同组织了“三峡工程泥沙与航运关键技术研究”课题。很多地区、部门和企业还安排涉航科研项目。

据交通运输部长江航务管理局2010年统计，1986—2009年，全国交通系统开展并完成的三峡工程相关河段航道泥沙、通航条件及治理科研项目18项，葛洲坝坝下航道泥沙、通航条件及治理科研项目8项，通航建筑物布置及三峡船闸科研项目21项，两坝间航道水流条件科研项目5项，三峡升船机科研项目3项，坝区通航管理科研项目26项，三峡相关河段水上交通管理科研项目6项，三峡至葛洲坝水利枢纽梯级航运调度相关科研项目3项，其他航运科研项目5项，合计95项。

几十年来，国务院三峡办、水利部、交通运输部、科学技术部、中国工程院、中国科学院、长江水利委员会、交通运输部长江航务管理局、中国长江三峡集团公司及其他有关地区、部门和企业安排了大量三峡工程涉航科研项目。

重点科技攻关和长期科学研究是解决涉航问题的技术保障。

（三）良好的协调机制是解决涉航问题的根本保证

国务院三峡办、交通运输部依据各自的职能和职责，就三峡工程的重大涉航问题，在各自职责范围内进行协调，使许多涉航问题得以解决。

国务院三峡办在落实三峡工程变动回水区库尾航道整治工程经费、三峡工程航运设施淹没复建工程、三峡隔流导航堤建设、三峡船闸完建期煤炭运输、解决三峡坝区断航期航运补偿资金、落实三峡后续规划中的航运资金等各方面，做了大量卓有成效的协调和正确的、影响深远的决策。

交通运输部和交通运输部长江航务管理局，在建立三峡通航管理机构，三峡坝区通航管理，建设三峡工程航运配套设施，组织三峡工程施工期通航，组织三峡船闸试航、试运行和正式运行等各方面协调有关航运单位、有关省市航运管理部门和航运企业，做好组织、指挥、协调和决策。

良好的协调机制是解决涉航问题的根本保证。

（四）涉航单位通力合作是促进航运发展的有力保障

中国长江三峡集团公司、长江水利委员会、交通运输部长江航务管理局、有关省市航运管理部门、中国长江航运集团有限公司等有关单位长期通力合作，解决了大量涉航问题，促进了长江航运健康发展。

（五）实事求是是促进航运发展的思想基础

由推轮和货驳组成的船队运输从中华人民共和国成立初期到20世纪80年代，一直是长江货运的主要方式，也是三峡船闸的设计依据之一。当前，自航货船运输已经成为长江货运的主要方式，而且在多方面优势明显。在这一问题上，有关各方不是纠结历史，而是面对现实、顺应发展、实事求是，正确评估船闸通过能力。

在三峡工程专题论证和三峡工程初步设计时，都没有考虑翻坝运输。在三峡船闸运行初期即面临船舶过闸繁忙的情况下，迅即组织载货汽车和滚装船汽车翻坝运输也是面对现实、实事求是的正确的果断的决策。

三峡船闸设计年通航天数为335d，实际运行中多数年份都会突破。三峡船闸设计日通航时间为22h，实际运行中也超过了设计日通航时间。

实践证明，设计指标和理论计算值，与实际运行有时会有差距。这时，不纠结历史、面对现实、实事求是地解决问题，是促进航运发展的思想基础。

（六）改革创新是促进航运发展的强大动力

改革开放后，中国发生巨大变化，长江航运也在发生巨大变化。高峡出平湖，河道巨变，航道、港口、船舶、货源、客源、航运企业和运输方式都发生了巨大变化，长江航运管理和枢纽通航管理也在改革创新。

三峡通航管理机构的建立、三峡通航管理模式的确立、三峡和葛洲坝两坝船舶过闸联合调度方式的建立、葛洲坝三闸统一管理方式、三峡坝区船舶应急联动机制和三峡库区船舶定线制都是长江航运改革创新的产物。这些改革创新是促进长江航运发展的强大动力。

五、三峡工程涉及长江航运发展的主要问题

（一）关于三峡坝区和葛洲坝坝区船舶通过能力问题

前已述及，2011年三峡船闸过闸货运量已达1.003亿t，单向过闸货运量已达5534万t；2013年单向过闸货运量已达6029万t（上行）。

根据三峡过坝运量需求和三峡船闸通过能力预测，三峡船闸的瓶颈效应将日益严重。当前相关各方开展的挖潜措施对于提高船闸效率具有现实意义，但作用是有限的；三峡升船机投入运行可增加过坝能力，但它的特殊性限制了能力增幅；船型标准化、船舶大型化可以有效提高船闸通过能力，但要经历一个逐步实施的过程，在时效上具有滞后性。上述举措的积极意义在于发挥和挖掘三峡坝区通过能力，减轻船舶拥堵局面，延缓三峡坝区通过能力饱和之日的到来。但是，对于一个建成并运行多年的通航建筑物而言，挖潜的空间终究是有限度的，能力饱和是必然会出现的。调查分析认为，根据长江水路货运量的增长趋势，考虑三峡通航建筑物挖潜后所能达到的通过能力，2020年之前，三峡船闸通过能力很有可能饱和，三峡过坝船舶很有可能在坝区和邻近水域严重拥堵。

葛洲坝船闸的设计货物单向通过能力为5000万t。大江航道和1号船闸汛期因通航水流条件不良导致通过能力受限，三江航道和2号船闸及3号船闸枯水期因航道水深不足导致通过能力受限，葛洲坝枢纽的船舶通过能力与货物通过能力和三峡枢纽（含三峡船闸和三峡升船机）大体相同。

三峡坝区和葛洲坝坝区的严重拥堵不仅影响长江航运的健康发展，还将阻碍长江经济带的建设，滞缓长江沿江经济社会发展的进程。此外，严重拥堵可能引起群体事件，激化社会矛盾，给三峡工程和中国形象带来负面影响。

（二）关于“两坝间”汛期通航水流条件问题

在三峡工程兴建之前先建成了葛洲坝枢纽，这无疑是正确而必要的一环。但是等到三峡水库蓄水后，每当汛期，三峡—葛洲坝两坝间通航水流条件仍比蓄水前复杂，是目前长江干线通航水流条件最差的一段，也是目前长江干线（除坝区外）唯一实施船舶通航流量控制的河段，对船舶通航安全有不利影响。汛期，针对不同的船舶类别、主机功率、适航性能、夜航条件、涨水和退水的急缓程度，对单船和船队的最高通航流量、单位千瓦拖带量作出了严格规定。汛期“两坝间”的通过能力受到限制。

目前，对两坝间汛期通航水流条件的改善，缺乏包括水库调度和航道整治在内的综合对策和有力措施。

三峡工程在促进长江航运发展的同时，三峡坝区、“两坝间”和葛洲坝坝区客观上成为制约长江航运进一步发展的“瓶颈”。

（三）关于三峡船闸槛上最小水深问题

三峡船闸槛上最小水深为5.0m。三峡水库蓄水后，快速发展的船舶大型化，对三峡船闸的槛上水深提出了更高希望。

在2010年2月1日至2013年3月31日施行的交通运输部《川江及三峡库区运输船舶标准船型主尺度系列》（2010年修订版）中，干散货船有12个船型。其中4000吨级、4500吨级、5000吨级等3种船型总长为105～110m、总宽为17.2～19.2m、设计吃水为3.5～4.3m，但对型深未作规定。许多船公司在规定的总长、型宽的基础上，加大型深，建造载货量6000～9000t的干散货船，以船舶变吃水方式提高航运效益，这一做法被广泛采用。

在2013年4月1日起施行的交通运输部《长江水系过闸运输船舶标准船型主尺度系列》中，干散货船、液货船标准船型有37个。其中，适应长江干线的3500～6000吨级的货船参考设计吃水为4.1～4.3m。这些标准船型的出台对长江干线船闸槛上水深提出了更高要求。

在三峡库区航道水深大幅提高的前提下，加上正在建设的荆江河段航道整治工程，如果三峡船闸槛上水深裕度大一些，三峡船闸的通过能力和长江货船运输的经济效益也会大一些。

由于对枢纽成库后过闸船舶大型化的发展趋势预见不足，三峡船闸槛上水深适应船舶发展的裕度较小。客观上，制约了长江航运的进一步发展。

（四）关于长江上游水库群联合调度体制机制问题

当前，长江上游干支流的水电开发处于高峰期。根据目前的开发情况，远景三峡及上游控制性水库总调节库容近1000亿 m^3，总防洪库容达500亿 m^3。2015年前可以投入运用且总库容1亿 m^3 以上的水库近80座，总兴利库容600余亿 m^3，防洪库容约380亿 m^3。

长江上游的水电开发对促进我国的经济建设、社会发展和生态文明建设意义重大。对长江航运的影响，有积极的一面，如改善了库区航道条件、使长江流量年内分配总体趋向均衡等，但对长江航运也有不利影响，不能忽视。

单座、多座水利枢纽的运行以及长江上游水库群的联合调度，需要建立良好的体制机制，统筹考虑防洪、航运、发电等各方面的需求，进行科学调度。否则，将不能实现水资源多目标开发、协调发展的目的。

现行的《中华人民共和国水法》《中华人民共和国防洪法》《中华人民共和国航道管理条例》《中华人民共和国防汛条例》《国务院关于实行最严格水资源管理制度的意见》和《长江洪水调度方案》等法律法规和行政规章，对水利枢纽运行和水库调度都有原则要求，但有关航运的事项很少涉及，缺少配套的行政法规和行政规章。2012年和2013年，由长江防汛抗旱总指挥部编制、经国家防汛抗旱总指挥部批复同意的一年一度的《长江上游水库群联合调度方案》，其重点是长江防洪调度和水库蓄水调度，缺少保障长江航运安全和畅通的水位、流量、通航水流条件、电站日调节、水库消落等有关规定。

国家防汛抗旱总指挥部、长江防汛抗旱总指挥部的主要职能分别是负责全国的、长江流域的防汛抗旱工作，不具备防汛抗旱以外的航运、发电、供水、水生态、水环境等水库群联合调度的职能。目前，跨地区、跨部门、跨行业、跨企业集团的长江上游水库群缺乏应有的体制机制。没有一个统一、权威、高效的综合管理部门，难以实现联合调度。

三峡工程和葛洲坝工程是长江上游水库群最下端的两个大型水利枢纽。三峡水库汛后蓄水能否蓄满，有赖于其上游的水库群调度。三峡工程汛后蓄水期、长江枯水期、三峡工程汛前水库消落期和长江洪水期的长江航道条件，既和三峡工程与葛洲坝工程密切相关，也和整个长江上游水库群的水库调度密切相关。

如果不建立良好的长江上游水库群联合调度体制机制，三峡水库汛后蓄水期，长江中游有可能航道尺度不足；长江枯水期，长江中游有可能航运流量补偿不足；三峡工程汛前水库消落期，三峡水库变动回水区有可能航道尺度不足；长江洪水期，“两坝间”的通航水流条件会进一步恶化。届时，长江黄金水道建设和长江上游水电开发的矛盾将会加剧，长江航运向上游延伸的规划实施将会受到阻碍，长江航运的困难局面将会加剧。

（五）关于三峡工程航道和港口泥沙原型观测问题

三峡工程航道泥沙原型观测是三峡工程涉及长江航道演变分析和预测的基础，也是三峡工程涉及长江航道科研、维护、建设和管理的基础，十分重要。为此，交通运输部出资2200万元，开展了“长江三峡工程2003—2009年泥沙原型观测（航道部分）”。从2010年起，国家安排资金，开展了“长江三峡工程2010—2019年泥沙原型观测（航道部分）”。2003年至今，长江航道局一直在开展这项原型观测工作。从三峡工程航道泥沙原型观测的连续性、系统性和完整性考虑，这项原型观测一直要开展下去。

长江江津至城陵矶段长1100余千米，需要开展三峡工程航道泥沙原型观测的任务繁重。从十年来的原型观测实施情况看，由于资金有限，长江航道原型观测的观测范围、观测项目、观测密度和测图比例都受到限制，无法满足实际需要。

在三峡工程论证期间和三峡工程初步设计阶段，重庆主城区的港口泥沙淤积问题一直是研究的重点。据重庆航运管理部门反映，由于缺少重庆港口泥沙原型观测的项目和经费，重庆港口泥沙原型观测一直没有开展。

六、三峡工程涉航工作建议

（一）挖掘三峡大坝通航潜能和研究三峡新通道要并举

挖掘三峡大坝通航潜能和开展三峡新通道的可行性研究是三峡大坝通航扩能的主要措施。

当前，尽管挖掘三峡大坝通航潜能已十分困难，但仍需要抓紧研究并努力实施挖潜工作。这些工作包括提高日均闸次数、提高平均每闸次船舶载重吨和年通航天数等“通航能力三要素”。具体措施包括提高船闸运行效率、加快推广三峡船型、限制部分客船过闸、合理限制过闸船舶吃水，抓紧研究并认真做好将于2015年投入使用的三峡升船机的管、用、养、修，最大限度地发挥三峡升船机的过船能力。

与此同时，要抓紧开展三峡新通道的可行性研究，早日完成三峡新通道的可行性研究报告。现有的三峡船闸建设历时13年，如果加上规划、勘测、科研和设计，时间则更长。在安排三峡新通道建设工期时，应留足工程建设前期工作时间和建设时间。以便在三峡新通道建成前，三峡坝区过坝船舶不致出现严重拥堵的严峻局面。

挖掘三峡大坝通航潜能和研究三峡新通道应并举，缺一不可。因此，有如下建议：

（1）认真做好挖掘三峡大坝通航潜能的工作。

（2）抓紧三峡坝区船舶过坝新通道建设的可行性研究，早日完成可行性研究报告。

（二）要综合研究三峡大坝、“两坝间”和葛洲坝的船舶通过能力的扩能问题

当前，三峡大坝、“两坝间”和葛洲坝都存在船舶通过能力不足的问题。三处水域连为一体，都在长江三峡通航管理局管辖范围内（该局管辖范围59km，简称“三峡河段”）。“三峡河段”是长江干线仅存的通航受限河段。

多年来，“三峡河段”是长江航运的难点、热点和焦点，也是中国社会的热点和焦点。需要统筹研究，综合解决。仅仅解决三峡大坝的通过能力问题，不足以解决“三峡河段”的通航问题。

建议尽快综合研究三峡大坝、“两坝间”和葛洲坝的船舶通过能力的扩能问题，一并解决三者的通航问题。

（三）要研究并修订通航建筑物的槛上最小水深标准

由于对水利枢纽成库后过闸船舶大型化的发展趋势预见不够，葛洲坝船闸和三峡船闸槛上水深适应船舶发展的裕度较小。葛洲坝1号船闸设计槛上最小水深为5.5m，2号船闸为5.0m，3号船闸为4.0m。葛洲坝2号、3号船闸投入运行后，枯水期船闸槛上水深不足的问题逐步显现。葛洲坝三江航道在考虑“葛洲坝清水下泄、近坝河段枯水期同级流量水位下降”和挖泥船施工时施工机具需要保持安全裕度的情况下，航道水深只有3.5m。三峡船闸投入运行后，船闸槛上水深不足的问题当年已显现。

通航建筑物槛上最小水深的合理确定是决定枢纽长期发挥航运效益的关键因素之一。适当提高长江干流新建通航建筑物槛上水深标准，在设计和施工方面没有太大技术难度，在工程量和工程投资方面增加不多，在船闸运行、维护、管理方面费用增加不多；但能大幅度提高船闸通过能力和航运效益，既能促进当前的长江航运发展，也为长江航运的后续发展留有余地。

当前和今后，船闸闸槛（升船机底槛）设计最小水深、过闸船舶（过升船机船舶）允许吃水标准和富余水深，是与航运效益直接相关的，也是长江航运

企业和港航管理部门十分关切的大问题，需要认真对待。

建议适当提高新建通航建筑物槛上最小水深设计标准。先由有关的通航建筑物设计单位、运行管理单位、科研单位和航运企业共同研究，然后在国内近期建设的水利枢纽通航建筑物上实施。条件成熟后，修订通航建筑物的槛上最小水深设计标准。

（四）要建立长江上游水库群联合调度体制机制

（1）以《中华人民共和国水法》为上位法，制定流域水库群联合调度（或者长江流域水库群联合调度，或者长江上游水库群联合调度）的行政法规或行政规章，尽快完善现行法规体系。

（2）由国家发展和改革委员会牵头，相关部委和省（市）参加，建立长江流域水库群联合调度（或者长江上游水库群联合调度）协调领导小组，尽快完善水库群联合调度的体制机制。

（五）要加强三峡工程航道和港口泥沙原型观测

建议加大三峡工程航道泥沙原型观测的经费投入，以便在观测范围、观测项目、观测密度和测图比例等方面作出更加合理的安排。

建议安排重庆港口泥沙原型观测的项目和经费，落实观测单位，及时开展观测工作。

七、三峡工程涉航总评估

（一）三峡水库重大涉航问题的决策是正确的

在坝址选择上，三峡大坝的坝址对长江航运是最合适的。在建设时序上，先建葛洲坝工程后建三峡工程，对长江航运是合适的。在建设方案的确定上，“一级开发、一次建成、分期蓄水、连续移民”的建设方案，是最有利于长江航运发展的。在三峡工程的枢纽布置上，通航建筑物的位置是合适的。在三峡工程通航建筑物的形式和方案上，选择连续五级船闸是正确的。在通航建筑物的总体布局上，是有利于长江船舶航行和过闸的。通航建筑物规模和尺度的确定，是符合当时的国情和长江航运发展现实的。因此，三峡工程较好地解决了施工期通航方面的问题。在三峡库区的航道尺度和通航水流条件的选择和确定上，是符合当时长江航运条件，基本满足当前川江航运需要的。三峡水库的调度方案，从总体上看，对长江航运是有利的。在长江航道与泥沙问题、三峡库区港口与泥沙问题上，从十年的运行实践看，是成功的。

（二）三峡水库建设促进了长江上中游航道发展

三峡水库蓄水后，加上航道整治工程的效果，三峡库区航道随着三峡坝前水位和入库流量的变化，不同蓄水期、不同江段、不同季节有不同程度的改善，既有航道尺度的提高，也有航行水流条件的改善。

三峡水库蓄水后，使三峡库区原有通航支流通航里程延伸，航道条件变好；使原有不通航的数十条溪沟、支流具备通航条件。

三峡变动回水区、常年回水区、三峡大坝区和长江中游等河段航道，因三峡工程的建设和运行，还存在一些碍航问题，但发生碍航的河段有限，碍航程度可控，现在采取的预防和消除碍航的措施可行，现行的原型观测、分析预测、制订预案和实施疏浚的总体方略有效。

三峡水库蓄水后，加上实施航道整治措施，重庆江津红花碛至武汉长江大桥段航道的不同河段枯水期航道水深增加了0.2～1.6m。

长江重庆羊角滩至宜昌下临江坪河段航道已经达到一级航道技术标准。

重庆江津红花碛至宜昌段航道实际单向通过能力超过每年6000万t，高于三峡工程初步设计时的预计数。

在三峡水库175m试验性蓄水期，一年中的半年左右时间，重庆羊角滩至三峡大坝河段，具备行驶万吨级船队的航道尺度和通航水流条件。

三峡工程涉及长江航道变化的预测与实际比较，总体上看，是很接近的。

三峡工程建设促进了长江上中游航道的发展。长江重庆至三峡大坝段航道由一条滩险众多的二级航道变成了通航条件优越的一级航道，不建三峡大坝，仅靠航道整治是无法办到的。这一成功范例，在国内外内河航道界具有典型意义和示范作用。

三峡水库只运行了十年，三峡工程对长江航道全面的、长期的、科学的影响评价，还需经受时间考验。

汛期“两坝间航道”通航水流条件较差，对船舶通航安全有不利影响，也降低了两坝间的航道通过能力。需要尽早研究对策，尽快改善汛期“两坝间航道”通航水流条件。

长江重庆江津红花碛至武汉段航道，因受三峡工程建设和运行的影响存在的一些碍航问题，需要加强观测，开展研究，采取措施，予以改善。

（三）三峡工程建设促进了三峡库区港口发展

三峡水库蓄水后，形成了长距离、宽幅度、大水深的河道型水库。三峡库区长江干流和支流新增了一大批优良的适港岸线、陆域和水域，有利于库区港口的规划、建设和运行。三峡库区沿江各地新建了一大批专业化、规模化、现代化港口。库区港口建设规模、吞吐能力、管理水平和服务质量大幅提升。

港区水域江宽水深、水流平缓，有利于布置码头、港池、调头区和锚地，有利于港区船舶的航行、停泊和作业。库区全年有规律的、缓慢的水位涨落，有利于港口的运行、维护和管理。库区新建码头大量采用直立式码头结构和装卸工艺，有利于港口作业效率大幅提升。港口作业条件的改善，降低了港口装卸成本，缩短了船舶在港停泊时间，提高了港口安全度，促进了库区物流发展，促进了沿江经济社会发展。

三峡库区航道条件的改善，以及三峡库区船型标准化、船舶大型化和专业化的快速发展，也促进了三峡库区港口的快速发展。

三峡工程建设促进了三峡库区港口的发展。三峡库区港口群成为中国西部规模最大、吨位最大的港口群，成为世界少有的远离沿海的山区河流大型港口群。

（四）三峡工程建设促进了长江上游船舶发展

三峡水库蓄水前，长江上游船舶吨位小、船型多而杂、船龄老、船况差、安全性能低。上游船舶呈现“小杂老差低”的整体形象，是长江全线船舶的“短板”。

三峡水库蓄水后，促进了长江上游船舶的快速发展，进而促进了长江干线船舶的快速发展，改变了长江全线的船舶面貌。

三峡水库蓄水后，加快了推轮驳船船队在长江干线的退出进程，目前，这种船队所剩无几。由于自航货船在经济性、安全性、时效性、适货性、适港性、适闸性等六个方面具有明显优势，长江干线自航货船具有强大的生命力。以自航货船为主的运输方式在较长时间内不会改变。

三峡水库蓄水后，促进了船型标准化，船舶大型化、专业化的高速发展。目前，长江上游已经拥有一支船型标准化程度较高、船舶吨位较大、船舶吨级比例较为适当、船舶专业化水平较高、规模很大的货运船队，拥有一支船型较大、装备较先进、规模很大的旅游客运船队。这样一支内河山区河段的大型船队，在国内外没有先例。

长江上游船型标准化、船舶大型化、专业化还需要进一步发展，以期进一步提高三峡、葛洲坝通航建筑物的通过能力，提升航运发展能力。

（五）三峡工程促进了长江上游航运发展

三峡水库蓄水后，库区航道、港口、船舶、航运企业、运输组织、运输方式、货物来源和货运价格都发生了深刻变化。长江上游航运企业多元化、大发展，运输组织更合理，运输方式更科学，货物来源更广泛、运输价格更低廉。2011 年，三峡船闸单向过闸货运量超过 5500 万 t，2013 年超过 6000 万 t，都超过了三峡船闸的设计通过能力。2011 年，三峡船闸过闸货运量超过 1 亿 t。

三峡水库蓄水后，三峡库区实现了“畅通、高效、平安、绿色”的航运发展目标。十年来，长江上游航运的发展速度、发展水平和发展质量前所未有、世所罕见。

（六）三峡工程为长江航运作出了重大贡献

三峡水库蓄水后，促进了长江上游航运的高速发展，缩小了长江上中下游航运发展的差距，提升了长江航运的整体水平，使长江航道成为名副其实的“黄金水道”。长江上游航运的高速发展，是中国改革开放、三峡工程建设、西部大开发、长江流域经济社会发展和长江航道治理的共同结果，但三峡工程建设是长江上游航运高速发展的基础和关键。

三峡工程专题论证的涉航结论，三峡工程初步设计的涉航成果，多数目标已经实现。

三峡工程建设是长江航运史上的重大事件。三峡工程的航运效益目标已经实现，航运效益巨大。三峡工程建设为长江航运作出了重大贡献。三峡工程建设和长江航运发展的有效结合，是中国水电开发的成功范例。

长江航运的发展实践证明：建三峡工程比不建三峡工程好，早建三峡工程比晚建三峡工程好。

（七）三峡工程的航运效益

1. 直接效益

三峡水库蓄水后，库区航道条件显著改善，枯水期葛洲坝以下航道流量有所增加，川江水路货运量大幅提高，库区船舶载运能力大幅提高，库区船舶平均油耗明显下降，库区船舶运输安全性显著提高。

川江及三峡库区船型标准化、大型化、专业化明显加快，促进了库区港口的快速发展。

2. 间接效益

三峡水库蓄水后，降低了沿江地区的综合物流成本，加快了长江中上游综合交通体系结构调整，吸引了产业布局加快向长江沿江地带集聚，减轻了长江沿江地区的空气污染，促进了长江沿江地区“资源节约型、环境友好型社会”的建设进程。

（八）三峡工程涉航工作的主要经验

民主决策和科学决策是正确处理涉航工作的重要前提，重点科技攻关和长期科学研究是解决涉航问题的技术保障，良好的协调机制是解决涉航问题的根本保证，涉航单位通力合作是促进航运发展的有力保障，实事求是是促进航运发展的思想基础，改革创新是促进航运发展的强大动力。

这些宝贵经验，既是对以往三峡涉航工作的认真总结，也是今后进一步做好三峡涉航工作的重要保障。

（九）三峡工程涉及长江航运发展的主要问题

三峡工程涉及长江航运发展的主要问题有：三峡坝区和葛洲坝坝区的船舶通过能力问题，“两坝间”汛期通航水流条件问题，三峡船闸槛上最小水深问题，长江上游水库群联合调度体制机制问题，三峡工程航道泥沙原型观测问题。这些问题不解决，将制约长江航运的发展。

（十）三峡工程涉航工作的建议

三峡工程涉航工作建议如下：挖掘三峡大坝通航潜能和研究三峡新通道要并举，要综合研究三峡大坝、“两坝间”和葛洲坝的船舶通过能力的扩能问题，要研究并修订通航建筑物的槛上最小水深标准，要建立长江上游水库群联合调度体制机制，要加强三峡工程航道泥沙原型观测。

附件：

专题组成员名单

组　长： 姚育胜　交通运输部长江航务管理局，原副总工程师，高级工程师

副组长： 朱汝明　江苏海事局，局长，高级工程师

何兴昌　长江航运发展研究中心，副主任，正高级工程师

成　员： 郭　涛　交通运输部长江航务管理局，调研员，教授级高级工程师

刘　广　长江水上交通监测与应急处置中心，副主任，高级工程师

陈淑楣　长江航运发展研究中心，所长，高级工程师

王　帆　长江航运发展研究中心，高级工程师

专 题 三

长江上游航运发展评估

一、三峡水库成库前长江上游航运发展情况

长江上游四川宜宾至湖北宜昌段习称川江，全长1044km，其中重庆至宜昌段长660km，洪水期可通行3000吨级船队和1500吨级单船。

20世纪50—60年代，由于西南地区铁路及公路基础设施能力薄弱，川江航道是西南地区连接华中、华东地区的主要运输通道。

随后，国家逐步修建了成渝、宝成、川黔、成昆、襄渝等铁路干线，西南地区对外通道有所改善，但川江依然是西南地区与华中、华东地区沟通的运输大动脉。

（一）长江上游航运发展的几个时期

1. 起步发展时期（1950—1957年）

（1）1950—1952年。组建长江航务局重庆分局，对川江航运实行统一管理，整顿码头和航运秩序，建立航运法规，发展国营船舶，加强对私营轮船业的领导，川江航运得到迅速恢复和发展，水路货运量快速增长。重庆市水路货运量由1950年的60万t左右提高到1952年的133万t左右。

重庆国营、私营轮船公司一共26家，其中，私营公司25家，仅有招商局重庆分公司1家为国营公司。共有船舶132艘，总载重吨为43112t。

重庆共有码头41座，这些码头基本不能与公路相接；港口机械化程度极低，只有1艘40t浮吊船，基本靠人挑肩扛；没有港口作业用仓库，装卸效率极低。

川江航道滩多流急，礁石密布，异常艰险，仅重庆境内单向控制航道就有40多千米，只设有简易助航标志，不能夜航。

（2）1953—1957年。此时段为航运企业蓬勃发展时期，国民经济迅速发

展，航运发展也欣欣向荣，这一时期全面引进了苏联内河管理模式，建造了一大批 2000 马力（1471kW）蒸汽机推轮和钢质驳船，推广顶推运输法，实行专线运输，宜渝上水夜航成功。同时，港口、航道、船厂全面发展，开创了川江运输新局面。

2. 曲折发展时期（1958—1976 年）

（1）1958—1965 年。由于政治运动和自然灾害，长江上游水路货运量逐年下降。重庆市水运量由 1958 年的 726 万 t 下降到 1962 年的 368 万 t，降幅达 49%。直到 1965 年以后，航运才开始逐步恢复。

（2）1966—1976 年。此时段为十年“文化大革命”动乱中艰难发展时期，水运量再次出现大幅下降，又一次进入低谷。重庆市水运量由 1966 年的 800 万 t 下降到 1969 年的 533 万 t，降幅达 33%，直到 1974 年才逐步恢复到 1966 年“文化大革命”初期水平。

3. 高速发展时期（1977—2003 年）

（1）1977 年以后，十年“文化大革命”结束，通过整顿企业，航运量开始大幅上升。特别是 20 世纪 80 年代以后，通过深化改革，实行政企分开，鼓励民营企业发展，长江航运进入了一个新的时期。

（2）1980 年 5 月，国务院确定支流船舶可以进入长江，支持民营企业发展。地方航运企业开始冲破不能跨省运输的限制，进入长江干线运输。

（3）20 世纪 80 年代以后，地方国有、集体航运企业进入高速发展时期。到 80 年代末期，民生轮船公司、重庆轮船总公司、涪陵川陵轮船公司运力规模已达到 5 万～8 万 t。但是，重庆长江轮船公司仍一家独大，具有 30 万 t 左右的规模。

（4）20 世纪 90 年代以后，个体和民营企业进入高速发展时期，在长江上游航运中占有越来越大的比重，特别是在三峡旅游、重载滚装汽车运输方面，民营企业无论是规模和运输量都开始超过国有企业。

（5）到 2003 年三峡水库成库前，长江干线运输国有比重已经从 20 世纪 80 年代的 90%下降到了 70%左右。

1950—2002 年重庆市客货运输量、港口吞吐量情况见表 3.1-1。

（二）三峡水库成库前长江上游航运主要特点

1. 航道条件

三峡水库成库前，长江上游属典型山区航道，滩多水急，航深和航宽不足，水流比降大，航行条件恶劣。

表 3.1-1　1950—2002 年重庆市客货运输量、港口吞吐量情况

年　份	水路货运量/万 t	水路货物周转量/(亿 t·km)	水路客运量/万人次	水路旅客周转量/(万人·km)	港口吞吐量/万 t	船舶拥有量/艘
1950	59.40	0.31	75.39	—	34.90	
1951	77.40	0.36	92.97		44.30	
1952	133.10	3.04	81.22		61.80	
1953	211.90	10.73	144.04		107.10	
1954	276.80	23.51	111.48		158.50	
1955	378.90	39.26	128.73		245.70	
1956	448.10	45.52	140.97		288.40	
1957	584.50	62.93	118.01		356.10	
1958	725.50	57.76	167.45		341.80	
1959	902.10	64.47	267.58		433.50	
1960	933.50	48.86	307.22		490.70	
1961	544.20	23.03	308.63		279.80	
1962	368.10	14.23	729.82	3241	173.50	
1963	354.50	14.82	302.94	3475	142.10	
1964	438.70	19.06	323.53	1449	168.50	
1965	817.47	12.52	471.00	4807	217.10	
1966	800.04	0.71	487.53	5287	252.30	
1967	623.09	0.33	391.92	1434	196.00	
1968	447.01	0.41	486.70	1615	131.90	
1969	533.19	0.49	535.58	1989	195.80	
1970	692.34	0.71	549.31	2994	267.00	
1971	866.85	18.64	861.10	8993	284.00	
1972	993.77	21.30	1007.05	10917	281.50	
1973	885.67	18.66	991.37	10082	227.20	
1974	888.80	17.68	1098.97	11022	196.00	
1975	1057.49	24.84	1084.44	11585	228.90	
1976	1008.60	22.18	1158.32	11996	177.80	
1977	1236.77	26.69	1279.24	14181	283.50	
1978	1436.00	55.77	1343.27	22596	369.80	
1979	1205.20	41.15	1542.79	23253	364.50	

续表

年　份	水路货运量/万 t	水路货物周转量/(亿 t·km)	水路客运量/万人次	水路旅客周转量/(万人·km)	港口吞吐量/万 t	船舶拥有量/艘
1980	1143.40	40.38	1796.00	30240	378.20	
1981	1097.60	23.06	1820.84	34978	373.40	
1982	1457.60	31.40	2012.30	39141	384.30	
1983	1345.90	22.58	2262.93	46327	436.60	
1984	1218.00	47.44	2555.50	54797	431.10	
1985	1156.16	67.49	2699.40	192913	438.30	5388
1986	1169.51	71.80	2810.30	223956	532.70	6488
1987	1138.50	80.32	2967.00	255657	553.70	6621
1988	1226.03	87.92	3531.60	288778	570.30	6529
1989	1781.50	99.03	3387.70	273277	651.93	6454
1990	1730.00	88.10	2741.70	235401	572.50	6503
1991	1659.70	101.96	3037.70	277272	566.10	6355
1992	1517.70	112.36	3234.90	372633	664.90	6326
1993	1620.80	123.92	3087.50	415175	687.70	6391
1994	1663.10	103.48	3540.50	425656	665.65	6239
1995	1581.30	123.15	3201.30	465610	730.60	6346
1996	2491.00	160.25	3900.00	575212	1076.00	6153
1997	1729.00	126.66	3937.00	509570	2548.70	5744
1998	1582.00	99.55	2888.00	351451	2477.30	5471
1999	1395.00	99.40	2694.00	323000	2599.84	5200
2000	1392.00	105.74	2425.00	311800	2448.00	4872
2001	1838.00	135.02	2057.00	257800	2839.87	4715
2002	1907.00	144.27	2046.00	277900	3004.00	4545

（1）长江。三峡水库成库前，三峡坝址至江津红花碛，全长 674km，航道弯曲狭窄，多礁石和石梁。宽浅河段和窄深河段交替出现，在宽浅河段常出现浅滩，在窄深河段常出现急、险滩。长江重庆羊角滩至宜昌中水门段枯水期最小航道尺度为 2.9m×60m×750m（水深×宽度×弯曲半径），洪水期可通行 3000 吨级船队和 1500 吨级单船，枯水期可通行 2000 吨级船队和 1000 吨级单船。

（2）嘉陵江、乌江等库区支流。三峡水库蓄水前，支流通航条件较差。三峡库区长江通航支流有嘉陵江、乌江、大宁河、小江和神农溪。其中嘉陵江和乌江航道等级为五级，可通行 300～500 吨级船舶；大宁河和神农溪等支流航道为等外级航道，通航条件差，但由于旅游条件优越，发展了一批小型观光型游船。此外，还有少量季节性通航支流。

2. 港口条件

三峡水库成库前，重庆市只有主城九龙坡、江津猫儿沱和兰家沱、涪陵荔枝园、万州红溪沟等少数半机械化码头，单个码头吞吐能力均没有超过 300 万 t。其他基本处于人工装卸的自然状态。码头结构形式主要为自然岸坡，有少量斜坡缆车道、斜坡梯步和下河引道，码头功能弱、规模小、布局散、机械化程度低。码头靠泊能力只有 200～1500t，货运泊位的年平均通过能力不足 4 万 t。

2002 年，重庆港口货运通过能力 3840 万 t，客运通过能力为 5310 万人次；完成港口货物吞吐量 3004 万 t，其中集装箱吞吐量 8.75 万 TEU，滚装汽车吞吐量 20 万辆，客运吞吐量 2484 万人次，主要为普通客运。

（1）货运码头。20 世纪 60—70 年代，建设了重庆主城九龙坡、江津猫儿沱和兰家沱、涪陵荔枝园、万州红溪沟等少数半机械化码头。以上码头吞吐能力均为 200 万～300 万 t，除涪陵荔枝园外，其他码头相继引入了铁路，实现了铁水联运。

三峡水库成库前十余年，由于处于三峡工程论证期间，长江上游规模化港口建设基本处于停滞状态，除上述半机械化码头外，长江上游地区港口码头基本处于人工装卸的自然状态，存在功能弱、规模小、布局散、机械化程度低、中小码头比重高等缺点。

（2）客运码头。从中华人民共和国成立直到 20 世纪 80 年代，由于长江沿江的铁路、公路尚未修建，城市之间的长途、短途旅客运输主要是靠长江水运，川江成为旅客进出川的主要通道。川江客运相继开通了重庆至宜昌、武汉、上海等多条班轮航线，客运的繁荣也带动了库区经济的繁荣，拉动了库区城市发展。重庆主城朝天门、涪陵龙王沱、万州鞍子坝，以及云阳、奉节、巫山、丰都、忠县等沿江区县相继建设了 1500 吨级客轮码头，受斜坡地理地形限制，码头结构以下河梯步、斜坡缆车和自然岸坡为主要形式，码头设施设备落后，主要满足水上公共客运需要。

为适应改革开放后境外客人对高品质邮轮的需求，1981 年重庆长江轮船公司建造的专门接待境外游客的“神女号”涉外邮轮投入营运，长江邮轮旅游正式起步。随着三峡旅游客源市场从东南亚逐步扩展到欧美等地，邮轮旅游市场快速发展。为与邮轮旅游配套，沿江丰都鬼城、奉节白帝城、小三峡旅游风景区得到不断开发，并建设完善旅游码头，作为邮轮的停靠港。

3. 航运企业及运输组织方式

在1980年以前，从事长江干线运输的以重庆长江轮船公司、民生轮船公司、重庆轮船总公司为主，其他企业主要从事省内区间运输。其中，重庆长江轮船公司船队以1940kW推轮+1000吨级驳船为主、民生轮船公司及重庆轮船总公司以830kW推轮+800吨级驳船为主，其他地方国有航运公司以220kW推轮+300吨级驳船为主。

在2002年以前，长江航运以国有企业为主，民营航运企业规模较小。如2002年重庆市国有水运企业船舶运力占重庆总运力的70%，完成货运量占总量的40%，完成货物周转量占总量的80%。

三峡水库成库前，长江上游水路货物运输方式单一，以拖轮和驳船组成的船队为主，自航船运输形式很少。20世纪80—90年代，上游拖驳船队得到大力发展，各船公司货运几乎全部采用船队运输营运模式，如重庆长江轮船公司有拖轮40余艘，驳船300余艘，运力38.7万DWT；重庆轮船总公司船队运力约12万DWT；民生轮船公司船队运力约6万DWT。船队由大功率拖轮和数艘500～1000吨级驳船组成（图3.1-1和图3.1-2）。先由2～3艘驳船组成小型船队，载货1500～2000t从重庆等上游港口航行至宜昌后，重新编队增加驳船至6～8艘组成载货量约6000t的大型船队向中下游航行，沿途根据货物流向在相关港口增加或减少驳船。上水时，在中下游拖多个驳船到宜昌后，减少拖带驳船艘数上行。

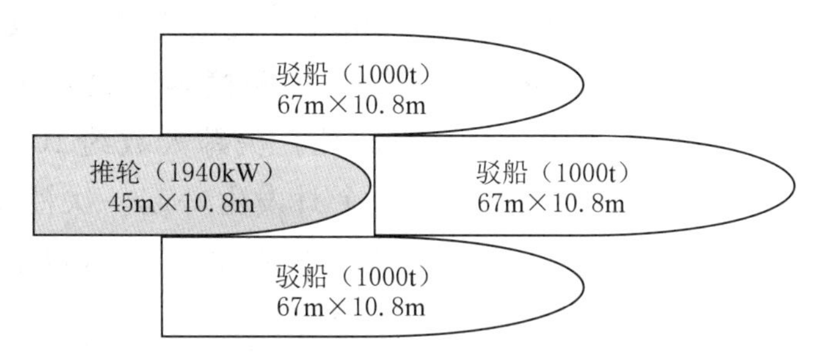

图3.1-1 三峡成库前长江上游3000吨级典型船队示意图

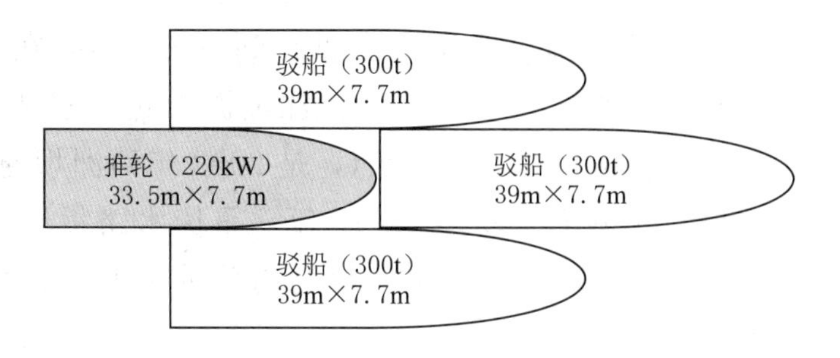

图3.1-2 三峡成库前长江上游1000吨级典型船队示意图

三峡水库成库前，长江上游专业化运输比重少。货运以煤炭、矿石、件杂货等大宗散货为主，辅以少量危险品运输，水运企业集约化程度低，企业市场竞争力弱，经营效益普遍较差。从20世纪90年代开始，新型运输方式开始出现，集装箱运输和载货汽车滚装运输开始起步，普通客运在90年代中期发展到高峰后急剧萎缩，三峡旅游客运开始占据客运主导地位。

4. 船舶运力及主要效率指标

三峡水库成库前，川江属于山区急流航道，滩多、水急、比降大，通航条件差，只有大功率、小吨位船舶才能适应航道条件，制约了船舶发展。航行船舶以船队运输方式为主，有自航能力的单船吨位较小，且数量较少，船舶拖载能力低，运输成本高。船型多、杂、乱，普遍存在功率大、能耗高、载量小的缺点，专业化程度低。

2002年重庆船舶总运力91万DWT，船舶总数量4545艘，船舶总功率57万kW。其中，货船1911艘，运力80万DWT，货运船舶平均载重吨仅为400t；客船1266艘，15万客位。集装箱船、滚装船、油船等专业化运输船舶仅占总艘数的4.41%。船舶拖带能力上水为0.82DWT/kW、下水为1.55DWT/kW，船舶单位平均能耗7.6kg/(kt·km)（柴油，下同）。

5. 航运安全

三峡水库成库前，长江上游航道条件差，滩多水急，航道狭窄，加之船舶技术状况落后，支持保障系统不够完善，川江一直是全国水上交通安全的高危地区之一，特别是枯水期几乎每天都有触礁和碰撞等事故发生。据统计，从1995年至2002年，重庆每年水上交通事故死亡失踪人数约100人，约占全国同类事故死亡失踪总数的20%，且平均6个月发生一起一次性死亡失踪10人以上的重大水上交通事故，平均17个月发生一起死亡30人以上特别重大水上交通事故。

二、三峡水库成库后长江上游地区航运发展的变化

三峡水库成库后，长江上游地区航运条件得到极大改善，在长江上游地区特别是成渝地区经济快速增长的带动下，长江上游航运业进入快速发展期。2013年三峡断面货物通过量达到10723万t，是2002年葛洲坝通过量1803万t的5.95倍，年均增长17.6%。2002—2013年，重庆水路货运量从1907万t提高到1.44亿t，年均增长20.1%；水路货物周转量从144亿t·km提高到1983亿t·km，年均增长26.9%。

2002年，重庆交通运输业完成货物周转量400.5亿t·km（不含航空、

管道等），其中：公路完成 89.9 亿 t·km，占重庆交通运输业货物周转量的 22.5%；水路完成 144.3 亿 t·km，占重庆交通运输业货物周转量的 36.0%；铁路完成 166.3 亿 t·km，占重庆交通运输业货物周转量的 41.5%。2013 年，重庆交通运输业完成货物周转量 2999 亿 t·km（不含航空、管道等），其中：公路完成 840 亿 t·km，占重庆交通运输业货物周转量的 28%；水路完成 1983 亿 t·km，占重庆交通运输业货物周转量的 66.1%；铁路完成 176 亿 t·km，占重庆交通运输业货物周转量的 5.9%。2013 年，重庆 687 亿美元外贸进出口中有价值 375 亿美元的货物通过水路运输完成，航运为长江上游地区经济发展提供了重要保障。

三峡工程为川江段船舶大型化提供了条件，但三峡库区川江航段仅 670km，重庆至上海全程 2400km，大型化后的船舶 70%以上航行于重庆至华东地区。因此，三峡工程带来的船舶大型化不仅使川江段效益大幅提升，也使长江中下游航运效益明显改善，本报告在分析三峡成库后航运变化及航运效益时，全面考虑了三峡工程对长江全线航运的效益。

（一）航道

三峡水库成库后，库区水位常年在 145～175m 间运行，145m 回水末端至重庆长寿区黄草峡，175m 回水末端至重庆江津区红花碛，库区航道深度、航道宽度和曲率半径均有大幅增加。三峡库区河面宽度约为 150～2500m，河深 18～110m，最窄在铜锣峡，约为 150m，库区险滩基本消失，单向控制航道大幅减少。三峡大坝至重庆主城区羊角滩 613.5km 航道实际已达一级航道通航标准（表 3.2-1）。万吨级船队及 5000 吨级单船可由下游直达重庆，长江上游通航条件得到极大改善。

表 3.2-1　三峡水库蓄水前后长江上游干流航道维护尺度变化

河　段	里程/km	三峡水库蓄水前（2002 年）		三峡水库蓄水后（2013 年）	
		航道维护尺度（水深×宽度×弯曲半径）/(m×m×m)	保证率/%	航道维护尺度（水深×宽度×弯曲半径）/(m×m×m)	保证率/%
江津红花碛—重庆九龙坡	48.0	2.5×50×560	98	2.7×50×560	98
重庆九龙坡—重庆羊角滩	12.0	2.5×50×560	98	2.7×50×560	98
重庆羊角滩—涪陵李渡长江大桥	112.4	2.9×60×750	98	3.5×100×800	98
涪陵李渡长江大桥—重庆忠县	127.6	2.9×60×750	98	4.5×150×1000	98
重庆忠县—宜昌中水门	416.5	2.9×60×750	98	4.5×150×1000	98

（二）港口

三峡水库成库后，由于航道条件的改善，重庆加快了港口基础设施建设，港口条件得到极大改善。重庆相继建成了主城果园、主城寸滩、万州江南、涪陵黄旗等为代表的一批5000吨级大型化、专业化、机械化码头，普遍采用了沿海港口直立式码头结构和装卸工艺，单个码头年吞吐能力超过500万t，最大的果园港达到3000万t。这批码头装卸效率较成库前码头提高了3～5倍。重庆港已成为长江上游地区最大的集装箱集并港、大宗散货中转港、滚装汽车运输港、长江三峡旅游集散地以及邮轮母港。到2013年年底，重庆港口货物吞吐能力达到1.56亿t，集装箱吞吐能力达到350万TEU。

1. 集装箱码头

2013年，果园港二期工程开港运行，新增集装箱吞吐能力50万TEU，重庆港集装箱吞吐能力达到350万TEU（表3.2-2）。

表3.2-2　重庆已建成集装箱码头

序号	项目名称	项目业主	建设规模	
			泊位数/个	吞吐能力/万TEU
1	永川理文码头	重庆理文码头开发有限公司	2	10
2	江津玖龙码头	玖龙纸业（重庆）有限公司	1	10
3	巴南佛耳岩码头	重庆航运建设发展（集团）有限公司	1	3
4	主城茄子溪码头	中国交通建设集团有限公司	4	10
5	主城新港码头	重庆新港装卸运输有限公司	1	3
6	主城九龙坡码头	重庆港务物流集团有限公司	2	20
7	主城寸滩码头	重庆港务物流集团有限公司	7	154
8	主城东港码头	上海国际港务（集团）股份有限公司	2	20
9	主城果园码头	重庆港务物流集团有限公司	4	66
10	长寿长明码头	长明国际物流有限公司	2	5
11	长寿冯家湾码头	重庆港务物流集团有限公司	1	5
12	涪陵糠壳湾码头	重庆港务物流集团有限公司	1	4
13	涪陵黄旗码头	重庆港务物流集团有限公司	2	20
14	万州江南码头	重庆港务物流集团有限公司	2	20
合计			32	350

2. 干散货码头

到 2013 年年底，重庆干散货码头吞吐能力达到 1.06 亿 t，其中规模化干散货码头吞吐能力为 3127 万 t（表 3.2-3）。

表 3.2-3　　重庆已建成规模化干散货码头

序号	项目名称	项目业主	建设规模	
			泊位数/个	吞吐能力/万 t
1	永川松溉码头	重庆蓬威建材有限公司	2	150
2	江津石门码头	重庆市江津区兴祥港埠有限责任公司	2	150
3	江津兰家沱码头	重庆港务物流集团有限公司	4	163
4	江津猫儿沱码头	重庆港务物流集团有限公司	5	162
5	江津五举沱码头	重庆东阳光实业发展有限公司	4	196
6	主城果园码头	重庆港务物流集团有限公司	2	193
7	长寿重钢码头	重庆钢铁（集团）有限责任公司	5	847
8	长寿冯家湾码头	重庆港务物流集团有限责任公司	2	80
9	长寿长明码头	长明国际物流有限公司	2	100
10	涪陵羊驼背码头	重庆顺潮实业有限公司	2	140
11	涪陵新涪公司码头	涪陵新涪公司	3	260
12	万州红溪沟码头	重庆港务物流集团有限公司	2	293
13	万州桐子园码头	重庆苏商贸易有限公司	3	150
14	万州苏商码头	重庆苏商港口物流有限公司	3	198
15	主城纳溪沟码头	重庆公路运输（集团）有限公司	2	45
合　计			43	3127

3. 危险品码头

到 2013 年年底，重庆危险品码头吞吐能力 719 万 t，其中规模化危险品码头吞吐能力为 674 万 t（表 3.2-4）。

表 3.2-4　　重庆已建成规模化危险品码头表

序号	项目名称	项目业主	建设规模	
			泊位数/个	吞吐能力/万 t
1	川维（黄谦）化工码头	重庆川维物流有限公司	1	18
2	伏牛溪油库码头	中国石油天然气股份有限公司重庆储运分公司伏牛溪油库	1	80

续表

序号	项目名称	项目业主	建设规模	
			泊位数/个	吞吐能力/万t
3	朝阳河油库码头	中石油重庆销售公司朝阳河油库	1	50
4	柏树湾朝阳河码头	重庆英达实业有限公司	1	60
5	中航油码头	中国航空油料有限责任公司重庆分公司	1	40
6	渝辉黄桷沱油码头	重庆中石化渝辉油料有限公司	1	30
7	伏牛溪华瑞油码头	重庆化工轻工有限公司	1	20
8	长寿冯家湾码头一期	重庆港务物流集团有限公司	1	93
9	涪陵乌江白涛码头	重庆天原化工有限公司	2	76
10	涪陵泽胜二沱码头	重庆市泽胜船务（集团）有限公司	1	45
11	涪陵蓬威石化码头	重庆市蓬威石化有限责任公司	1	60
12	川维化工码头	重庆川维物流有限公司	2	70
13	六九一零油库码头	中国石油天然气股份有限公司重庆储运分公司六九一零油库	1	32
合计			15	674

4. 滚装码头

滚装码头分为重载汽车滚装码头和商品汽车滚装码头。到2013年年底，重庆滚装码头吞吐能力149万辆，其中，重载汽车滚装码头吞吐能力73万辆（表3.2-5），商品汽车滚装码头吞吐能力76万辆（表3.2-6）。

表3.2-5　　重庆已建成重载汽车滚装码头表

序号	项目名称	项目业主	建设规模	
			泊位数/个	吞吐能力/万辆
1	主城东港重载汽车滚装码头	上海国际港务（集团）股份有限公司	1	5
2	主城郭家沱重载汽车滚装码头	重庆轮船（集团）有限公司	2	30
3	涪陵黄旗重载汽车滚装码头	重庆港务物流集团有限公司	1	18
4	万州红溪沟滚装码头	重庆港务物流集团有限公司	1	10
5	忠县强安滚装码头	重庆强安港埠有限责任公司	1	10
合计			6	73

表 3.2－6　　重庆已建成商品汽车滚装码头表

序号	项目名称	项目业主	建设规模	
			泊位数/个	吞吐能力/万辆
1	巴南佛耳岩商品汽车滚装码头	重庆航运建设发展（集团）有限公司	1	18
2	九龙坡商品汽车滚装码头	重庆港务物流集团有限公司	1	10
3	主城寸滩滚装码头	重庆港务物流集团有限公司	1	38
4	长石尾商品汽车滚装码头	重庆长江轮船公司	1	5
5	东风船厂商品汽车滚装码头	重庆长江轮船公司	1	5
合计			5	76

（三）船舶

三峡水库成库前，长江上游地区船舶以船队运输和千吨级单船为主。三峡水库成库后，随着航道条件改善，长江上游地区船队比重逐年下降，自航船快速发展，船舶大型化、专业化、标准化进程明显加快，集装箱、危险品、重载汽车滚装、商品汽车滚装、三峡豪华邮轮等新型运输方式快速发展，并在长江干线具有比较优势。到 2013 年年底，重庆货运船舶总运力 590 万 DWT，是 2002 年约 91 万 DWT 的 6.5 倍，2013 年货运船舶平均吨位 2460DWT，是 2002 年约 400DWT 的 6 倍，长江干线货运船舶平均吨位 3300DWT，标准化船舶运力占 65％，5000 吨级船舶已成为主力船型。2013 年，重庆危险品、集装箱、汽车滚装等高附加值运输方式，以 19％的船舶运力，完成了 25％的运输量，实现了 47％的航运收入。

1. 运力结构优化

重庆干散货船主力船型从 2002 年的 1000t 左右发展到 2013 年的 5000～6000t；集装箱船主力船型从 2002 年的 80～100TEU 发展到 2013 年的 300～325TEU；危险品船主力船型从 2002 年的 1000～1500t 发展到 2013 年的 3000～4500t；商品汽车滚装船主力船型为 800 车位；船长 130m 以上、客位数 350 以上的邮轮已成为三峡豪华邮轮的主力船型。成库初期建造的一批 3000 吨级以下干散货船舶、144TEU 集装箱船舶等小吨位船舶已基本退出跨省长距离运输市场。

（1）干散货船。到 2013 年年底，重庆干散货船共 1905 艘、运力 411.6 万 DWT，单船平均载重吨为 2160t。

（2）集装箱船。到 2013 年年底，重庆集装箱船（含多用途船）共 240 艘、

6.75万TEU，单船平均运力281TEU，约占全长江运力的62.7%。

（3）液货危险品船。到2013年年底，重庆液货危险品船共147艘、运力48.9万DWT，单船平均运力3326t，约占全长江运力的47%。

（4）载货汽车滚装船。到2013年年底，重庆载货汽车滚装船共37艘、2139车位，单船平均运力58车位，约占全长江运力的51%。

（5）商品汽车滚装船。到2013年年底，重庆商品汽车滚装船共12艘、6840车位，单船平均运力570车位，约占全长江运力的46%。

（6）三峡豪华邮轮。到2013年年底，重庆旅游客船（含经济游轮和豪华邮轮）共67艘、31447客位，单船平均运力469客位，其中三峡豪华邮轮总运力约9700客位，约占全长江运力的72.5%。

2013年重庆市营运货船运力结构见表3.2-7。

表3.2-7　　2013年重庆营运货船运力结构表

船舶类型	数量/艘	参考载重吨/万t	船舶类型	数量/艘	参考载重吨/万t
干散货船	1905	411.6	载货汽车滚装船	37	7.2
集装箱船	240	121	商品汽车滚装船	12	1.3
液货危险品船	147	48.9	合　计	2341	590

2. 船队运输向自航船转变的主要原因

2000年以前，长江上游航运以顶推船队运输为主。2000年开始，各公司注重发展自航船运输。2003年成库后，自航船运输得到快速发展，以拖轮和驳船组成的船队运输逐步被自航船运输替代。目前，长江上游航运船队已基本消失，过去以船队运输方式为主的中国长江航运集团有限公司、民生轮船公司、重庆轮船总公司等航运企业已经完全淘汰了顶推船队。自航船运输在船员配备、运营效率、运营成本、运营管理与组织、航行操作性和运营安全性等方面比船队运输更有优势，更能适应水路运输市场发展需要，船队运输转向自航船运输已成为必然。主要原因如下：

（1）自航船的船员数量大幅减少。当船队总载重吨位与自航船的载重吨位相当时，自航船运输配置船员更少，人力成本大幅减少，劳动生产率大幅提高。如882kW拖轮和6艘800t驳船组成的船队在配置船员时，每艘驳船需要船员3人，拖船一般配置船员25人左右，一支船队总计需要配置船员一般为40～50人。而同样一艘5000吨级自航船需要船员12人左右，船员数量大幅减少。

（2）自航船的运行周期更短。一支船队通常拖带多艘驳船，由于驳船无动力，每次进港前需要解驳到锚地，由拖轮分别将每艘驳船推进港内装卸货物，离港时需要分别拖出港，再从锚地重新组队，作业环节多、效率低，程序复杂，进出港时间长。而自航船只需要一次进出，作业简单、时间短、效率高。多次进出港的累加使得每航次船队运行周期比自航船更加费时。据统计，拖轮船队重庆—上海下水需要10d左右，上水需要17d左右，完成全航次运输时间需要27d。目前，自航船重庆—上海下水需要8d，上水需要10d，考虑上下水共待闸4d，完成全航次运输时间需要22d。自航船运输时间比船队运输节约5d。

（3）自航船的运营组织更加灵活。船队主要适用于大批量稳定货源、航道贯通标准等级一致、通航条件渠化程度高的两点间长途运输，沿途不需要进出港口上下货物，其运输组织相对固定。自航船运输由于进出港省时简单，可以根据货主需要，及时增减货物，对航道条件要求相对较低，运输组织更加方便灵活，更能适应现代物流对快速、灵活、便捷、个性化的要求，更能适应运输市场发展需要。

（4）自航船的安全性大大提高。船队比自航船更宽、更长，占用水域面积大，对航道尺度要求高，尤其是在急流、狭窄、弯曲航段，操控性差，船舶避让困难，容易引发事故。另外，单个驳船在停泊中突遇洪水或大风时，由于无动力，自救能力差，事故隐患大。自航船与船队相比尺度小，对通航环境要求低，船舶操控性更好，能及时会让和躲避，安全性大大提高。另外，驳船待装卸和停靠主要在江心锚地，停靠时间少则3～5d，通常10～15d，最高时可达1个月以上，造成航运企业运力损失很大，同时驳船物资安全和防火安全风险远大于自航船。

（5）港口企业市场化后对船队服务能力弱化。港口企业在计划经济体制时期，船队的装卸作业和后勤保障主要由港口提供服务，即船队到港后停靠在港口的公共锚地，并向港口申报装卸作业，港口调度港埠拖轮编解驳船到港口进行装卸作业。港口企业市场化以后，港口公共服务功能弱化，对港口公共锚地缺乏管理，港口为驳船提供服务的能力弱化。

（6）自航船运输更适合民营中小航运企业。航运市场开放后，大量民营企业进入市场，但总体上大多数民营企业规模小，分散度高，没有能力实现规模化运输组织。因此，采用单船运输成为民营企业的必然选择。

（四）企业

2003年三峡水库成库后，个体和民营企业进入高速发展时期，在长江上游航运中占有越来越大的比重，特别是在三峡旅游、重载滚装汽车运输方面，民营企业无论是规模还是运输量都开始超过国有企业。目前，从事长江干线运输的航运企业中，国有企业船舶运力仅占船舶总运力的20%左右，民营企业船舶运力约占船舶总运力的80%。同时，市场集中度不高，与成库前相比有所下降。以重庆为例，到2013年年底，重庆10万吨级以上运力规模的企业仅12家，企业平均运力仅在2万t左右。

（五）运输效率

随着长江上游地区航运的快速发展，以及大型化、标准化、专业化高质量船舶运力的加快提升，目前长江上游地区船舶平均吨位、单位能耗、单位船产量等多项指标处于内河较高水平。

以重庆为例，2013年货运船舶平均吨位达2460DWT，远高于全国内河600DWT的平均水平；货运船舶平均运距1380km，远高于全国内河350km的平均水平；货运船舶年单位船产量为33600（t·km)/DWT，高于沿江七省二市8000（t·km）/DWT的平均水平；货运船舶单位能耗为2kg/(kt·km)，优于长江干线平均水平。

（六）水运价格

三峡水库成库后，长江水运运价并没有随着物价大幅上升而增加。中华人民共和国成立初期，长江干散货运价约0.08元/(t·km)；20世纪90年代初期，长江干散货运输江苏—重庆，上水运价约100元/t，约0.04元/(t·km)，下水运价约80元/t，约0.035元/(t·km)。2013年，长江干散货运输江苏—重庆，上水运价约70元/t，约0.03元/(t·km)，下水运价约40元/t，约0.017元/(t·km)，此运价不仅低于20世纪90年代，更低于中华人民共和国成立初期。

2013年，重庆水运各种货物综合平均运价约0.05元/(t·km)（这个价格包括集装箱、危险品以及商品汽车滚装等高附加值运输的综合价格），大宗散货运价为0.025元/(t·km)，铁路约0.18元/(t·km)，公路约0.45元/(t·km)。水运综合价格约为铁路的1/4、公路的1/9。按2013年重庆水路货物周转量1983亿t·km测算，与铁路运价比较，水运为重庆产业发展降低物流成本约300亿元。水运巨大的运输能力及低运价优势，为沿江地区汽车、冶金、化工、能源、装备制造等产业的快速发展提供了重要运输保障，对长江上游地区降低综合物流成本和提升区位竞争优势发挥了重要作用。

（七）航运安全

三峡水库成库前，川江重庆段是全国水运安全的重灾区之一，据统计，1995—2003年重庆水上交通事故年均死亡100人左右，约占全国同类事故死亡总数的20%。三峡水库成库以来，重庆水上安全管理“治本、严管和依靠科技进步”三管齐下，通过加大安全投入、实施科技兴安、长江分道航法、客渡船标准化和渡口改造等措施，强化安全管理，安全形势逐年好转并总体稳定。

一是治本。加强安全投入，改造渡口渡船，实施客渡船标准化，对主要支流碍航滩段进行治理，落实库区通航支流航道通航保障方案，组建了水上安全应急救援基地和队伍，从硬件上为水上安全提供保障。

二是严管。针对水上交通安全形势，强化监督管理，出台具体整治方案和措施，形成常态化管理机制，确保各项政策措施执行到位。

三是依靠科技进步。大力实施科技兴安战略，完成重庆水上交通管理监控系统的研发和推广，建立了重庆水上交通管理监控中心等信息化系统，为重庆航运安全保驾护航。

到2013年年底，全市已连续126个月未发生一次性死亡10人以上的水上交通事故，确保了重庆水运行业健康、有序发展。1995—2013年重庆市水上交通事故统计情况见表3.2-8。

表3.2-8　　1995—2013年重庆市水上交通事故统计情况表

年　份		一般等级以上事故/件	沉船艘数/艘	死亡人数/人	直接经济损失/万元
1995	总计	75	19	159	931.24
	长江	64	10	141	852.74
	支流	11	9	18	78.50
1996	总计	46	14	144	980.52
	长江	37	7	131	915.02
	支流	9	7	13	65.50
1997	总计	35	19	55	1019.35
	长江	25	14	42	962.55
	支流	10	5	13	56.80
1998	总计	42	39	150	1515.88
	长江	35	34	123	1429.58
	支流	7	5	27	86.30
1999	总计	50	32	41	962.73
	长江	42	28	36	832.33
	支流	8	4	5	130.40

续表

年　份	一般等级以上事故/件		沉船艘数/艘	死亡人数/人	直接经济损失/万元
2000	总计	48	27	78	1134
	长江	44	25	64	1105.55
	支流	4	2	14	28.45
2001	总计	36	17	111	988.21
	长江	27	11	57	893.88
	支流	9	6	54	94.33
2002	总计	52	33	83	1157.88
	长江	46	29	73	1127.80
	支流	6	4	10	30.08
2003	总计	36	23	81	1049
	长江	28	18	74	933
	支流	8	5	7	116
	6 月 19 日后的支流	4	4	3	50
2004	总计	31	16	17	650
	长江	28	13	16	534.80
	支流	3	3	1	115.20
2005	总计	34	18	29	1961.10
	长江	29	15	25	1762.10
	支流	5	3	4	199
2006	总计	25	11	15	358
	长江	21	8	13	331
	支流	4	3	2	27
2007	总计	27	14	18	671.50
	长江	18	8	11	371.50
	支流	9	6	7	300
2008	总计	17	11	16	988
	长江	13	7	10	907
	支流	4	4	6	81

续表

年　份	一般等级以上事故/件		沉船艘数/艘	死亡人数/人	直接经济损失/万元
2009	总计	23	18	26	618.60
	长江	18	13	23	598.60
	支流	5	5	3	20
2010	总计	12	8	14	156
	长江	4	2	8	76
	支流	8	6	6	80
2011	总计	9.5	7	4	223
	长江	4.5	3	4	143
	支流	5	4	0	80
2012	总计	5.5	4	6	258.50
	长江	4.5	3	6	238.50
	支流	1	1	0	20
2013	总计	3	11	6	290
	长江	2	2	6	210
	支流	1	9	0	80

（八）航运科技

加强航运信息化和科技创新支撑能力建设，推进信息技术和科研成果在现代航运中的应用，是实现航运转型升级，推动航运绿色、低碳、循环发展的关键。三峡水库成库以来，重庆航运持续推动信息化在航运管理、物流发展、支持保障等领域中的应用，加强院校、科研单位与企业在航运科技方面合作，着重解决航运发展的难点，注重科技成果转化，进一步巩固了航运在综合交通运输体系中的比较优势，推动重庆航运步入智慧航运、平安航运、绿色航运发展轨道。

一是支持保障信息化。长江上游逐步完善了沿江 VTS、AIS 基站建设，AIS 基站实现全覆盖，VTS 覆盖主城朝天门、万州、巫山近 30km 重点水域。实施船舶配备船载电子江图、自动识别系统、视频监控系统等措施，保障了船舶运行和港口作业安全，船舶事故造成的水环境污染概率大幅下降。

二是行业管理信息化。加快推进水路运政管理系统、港口信息管理系统、船舶检验信息系统等港航管理系统建设。利用信息化技术手段，实现了港航企业办事网络化，上报数据规范化，进一步提高了工作效率。

三是公共服务信息化。加快推进航运交易电子商务平台、交通电子口岸、物流经济平台建设，为建立现代综合物流链的公共载体、形成口岸综合服务信息化战略平台，实现航运绿色、低碳、循环发展奠定了坚实基础。其中：重庆交通电子口岸作为全国内河唯一的交通电子口岸，服务范围已覆盖11个集装箱码头和团结村铁路中心枢纽站。与重庆海关和检验检疫部门实现数据交换和信息共享，提高了通关效率；并与交通运输部、交通运输部长江航务管理局、上海市电子口岸实现了互联互通。

（九）航运贡献

近年来，随着长江黄金水道运量大、成本低、能耗小等优势的发挥，内河航运对重庆经济社会发展的贡献作用日益明显，主要表现在以下方面：

（1）引导产业临江布局。利用长江黄金水道优势降低物流成本，是长江上游地区发展冶金、汽车、大型装备制造等产业的重要条件。三峡工程建成后，长江黄金水道运价低、运能大、运距长的比较优势得到充分发挥。1艘5000吨级船舶的运能约等于250辆20t载重汽车或2列火车的运能。目前，重庆水运平均运距已达1380km，是公路的13.3倍、铁路的1.8倍，产业向沿江地区集聚的趋势十分明显。据统计，长江上游地区90%以上的冶金、装备制造、电力、汽车、摩托车等产业均是临江布局。

（2）支撑经济快速发展。三峡水库175m试验性蓄水后，5000吨级单船和万吨级船队从长江下游可直达重庆。2002—2013年，重庆水路货运量从1907万t提高到1.44亿t，年均增长20.1%；港口吞吐量从3004万t提高到1.37亿t，年均增长14.8%。重庆水运行业已经迈上了“双亿吨”的新台阶。据统计，长江上游地区水运货运量、水路货物周转量、港口吞吐量和集装箱吞吐量等水运指标保持年均20%以上的高速增长。水路货物周转量占长江上游地区综合交通货物周转量的50%以上，90%以上的外贸物资通过水运完成。

（3）推动运输方式向绿色低碳转变成效明显。三峡水库建成后，三峡库区货运船舶平均单位能耗由三峡工程建成前的7.6kg/(kt·km）下降到2013年的2kg/(kt·km)，降幅达73.7%，居全国内河领先水平。按2002年燃油耗能水平计算，2003年6月至2013年年底，重庆市运输船舶共节约燃油447万t，按国家环保有关技术标准估算，蓄水后共减排二氧化碳1341万t、二氧化硫17.9万t、氮氧化物23.7万t。长江上游航运能耗模式正逐步由粗放型向低碳型转变。

（4）促进三峡库区就业和稳定。2013年，重庆航运直接从业人员约14万人，约10万人来自当地，依赖水运业的三峡库区煤炭、旅游、公路货运等相关产业吸纳了三峡库区劳动力80多万人，对三峡库区移民就业和三峡库区社会稳定起到了重要作用。

（5）发挥应急安全保障作用。长江上游航运弥补了我国东西向铁路网、公路网通道能力较低的不足，促进了国家东西向贸易大通道的形成。长江通道在2008年抗击雨雪冰冻灾害、汶川地震等突击抢运以及迎峰度夏等特殊时期的重点物资运输保障中发挥了关键作用。

（十）主要运输指标情况

在长江上游地区经济快速发展的拉动下，加上高速公路网、铁路网的不断完善，水运集疏运条件不断改善，水运辐射半径明显扩大，水运量近年来快速增长。

以重庆为例，2013年重庆水运货运量1.44亿t，是2002年的7.6倍，年均增长20.2%；港口货物吞吐量1.37亿t，是2002年的4.6倍，年均增长14.8%；水运货物周转量1983亿t·km，是2002年的13.7倍，年均增长26.9%。三峡水库成库后历年重庆水运指标情况见表3.2-9。

表3.2-9　　三峡水库成库后历年重庆水运指标情况

年份	GDP /亿元	规模以上工业总产值 /亿元	水路货运量 /万t	水路货物周转量 /(亿t·km)	水路客运量 /万人次	水路旅客周转量 /(亿人·km)	港口吞吐量 /万t	船舶拥有量 /艘
2003	2272.82	1588.99	2214.42	157.70	1417	13.46	3243.76	3986
2004	2692.81	2142.73	2917.92	284.30	1304	11.52	4539.00	4002
2005	3070.49	2525.87	3896.26	400.46	1388	11.75	5251.30	4052
2006	3452.14	3214.23	4550.00	533.19	1421	11.54	5420.43	4178
2007	4122.51	4363.25	5904.37	699.86	1366	12.63	6433.54	4220
2008	5096.66	5755.90	6971.00	865.58	1578	9.99	7892.80	4257
2009	6530.01	6772.90	7771.34	968.40	1226	10.36	8611.62	4139
2010	7800.00	10331.99	9660.00	1219.27	1277	10.21	9668.42	4368
2011	10011.13	12038.52	11762.04	1557.67	1322	11.07	11605.67	4160
2012	11459.00	13104.00	12874.48	1739.95	1256	11.32	12474.96	4011
2013	12657.00	15824.86	14359.52	1982.91	1230	10.60	13675.89	3700

三、三峡水库成库后长江上游航运发展特点

（一）船舶大型化进程明显加快

三峡水库成库前，川江货运船舶以拖轮和驳船组成的船队运输方式为主，船队数量比重在35%以上，运能比重在70%以上。同时，受地形条件限制，沿江地区公路、铁路路网密度低，陆路交通出行条件恶劣，沿江地区群众出行以水路交通为主，普通客运船舶是水路客运的主力，占客运船舶客位数的80%以上。从事川江干线运输的航运企业中，国有企业约占70%，民营和集体所有制企业占30%左右。

三峡水库成库后，随着航道条件改善，以及交通运输部系列船舶标准陆续颁布，船舶大型化进程明显加快，船队比重逐年下降，并退出运输市场，自航船快速发展，单船载重吨位逐步由3000吨级逐步向4000吨级、5000吨级发展。三峡水库成库前，船队运输川江段平均每千瓦拖带量下水1.5t左右，上水0.8t左右。三峡水库成库后，随着自航船快速发展，单位功率拖带能力大大提高，重庆5000吨级的船舶装机功率一般为960kW，平均每千瓦拖带量约5.2t。

目前，5000吨级货船已成主力船型。伴随着公路、铁路运输网络的日臻完善，陆路交通对水路普通客运分流作用逐渐显现，普通客船作为交通运输工具已逐渐退出历史舞台。目前，从事长江干线运输的航运企业中，国有企业运力约占20%，民营企业运力约占80%。

（二）单位船产量逐年提高

三峡水库成库前，2002年重庆货运船舶单位船产量在15800(t·km)/DWT左右。三峡水库成库后，2008年重庆货运船舶单位船产量提高到25000(t·km)/DWT，2013年进一步提高到33600(t·km)/DWT，高于长江沿江七省二市8000(t·km)/DWT的平均水平，与2008年相比增长34%，与2002年相比增长110%。

（三）船舶平均单位能耗逐年下降

2002年，重庆货运船舶单位载重吨平均装机功率为0.63kW，货运船舶平均单位能耗为7.6kg/(kt·km)。成库后，随着航道条件改善，拖驳船队逐步退出市场，船舶大型化加快，船舶推进效率提高，船舶平均单位能耗逐年下降，如：民生轮船公司原882kW拖轮拖6艘800t驳船载货4800t，重庆—上海往返油耗量约60t。自航船载货5000t，重庆—上海往返油耗量约40t，油耗大幅降低。

成库后，重庆市船舶平均单位能耗由2002年的7.6kg/(kt·km)降到2013年的2kg/(kt·km)，降幅达73.7%；船舶单位平均载重吨装机功率由

2002年的0.63kW降到2013年的0.25kW，降幅达60%，达到国内较高水平。

（四）船舶每千载重吨配员数量逐年减少

三峡水库成库前，川江船队运输方式配置船员数量较高，如882kW拖轮和6艘800t驳船组成的船队在配置船员时，每艘驳船配置船员3人，拖船一般配置船员25人左右，一支船队总计需要配置船员一般为40～50人。三峡水库成库后，随着航道条件改善和船舶大型化、现代化，重庆船舶每千载重吨船员数量逐年减少。2002年重庆船舶每千载重吨配置船员为8～10人。2013年，重庆船舶每千载重吨配置船员仅为2～3人，与成库前相比，船员数量减少了2/3以上。

（五）船舶建造钢材消耗明显下降

三峡水库成库前，长江上游地区货运以拖轮和驳船组成的船队运输方式为主，船舶在建造过程中钢材使用量较高，如建造882kW拖轮和6艘800t驳船的船队的钢材用量分别为250t和1200t，总计1450t。

三峡水库成库后，航道条件的改善，为川江船舶大型化提供了保障，相同吨位级别的自航船与船队相比造船钢材用量更少，如建造882kW拖轮和6艘800t驳船的船队的钢材用量分别为250t和1200t，总计是1450t；而建造一艘5000吨级自航货船钢材用量约900t，钢材节约40%，大大降低了造船成本。同时，随着船舶修造工艺的提高和高强度钢的大量使用，船舶建造用钢大幅下降，不仅节约了船舶建造成本，而且在同等排水量情况下，船舶拖载能力显著提高，可有效降低船舶能耗。

（六）重庆船舶和船员在全长江具有特殊优势

长江航道分为A、B、C三个航区，船舶和船员分别对应不同的标准，大部分重庆籍船舶满足三个航区的技术要求，重庆籍船员拥有走通全长江三个航区的适航资质证书。重庆籍船舶、船员能走通长江全线，而长江中下游地区船舶、船员大部分不具备走通A、B、C三个航区的条件，这是重庆航运企业相对长江中下游地区企业的重要竞争优势和平均运距逐年提高的主要原因。

（七）船舶平均运距逐年提高

船舶平均运距逐年提高，得益于重庆籍船员及船舶拥有走通长江A、B、C三个航区的独特优势。近年来，重庆航运企业在长江干线市场份额逐步扩大，特别是长江干线武汉至宜宾约1600km范围内，省际货物运输量的70%左右由重庆航运企业完成。同时，随着长江下游地区与中上游地区之间物资交换需求的快速增长，长江上游地区水路运输在综合运输中的比重稳步上升，加之长江上游地区外向型经济的快速发展，重庆水路运输平均运距稳步增长，水路平均运距由 2002 年的 757km 提高至 2013 年的 1380km。

（八）港口劳动生产率稳步提高

三峡水库成库前，长江上游地区港口“小、散、乱”，港口机械化程度极低，港口劳动生产率人均年吞吐量仅为 1000t 左右。三峡水库成库后，长江上游地区相继建成以重庆主城寸滩、主城果园、万州江南、涪陵黄旗为代表的一批 5000 吨级大型化、专业化、机械化港口群，加快直立式码头、轨道式门式起重机、散货装卸作业线等新技术、新工艺的应用推广，大幅提高港口装卸效率。2013 年，长江上游地区港口劳动生产率人均年吞吐量约为 4000t，大型港口达到 8000t 左右。

（九）货物货种、流量、流向发生重大变化

川渝地区是我国和西部地区重要的资源密集区之一，矿产资源、能源资源等十分丰富。三峡水库成库前，川渝地区大量的煤炭、非金属矿石、矿建材料等大宗物资通过川江运输至长江中下游地区，为沿海加工贸易型产业的快速发展提供原材料保障，同时下游地区成品油、钢材、机械设备等物资溯江而上，为川渝地区经济社会发展提供支撑。总体上，该时期川渝及长江上游地区仍以资源输出为主，东南沿海地区对大宗生产性原材料的需求，为川江航运下水运输提供了充足货源，川江下行货运量约占 70%，上行货运量约占 30%，川江下水货运量远大于上水货运量。

三峡水库成库后，随着长江中上游地区工业化、城镇化以及承接东部地区产业转移进程加快，长江中上游地区逐步由原材料、初级产品的输出地变为吸纳地。货物流向发生重大变化，上水货运量增幅开始远大于下水货运量。2009 年，上水、下水货运量趋于平衡，上水货运量占 48%，下水货运量占 52%。之后，上水货运量比例继续增加，2013 年上水货运量占 62%。上水货运量持续增加可能成为长期趋势，详见表 3.3－1。

表 3.3－1　　2003—2013 年三峡船闸过闸货运量

年份	合计/万 t	上行/万 t	下行/万 t	年份	合计/万 t	上行/万 t	下行/万 t
2003	1377	448	929	2009	6089	2921	3168
2004	3431	1010	2421	2010	7880	3599	4281
2005	3291	1037	2255	2011	10033	5534	4499
2006	3939	1371	2568	2012	8611	5345	3266
2007	4686	1696	2990	2013	9707	6029	3678
2008	5370	2112	3259				

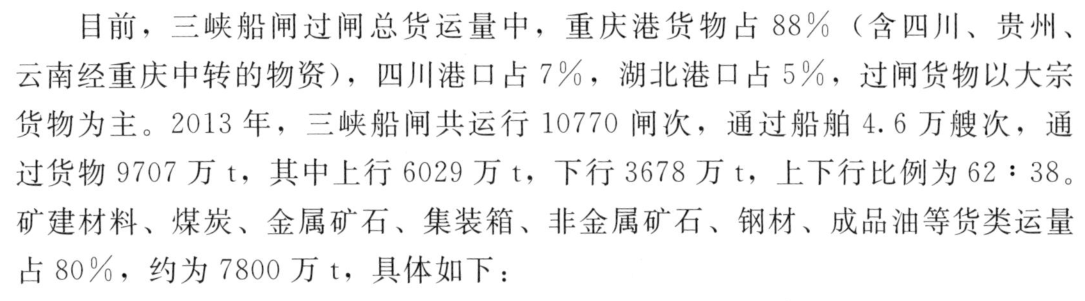

目前，三峡船闸过闸总货运量中，重庆港货物占88%（含四川、贵州、云南经重庆中转的物资），四川港口占7%，湖北港口占5%，过闸货物以大宗货物为主。2013年，三峡船闸共运行10770闸次，通过船舶4.6万艘次，通过货物9707万t，其中上行6029万t，下行3678万t，上下行比例为62∶38。矿建材料、煤炭、金属矿石、集装箱、非金属矿石、钢材、成品油等货类运量占80%，约为7800万t，具体如下：

（1）矿建材料2560万t，占过闸货物总量的26.4%，由原来的主要下水演变为由湖北、湖南港口运至重庆为主。

（2）煤炭1200万t，占过闸货物总量的12.4%，由单一的川渝地区运往长江中下游地区，演变为上下水皆有，且上水煤炭制品比例已上升至30%。

（3）金属矿石1070万t，占过闸货物总量的11%，上水主要为进口铁矿石至重庆；下水主要为锰矿、铝土矿等，由四川运至中下游地区。

（4）集装箱990万t，占过闸货物总量的10.2%，主要为川渝地区内外贸物资，通过中下游港口进行物资交换，上下行基本保持平衡。

（5）非金属矿石935万t，占过闸货物总量的9.6%，下水主要为元明粉、磷矿、硫黄等，由万州、宜宾、乐山等港运至江苏各港；上水主要为石英砂、陶瓷土等，由江苏各港运至万州、主城等，上下水比例约为1∶2。

（6）钢材790万t，占过闸货物总量的8.1%，下水以重钢船板、线棒材为主，由长寿运至江苏各港；上水以宝钢、马钢等钢厂汽车板为主，由上海及江苏港口运至重庆，上下水比例约为2∶1。

（7）成品油300万t，占过闸货物总量的3.1%，主要由上海及江苏港口运至重庆。

（十）重庆港的枢纽地位和作用更加明显

三峡成库前，长江上游地区铁路、公路、水路等各种运输方式，没有形成有效衔接，港口集疏运通道体系薄弱，陆路运输方式对水运发展促进作用有限。2002年，重庆水路货运量占综合交通运输比重保持在6%左右，且低于同期铁路货运量占综合交通比重10%的平均水平；水路货物周转量保持在35%左右，低于同期铁路货物周转量占综合交通比重45%的平均水平；水路运输平均运距在720km左右，略高于铁路平均运距550km。

三峡成库后，随着重庆“二环八射”、2017年形成“三环十一射三联线十八出口”高速公路网发展战略的提出，重庆高速公路网建设快速推进，与周边省市通达性和便利性迅速提高，加上主城九龙坡，江津猫儿沱、兰家沱等铁路、公路、水路多式联运港口的投用，各种运输方式分工协作局面已初步形成，重庆港口与物流资源腹地也得以有效延伸，重庆港逐步成为长江上游地区最大的集装箱集并港、大宗散货中转港、滚装汽车运输港、长江三峡旅游集散地以及邮轮母港。

周边省市中转量占重庆港货物吞吐量的比重由2002年的15%提高至2013年的40%以上，重庆水路货物周转量占综合运输比重由2002年的36%提高至2013年的66%，水路平均运距由2002年的757km提高至2013年的1380km。

（十一）航运已成为重庆外贸运输的主通道

重庆是长江上游唯一拥有水运一类口岸、全国内陆首个保税港区、全国内陆首个国家级新区的地区。得益于黄金水道的运输优势，水运已成重庆外贸物资的出海主通道。2013年，重庆外贸进出口总额687亿美元，通过水路运输完成的外贸货物价值375亿美元，占重庆外贸进出口总额的55%；重庆外贸货物运输量1000万t，水运完成970万t，占重庆外贸货物运输量的97%，为重庆外贸进出口作了突出贡献。

四、长江上游航运仍然存在的主要问题和矛盾

（一）三峡船闸通过能力不足问题日益显现

三峡工程2003年蓄水通航，到目前基本完成建设，防洪、发电、航运等综合效益开始全面显现。三峡成库极大地改善了长江上游航运条件，长江上游航运业进入快速发展期，为加快成渝经济区产业发展、推进西部大开发战略发挥了重要作用，航运发展速度远超预期。2013年三峡断面货物通过量达到10723万t，是2002年1803万t的5.95倍，年均增长17.6%。

当前，为促进区域协调发展和对内对外开放，国家提出依托长江黄金水道打造长江经济带的发展战略，长江航运将迎来新一轮发展高峰期。但是，三峡船闸通过能力不足将对长江上游地区的综合运输格局、产业发展布局和区域经济社会发展产生重大影响，迫切需要研究应对措施。

（1）三峡大坝断面实际通过量快速增长，2011年突破设计能力1亿t，提前19年达到设计通过能力。

2003年6月以来，三峡大坝开始蓄水，分步实现了135m、156m、175m蓄水运行，长江上游航道条件得到了极大改善。在长江上游地区经济特别是重庆经济快速增长的带动下，三峡断面货物通过量快速增长。2011年，三峡船闸货物通过量突破设计能力1亿t，其中上水5500万t，超设计通过能力10%，提前19年达到设计通过能力，三峡断面货物通过量10997万t。2012年，受三峡船闸检修、洪水禁航约3个月影响，三峡船闸货物通过量减少至

8611万t，其中上水5345万t，超设计通过能力7%，三峡断面货物通过量减少至9489万t。2013年，三峡船闸货物通过量9707万t，其中上水6029万t，超设计通过能力20%，三峡断面货物通过量10723万t。2002—2013年12年间，三峡断面货物通过量由1803万t增加至10723万t，年均增长17.6%。

货物上下行比例发生重大变化。三峡成库前，长江上游航运上行货运量约占30%，下行货运量约占70%。三峡成库后，货物流向发生重大变化，上水货运量增幅开始远大于下水货运量。2009年，上水、下水货运量趋于平衡，上水货运量占48%，下水货运量占52%。之后，上水货运量比例继续增加，2013年上水货运量占62%。

（2）过闸船舶拥堵已成常态，过闸船舶上下水平均待闸时间为1～2d。

1）三峡坝区船舶拥堵已成常态。2013年三峡船闸正常运行下，过闸船舶平均待闸时间为1～2d。如遇船闸检修，待闸时间还将增加。目前，平均待闸船舶为每天200多艘。

2）船闸拥堵对航运企业的影响。船舶每个往返航次时间增加2～4d，按每艘5000吨级船舶待闸一天损失约1万元测算，航运企业每个往返航次将损失2万～4万元。

3）船闸拥堵对工矿企业的影响。船闸拥堵造成生产物资不能按时运达，影响工矿企业生产组织。如2012年三峡船闸检修期间，涪陵蓬威石化停产20d，重庆钢铁矿石、重庆机场航空燃油库存仅余7d的用量。

4）船闸拥堵对社会稳定的影响。船闸拥堵造成大量船舶和船员滞留在三峡坝区，易因船舶积压而发生火灾等安全事故，影响三峡坝区社会稳定和安全。如在2012年三峡船闸检修期间，积压船舶最多达到941艘，船舶最长待闸时间超过1个月。

（3）要想从根本上解决三峡船闸通过能力问题，必须在三峡坝区建设新的过闸通道，并同步推进葛洲坝船闸扩能、三峡大坝和葛洲坝两坝间航道整治，整体提高三峡枢纽通航能力。

三峡船闸新通道建设从论证、立项到最终形成新的通航能力，至少需要十年时间。为适应长江上游地区经济发展需要，在新通道建成之前，采取现有船闸挖潜（优化管理、推广三峡船型、提高船舶实载率、限制客船过闸、提高过闸船舶吨位限制门槛、合理利用升船机、科学合理制定过闸船舶吃水标准等）和建设沿江铁路分流，阶段性解决三峡船闸拥堵问题。

（二）铁路、公路、水路综合集疏运体系不够完善

目前，长江上游枢纽型港口及其综合集疏运体系仍处在建设阶段，铁路、

公路、水路联运尚未有效衔接，以港口为核心的物流链尚未形成。

(1) 近年来，高速公路网的形成推动了长江航运的高速发展，下一步长江航运辐射半径的扩大和发展取决于铁路网的完善和健全，综合运输体系有待进一步加快发展。

(2) 铁路、公路、水路、航空等运输方式形成了不同的运行规则、不同的网络格局、不同的价格机制、不同的信息系统，综合运输的组合优势没有充分发挥。

(3) 覆盖铁路、公路、水路、航空等多种运输方式的综合信息系统尚未形成，加强整合和建设迫在眉睫。

(4) 目前重庆市具有铁路、水路联运功能的枢纽型港口数量少，吞吐能力较小，缺乏具有铁路、公路、水路综合运输优势的大型枢纽型港口。

(三) 水运结构调整需要进一步加快，服务体系和服务能力有待完善和提升

加快建设长江上游综合交通枢纽，客观要求多种运输方式相协调，形成有机整体。重庆内河水运作为建设长江上游综合交通枢纽的一部分，重庆已被国家定位为长江上游航运中心。但重庆地处内陆，与成熟的国际航运中心相比，在诸多方面仍存在较大的差距，需要借鉴国内外航运中心发展经验，结合自身实际，发挥比较优势，积极推进水运结构调整。

当前，长江航运已经到了新的转型时期，经济发展对水路运输的需求已由“数量增长”转变到“质量提升”，重庆航运需要进一步完善航运服务体系建设，增强航运金融、航运保险、战略研究、交易结算、人才培养等服务能力。

(四) 长江干线重庆以上航道等级偏低，长江上游航道整体通行能力有待提升

在20世纪90年代以前，宜宾至重庆河段陆续进行了兰叙段一期、二期航道整治工程等，一定程度上改善了航道条件。进入“十一五”时期，国家对长江干线航道建设的投入力度明显加大，长江上游先后实施了宜宾至泸州、泸州至重庆段Ⅲ级航道整治工程，宜宾至重庆河段达到Ⅲ级航道标准，历史性地实现了昼夜通航，促进了航运和地方经济的发展。但近年来，随着地方经济和航运业的发展，对航道条件提出了更高要求。目前，宜宾至重庆河段航道等级偏低，制约了长江上游航道整体通行能力的发挥。主要原因如下：

一是叙渝段Ⅲ级航道标准已难以满足长江经济带建设和发展的需要。近年来，长江流域经济快速发展对水路运输需求不断扩大，随着长江三峡库区船型

标准化工作的推进，长江干线船舶总体呈现大型化、标准化的发展态势，在重庆以上航道营运船舶一般都在3000吨级以上，需要提高航道等级标准，以降低运输成本，充分发挥长江上游水运潜力。

二是叙渝段航道内存在弯、窄、浅、险、急等碍航滩险，船舶航行安全难以保障。据近年来海事事故统计分析，发生水上交通事故多在水流条件较差的弯、窄、浅、险、急滩险河段，如该河段的东溪口、瓦窑滩、风簸碛、筲箕背等。

三是叙渝段航道内单线航道较多，有效航宽较小，影响河段的货运通过能力。叙渝段航道弯曲狭窄，水流湍急、紊乱，通航条件差。在多数滩险河段枯水期船舶只能单向通行，另还有不能通视河段需进行指挥控制，单向通行方能保证通行安全。这样的控制河段有14处，控制河段总长约20.2km。通过前期研究，部分单向通航河段可以采取工程措施实现双向通行，以提高货运通过能力和缩短运输时间。

五、长江上游航运发展预测

（一）长江上游地区三峡过闸货运量需求分析

“十一五”时期以来，在区域经济快速发展的拉动下，长江上游地区三省一市航运量呈现快速增长态势，2012年达到2.1亿t。受经济结构调整、节能环保等宏观经济趋势影响，“十二五”时期，长江上游地区GDP增速将有所放缓，但仍高于全国平均水平，预计维持在12%左右。预测在2030年前，三峡过闸货运需求总体上将保持增长。

（1）工业化运输需求。今后十几年，长江上游地区总体上仍将处于工业化中期阶段，传统工业、重化工业以及制造业仍将占较大比重，大宗物资运输需求大，对水运依赖度高。随着西部地区承接东部地区产业转移进程加快，长江上游地区工业比重将持续上升，长江中上游地区原材料、初级产品需求将进一步增加。

（2）城镇化运输需求。2013年，长江上游地区城镇化率在43%左右，要达到发达地区60%～70%的城镇化率，以每年提高1%的速度，至少需要20年的进程。

（3）交通枢纽运输需求。随着重庆与周边省市高速公路网的不断完善，重庆至兰州、西安、昆明等地铁路网络的加快形成，以及金沙江、嘉陵江、乌江等渠化后“干支联动”水运网的不断延伸，将进一步扩大重庆航运的辐射和服务范围，吸引四川、贵州、云南、陕西等地区大宗物资到重庆中转。

在长江上游地区工业化和城镇化，以及交通枢纽中转量增长的带动下，未来20年三峡过闸货运需求将持续增长。

（二）船舶发展趋势

优化运力结构，大力推进船舶运力标准化、大型化、现代化，建成技术先进、绿色环保的现代化船队体系，全面提升运力的整体利用率。

（1）加快淘汰技术落后的干散货运船舶，适度发展标准化、大型化、专业化船舶运力。遵循市场和基础设施条件相协调的原则，引导集装箱、商品汽车滚装船舶运力适度发展。按照国家对水运市场准入的调控政策，合理控制危险品、重载汽车滚装、旅游客运船舶运力发展，加速淘汰老旧客船。

（2）目前，三峡船型（长125～130m，宽16.2m）已纳入《长江水系过闸运输船舶标准船型主尺度系列》。随着3000吨级以下干散货船舶、144TEU集装箱船舶等小吨位船舶逐步退出运输市场，为最大限度利用三峡船闸闸室面积，提升三峡船闸通过能力，三峡船型将会成为三峡库区未来船舶发展的主力船型。

（3）开展先进示范船推广，引导先进、高效、节能、环保的新船型发展，重点加快推广“LNG动力船”等示范船。开展船舶技术性能、运输效率与安全、环保性能与新工艺的基础性和前瞻性技术研究，加快“一顶一万吨级船队”“江海直达船型”研究。

（三）港口建设发展趋势

优化货运港口结构，推动客运港口转型，建成规模适度、布局合理、功能齐全的现代化港口体系，全面提升港口服务水平。

（1）优化货运港口结构。合理适度调控各类型港口规模和建设时序。对符合条件的长江深水岸线限制新建3000吨级以下泊位，优先鼓励5000吨级泊位，原则上长江综合性码头年通过能力不低于300万t，嘉陵江、乌江综合性码头年通过能力不低于150万t。除重庆港总体规划中列明的重点集装箱码头外，五年内原则上不再新建集装箱码头，鼓励现有的多用途码头向以装卸件杂货为主转型。加大干散货码头由小、散、弱向大型化专业化方向转型，合理布局建设一批大宗散货作业区。优先加快发展专业化的危险品码头，进一步规范危险品码头装卸作业。适当控制商品汽车滚装码头规模，严格控制审批新建载货汽车滚装码头。

（2）推动客运港口转型。重点推进邮轮母港码头建设及朝天门客运码头改造，加快改造涪陵蔺市、涪陵白鹤梁、丰都名山、石柱西沱、忠县石宝寨、万州瀼渡、万州鞍子坝、云阳张飞庙、奉节宝塔坪、巫山龙门等10个邮轮停靠点，适应大型豪华邮轮靠泊需要。逐步实现普通客运码头向旅游客运码头转型、经济型游船码头向豪华邮轮码头转型。

（3）修建游船码头。随着普通客运向旅游客运的快速发展，现有旅游码头不能适应现代旅游发展的需要。应修建一批适合游船停靠和接待游客的专用旅游码头和接待设施以及为游船提供各种补给的专用设施，并与景区进行有机结合。

（4）优化功能布局。按照重庆五大功能区发展战略，合理调整港口功能布局，加快主城九龙坡、涪陵糠壳湾等城区货运港口改造和退出，加快推进港口锚地等配套设施建设，加快重点港口作业区集疏运体系建设，促进铁路、公路、水路多方式联运，促进港口与运输、物流的融合，提高服务能力。

六、提升长江航运整体通过能力的对策及建议

改革开放以来，长江航运实现了跨越式发展，为沿江省市经济社会快速发展提供了运输保障。2013 年长江干线货运量 19.2 亿 t，位居全球内河第一，分别为美国密西西比河和欧洲莱茵河的 4 倍和 10 倍。但是，长江干线港口间的内河货运量约为 5 亿 t，长江航运的巨大运输潜力还没有得到充分发挥。同时，三峡船闸货物通过量已经达到设计能力，三峡船闸通过能力不足已日益成为长江上游地区航运发展的瓶颈，对长江中上游地区综合运输格局、产业发展布局和区域经济社会发展将带来不利影响。为进一步加快提升长江航运整体通过能力，建议如下。

1. 加快三峡过闸新通道前期工作进程，及早启动建设工作，从根本上解决三峡船闸通过能力问题

目前，三峡船闸过闸船舶的拥堵现象已经显现，采取有效的挖潜措施，可以进一步增加三峡坝区的通过能力，减轻过闸船舶的拥堵程度，但从航运发展需求看，三峡船闸出现严重拥堵将不可避免。从根本上解决三峡船闸通过能力问题，必须建设新的过闸通道。因此，建议国家加快三峡过闸新通道前期工作进程，及早启动建设，并通盘考虑葛洲坝扩能、三峡大坝至葛洲坝两坝间航道整治问题。

2. 大力推广三峡船型，提高三峡船闸整体通过能力

从 2003 年开始，交通运输部陆续公布《川江及三峡库区运输船舶标准船型主尺度系列》等一系列公告，川江及三峡库区过闸船舶标准化、大型化趋势明显，有力地提高了三峡船闸过闸能力。2012 年 12 月，交通运输部公布了《长江水系过闸运输船舶标准船型主尺度系列》，将与三峡船闸尺度匹配良好，

主尺度为（125～130）m×16.2m（总长×型宽）的三峡船型纳入主尺度系列，自2013年4月1日起施行。

三峡船型具有较好的技术经济性能，可有效提高三峡船闸通过能力，4艘同类型船舶一次性过闸，闸室面积利用率可达到88.5%，一次过闸船舶额定吨位最大可达2.4万t。根据长江水运市场未来发展与新船型发展特点，2015年以前，是三峡船型推广建造阶段，使用比例较低，船闸扩能主要依赖拆解非标旧船，提高过闸平均定额吨位来实现。2015年以后，三峡船型优势得到发挥，逐步被市场接受，将大量推广使用。

目前，三峡库区2004版标准化船舶数量比例达50%，运力比例达70%，而这批船的船宽大部分在16.2m以上，不利于三峡船闸闸室面积利用。但这批船的船龄只有6～8年，远未达到淘汰年限。在此基础上推进三峡船型，只能是一个渐进过程。如果三峡船型按每年建造50艘、约30万DWT推进，2017年后三峡船型比重可达到总运力的25%左右。因此，2017年前后三峡船型可提高三峡船闸通过能力1500万t。

3. 尽快规划和建设长江沿江铁路，以缓解三峡船闸通过能力不足问题

在三峡新通道建成之前，可考虑新建重庆到武汉沿江货运铁路专线，引导高附加值和时效要求较强的货物从水运向铁路分流，缓解三峡断面货运需求压力。

通过对铁路、公路、水路三种运输方式的运输效益、合理运输半径进行分析，公路运输成本高，不适合大件货物和长距离货物运输，与水路运输基本不构成替代关系，铁路与水运有一定替代关系，但仅限于附加值和时效要求较高的货类，低附加值大宗物资对水运需求基本是刚性的，难以有效分流。

目前，西南和长江上游地区现有铁路货运能力已基本饱和，如渝宜铁路以客运为主，货运通过能力有限，不能满足三峡船闸拥堵后的高附加值和时效要求较强的物资分流需求。因此，建议国家加快建设重庆到武汉沿江货运铁路专线，每年可引导高附加值和时效要求较强的货物约3000万t从水运向铁路分流，以阶段性缓解三峡船闸通过能力不足问题。

但是，目前铁路运价远高于水路运价，铁路分流解决了货物运输问题，但物流成本会明显上升，按照目前铁路和水运运价测算，从重庆到华东地区，每吨货物通过铁路运输将比长江水运增加约200元运费。

七、对通过翻坝运输解决三峡船闸通过能力不足问题的看法

翻坝运输只适宜于载货汽车滚装。集装箱、干散货等其他货种采用翻坝运输将大幅度增加综合物流费用和运输时间，对三峡坝区生态环境产生重大影

响，不宜推行。

1. 载货汽车滚装翻坝运输（“水转陆”）可引导和鼓励发展

载货汽车滚装翻坝运输（“水转陆”），是指载货汽车乘船到达坝区后驶离船舶，再利用相关公路转运，是三峡成库以后发展起来的新型运输方式。目前，载货汽车滚装运输每年运输量约30万辆次、载货量约1000万t，约占目前三峡过坝货运量的10%，保持平稳增长态势，对缓解三峡船闸通过能力不足起到了一定的分流作用。因此，可通过开放三峡坝区公路和减免翻坝高速公路通行费等措施，引导和鼓励发展载货汽车滚装翻坝运输。

2. “水—陆—水”翻坝运输将大幅增加综合物流费用和运输时间，对三峡坝区生态环境产生重大影响，不宜推行

“水—陆—水”翻坝运输，是指船舶运输货物到达大坝上/下游码头后卸载，使用公路/铁路运至大坝下/上游码头，再装载到另一条船舶上运至目的港，实现“水—陆—水”联运。“水—陆—水”翻坝运输将大幅增加综合物流费用和运输时间，并对道路安全和生态环境产生重大影响，集装箱、干散货等货物均不宜通过翻坝转运。

（1）从运输成本分析，重庆至上海集装箱运价仅为1500元/TEU左右，干散货运价仅为40元/t左右，商品汽车滚装运价为450元/车左右。若翻坝转运，综合物流费用集装箱将增加1400元/TEU，干散货将增加75元/t，商品汽车滚装运价将增加300元/车，增幅1倍左右。

（2）从运输时间分析，由于翻坝转运将增加货物在上、下游码头二次装卸和两坝间的道路运输等物流环节，货物转运时间将至少增加5d以上。

（3）从环境保护分析，以全年通过翻坝转运货物5000万t测算，每天需5000辆次货车翻坝转运，产生的扬尘、污染排放等将使长江三峡坝区生态环境恶化。

附件：

专题组成员名单

组　长：何升平　重庆市交通运输委员会，原副主任，重庆市政府参事，高级工程师

成　员：蒋江松　中铁长江交通设计集团有限公司（原重庆市交通规划勘察设计院），教授级高级工程师

詹永渝　中铁长江交通设计集团有限公司（原重庆市交通规划勘察设计院），高级工程师

谈建平　中铁长江交通设计集团有限公司（原重庆市交通规划勘察设计院），高级经济师

朱利辉　重庆航运交易所，高级统计师

刘建国　中铁长江交通设计集团有限公司（原重庆市交通规划勘察设计院），教授级高级工程师

黄昌顿　中铁长江交通设计集团有限公司（原重庆市交通规划勘察设计院），高级工程师

陈永忠　重庆市交通局，高级工程师

杨大伦　重庆市船舶检验中心，高级工程师

李　灼　重庆市交通局，高级工程师

陈晓翔　重庆市港航和海事事务中心，高级工程师

张　熙　重庆航运交易所，工程师

闫　睿　重庆航运交易所，工程师

专 题 四

三峡工程对下游湖北段航运发展的影响和评估

长江三峡工程自2003年6月蓄水至135m（吴淞高程，下同）、三峡船闸开始试运行，至2013年年底，三峡工程运行的十年是长江沿江腹地经济持续稳定增长的时期，也是长江中下游航道整治工程经历了从启动到全面系统实施的阶段，长江中下游河段的航运实现了快速发展。

一、货运量发展情况

（一）货运量与港口吞吐量

1. 长江干线

（1）货运量。

1）三峡水库成库前。三峡水库蓄水前，长江干线1990年客、货运量分别为6750万人次、1.91亿t，1995年客、货运量分别为4150万人次、2.26亿t，2000年客、货运量分别为1550万人次、2.76亿t，2002年完成货运量为3.0亿t。其中煤炭、石油及其制品、金属矿石、矿建材料等四大货类占主导地位，完成量占总量的77%左右，详见表4.1-1。

表4.1-1　　三峡水库成库前长江干线客货运量表

项　目	1990年	1995年	"八五"时期年均增速/%	2000年	"九五"时期年均增速/%
客运量/万人次	6750	4150	−10.2	1550	−21.7
货运量/亿t	1.91	2.26	3.4	2.76	4.1

续表

项　目		1990 年	1995 年	“八五”时期年均增速/%	2000 年	“九五”时期年均增速/%
其中	煤炭/万 t	3920	4850	4.3	5650	3.1
	石油及其制品/万 t	2530	2860	2.5	3550	4.4
	金属矿石/万 t	1300	1680	5.3	1960	3.1
	矿建材料/万 t	5200	7250	6.9	8550	3.3
	非金属矿石/万 t	920	1310	7.3	1490	2.6
	集装箱/万 TEU	10.6	39.5	29.9	77.0	14.3
货运周转量/(亿 t·km)		645	790	4.3	1090	6.6

总体上看，长江客运呈逐年下滑之势，除重庆河段和三峡库区客运仍保持稳定外，干线中下游客运量下滑趋势十分明显。大宗散货运输稳步增长，长江航运的优势得到进一步发挥。主要货类仍为煤炭、石油及其制品、金属矿石和矿建材料，货运量保持稳定增长；集装箱及外贸运输继续保持快速增长，汽车滚装等新型运输方式出现并得到发展。液体化工产品、LPG 等货种的运输成为干线航运新的增长点。江海直达、干支运输发展迅速，长江干线大通道作用明显，南京以下货运量约占干线货运总量的 66%，其中江海运量约占干线总运量的 30%。

2）三峡水库成库后。三峡水库 2003 年蓄水后，随着航道条件的改善，长江干线货运量保持了持续快速增长，2005 年达到 7.95 亿 t，是当年美国密西西比河运量的 1.6 倍、欧洲莱茵河运量的 2.3 倍，长江干线已成为世界上运量最大、运输最繁忙的通航河流。从开始蓄水的 2003 年算起，长江干线货运量年均递增 19.6%，2013 年更是达到 19.2 亿 t，再次刷新世界内河航运纪录，其中江海运量为 11.05 亿 t，占总量的比重达到了 57.6%。煤炭、石油及其制品、金属矿石、矿建材料、非金属矿石等五大货类仍占主导地位，完成量 12.84 亿 t，占总量的 66.9%左右。

三峡水库蓄水后，长江干线货运量呈现出上、中、下游全线快速发展的势头，江海运输量迅猛增长；集装箱运输量快速增长，长江干线集装箱成为仅次于煤炭的第二大货类；大宗干散货仍然是长江干线主要运输货种，主体地位突出；随着三峡水库的蓄水，库区航道条件显著改善，载货汽车滚装运输从无到有、发展迅速。

近几年，受宏观经济一系列因素影响，长江干线货物运输量增速有所放慢，2011 年同比增长 10.5%，2012 年同比增长 8.4%，2013 年同比增长

6.7%。目前，长江干线货运量仍占全国内河货运量的60%，承担了沿江地区85%的煤炭和铁矿石、83%的石油、87%的外贸产品货运量。随着中国新一轮改革启动、依托长江黄金水道推动长江经济带发展和“一带一路”倡议等相继实施，长江航运正处于多重重大机遇相互叠加的“钻石机遇期”，必将得到高速发展。

三峡水库成库前、后长江干线货运量统计见表4.1-2。

表4.1-2　　三峡水库成库前、后长江干线货运量统计表

年　份	2000	2001	2002	2003	2004	2005	2006
货运量/亿t	2.76	2.82	3.00	3.20	3.90	7.95	9.90
年　份	2007	2008	2009	2010	2011	2012	2013
货运量/亿t	11.3	12.2	13.3	15.02	16.6	18.0	19.2

注　1. 长江干线货运量由长江干线内部货运量、干支直达货运量、支干支直达货运量和江海直达货运量几个部分组成。
2. 长江干线货运量统计不包括上海、浙江。

（2）港口吞吐量。

1）三峡水库成库前。三峡水库蓄水前，长江干线港口完成货物吞吐量2000年为2.27亿t，十年年均增长4.9%，其中外贸货物吞吐量由1990年的761.4万t增长到2000年的3152万t，年均增长15.3%。长江干线港口完成货物吞吐量占水系的总量的比重由1990年的37.2%上升到2000年的41.1%。吞吐量在5000万t以上港口有南京港，达7841.4万t，居内河港口第一；1000万t以上的港口有武汉港、镇江港、南通港和张家港港等。13个主枢纽港口完成的货物吞吐量占长江干流30个主要港口吞吐总量的74.4%，初步形成了煤炭、石油、矿石等主要货种运输系统和集装箱、汽车滚装运输系统，基本满足了流域经济发展的要求。

2）三峡水库成库后。三峡水库蓄水后，在长江沿江腹地经济旺盛的运输需求带动和长江干线航道条件改善的情况下，长江沿线港口吞吐量保持了稳步增长的态势，从开始蓄水的2003年算起，年均递增16.1%。2013年完成港口吞吐量达到21.4亿t，外贸货物吞吐量2.6亿t，集装箱吞吐量1405.1万TEU。上、中、下游三个港区吞吐量占干线港口吞吐量的比重量为7.3∶28.3∶64.4。

“十五”时期，长江干线港口吞吐量以年均21%的速度增长，2010年迈上了15.4亿t的新台阶，是建库前2002年的5倍以上，港口行业在保障长江流域国民经济和对外贸易快速发展方面发挥了重要作用。依托长江港口建设物流园区、保税区、高新技术产业区、经济开发区成为港口和区域新的经济增长点。长江港口在传统的装卸、转运业务基础上向包装、加工、仓储、配送、提供信息服务等高附加值综合物流功能延伸。随着长江港口码头功能的日臻完

善，长江港口接卸的货种也不断拓展，除传统矿石、煤炭、石油等大宗物资外，集装箱、液体化工品、散装水泥及粮食、滚装运输等发展迅速，已初步形成了系统配套、能力充分、物流成本较低的五大港口运输系统：①由南京以下长江港口为中转港，提供长江沿线大型钢铁企业的专用卸船码头和公用卸船设施组成的铁矿石运输系统；②以海进江以及长江“三口一枝”为主的煤炭中转港，提供长江沿线大型钢厂、发电企业专用卸船码头和公用卸船设施组成的煤炭运输系统；③依托长江沿线石化企业，提供专业化装卸石油及制品的油品运输系统；④以上海、南京、太仓等干线港为主，加上其他长江支线和喂给港一起组成的集装箱运输系统；⑤以重庆港、宜昌港为主要输入、输出中转港的滚装运输及物流系统。

“十二五”时期，随着长江水运发展正式上升为国家战略，长江干线航道、港口建设全面提速，港口建设迎来一个战略机遇期，但受宏观经济一系列因素影响，长江干线港口货物吞吐量、外贸货物吞吐量、集装箱吞吐量增速均有所放慢，港口货物吞吐量 2011 年同比增长 15.3%，2012 年同比增长 11%，2013 年同比增长 8.4%。

长江涌现出一批骨干港口，其中规模以上港口货物吞吐量已达 18.6 亿 t，2012 年亿吨大港已达 10 个，新增岳阳港。10 个亿吨大港为：张家港港、太仓港、南通港、江阴港、泰州港、镇江港、南京港、武汉新港、重庆港和岳阳港。

2013 年长江干线港口吞吐量（分省市）统计详见表 4.1－3，三峡水库建库前、后长江干线港口吞吐量统计见表 4.1－4。

表 4.1－3　　2013 年长江干线港口吞吐量（分省市）统计表

省（直辖市）	货物吞吐量/万 t		集装箱吞吐量			商品汽车滚装量/万辆	载货汽车滚装量/万 t	旅客吞吐量/万人
	总计	其中：外贸货物	集装箱数/万 TEU	重量/万 t				
				总计	其中：货重			
总计	213562.2	26358.1	1405.1	16349.43	13280.2	72.6	58.4	854.6
云南省	344.6							59.3
四川省	3180.7	48.1	26.2	279.3	229.2			
重庆市	12058.6	448.0	90.6	1040.8	852.9	33.7	29.6	630.2
湖北省	22821.2	1090.2	107.3	1573.8	1149.0	27.4	28.8	138.6
湖南省	3547.9	218.5	20.0	260.63	220.4			8.8
江西省	6029.8	187.0	19.5	239.7	201.0			17.7
安徽省	28079.1	327.7	42.6	328.6	243.4	7.4		
江苏省	137500.3	24038.6	1098.9	12626.6	10384.3	4.1		

注　统计范围为辖区在长江干线上的港区。

表 4.1-4　三峡水库建库前、后长江干线港口吞吐量统计表

年　份	2000	2001	2002	2003	2004	2005	2006
吞吐量/亿 t	2.27	2.29	3.07	4.81	6.83	7.96	8.90
年　份	2007	2008	2009	2010	2011	2012	2013
吞吐量/亿 t	10.72	11.30	12.72	15.40	17.70	19.71	21.40

注　港口吞吐量统计范围为辖区在长江干线上的港区，不含上海。

2. 湖北省

（1）货运量。湖北省内河货运量主要集中在长江、汉江、清江及江汉航线（内荆河、螺山干渠）、汉北河、大富水、巴河、浠水、蕲水、陆水、滠水、府河、松虎河、唐白河等骨干河流，其中长江湖北段的水运量在全省内河运输量中的比例，目前要占到94%左右。

三峡水库蓄水前十年，湖北省内河水运量发展总体呈波动并略有增长的态势。2002 年全省水运量达到 5630.1 万 t，水运周转量达到 313.6 亿 t·km，相比 1993 年，年均分别增长 1.9%和 4.3%，详见表 4.1-5。

表 4.1-5　三峡水库蓄水前湖北省内河水运量及水运周转量增长情况统计

年　份	1993	1994	1995	1996	1997	1998	1999	2000	2001	2002
水运量/万 t	4743.5	4453.5	6543.3	5768.6	5675.4	4878.7	4830	5634.3	5361.1	5630.1
水运周转量/(亿 t·km)	215.3	209.3	220.5	211.6	210.2	187.6	182.1	242.7	192.6	313.6
平均运距/km	454	470	337	367	370	385	377	431	359	557

三峡水库蓄水后，随着长江中游、汉江和江汉平原航道网等航道条件的逐步改善，湖北省内河水运量和周转量呈快速递增之势。2013 年全省水运量达到 24408 万 t，水运周转量达到 1791 亿 t·km，相比 2002 年，年均增长 14.2%和 17.1%，发展速度明显快于三峡水库蓄水前十年，详见表 4.1-6。

表 4.1-6　三峡水库蓄水后湖北省内河水运量及水运周转量增长情况统计

年　份	2003	2004	2005	2006	2007	2008	2009	2010	2011	2012	2013
水运量/万 t	6194	7258	7943	8243	9028	12700	13300	16000	17700	19927	24408
水运周转量/（亿 t·km)	377.0	461.1	443.2	438.0	458.0	810.0	845.0	1145	1579	1957	1791
平均运距/km	609	635	558	531	507	638	635	716	892	983	734

(2) 港口吞吐量。三峡水库蓄水前十年，湖北省港口吞吐量发展总体呈波浪式轻微上升状态。2002 年达到 8069 万 t，相比 1993 年，年均增长 1.8%。集装箱运输自 1998 年起步，2002 年达到 9.01 万 TEU，年均增长达到 46.5%，但总量很低，换算成外贸货物，2002 年刚刚超过 100 万 t。三峡库区滚装运输兴起，见表 4.1-7。

表 4.1-7　三峡水库蓄水前湖北省内河港口吞吐量增长情况统计

年　份	1993	1994	1995	1996	1997	1998	1999	2000	2001	2002
港口吞吐量/万 t	6849.3	6809.8	7228.2	6967	6063.7	5482.3	6058.6	6613.6	7443.4	8069
集装箱吞吐量/万 TEU						1.95	3.26	4.45	5.87	9.01
三峡区间滚装运输量/万辆									6.23	7.28
商品车滚装运输量/万辆									0.8	

三峡水库蓄水后，湖北省内河港口吞吐量呈明显递增之势。2013 年全省内河港口吞吐量达到 26219 万 t，相比 2002 年，年均增长 11.3%；集装箱港口吞吐量近十年保持了年均增长 10 万 TEU 的水平，2013 年达到 107.0 万 TEU，相比 2002 年，年均增长 25.25%，对应的外贸货物港口吞吐量年均增长 23.5%，与重庆等长江上游地区保持了大致相同的发展水平；三峡库区的滚装运输在 2008 年达到高峰，2002—2008 年间年均增长 34%，自 2010 年进入平稳波动阶段，年运输量维持在 25 万～29 万辆，见表 4.1-8。

表 4.1-8　三峡水库蓄水后湖北省内河港口吞吐量增长情况统计

年　份	2003	2004	2005	2006	2007	2008	2009	2010	2011	2012	2013
港口吞吐量/万 t	8468	11659	13992	14556.7	15442	15700	16672	18782.9	21662.9	23518.3	26219
集装箱吞吐量/万 TEU	12.6	18.6	27.68	41.91	48.96	58.7	67.52	77.16	86.2	95.0	107.0
三峡区间滚装运输量/万辆	16.68	28.57	29.94	31.54	38.81	42.22	37.58	26.1	27.8	25.53	28.81
商品车滚装运输量/万辆			0.04	2.41	5.97	15.7	17.88	23.69	26.7	24.87	27.38

湖北省港口货运吞吐量主要集中在长江和汉江沿线。1990年以前，长江、汉江及其他支流港口货物吞吐量占总量的比重分别为72%、22%和6%。2000年以来，由于内河航道自身条件限制、运力结构的调整以及公路运输的快速发展，长江、汉江及其他支流港口的货物吞吐量占总量的比重基本上分别稳定在86%、11%和3%左右，如2005年，长江干流港口完成吞吐量1.19亿t，占全省吞吐量的85%；汉江港口完成港口吞吐量1579万t，占总量的11%；其他支流完成469万t，占4%。

2013年港口吞吐量在矿建、矿石等货运运输带动下增速较快，武汉新港、宜昌、荆州、黄石、黄冈等港口共完成吞吐量21762.12万t，占湖北省港口总吞吐量的83.0%；长江干流泊位共完成吞吐量222827万t，占湖北省总吞吐量的87.06%；汉江港口完成港口吞吐量2257.53万t，占湖北省总吞吐量的8.61%；其他支流完成港口吞吐量1135.32万t，占湖北省总吞吐量的4.33%。

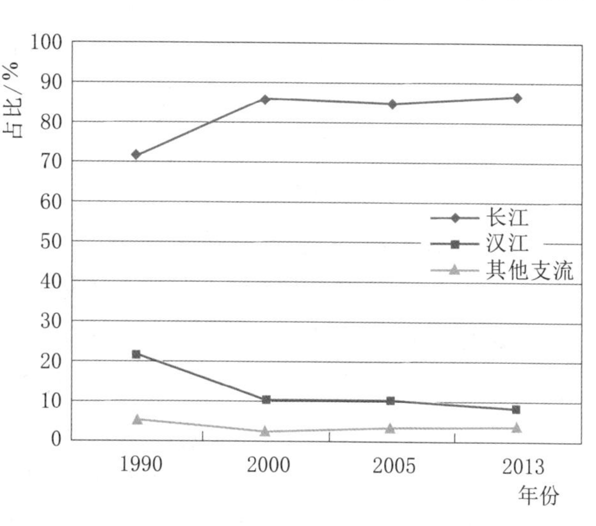

图4.1-1　湖北省全省港口货物吞吐量比例（分河流）

由图4.1-1可看出，湖北省港口吞吐量明显向长江干线港口集中，长江港口货物吞吐量在全省内河运输中的比例呈增加趋势，而汉江及其他河流港口的货物吞吐总量仍保持增长的势头，但其在港口吞吐总量中所占的比重则呈下降趋势。

（二）主要货种、流向和货运结构

1. 主要货种

目前湖北省内河与长江干线运输的主要货种包括煤炭、石油天然气及制品、金属矿石、钢铁、矿建材料、水泥、木材、非金属矿石、化肥及农药、盐、粮食，其他货物包括机电设备、化工品、建材、纺织服装、农副产品等。

三峡水库蓄水前，长江集装箱运输刚刚起步，多数货物采用非集装箱方式运输。三峡水库蓄水后，集装箱、滚装运输得到迅速发展，但从运输量上讲，占前几位的仍是煤炭、石油天然气及制品、金属矿石、钢铁、矿建材料、非金属矿石，以2013年为例，上述6类货物通过量占到长江干线货物通过量的73.28%，具体见表4.1-9。

表 4.1-9　　2013 年长江干线货物通过量（按货类分）

货物种类	长江经济带九省二市		长江干线		湖北省内河	
	货物通过量/亿 t	占比/%	货物通过量/亿 t	占比/%	货物通过量/万 t	占比/%
煤炭	5.40	17.54	4.93	25.68	4552	18.6
石油天然气及制品	2.89	9.39	0.82	4.27	489	2.0
金属矿石	2.04	6.63	3.65	19.01	8590	35.1
钢铁	1.12	3.64	1.22	6.35	930	3.8
矿建材料	8.83	28.67	3.15	16.41	5409	22.1
非金属矿石	1.21	3.93	0.30	1.56	685（水泥）	2.8
其他	9.30	30.20	5.13	26.72	3793	15.5

2. 主要货种流量流向特点

（1）煤炭运输。仍保持以海进江运输为主，“三口一枝”出口、出川和运河来煤为补充的总体格局，其中海进江煤炭保持快速增长，四川、重庆上游来煤和运河来煤保持平稳增长，“三口一枝”基本维持稳定。

（2）铁矿石运输。以海进江运输为主，南京以下港口以一程减载直达和二程中转运输为主，南京以上港口主要通过下游港口中转，随着沿江钢铁企业生产能力的迅速提高，近年来铁矿石运输量保持快速增长。

（3）石油及制品运输。原油运输原来以海进江运输为主，受沿江管道建设的影响，运输格局发生变化，原油海进江运输量有所下降，但成品油和液体化工品海进江运输增长较快。

（4）矿建材料运输。随着城市化进程加快，沿江城市基础设施、房地产、公路、铁路等大规模建设使矿建材料运输保持较快增长，矿建材料以短途运输和区间运输为主，流向多为沿江各城镇，长途运输主要由长江中游的湖南、湖北、江西、安徽等沿江地区及苏北运河流向上海和苏南水网地区。

（5）集装箱运输。基本形成了以上海国际航运中心为核心的集装箱运输体系，长江干线的集装箱运输上、下水基本平衡，中上游以泸州、重庆、长沙、岳阳、宜昌、武汉、南昌、九江、芜湖等内河主要港口运输为主。

3. 货运结构特点

近十年来，湖北省水上货运结构呈现出一些新的特点：

（1）集装箱运输保持持续高速增长。全省武汉新港、荆州、黄石、宜昌四大主要港口集装箱吞吐量以平均每年 23.7%的速度增长，其中近半数为外贸进出口货物（占到全省外贸货物的近九成），为全省经济和对外贸易的发展提供了运输保障作用。其中，武汉新港的集装箱吞吐量长期稳定在全省集装箱吞吐总量的80%以上，彰显了武汉新港在湖北省乃至华中地区运输经济发展中的重要地位。

（2）干散货运输继续保持稳定增长。主要增长因素有：省内钢铁产业快速增长，进口铁矿石水运量同比大幅增长；三峡库区通航后，川煤发送到省内长江、汉江沿线的电厂已形成了相对固定的航线，运输量逐年增大；“十一五”时期，湖北省全社会固定资产投资总额保持了年均14.9%的高速增长，城镇化进程的加快和各类基础建设规模的迅速扩大，使钢铁、水泥、黄砂建筑材料的运输量不断增长。

（3）汽车滚装运输发展迅猛。三峡库区通航后，重庆至宜昌之间滚装运输迅速发展，2001年完成滚装运输量7.03万辆，折合运输量为64万t，到2010年，完成滚装运输量达到26.1万辆，折合运输量1228万t，按货重计年均增长38.8%。位于武汉经济技术开发区的沌口港区，2005年也正式启动了商品汽车水运业务，2006年水运汽车2.12万辆，2010年达到23.69万辆，年均增长82.8%。目前，商品车滚装水运已发展成长江沿线跨区域运输最主要的运输方式。

（4）水运货物呈多样化趋势，特殊货物的运输有了一定的发展。美国百威啤酒武汉生产基地是百威啤酒唯一在华工厂，随着百威啤酒在长江中下游销售市场的打开，目前已发展了两个1000吨级低温冷藏运输船队，专业从事百威啤酒运输；随着三峡工程等沿江大型基建项目对水泥运输的需求，重庆长江轮船公司与台商合资开发了大型的环保型全封闭散装水泥运输船舶，使水泥运输走向了现代化；配合应城、潜江的盐化工业产品运输，湖北省还形成了一批专业的卤水运输船队。

（5）江海直达运输有了一定的发展。武汉新港、黄石、荆州等港口已对外籍船舶开放，长江船舶可直航沿海港口。

二、航道及港口发展情况

本节重点叙述长江中下游干线航道及港口发展情况。

（一）航道发展概况

1. 三峡水库成库前

三峡水库成库前，长江中下游共有水道124处，其中主要碍航水道41处，多为枯水浅滩，每年10月至次年3月，长江航道全线进入紧张的枯水期航道维护阶段，以疏浚、调标、改泓等措施为主。其中宜昌至城陵矶河段历来是长江黄金水道上的“瓶颈”，河段内碍航情况较为严重，曾发生出浅碍航或因水深条件有限的浅滩水道包括宜都、芦家河、枝江、江口、太平口、瓦口子、马家嘴、周公堤、天星洲、藕池口、碾子湾、调关、莱家铺、窑集脑、监利、大马洲、铁铺、反嘴、熊家洲、尺八口、八仙洲以及观音洲等22条。该河段枯季航道维护尺度为2.9m×80m×750m（水深×宽度×弯曲半径），相应通航保证率为95%，通航1000～1500t驳船组成的3000～6000吨级船队。

长江干线航道一直是我国内河水运建设的重点。20世纪90年代以前，国家重点对长江上游航道进行了治理，长江中下游航道基本处于天然状态，没有开展航道整治工程。90年代以后，以长江中游界牌河段综合治理工程为标志，长江中下游航道建设拉开了序幕，航道治理进展明显，相继实施了长江中游界牌、下游太子矶航道整治，马当水道沉船打捞，张家洲南港水道治理及清淤应急等工程。完成了长江口深水航道治理一期工程，航道水深达到8.5m，3万吨级船舶可以乘潮通航，整治效果明显。

三峡水库蓄水前长江中下游干线航道最小维护尺度见表4.2-1。

表4.2-1 三峡水库蓄水前长江中下游干线航道最小维护尺度表

河段	里程/km	最小维护尺度（水深×宽度×弯曲半径）/(m×m×m)	保证率/%
宜昌—临湘	416.0	2.9×80×750	95
临湘—武汉	207.5	3.2×80×750	98
武汉—安庆	402.5	4.0×100×1050	98
安庆—南京	306.0	4.5×100×1050	98
南京—浏河口	311.6	10.5×200×1050（白茆沙水道维护水深为7.1m，保证率为95%，通洲沙水道维护水深为8.0m，均为理论最低潮面下水深）	98
浏河口—长江口	120.0	8.5×300×1050	90

2. 三峡水库成库后

三峡水库蓄水后，国家对长江干线航道建设的投入力度明显加大，航道建设进展顺利。“十五”时期，在中下游先后实施了碾子湾河段航道整治和清淤应急等工程、长江口深水航道治理一期和二期工程等；进入“十一五”时期，开始进入大规模系统治理阶段。长江中游相继实施了枝江—江口、沙市、马家嘴、周天、藕池口、窑监、嘉鱼—燕子窝、戴家洲、牯牛沙等水道航道整治工程。长江下游重点对东流、安庆、土桥、黑沙洲、口岸直、双涧沙等水道进行了航道治理，完成了长江口深水航道治理三期工程。据统计，长江干线航道“十一五”时期共实施航道建设工程35项，完成投资91.5亿元（其中长江口54.3亿元），是“十五”时期总投资66.5亿元（其中长江口60.2亿元）的1.4倍。

经过近20年的建设，长江中下游航道发生了深刻变化，重点体现在最小航道维护水深上。目前，宜昌至下临江坪由2.9m提高到4.5m，下临江坪至城陵矶由2.9m提高到3.2m，城陵矶至武汉由3.2m提高到3.7m，武汉至安庆由4.0m提高到4.5m，安庆至芜湖由4.5m提高到6.0m，芜湖至南京由4.5m提高到9.0m，南京至太仓由7.1m提高到10.5m，太仓至浏河口由7.1m提高到12.5m，浏河口至长江口由7.0m提高到12.5m，详见表4.2-2。

表4.2-2　2013年长江中下游干线航道最小维护尺度表

河　段	里程/km	最小维护尺度（水深×宽度×弯曲半径）/(m×m×m)	保证率/%	备　注
宜昌—下临江坪	28.0	4.5×80×750	95	
下临江坪—城陵矶	368.0	3.2×80×750	95	
城陵矶—武汉	227.5	3.7×80×750	98	
武汉—安庆	402.5	4.5×100×1050	98	试运行
安庆—芜湖	204.7	6.0×100×1050	98	
芜湖—南京	101.3	9.0×100×1050	98	
南京—太仓	288.6	10.5×200×1050	—	
太仓—长江口	143.0	12.5×350×1050	—	

“十二五”时期，长江中游规划或正在实施的航道整治工程有乐天溪、莲沱段、宜昌至昌门溪河段、昌门溪至熊家洲河段航道整治工程，城陵矶至武汉河段中道人矶至杨林岩河段、界牌河段二期、赤壁至潘家湾河段和武桥水道航道整治工程，武汉至湖口中的天兴洲河段、湖广至罗湖洲河段、戴家洲河段戴家洲右缘守护工程、戴家洲河段二期工程、牯牛沙水道二期工程和新洲至九江河段航道整治工程等。通过这些航道整治工程的实施，力争实现《长江干线航道建设规划（2011～2015年）》确定的目标，宜昌至城陵矶段，航道等级由Ⅱ级提高到Ⅰ级，航道水深由3.2m提高到3.5m，通航由2000～3000吨级驳船组成的6000～1万吨级船队。城陵矶至武汉段，航道等级维持一级，航道水深由3.5m提高到3.7m，通航由3500吨级油驳船组成的万吨级油运船队，利用自然水深通航3000吨级海船。武汉至安庆段，航道水深由4.0m提高到4.5m，通航由2000t或5000t驳船组成的2万～4万吨级船队，利用自然水深

通航5000吨级海船。

（二）港口发展概况

1. 三峡水库成库前

中华人民共和国成立初期直到改革开放之前，长江港口的发展速度相对缓慢，据统计，长江港口建设投资总额从1949年至1980年仅为6.32亿元。“六五”时期（1981—1985年）为2.01亿元，新增泊位13个，新增吞吐能力753万t/a。“七五”时期，交通部贯彻国家强化沿海和长江两条经济发展主轴线的战略思想，提出了建设长江主通道的战略方针，着手解决长期以来干流水运要素之间的比例失调问题，加强了港口、航道等基础设施的建设。1986—1990年，长江港口建设投资总额为6.27亿元，新增泊位25个，新增吞吐能力1038万t/a。进入20世纪90年代，港口建设作为长江干线的重点，在“八五”时期继续得以强化，累计完成基建投资11.8亿元，新建、扩建货运泊位29个，新增吞吐能力1214万t/a，在一定程度上缓解了港口通过能力严重不足的矛盾，“九五”时期，长江干线港口建设又陆续完成了一批改、扩建工程，完成建设投资约15亿元。为了适应外向型经济的需要，新建了城陵矶、武汉、九江、黄石等一批外贸码头和南京港、镇江港、南通港、苏州港等港口集装箱专用泊位。长江干线已初步形成以重庆、宜昌、岳阳、武汉、九江、芜湖、南京、镇江等大中城市为中心为依托、大中小型港口相结合，铁水联运、公水联运、江海联运的港口群体。三峡水库建库前的2000年，长江干线有港口220个，生产性泊位3200个，综合通过能力4.3亿t，其中万吨级泊位110个，集装箱专用泊位13个，吞吐能力73万TEU。

总体上看，三峡水库蓄水前，长江干线港口基础设施仍相对落后，码头功能结构不尽合理，初步形成了煤炭、液化石油气、矿石等主要货种运输系统和集装箱、汽车滚装运输系统，基本满足了流域经济发展的要求。

2. 三峡水库成库后

三峡水库蓄水后的“十五”时期，港口投资力度不断加大，完成投资达68.02亿元，新建和改造码头泊位102座，其中万吨级泊位11座，年新增港口吞吐能力4011万t，新增集装箱吞吐能力142.2万TEU，新增汽车滚装能力64.9万辆。

进入21世纪，尤其是2011年长江等内河航运正式上升为国家战略以来，长江港口发展驶入快车道，上海、武汉、重庆三大航运中心建设取得重要进展。重点完善了煤炭、矿石、集装箱、滚装等一系列专业化泊位建设和库区复建工程，配套设施不断完善，长江沿线港口专业化、规模化建设步伐明显加快，新建成一批现代化码头作业区，港口吞吐能力进一步提升，港口码头的服务效率显著提高。至 2013 年，长江干线生产性泊位达 4296 个，其中万吨级以上 459 个，占全国内河万吨级以上泊位数的 97%，拥有 10 个亿吨大港，分别为南通港、太仓港、张家港港、江阴港、泰州港、镇江港、南京港、武汉新港、重庆港、岳阳港。

经过多年建设和发展，长江干线港口初步形成了以上海国际航运中心为龙头，沿江主要港口为骨干，地方重要港口为补充的层次分明、布局合理、分工协作的发展格局，基本建立了集装箱、矿石、煤炭、汽车滚装、液体化工品等专业化运输体系。长江干线南京以下港口建成了一批具有世界先进水平的专业化泊位，初步形成了现代化港口群，承担江海物资转运任务；马鞍山、芜湖、安庆等港依托承东启西、连接南北的区位优势，近年来发展较快；中游的九江、武汉、岳阳、宜昌等主要港口已经成为沿江产业布局、经济发展及城市建设的重要依托；上游重庆、泸州等港口主要为西部开发和西南地区经济发展及对外贸易服务，三峡库区码头淹没复建完成后，库区港口面貌极大改观，重庆港相继建成了一批集装箱、汽车滚装等专业化泊位。

三、运输船舶发展情况

（一）船舶运力发展概况

1. 长江干线

（1）三峡水库成库前。长江水系船舶大多从事干线运输。至 2000 年，从事省际运输的航运企业约有 2000 家，运输船舶 7.4 万艘，运力 1142 万载重吨，29.8 万客位，其中江海轮 3750 艘，平均载重吨为 150t/艘。

从运力结构来看，常规干散货船舶仍处于主导地位，占总运力的 90%以上，从运力地区分布来看，中下游地区年占比大于上游地区。一些新型专用船舶如化学品船、液化气船、汽车滚装船、散货水泥船从无到有，已初具规模，其中化学品船 218 艘 6.2 万载重吨，液化气船 22 艘 15.1 万载重吨，商品汽车滚装船 5 艘 997 车位。三峡库区货车滚装运输发展迅速，拥有滚装船 70 余艘。

（2）三峡水库成库后。三峡水库蓄水运用以来，长江沿江地区加快水路运输结构调整，船舶运力总体呈现如下特点：货运船舶运力持续增长，运输船舶大型化趋势明显，长江干线集装箱船、载货汽车滚装船、商品汽车滚装船、液货危险品船等专业化运输船舶发展迅速，货运船舶总艘数基本稳定，船舶平均吨位不断提高。机动单船快速发展，驳船队进一步萎缩。

截至 2013 年年底，长江经济带九省二市拥有水上运输船舶 12.94 万艘，占全国的75%。其中机动船11.74万艘，驳船1.20万艘。运输船舶净载重量14659.51万t，载客量56.82万客位，标准箱位100.69万TEU，拖船功率69.5万kW，详见表4.3-1，拥有量变化见图4.3-1。

表4.3-1　2013年长江经济带九省二市水上运输船舶拥有量

省（直辖市）	船舶数/艘	其中		载客量/客位	净载重量/t	标准箱位/TEU	总功率/kW
		机动船/艘	驳船/艘				
合　计	12937	117396	11974	568227	146595144	1006901	41735304
云南省	952	951	1	20303	120640	12	97781
贵州省	2018	1992	26	43563	129422		148025
四川省	7614	6582	1032	86805	1086401	5509	508485
重庆市	3700	3620	80	83372	5200972	56027	1470924
湖北省	4794	4562	232	41611	7612308	1127	1892374
湖南省	8067	8015	52	73601	3029408	3272	1222314
江西省	3940	3924	16	10758	2281012	2953	726103.8
安徽省	28721	27193	1528	15193	31751999	42864	8419370
江苏省	49591	41131	8460	53534	41050761	33739	10526388
浙江省	18208	17732	476	77531	23775324	17349	6565272
上海市	1765	1694	71	61956	30556897	844049	10158267

注　统计范围为从事水上客、货运输活动的我国企业或私人拥有的营业性运输船舶，统计对象为按船舶所有权在本省市注册的船舶。

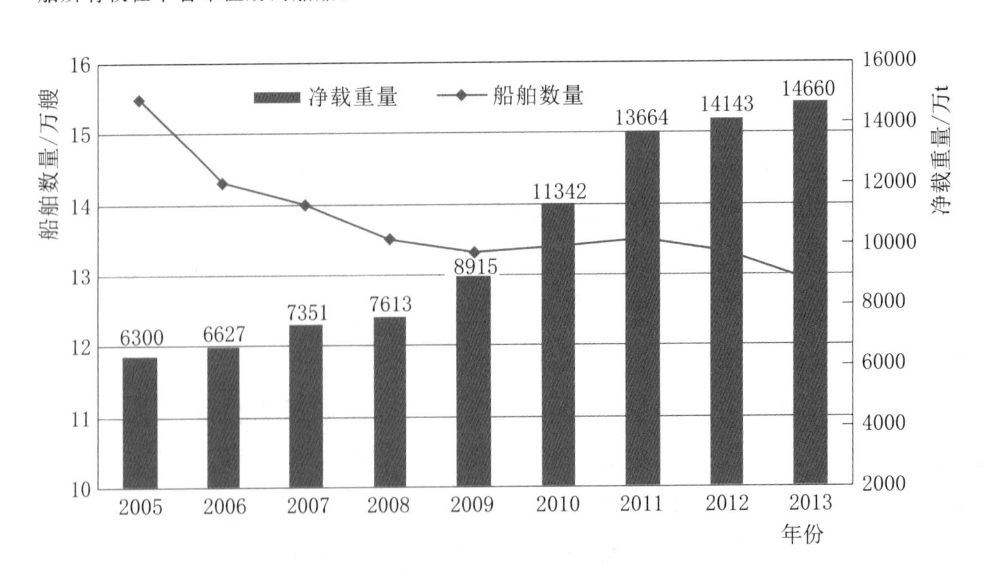

图4.3-1　2005—2013年长江经济带九省二市水上运输船舶拥有量变化情况

2013年年底，九省二市货运船舶（包括货船、驳船）平均净载重吨1267t/艘，其中内河货运船舶平均净载重吨718t/艘，长江干线货运船舶平均吨位达1170t。

长江经济带九省二市货运船舶平均吨位如图4.3-2所示。

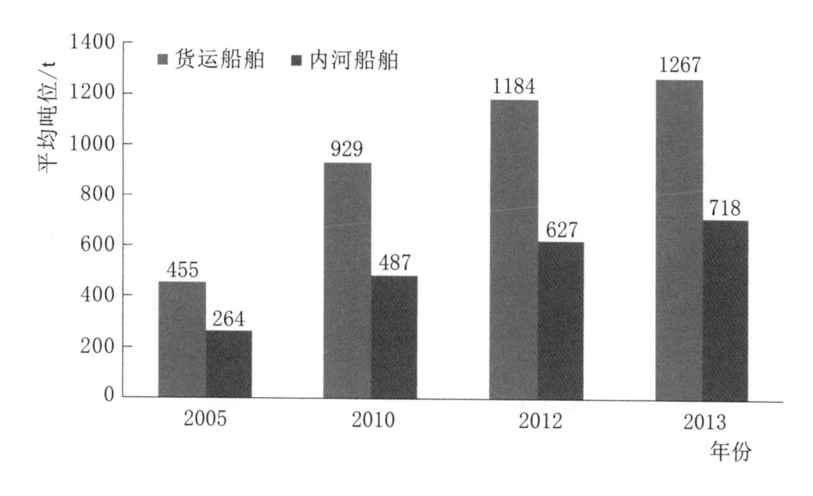

图4.3-2　长江经济带九省二市货运船舶平均吨位

三峡船闸通航以来，过闸船舶大型化和标准化趋势相当明显（表4.3-2），3000吨级以上船舶所占比重越来越大，3000吨级以下船舶逐年减少。2013年，1000吨级及以下船舶占比仅为9.7%，1001～2000吨级占14.55%，2001～5000吨级占45.57%，5000吨级以上占30.18%。5000吨级以上船舶占三峡船闸断面船舶通过量的比重由2009年的2.54%上升到2013年的30.18%。

表4.3-2　三峡船闸过闸船舶额定吨位比重统计表　%

船舶类型	比　重					
	2002年	2009年	2010年	2011年	2012年	2013年
1000t及以下	85.57	39.44	30.89	19.53	11.67	9.7
1001～2000t	10.97	28.83	29.37	23.56	17.26	14.55
2001～3000t	2.85	20.14	22.06	23.08	21.79	19.57
3001～5000t	0.61	9.06	11.29	17.39	23.39	26.0
5000t以上		2.54	6.40	16.44	25.89	30.18

注　2002年为葛洲坝船闸过闸船舶统计。

2. 湖北省

（1）三峡水库成库前。三峡水库蓄水前十年，湖北省的航运多为集体所有制经营，运输船舶中，拖带船队的运输能力大于货船部分。船舶数量于1996年达到高峰，随后有所下降，2002年全省运输船舶数量为5883艘，较之1996

年，年均下降 2.9%；随着水路客运向公路的转移，客船总客位数也呈年均 3.8%左右的下降；这一时期，货船的平均吨位还很小，2002 年刚刚超过 300t，详见表 4.3-3。

表 4.3-3　　三峡蓄水前湖北省内河运输船舶统计

项目		1993 年	1994 年	1995 年	1996 年	1997 年	1998 年	1999 年	2000 年	2001 年	2002 年
运输船舶	总数/艘	3646	3400	4555	7032	6651	6388	6159	5905	5080	5883
	总吨位/万 DWT	71.62	70.09	73.19	107.6	102.83	100.15	98.72	93.93	88	161.69
	总客位/万座	2.22	2.22	2.66	4.11	4.55	4.48	4.43	4.17	3.51	3.74
	总功率/万 kW	13.27	12.89	25.5	27.3	27.7	28.65	29.03	29.12	29.18	42.66
货船	总数/艘	710	692	3316	3526	3248	3157	3032	3023	2760	2845
	总吨位/万 DWT	7.15	7.3	30.28	36.87	33.82	34.76	44.38	59.62	67.86	87.69
	平均吨位/t	101	105	91	105	104	110	146	197	246	308

（2）三峡水库成库后。三峡水库蓄水后，湖北省运输船舶总数稳中趋降，但随着船舶大型化，船舶总吨位直线攀升。2013 年，全省船舶总吨位为 761 万 t，相对 2002 年，年均增长 15.1%；这一阶段，货船逐步演变为主流运输船舶，到 2013 年，货船总吨位为 734 万 t，占到当年全省运输船舶总吨位的 96%，平均吨位达到 2058t，自 2002 年以来，货船平均吨位的年均增长率为 18.8%，详见表 4.3-4。

表 4.3-4　　三峡蓄水后湖北省内河运输船舶统计

项目		2003 年	2004 年	2005 年	2006 年	2007 年	2008 年	2009 年	2010 年	2011 年	2012 年	2013 年
运输船舶	总数/艘	5904	5097	5362	5459	5241	5557	5460	5502	5505	4895	4794
	总吨位/万 DWT	242	233	285.7	321	341	493.2	548.1	680.5	809	834	761
	总客位/万座	3.72	3.65	3.83	3.9	3.7	3.7	3.47	3.68	3.87	3.94	4.16
	总功率/万 kW	59.68	60.14	76	90	98	124	132	178	193	198	189.2
货船	总数/艘	3256	3036	3117	3249	4141	3101	3168	3653	3853	3566	3566
	总吨位/万 DWT	154.3	148.7	177.7	206.6	341	327.4	377.7	569.4	733	799	734
	平均吨位/t	474	490	570	574	823	1056	1192	1559	1902	2241	2058

（二）营运组织发展现状和特点

由于近年来沿江高等级公路、铁路路网的迅速发展，沿江客运市场结构发

生较大的变化，通过长江中下游河段的客运以旅游客运为主。

长江中下游河段现有船舶运输组织方式主要有机动货船运输、机动货船组运输、顶推船队运输等三种，其中以机动货船单船为主，机动货船组运输为辅，长江干线大吨位驳船逐渐萎缩，目前长江干线上仅中国长江航运集团有限公司还保留船队运输，普通驳船队运输方式在逐渐淡出市场。

从三峡船闸过闸船舶类型分布（表 4.3－5）可见，三峡船闸过闸船舶以机动货船为主，货船占比由 2002 年的 38.76%增加至 2013 年的 93.99%。与此形成鲜明对比的是，2010 年以来均无驳船过闸。2012 年过闸船舶有所减少，在这之前，旅游客船、散货船、油船、危险品船等呈较快的增加趋势。

表 4.3－5　三峡过闸船舶类型分布表　单位：艘

船舶类型		2009 年	2010 年	2011 年	2012 年	2013 年
客船	普通客船	1905	1257	315	159	201
	客货船	1935	765	143	80	86
	旅游客船	2006	2179	2654	1692	2231
	其他客船	45	187	219	17	15
货船	普通货船	20981	23451	19680	13634	12496
	杂货船	148	145	218	186	223
	散货船	2850	4852	7636	8042	9281
	集装箱船	2935	2745	2313	1957	1889
	多用途船	3495	4828	6960	6809	7153
	商品汽车滚装船	1085	1044	1047	964	941
	滚装载货汽车滚装船	56	17	20	12	
	驳船	2	0	0	0	0
	其他干散货船	8169	10696	8638	6140	6244
油船	油船	2332	2791	3103	2741	2628
	油驳	5	0	0	0	0
危险品船	化学品船	1068	1228	1416	1502	2001
	其他液货船	171	226	169	85	67
非运输船	工程船	36	40	29	12	10
	公务船	368	132	126	143	87
	其他类船舶	97	66	30	23	47
拖　船		2133	1653	894	74	69
合　计		51815	58302	55610	44263	45669

从运输船舶营运组织方式看，长江中游河段现主要有直达运输（江海直达、干干直达、干支直达运输，其中江海直达机动船运营方式较少）和中转运输（港口中转、水上过驳中转）；但在荆江河段由于枯水期水深的限制，还存在“母子船”营运组织方式，即煤炭等散货运输大型船舶在枯水期通过本航段时，需在宜昌港或城陵矶港加减载，如将下行满载大型船舶先在宜昌港船舶减载基地将部分货物转载到小型船舶上，再让大、小两船同时下行至城陵矶港船舶减载基地，并将小型船舶所载货物转载到大型船舶上，继续下行。上行满载大型船舶类似。

四、三峡工程对下游湖北段航道及港口影响分析

（一）三峡工程对下游湖北段航道的影响分析

三峡水库控制着长江上游全部来水来沙，三峡水库的蓄水运用对下游航道的影响主要体现在坝下河段的水沙条件变化以及由此产生的河段冲淤变化。

1. 水沙条件变化分析

（1）径流的变化。三峡水库蓄水后，三峡下游各站的多年平均径流量与蓄水前（1950—2002年，下同）相比，除监利站基本持平外，宜昌、汉口、大通站年均径流量分别为3957亿m^3、6663亿m^3、8331亿m^3，较蓄水前分别偏少9%、6%、8%。

三峡水库蓄水后，水库调度使出库径流过程即下游河道的来流过程更加均匀，枯水期径流量占比增加，而汛期径流量占比减小，与蓄水前相比，汛后退水期变短、退水过程变陡。

（2）流量的变化。三峡水库蓄水前，三峡大坝上下游河段的流量过程同步性很好，在蓄水初期的2003—2005年，水库调度对流量过程的影响还不明显，但自2006年开始，尤其是2008年进入试验性蓄水期后，坝下游河道的流量过程较三峡水库蓄水前发生很大的变化，如汛期洪峰流量削减、枯水期流量增大，而汛后由于水库蓄水、下泄水量骤减、退水过程加快等，从而下游流量过程趋于均匀化。

三峡水库蓄水前，坝下河道枯水流量多集中在3000～5000m^3/s；而三峡水库蓄水后，枯水流量明显增大，其中2004—2008年坝下枯水流量主要集中在4000～6000m^3/s；2009—2013年进入试验性蓄水期后，枯水流量进一步增大，流量一般为5000～7000m^3/s，见表4.4-1。

三峡水库进入试验性蓄水期后，水库的滞洪调峰作用明显，洪峰流量大为削减。蓄水前，汛期入库流量为10000～70000m^3/s；蓄水后，削减为10000～

48000m³/s。

表 4.4-1　三峡蓄水后宜昌至大通河段主要水文站最枯流量统计　单位：m^3/s

年份	流量						
	宜昌	枝城	沙市	监利	螺山	汉口	大通
2003	2950	3220	3270	3520	6420	8910	10400
2004	3670	3890	4150	3920	5340	7290	8380
2005	3730	4100	4400	4130	6780	8980	9730
2006	3890	4390	4500	4370	6500	7780	9650
2007	4090	4540	4550	4630	6940	7800	10000
2008	4420	4770	4730	5080	6660	8080	10300
2009	5030	5410	5760	5770	7120	9310	10900
2010	5240	5450	5760	5800	6780	9150	11400
2011	5640	5960	5980	6180	7810	10400	12400
2012	5680	6000	5970	6200	7740	10300	11400
2013	5510	5470	5790	6080	8160	9550	10500

由于水库蓄水，汛后流量与三峡水库蓄水前相比骤减，退水过程较天然情况明显加快，蓄水前汛后流量为 5000～48000m^3/s，而试验性蓄水后，汛后流量分布范围为 5000～30000m^3/s，尤其是汛后 10 月的流量变化程度较大。

（3）输沙量的变化。三峡水库蓄水后，坝下各站输沙量均显著减小，2003—2013 年长江中下游各站输沙量沿程减小幅度则为 91%～67%，且减幅沿程递减，宜昌、汉口、大通站年均输沙量分别为 0.466 亿 t、1.12 亿 t、1.42 亿 t，分别较蓄水前偏少 91%、72%和 67%。

（4）含沙量的变化。三峡水库蓄水后，坝下游各站的含沙量急剧减少，2003—2007 年各站的平均悬沙含沙量分别为蓄水前多年平均值的 15%～42%；2008—2013 年各站平均悬沙含沙量进一步降为蓄水前多年均值的 6.5%～32.5%。

（5）床沙粗化。三峡水库蓄水后，至 2012 年，坝下的砂卵石河段宜昌河段床沙粗化明显，宜都及宜枝河段相对较弱，沙质河段的荆江河段河床已有较为明显的粗化，枝城至城陵矶河段的床沙中值粒径由 2003 年的 0.194mm 增大至 2010 年的 0.227mm。

城陵矶至汉口河段床沙粗化的趋势也较为明显，床沙中值粒径由 2003 年的 0.159mm 增大为 2009 年的 0.183mm，虽 2010 年又有所变小，但总体上表现为变粗。

汉口—湖口河段床沙有所粗化，2003—2007年，床沙平均中值粒径由0.140mm变为0.159mm，增加幅度为13.6%，2010年中值粒径进一步增大，为0.164mm，较2003年增幅17.1%。

2. 河床冲淤变化分析

（1）沿程河段的冲淤变化分析。砂卵石河段年际间冲刷量随来水来沙条件改变，总体上表现为一致性累积冲刷。三峡大坝—葛洲坝两坝间河段，2003年三峡水库开始蓄水运行后处于持续的冲刷状态，主槽冲刷占总冲刷量的90%，该河段河床的冲淤变化目前逐渐趋于稳定；在宜昌—大埠街的砂卵石河段中，宜昌河段的冲刷量较小，宜都河段和枝江河段枯水河槽的冲刷量占砂卵石全河段总冲刷量的90%以上，即宜都河段和枝江河段是砂卵石河段主要的冲刷部位。

枝江—城陵矶河段是离三峡水库最近的沙质河段，受到三峡水库2003年6月蓄水运用后清水下泄的影响，该河段呈累积性冲刷，且冲刷较为剧烈，但总体河势基本稳定。

2003年10月至2008年10月，城陵矶—汉口河段的上段总体表现为淤积，而嘉鱼河段以下则以冲刷为主，主要冲刷河段为簰洲河段和武汉河段（上）。2008年10月至2013年10月，城陵矶至汉口河段沿程呈冲刷状态，以白螺矶河段和嘉鱼河段冲刷最为剧烈。

2003年10月至2008年10月，汉口—湖口河段除黄州、黄石、田家镇河段外的其他河段均表现为冲刷，其中尤以汉口—泥矶段［含武汉河段（下）和叶家洲河段］和九江大树下—湖口段（含九江和张家洲河段）冲刷最为强烈。2008年10月至2013年10月，汉口—湖口河段沿程各河段均表现为冲刷，总体表现为滩槽均冲，且冲刷量主要集中在枯水河槽，叶家洲河段、韦源口河段和张家洲河段的冲刷强度较大。

（2）不同类型河段冲刷特点。三峡坝下河段主要有砂卵石及沙质河段，其冲刷特点不尽相同。

1）砂卵石河段。砂卵石分汊河段枯水河槽中的低滩总体上表现为冲刷后退，特别是江心分汊的心滩、洲头低滩等，而高滩基本保持稳定。对于年内主支汊交替的砂卵石分汊河段的分汊格局有发生调整趋势，枯水期支汊冲刷发展显著，如关洲水道左汊和芦家河河段的石泓汊道。

2）沙质河段。

A. 分汊河段。三峡水库蓄水运用后，分汊河段的江心洲、江心滩发生了明显的冲刷，江心洲、江心滩总体表现为头部冲刷后退，滩体缩小。

分汊河段的河型保持稳定，但分汊格局出现调整，年内主支汊交替的汊道河段表现为支汊显著冲刷发展，如瓦口子、马家嘴、沙洲、牯牛沙和燕子窝等分汊河段；而年内主支汊不交替的分汊河段，则主汊发展，支汊逐渐萎缩，如藕池口水道和窑监河段等。

B. 顺直河段。总体较为稳定，但局部岸线崩退使得河道展宽，特别是枯水河槽展宽，或是边滩冲刷缩小、滩面降低，这都导致枯水河槽内主流摆动空间加大，加剧滩槽的不稳定。如斗湖堤水道左岸南星洲高滩的崩退以及湖广水道的赵家矶边滩的冲刷萎缩等。

三峡水库蓄水运用后，坝下游河道径流过程的改变、上游河势的调整以及河道的展宽等，均会使得顺直河段河心形成潜州，尤其是三峡水库175m试验性蓄水后，坝下河段汛后退水过程加快，从而更易促进顺直河段出现潜州，如莱家铺水道和大马洲水道。

C. 弯曲河段。三峡水库蓄水以来，宜昌至湖口的弯曲河段普遍出现凸冲凹淤、切滩撇弯的演变规律，如碾子湾水道、莱家铺水道等都呈现出明显的凹岸淤积凸岸冲刷的特点，有些水道如调关水道、反嘴水道，凹岸侧甚至已淤出心滩。而在河宽较大的急弯段，如尺八口水道，由于凸岸边滩根部原本存在窜沟，蓄水以后窜沟发展十分迅速，切割凸岸边滩成为心滩，形成双槽格局，滩槽格局则更加趋于恶化。

3. 枯水水位变化分析

（1）水位下降。三峡水库蓄水后，上游大量来沙被拦截在库内，下泄水流呈不饱和状态，沿程水流含沙需要通过冲刷河床来补给，冲刷部位主要集中于枯水河槽部分，加之无序非法采砂的大量存在，造成同流量下的枯水水位有所下降。

2003—2013年，除了监利站同流量下的枯水水位没有下降外，宜昌、枝城、沙市、螺山、汉口、大通等站的同流量枯水水位下降值分别为0.60m、0.19m、1.39m、1.04m、0.35m和0.35m。

长江中游宜昌以下各水文站同流量下枯水位变化见表4.4-2。

（2）最枯水位。三峡水库蓄水后，坝下河道的沿程冲刷造成同流量下枯水水位有所下降，但枯水水位在河床冲刷造成的水位下降与枯水流量增加对航道水深的改善相互抵消后，近坝段的枯水水位仍表现出逐年抬升的趋势。2012年，宜昌站、枝城站、沙市站最枯水位较2003年分别累计抬高了1.17m、0.9m、0.98m。监利站在围堰蓄水初期（2003—2004年）以及蓄水初期（2005—2006年）最枯水位有明显下降，其余各年也同样呈逐年抬升的趋势，2012年较2003年累计抬高0.98m。

表 4.4-2　长江中游宜昌以下各水文站同流量下枯水位变化（1985 国家高程基准，m）

年份	宜昌			枝城			沙市			监利			螺山			汉口			大通		
	流量级/(m³/s)																				
	5500	6000	7000	6000	7000	10000	6000	7000	10000	6500	8000	10000	8000	10000	12000	11000	13000	15000	12000	15000	17000
	枯水位/m																				
1993				—	—	—	30.18	30.83	33.05	—	—	—	—	—	—	11.31	11.99	13.14	—	—	—
1994				—	—	—	30.22	31.02	33.03	—	—	—	—	—	—	11.52	12.47	13.26	—	—	—
1995				—	—	—	30.20	30.87	32.78	—	—	—	—	—	—	11.42	12.19	13.25	—	—	—
1996				—	—	—	30.25	30.98	32.99	—	—	—	—	—	—	11.95	12.32	13.56	—	—	—
1997	39.51	40.10	40.65	—	—	—	30.39	31.05	33.02	—	—	—	—	—	—	11.56	12.49	13.16	—	—	—
1998	40.14	40.85	41.52	—	—	—	30.64	31.18	32.95	23.50	24.35	26.83	16.36	16.66	17.79	13.67	14.72	16.06	—	—	—
1999				—	—	—	30.20	30.87	32.54	23.13	25.02	25.86	—	—	—	13.89	14.26	15.60	—	—	—
2000				—	—	—	30.65	31.30	33.15	24.33	24.61	25.98	—	—	—	13.63	14.49	15.11	—	—	—
2001				36.11	36.59	37.67	30.39	31.02	33.04	24.59	24.59	26.27	—	—	—	13.55	14.61	15.53	—	—	—
2002	39.70	40.03	40.68	36.02	36.64	38.47	30.30	30.90	32.74	24.16	24.94	26.23	—	—	—	13.42	14.44	15.17	—	—	—
2003	39.80	40.10	40.68	36.10	36.54	37.80	30.52	30.76	32.32	23.23	25.75	26.51	17.99	18.86	19.93	13.40	14.58	15.37	3.34	4.00	4.66
2004	39.70	40.03	40.63	36.22	36.64	37.93	29.91	30.49	32.23	24.16	25.03	25.39	17.83	19.07	19.71	13.23	14.06	14.91	3.17	3.83	4.02
2005	39.65	39.93	40.49	36.09	36.51	37.99	29.70	30.37	32.18	23.83	24.88	26.08	17.67	18.62	19.63	13.32	14.44	15.08	3.18	4.06	4.42
2006	39.60	39.88	40.36	36.02	36.40	37.67	29.85	30.45	32.11	24.38	25.18	25.43	17.66	18.51	19.37	13.10	14.08	14.70	3.42	3.99	4.51
2007	39.61	39.90	40.40	36.06	36.35	37.45	29.45	30.21	32.10	23.53	25.21	26.07	17.44	18.46	19.53	13.17	13.91	14.83	3.12	3.88	4.32
2008	39.60	39.88	40.39	36.12	36.30	37.30	29.66	30.27	32.09	24.08	24.63	25.95	17.53	18.95	20.01	12.68	13.87	14.56	3.04	4.07	4.42
2009	39.37	39.71	40.31	35.92	36.24	37.25	29.58	30.18	31.91	24.21	24.31	25.88	17.54	18.80	19.78	12.98	13.84	15.02	3.01	4.03	4.32
2010	39.36	39.68	40.28	35.90	36.26	37.28	29.12	30.26	31.85	23.31	24.35	26.41	17.51	19.03	19.13	12.95	14.05	14.57	2.59	3.55	4.30
2011	39.24	39.52	40.08	35.83	36.15	36.97	28.92	29.66	31.26	23.15	23.97	25.11	17.41	18.73	19.23	12.45	13.62	14.12	3.20	3.63	4.15
2012	39.24	39.51	39.99	35.80	36.07	37.07	28.93	29.42	31.50	23.69	23.83	25.58	19.31	20.31	21.31	12.50	13.45	14.27	3.00	3.74	4.25
2013	39.20	39.48	39.99	35.91	36.21	36.88	29.13	29.73	31.90	23.00	24.35	26.15	16.95	18.38	19.54	13.05	14.01	14.93	2.99	3.59	3.99
2003—2013	−0.6			−0.19			−1.39			−0.23			−1.04			−0.35			−0.35		

注　表中宜昌站为吴淞冻结基面，其基面换算关系为：吴淞冻结基面－吴淞资用基面＝0.364m；吴淞冻结基面－1985 国家高程基准＝2.070m。

螺山站以下枯水流量增加幅度较小，螺山、汉口、大通三站蓄水后最低水位年际间有升有降，但多数年份较蓄水前累计有所降低，2012 年螺山、汉口、大通三站较 2003 年分别累计下降了 0.05m、0.54m、0.04m。

4. 三峡工程对下游湖北段航道影响分析

（1）下泄流量过程改变对航道的影响。坝下游流量过程的改变主要表现在汛期洪峰流量削减、枯水期流量增加和汛后退水过程加快。

1）汛期洪峰削减，提高了船舶汛期航行安全和运营效率。三峡水库进入试验性蓄水期后，水库的滞洪调峰作用明显，蓄水前，汛期入库流量为 10000～70000m^3/s，蓄水后，削减为 10000～48000m^3/s，汛期流量、流速的降低，可减少船舶因流量、流速过大而停航的现象，提高了船舶的航行安全和运营效率。

2）枯水期流量补偿效应明显，枯水期航道维护水深增加。三峡水库蓄水运用以来，经水库调节下泄枯水流量明显增大，宜昌站最枯流量由 2003 年的 2950m^3/s 增至 2012 年的 5680m^3/s，增长近 1 倍，枝城站、沙市站及监利站也是如此，枯水补偿效应使得最枯水位明显抬高，有利于保证足够的航道水深，为长江中游河段航道水深提高和改善创造条件，对中下游航道总体有改善作用。如前所述，2012 年与 2003 年相比，宜昌站、枝城站、沙市站及监利站最枯水位分别抬高了 1.17m、0.9m、0.98m、0.98m，加上航道整治工程效果的逐步发挥，使得坝下游宜昌至武汉河段航道的维护水深较蓄水初期增加了 0.3m 左右，提高了宜昌至武汉河段航道通过能力。但相比于最枯水位增加值，维护水深增加值偏小，说明低滩冲刷、枯水河槽冲刷展宽等河道不利变化很大程度上抵消了枯水流量补偿效应。

3）汛后退水过程加快，落淤泥沙冲刷不及时而出浅。沙质浅滩的冲淤规律是汛期涨水时淤积，汛后退水时冲刷。三峡水库蓄水后，下泄泥沙虽然大大减少，但沿程冲刷所补充的泥沙大部分是可动性强的中、细沙，造成浅滩淤积的泥沙依然存在，而汛后冲刷流量骤减显然于航道不利，汛期淤积泥沙来不及冲走，从而促使航道出浅。

以莱家铺水道为例，其左岸中洲子高滩岸线逐年崩退，过水宽度的增大使该断面的断面流速减小，加之经三峡调度后，10 月平均流量由 18500m^3/s 降至 10800m^3/s，造成退水过程中 10 月主流平均流速由 1.5m/s 减少至 1.1m/s，流速降幅约 30%，而水流挟沙能力减小幅度更大，部分泥沙落淤，在顺直河段河心形成潜洲，滩槽格局趋于散乱。

（2）坝下沿程冲刷对航道的影响。三峡水库蓄水后，长江中游河床冲刷量明显增加，但对航道条件的影响是有利有弊的。

1）砂卵石河段。三峡水库175m试验性蓄水期，砂卵石河段的主要航道问题包括局部河段的淤沙出浅、卵石浅滩的局部水深与航宽不足、局部坡陡流急以及水位的下降等。

三峡蓄水对近坝段砂卵石河段航道的影响主要表现如下：

A. 近坝段水位继续下降，葛洲坝船闸三江下引航道可能出现水深不足，从而影响航道的畅通。目前，为改善下游通航条件，通过三峡枢纽流量调节，有关部门已将三峡工程初期运行期葛洲坝水利枢纽三江下引航道最低通航水位由38m恢复到设计要求的39m，即目前三峡水库枯季调度的主要目标是保证庙嘴站的水位不低于39m。

而近坝段枯水位在三峡蓄水前和蓄水后都呈下降趋势。根据相关资料分析，2012年12月4日，长江流量为5530m^3/s，庙嘴相应瞬时水位为39.06m；2012年12月5日，庙嘴瞬时最低水位达到38.96m；2013年12月2日，长江流量为5510m^3/s，庙嘴相应瞬时水位为38.97m。虽然低水位持续时间很短，并未出现不满足葛洲坝三江航道通航要求的水情，但很显然，近坝段枯水位持续下降已经使得庙嘴水位接近临界状态，2号、3号船闸的正常运行受到极大威胁，进而将影响到三江船闸的畅通和葛洲坝船闸的通过能力与效率，加之2号、3号船闸运行时在三江下引航道产生的不稳定流，对船舶航行安全产生较大的影响和困难。

B. 175m试验性蓄水以来，汛后出浅在芦家河水道进口等位置重新显现，芦家河水道“坡陡、流急”问题有所缓解。

芦家河水道长期以来一直是长江中游航道维护的重点河段，年内洪、枯主流在左侧沙泓与右侧石泓之间摆动，具有典型的“涨淤落冲”演变规律，汛后石泓水深不足而沙泓尚未冲开时，航道常会出现“青黄不接”的紧张局面。同时，当流量为5000m^3/s左右时，天发码头附近400m范围内比降可达7.0‱以上，流速可达2.8m/s以上；当枝江流量为6500m^3/s时，枝江水道进口段局部比降达4.0‱左右，存在一定的坡陡流急现象，使得船舶上行困难。

三峡水库蓄水运用后，宜都、芦家河等河段原本存在的汛后出浅问题一度得到缓解，航道基本稳定在沙泓。但自2008年三峡水库175m试验性蓄水运用以来，近坝段退水期9月、10月流量进一步减小，尤其是10月平均流量由蓄水初期的15000m^3/s左右下降至10000m^3/s左右，进一步减小了汛后水流冲刷沙泓进口浅区的能力，枯水河槽汛后难以冲刷、出浅的现象又在芦家河水道进口等位置重新显现，并连续几年造成航槽尺度难以满足要求。且芦家河水道沙泓中段当前水深已较为有限，随着下游沙质河床枯水位继续下降，芦家河水道中段的“水浅”问题将有所显现。由于枯水流量的增加，在一定程度上抵消了水位下降对比降、流态的不利影响，“坡陡流急”现象也一直存在，但随着船舶的单船化、大型化，“坡陡流急”对航运的影响有所减轻。

芦家河中段河床高凸难冲，既造成了水深条件有限的局面，同时又是控制宜昌水位的强节点，在芦家河水道保持稳定的前提下，芦家河下游河段的水位下降则将难以继续向上游传递。正在实施的宜昌至昌门溪河段航道整治一期工程，即通过在关洲、芦家河两个水道内实施以守护为主的综合工程措施，一方面是为解决较为急迫的芦家河沙泓进口淤沙问题；另一方面还兼顾了对水位关键控制节点的守护。

C. 砂卵石河段的末端，局部河段比降将变陡。长江枝江以上河段的河床为砂卵石，经三峡蓄水河床冲刷调整后，河床难以冲刷下切，而枝江以下河段以沙质河床为主，河床冲刷较大，河床沿程冲刷的不均匀使得枝江以上水位降幅较小，而下游水位降幅较大，造成枝江至七星台水位降幅沿程逐渐增大，从而使枝江至下曹家河段比降增加较为显著，局部河段比降变陡，其中，2005年枯水期比降为1.4‰，到2012年比降增加至1.9‰。若任由枝江至下曹家河一带比降进一步发展，势必加剧该河段的长河段比降，产生坡陡流急现象，还会对枝江上浅区水深产生不利影响。

2）沙质河段。受三峡水库蓄水后清水下泄影响，长江中游河段尤其是宜昌至城陵矶河段河床普遍发生冲刷下切，增加了河势及航道变化的不确定性，主要表现在以下几方面：

A. 顺直或放宽段向宽浅方向发展，易造成水深不足。三峡水库蓄水后，在分汊口门放宽段、两弯道之间的长直或放宽过渡段，主流摆动空间增大，洲滩、边滩冲刷，局部岸线崩退，宽深比有一定程度的增加，河道向宽浅方向发展，水流分散，航槽不稳，易造成浅滩水深不足，航道条件恶化。

对于分汊河段，如太平口水道、藕池口水道、窑监水道，江心洲洲头呈冲刷后退之势，造成分流处河道展宽、水流摆动空间增大，影响航槽位置及水深的稳定；对于两弯道之间的长直或放宽过渡段而言，如斗湖堤水道、铁铺水道，边滩冲刷、局部岸线崩退，致使河道展宽、水流分散、浅滩冲刷难度加大，水深条件存在恶化趋势，一些水道河槽已经出现潜洲并有向宽浅方向发展的趋势。

B. 年内主支不交替的分汊河段，支汊逐渐萎缩，分汊河段向单一河型转变，对航道条件改善有利。对于年内主支汊不交替的分汊河段，三峡蓄水运用后，主汊冲刷发展，支汊则处于逐渐萎缩态势，分汊河段向单一河型转变，这种变化对于航道条件的改变来说是有利的，因为水流集中于单一河槽，航道的水深及航宽条件都会得到提高，河势将更加趋于稳定，如藕池口水道便是如此。

藕池口水道位于长江中游下荆江首端，1994年6月藕池口水道发生切滩撇弯后，右汊曾变为主汊，分流比一度达到近90%，分沙比也远远大于左汊。在遭遇了1998—2000年连续三个大水年之后，左汊迅速发展，右汊进一步衰退，2001年年初在枯水流量下右汊已基本断流。进入三峡蓄水期后，洪、中、枯流量下藕池口水道以左汊的左槽过流为主，主汊进一步发展，右汊和右槽则不断萎缩。2012年12月，左槽分流比为99.34%，右槽为0.66%。

C. 年内主支交替的分汊河段，支汊冲刷发展，易造成航槽不稳。不论是三峡下游近坝段的砂卵石河段，还是下游的沙质河段，其分汊河段在其两岸原有山体或护岸等控制工程的制约下，总体河势、河型基本稳定，但分汊格局易出现调整，年内主、支汊交替发展的汊道河段表现为主支汊均冲刷发展，但支汊冲刷发展显著，支汊分流比逐渐增大，如砂卵石河段的关洲水道，在6000m^3/s左右的流量条件下，2010年12月与2012年11月相比，左汊（支汊）的分流比由29.61%增加至34.08%。当支汊逐渐冲刷发展到一定程度后，主汊、支汊可能发生交替变换，易造成航槽不稳。

D. 凸冲凹淤、切滩撇弯，弯道段航道条件恶化。随着三峡水库175m试验性蓄水运用，坝下游中枯水流量明显增大，对于弯曲河段，易造成枯水主流位置逐渐偏向凸岸，同时，由于上游来沙量急剧减少，水流沿程呈不饱和状态，当汛期洪水水流流经凸岸边滩时，边滩被冲刷，汛后又因水库调度使得汛后流量明显减小及退水过程加快，汛末冲刷边滩又难以回淤，随着时间的逐渐推进，凸岸边滩被切割冲刷，凹岸深槽发生淤积，当弯道发展到弯曲程度较大或者过度弯曲时，会发生切滩撇弯，甚至发生裁弯取直。

对于弯曲河段而言，如莱家铺水道、尺八口水道，凸岸边滩冲刷，主流位置不稳定，有向凸岸侧摆动的趋势，滩槽形势很不稳定，一些水道的河道形态已经呈现散乱的演变趋势，航道条件恶化。如尺八口水道，由于凸岸边滩根部原本存在窜沟，蓄水以后窜沟发展迅速，切割凸岸边滩成为心滩，形成双槽格局，滩槽格局则更加趋于恶化。

E. 支流口门通航条件变差，通航期缩短。长江宜昌至湖口沿江两岸汇入的支流主要有清江、松西河、松虎河、藕池河、汉江、倒水、举水、巴河、浠水、蕲河、鄱阳湖水系等，其通航条件变化与三峡蓄水后坝下河段河床冲刷下切引起分流比变化、支汊淤积以及主支汊易位引起支流口门通航条件变差等密切相关。

以荆江南岸松西河、松虎河、藕池河为例。三峡水库蓄水前的1956—1966年，荆江松滋、太平、藕池三口分流比基本稳定在29.5%左右；在1967—1972年下荆江系统裁弯期间，荆江河床冲刷、三口分流比减小，三口分流比为24%；

裁弯后的1973—1980年，荆江河床继续大幅冲刷，三口分流能力衰减速度有所加大，三口分流比减小至19%；1981年葛洲坝水利枢纽修建后，衰减速率则有所减缓，1981—1998年三口分流比为16%；至1999—2002年，分流比进一步减小至14%；三峡水库蓄水运用后，因荆江河道发生冲刷，三口分流比继续保持下降趋势，分流比由蓄水前1999—2002年的14%下降为蓄水后2003—2012年的12%，对于藕池口、松滋口以及太平口各个分流口而言，分流比分别由蓄水前1999—2002年的3.5%、7.7%、2.8%下降为蓄水后2003—2012年的2.7%、7.1%、2.2%，荆江三口分流比2013年已降为10%。

松西河、松虎河、藕池河是荆江南岸的重要支流，是连接湖南湖北两省、连接江汉平原与洞庭湖平原的重要水运通道，也是湖北省规划的长江中游1000吨级骨干航道网的组成部分。三峡水库蓄水运用后，三口分流比的继续下降，使得枯水期断流的情况呈加剧趋势，支流口门段淤积速度加快，年通航时间缩短，现仅在洪水期3～5个月能保持正常水深，季节通航，航运功能正在逐步萎缩。

5. 三峡水库蓄水后下游湖北段航道条件变化趋势预测

三峡水库蓄水运用对本河段的影响深远，由于来沙减少，总体表现为长距离、长时段的河床冲刷，预测三峡工程坝下湖北段航道条件的变化趋势如下：

（1）河床将继续发生适应性调整，总体仍将以冲刷为主，河床冲刷引起的沿程水位下降仍将持续，河床粗化。

（2）今后一段时期，三峡水库175m蓄水运行时，汛后退水加快的现象不会发生根本性改变，汛后出浅问题将长期存在，并在短期内有可能进一步恶化。

（3）随着护岸工程、航道整治工程的逐步完善，总体河势仍将保持基本稳定，航道条件也将整体向好的方向发展，但是局部河段仍会有所调整。

（4）目前，砂卵石河段的芦家河沙泓中部浅区，局部比降量值的稳定是枯水流量增加和下游水位降低相互制约的结果，在枯水流量不再增加的条件下，下游水位的进一步冲刷降低，沙泓中段“坡陡、流急、水浅”问题将再次突出。

（5）沙质河床局部岸线崩退、洲滩冲刷、支汊冲刷发展、凸冲凹淤、切滩等现象仍将继续，部分河段滩槽稳定性较差，航道条件趋于不稳定。

（二）三峡工程对下游湖北段港口的影响分析

从近几年实际情况看，三峡水库蓄水后，坝下冲刷对港口运营产生的不利影响主要表现在近坝段的枯水水位下降以及沿线部分港口岸线的崩塌失稳。下面重点对近坝段的宜昌港、荆州港进行分析。

1. 宜昌港

宜昌港主要包括主城港区、秭归港区、枝江港区、宜都港区、长阳港区和兴山港区6个港区，码头主要分布在长江干线上。

三峡水库建库前，宜昌港受航运条件制约，港口建设投资和吞吐量增长缓慢。三峡水库蓄水后，航道条件和港口水域条件得到很大改善，港口建设投资和吞吐量均得到大幅增长，分别从2008年的2.06亿元、3408万t增长到2013年的12.7亿元、6169万t，年均分别增长103%、16.2%。

三峡大坝调峰和清水下泄，必然会影响葛洲坝下游近坝河段河床稳定，导致河床下切，水位下降，泥沙运动规律打破。一是部分码头前沿会出现淤积使水深不够，部分码头前沿会出现淘刷造成基础失稳，例如主城港区客运码头水工及护岸工程、宜昌港宜都港区石鼓作业区适应性改造工程、枝城作业区沙沱码头改扩建工程均存在此类问题。二是因水位下降，码头前沿不能作业，必须前移，可能造成航道缩窄直接影响航行安全。三是水位下降，码头作业时还未达到设计水位值，例如云池一期、二期的高桩泊位在最高水位时，码头平台面与装卸船舶仍有3m左右高差，导致装卸成本增加，也造成码头建设投资增加。

2. 荆州港

荆州港是全国内河主要港口和区域综合运输体系的重要组成部分，是湖北省中部及江汉平原地区经济发展的重要依托和对外开放的重要窗口，是荆州市承接产业转移和推动长江经济带发展的重要支撑。荆州港将发展成为以散货、件杂货和集装箱运输为主，兼有旅游客运的综合性港口。荆州港包含松滋、公安、荆州、沙市、盐卡、江陵、监利、洪湖、洪湖湿地9个港区，荆州港将形成“一港九区”的总体规划格局。

近年来，受三峡水库蓄水影响，宜昌至城陵矶河段河床普遍冲刷下切，导致岸坡普遍变陡，崩岸频度和强度增加。同时，荆江河段同流量枯水位下降，近岸港口边滩、港池普遍呈现淤积情况，船舶靠泊困难，船舶作业需频繁移泊，导致港口作业效率低下，松滋港区、石首绣林港、监利容城港都受到不同程度的影响。目前，长江南岸的石首综合码头、三义寺汽渡左岸（夹河口）码头冲刷加剧，石首新厂镇、古丈堤、寡妇夹客渡码头，小河口镇季家嘴客渡码头及汽渡码头淤积明显，必须采取相应加固和清淤措施。

五、三峡工程对下游湖北段航运发展的评估

（一）通过水库调节枯水期下泄流量增加，通航条件明显改善

枯水期，通过三峡水库的流量调节，葛洲坝下游最小通航流量从3200m^3/s

提高到 $5500m^3/s$ 左右，枯水补偿作用明显，为长江中游河段航道水深增加和改善创造了条件，加之正逐步实施的长江中游航道整治，使长江中游航道条件得到明显改善，葛洲坝下游最低通航水位由 38m 恢复到设计要求的 39m，宜昌至武汉河段航道的维护水深较蓄水初期增加了 0.3m 左右，提高了宜昌至武汉河段航道通过能力。但清水下泄导致河床下切、宜昌枯水位持续下降，通过流量补偿保证葛洲坝枢纽下游设计最低通航水位的难度加大。

（二）坝下河床冲刷对航道的影响有利有弊，航道条件整体向好的方向发展，并已取得明显成效

受三峡水库清水下泄影响，长江中游河段尤其是宜昌至城陵矶河段河床普遍冲刷下切，其对航道条件的影响深远，且有利有弊。随着坝下河段航道整治和护岸工程等的逐步实施，坝下河段总体河势保持了基本稳定且可控，航道条件也整体向好的方向发展，并已取得明显成效。但是局部河段的调整仍将具有不确定性，尤其是近坝芦家河航段仍是航运发展的主要障碍。

在三峡工程专题论证和初步设计阶段，航运专家组对葛洲坝以下航道条件的预测是基本准确的。当前和今后，清水下泄引起的坝下河床下切、枯水水位下降对航道的影响将是一个动态的、长期的过程，应继续加强观测、分析和研究，以趋利避害。

三峡水库 175m 蓄水后，汛后退水过程的加快将使汛期落淤泥沙因冲刷不及时而出浅，其给中下游航道带来的影响应予以重视，并积极探索解决的办法。

（三）促进了船舶大型化发展进程，运输结构明显改善

三峡水库蓄水运用后，通过逐步实施的航道整治与护岸等工程，长江上、中游通道条件明显改善，湖北省内河运输船舶总数稳中趋降，但船舶总吨位却直线攀升，平均吨位也由 2002 年的 275t 达到 2013 年的 1587t，全省千吨级以上船舶分别占总量的 41.7%、78.9%，船舶大型化、标准化进程加快，运输结构明显改善。期间，货船运输也得到高速发展，到 2013 年，货船总吨位占到当年全省运输船舶总吨位的 96%，平均吨位也由 2002 年的 308t 达到 2058t，平均增长率为 18.8%。目前在长江、汉江干线，推轮与驳船组成的船队运输已渐趋萎缩，以货船为主的运输方式在较长时间内不会改变。

六、后续工作建议

（一）继续加强坝下河段水文泥沙、河势与航道演变的观测分析与研究工作

三峡水库蓄水后，对葛洲坝以下长江中游航道的影响有利有弊。且三峡工

程的运用对葛洲坝以下航道的影响是一个动态的、长期的过程，对蓄水后的影响和新的规律的认识还需要今后长期、不断地观测、分析和研究。

随着向家坝、溪洛渡等大型水电工程蓄水运用以及三峡水库蓄水进程的推进，新一轮清水下泄对坝下河段航道的影响将逐渐显现。建议尽快开展向家坝、溪洛渡等大型水电工程引起的新一轮清水下泄对坝下河段航道影响的研究，深入全面地揭示新水沙条件下坝下河段航道条件变化的规律。

（二）继续加强长江河道采砂监管，保障长江防洪和通航安全

长江河道的“黄砂大战”，曾经烽烟四起，连绵数十年，大规模无序的非法采砂破坏了河床形态及河道整治工程，改变了局部河段泥沙输移的平衡，引起河势的局部变化和岸线的崩退，引起河床下切、同流量下枯水水位下降，对局部河段的河势稳定、航道条件带来了不利影响，同时也降低已有整治工程效益的发挥，严重影响防洪总体规划和区域供、灌、排体系，威胁通航安全。

自 2002 年 1 月 1 日起施行《长江河道采砂管理条例》和 2015 年 3 月 1 日起施行《中华人民共和国航道法》以来，相关部门加强了对长江河道非法采砂的打击和治理工作，保障了长江干流河势、航道稳定和防洪、航运安全，从根本上扭转了长江河道过去滥采乱挖的混乱局面，非法采砂活动得到了有效遏制，长江河道采砂总体上处于可控状态，应继续加强长江河道采砂监管，以保障长江防洪和通航安全。

（三）结合长江上游水库联合调度，积极探索研究汛后蓄水的过程控制方法，尽可能降低对下游航道的不利影响

三峡水库蓄水使汛后退水过程加快，虽然三峡蓄水后中下游河段来沙量减少，汛期淤积的泥沙减少，但是沿程泥沙的冲刷补给和汛后退水率增加的叠加，仍会导致汛后退水期浅滩冲刷不及时而碍航；目前，宜昌枯水位的下降幅度已经使葛洲坝三江船闸的水位接近正常运行的下临界水位，下游河段河床冲刷引起水位下降的溯源传递将会引起宜昌水位的进一步下降，届时三江船闸的正常运行也将会受到限制。

因此，应积极探索研究汛后蓄水的过程控制方法，结合上游向家坝、溪洛渡的联合蓄水调度，控制汛后退水率的大小，并尽可能加大枯水期下泄流量，保障枯水期航道的畅通。

（四）加快推动长江中游荆江河段航道整治二期工程建设

荆江河段位于长江中游宜昌至武汉河段，由于自身复杂的自然特性加之三峡工程影响，河床演变剧烈，滩多水浅，碍航情况频发，一期工程实施后虽大幅改善了本段的航道条件，但距规划目标仍有不小差距。近年来，随着长江干线航道建设的不断推进和武汉至安庆段6.0m水深航道整治工程的全面完工并投入试运行，长江上游三峡库区涪陵至宜昌航道最小维护水深已达到4.5m，武汉以下河段航道最小维护水深达到6.0m以上，而荆江河段的最小维护水深仅3.5～3.8m，是长江黄金水道航运的瓶颈段，因此通过荆江二期航道整治工程将通航尺度提升至4.5m尤其迫切，工程的实施将有助于改善长江中游的通航条件，夯实航道基础设施，助推长江经济带发展。

附件：

专题组成员名单

组　长： 龚国祥　湖北省交通规划设计院股份有限公司，副总工程师，教授级高级工程师

成　员： 张　芹　湖北省交通规划设计院股份有限公司，高级工程师

余炎平　湖北省交通规划设计院股份有限公司，教授级高级工程师

许　剑　湖北省交通运输厅，副处长，高级工程师

黄召彪　长江航道局，副处长，教授级高级工程师

张忠阳　湖北交投宜昌投资开发有限公司，总工程师，高级工程师

周圣龙　荆州市港航管理局，副局长，高级工程师

专 题 五

三峡通航需求分析与中长期预测

一、三峡通航设施基本情况

三峡水利枢纽是治理和开发长江的关键性骨干工程，具有防洪、发电、航运等巨大综合效益。工程由拦河大坝及泄水建筑物、水电站厂房及通航建筑物等组成。1992 年 4 月 3 日，第七届全国人民代表大会第五次会议审议通过了《关于兴建长江三峡工程的决议》。

三峡船闸和三峡升船机是三峡水利枢纽的永久通航设施。其中，三峡船闸工程于 1994 年 4 月 17 日开工，船闸有效尺度为 280m×34m×5.0m（长×宽×最小水深），设计通过能力为 2030 年下水过坝货运量 5000 万 t。设计通过船型以万吨级船队为基本船型，年设计通航天数为 335d，每天设计运行 22.1 闸次，每闸次设计通过时间为 59.7min。2003 年 6 月 16 日，三峡双线五级船闸试通航取得成功，6 月 18 日正式向社会船舶开放。2004 年 7 月 8 日，双线五级船闸经过为期一年的试运行后通过验收（通航水位 135～139m），正式投入运行。2006 年 9 月 15 日，三峡船闸为满足三峡水库 156m 以上高水位运行的要求开始进行后续施工，以实现船闸五级联合运行为目标，以加高一闸首、二闸首人字门底槛高程和抬升二闸首人字门为主要施工内容。三峡南线船闸于 2007 年 1 月 20 日提前恢复通航，2007 年 5 月 1 日施工全部结束，恢复双线通航。2007 年 1 月 19 日和 4 月 26 日，南线船闸完建工程和北线船闸完建工程分别通过技术预验收。2007 年 5 月 13 日，国务院三峡三期枢纽工程验收组对三峡三期枢纽工程北线船闸一闸首、二闸首完建单项工程进行正式验收，一致同意对北线船闸一闸首、二闸首完建单项工程予以验收。验收的通过，标志着三峡船闸工程全部建成，设计功能基本实现。同时，随着船闸的完建，枢纽工程已经具备了挡 175m 水位的条件，三峡水库实际防洪能力较初期运行期又有所增大。

三峡升船机为齿轮齿条爬升式垂直升船机，其过船规模为 3000 吨级。升船机最大提升高度113m。承船厢平面有效尺寸为120m×18m（长×宽），承船厢与厢内水体总重115500t，是目前世界上技术难度和规模最大的垂直升船机。垂直升船机的设计日运行闸次为36次，即上、下行各18次，年运行天数为335d。单向运行的间隔时间约40min，除满足客运快速通过外，还提供鲜、活货物过闸的快速通道，同时减少船闸客运船只的过闸次数，增加双线五级船闸的过闸货运量。

三峡船闸建成通航后，极大地改善了长江上游的航行条件，有效发挥了水运大运量、低成本、节能环保的优势，使长江航运在扩大东中西部经济交流与融合、推进西部大开发和中部崛起等方面发挥出更加重要的作用，对促进沿江地区的经济社会发展具有重大战略意义。

然而，长江水运的快速发展，也给三峡船闸的通航管理带来了严峻的挑战。三峡蓄水通航已使川江航道年通过能力由2003年的1000多万吨提高到2013年的近1亿t，目前三峡船闸实际通过货运量已经超过原来的设计能力。三峡船闸运行以来，由于船舶船型、移泊时间和载重利用系数等方面原因，船闸的通过能力潜力尚未得到充分发挥。蓄水成库后的航运运输组织方式较之初步设计发生了变化，初步设计考虑的过闸船舶以万吨级船队为主，而三峡船闸通航以来过闸船舶主要为单船。2013年，三峡船闸日均运行闸次数和过闸船舶载重利用系数分别为设计指标的66.7%和66.7%。从现实的运行情况来看，船闸通过能力仍有较大潜力，仍然具有较大的优化改进余地。如何针对航运需求新形势新要求，深入挖掘枢纽工程的航运潜力，提高航运效率，需从战略上做综合研究分析。

科学合理分析和预测“十二五”“十三五”乃至更长时间（2020—2030年）长江三峡通航需求[1]的基本趋势，深入研究挖掘三峡通航设施潜力、提高通航效率的对策措施，对长江航运和沿江经济发展具有重要的意义。本专题将对三峡通航需求的中长期发展趋势进行综合分析预测，并提出相关政策建议。

二、目前三峡通航的总体特征

（一）三峡船闸的建设与运营世界领先

三峡船闸的规模大、设计水头高，船闸需适应的上游水位变幅大、坝址复杂河势和含沙水流等条件的复杂程度，均超过世界各国已建船闸的水平。三峡船闸建设工程取得了一系列重大突破和创新，创造了多项世界之最，主要体现

[1] 由于影响三峡通航问题的最主要需求是货物的过闸量，因此本研究将重点针对三峡的过闸货物量展开分析和预测。

在以下三个方面。

第一，三峡双线连续五级船闸是目前世界上已建成船闸中连续级数最多、总水头和级间输水水头最高的内河船闸。全长约6.4km，设计总水头113.0m，远大于当时世界上已建船闸的最大总水头72.8m；级与级之间的最大输水水头45.2m，远大于当时世界上已建船闸的最大级间输水水头36.4m。三峡船闸的成功建成，大大完善和发展了高水头大型船闸的设计理论和工程实践，使世界高水头大型船闸的设计和建设达到了一个崭新的高度。

第二，人字门规模、淹没水深、启闭力三项指标均超过了世界水平。人字门最大门高38.5m，单扇门重达800多吨，最大工作水头36.75m，一闸首人字门挡水高度和闸门启闭时最大淹没水深达36.0m，人字门启闭力最大值达2700kN。

第三，高边坡施工技术创造了世界之最。高边坡最大开挖深度170m，在建设过程中，在两侧高边坡安装了4000多根1000～3000kN的预应力锚索和约10万根高强锚杆，伴以挂网喷混凝土支护等加固技术，成功地解决了高边坡的开挖失稳难题。

（二）三峡工程显著改善了长江航道条件

蓄水至175m后，三峡库区江面明显变宽，水深大幅增加，消除了三峡大坝坝址至重庆之间139处滩险，46处单行控制河段，25处重载货轮需牵引段，绞滩站和助拖站全部撤销。涪陵以下“窄、弯、浅、险”的自然航行条件得到根本改善，全线实现全年昼夜通航，长江干线实现全线夜航，重庆至宜昌航道维护水深从2.9m提高到3.5～4.5m，万吨级船队可直达重庆。长江上游660km主航道的航行条件得到明显改善，航道通航标准从三级跃升为一级。三峡水库原有通航支流的通航里程延伸，许多原不通航的支流具备了通航条件。据重庆市交通运输委员会统计，三峡库区新增支流航道57条，新增通航里程114.69km，改善航道里程1234.15km，通航总里程达4451.05km。川江运输船舶等级从1000吨级提高到3000～5000吨级，水运量迅猛增长。

三峡船闸通航后，虽然船舶过闸需要耗费一定时间，但航道条件的显著改善使船舶能够昼夜兼程，加快航速，缩短了汉渝等长途运输的总耗时。调查显示，与成库前相比，在枯水期，机动散货船（载重1500t，功率588kW）和集装箱船（载重100TEU，功率600kW）两种典型船型在汉渝间往返一次总节省时间枯水期为68～74h，洪水期为61～112h。长江中上游的货物直通欧洲的时间可以缩短5d，实现了由内河水运向江海直达方式的转变。航道改善和集装箱、滚装等现代运输方式的应用也促进了船舶的高速化，缩短了航行时间。

三峡工程还改善了宜昌以下的航道条件。三峡水库自2008年汛后3次实施175m试验性蓄水以来，2010年10月26日，成功蓄至175m设计水位目标，三峡水库调节库容逐步增加，补水效益日益显现。宜昌至武汉的中游航道有浅滩10余处，伴随着三峡蓄水后下泄枯水流量的补偿效应，航道整治、维护加强等综合措施的实施，枯水期宜昌至城陵矶段航道维护水深达到了3.2m，比蓄水前提高了30cm左右。水深每增加10cm，货船可以多装货150～200t。据初步估计，目前宜昌至武汉航段年通过能力提高200万～300万t，枯水期船舶装载率提高使得典型航线中游段运输成本下降10%左右。蓄水175m后，枯水期通过三峡水库的流量调节，葛洲坝下游最小流量从3200m^3/s提高到现阶段的5500m^3/s左右，葛洲坝下游最低通航水位恢复到设计要求的最低通航水位39m，有效改善了枯水期中下游航道航行条件。表5.2-1显示了枯水期三峡水库向下游补水的情况。

表5.2-1 枯水期三峡水库向下游补水情况表

时段	补水天数/d	补水总量/亿m^3	平均增加航道深/m	备注
2003—2004年	11	8.79	0.74	135～139m围堰发电阶段
2004—2005年	枯期来水较丰，没有实施补偿调度			135～139m围堰发电阶段
2005—2006年	枯期来水较丰，没有实施补偿调度			135～139m围堰发电阶段
2006—2007年	80	35.8	0.38	156m初期运行阶段
2007—2008年	63	22.5	0.33	156m初期运行阶段
2008—2009年	101	56.6	0.40	175m试验性蓄水期
2009—2010年	141	139.7	0.70	175m试验性蓄水期
2010—2011年	164	215	1.00	175m试验性蓄水期
2011—2012年	150	215	1.00	175m试验性蓄水期
2012—2013年	146	210.5	0.79	175m试验性蓄水期

库区船舶航行的安全性得到大幅度提高，库区长江干线水上交通事故数量平均每年较蓄水前减少了约2/3，重大交通事故数约是蓄水前的1/17，有力推动了库区水运和沿江经济的发展。

（三）三峡船闸运行管理处于领先水平

国务院办公厅《关于长江三峡枢纽工程建设期通航建筑物管理体制有关问题的通知》（国办函〔2002〕86号）明确了建设期三峡通航管理体制，要求“枢纽统一管理”“政企分开”，即由中国长江三峡集团公司负责对三峡枢纽工程实行统一管理。三峡和葛洲坝河段的航运行政管理和枢纽工程的运行管理分别由政府部门和企业负责，即由交通运输部负责三峡枢纽和葛洲坝枢纽河段航运的安全、海事、调度、公安、消防、航道、通信、锚地等行政管理工作，所需行政经费纳入中央财政列支；中国长江三峡集团公司负责对三峡枢纽实行统一管理，船闸的运行维护、检修、更新改造、安全监测、上下游引航道疏浚等工作，所需经费在电力成本中列支。这种管理体制是在总结葛洲坝船闸 20 多年运行经验和教训的基础上，由国务院三峡办组织相关部门研究，考察国内外船闸运行管理模式，并广泛征求相关部门和单位意见后制定的。实践表明，这种通过国有企业以市场化的运作方式来开发和运行管理大型水利枢纽的体制是科学且成功的，制度的创新完善为枢纽工程的成功建设和运营奠定了基础。

按照国务院关于建设好、运行好、管理好三峡工程的要求，相关管理单位加强合作协调，坚持统筹兼顾，科学管理，始终将社会效益放在首位，充分发挥三峡工程的综合效益。加强枢纽设备设施的运行维护管理、检修和更新改造，有力促进了长江"黄金水道"航运效益的发挥。运行十余年来，中国长江三峡集团公司充分发挥其技术管理、安全管理、枢纽工程综合运用、人力资源和坝区综合管理等方面的优势，加强三峡船闸的运行管理、检修、更新改造和工程美化，实施科技和管理创新，制订了国内首部《三峡船闸运行管理手册》，采取了多种技术创新和管理手段，研制和完善了大量快速检修工装、快速修补材料和工艺，创造性地提出了"大修小修化、小修日常化"的检修指导思想，仅用 20d 时间完成五级船闸的岁修，突破了大型船闸检修的传统模式，提高了船闸的检修效率和通航保证率。采取多种措施，先后采取了 156m 水位下船闸四级运行、过闸船舶一闸室待闸以及增设上下游待闸趸船等提高船闸通过能力的措施，船闸运行效率和通过能力不断提高。船闸设备设施的运行时间已达到或小于设计值。十余年来，三峡船闸日均运行闸次数从通航初期的最高 20 个提高到当前的 35 个闸次；年平均通航率达到 94.08%。其中 2008—2013 年试验性蓄水期间的年均通航率为 96.47%，高于 84.13%的设计指标，相当于每年多运行了 1000 余小时。船闸保持"安全、高效、畅通"运行，通航效率显著，三峡船闸运行管理处于领先水平。

与此同时，还充分发挥枢纽工程统一综合调度的优势，多次利用三峡库容适时补水，协助水上交通事故救险，提高了船舶运输的安全性。

除水路运输外，三峡坝区附近还建有右岸翻坝高速公路、左岸专用公路，三峡机场和宜万铁路等交通通道。三峡翻坝高速公路于 2010 年 12 月 31 日正式建成通车，全长 57.8km。两坝间的载货汽车滚装船运输于 2011 年 7 月 1 日停驶，载货汽车走三峡翻坝高速公路，提高了转运效率。

（四）三峡通航行政管理服务能力大幅提升

按照国办函〔2002〕86号文的精神，交通运输部门加强了三峡和葛洲坝工程河段的安全、海事、调度、公安、消防、航道、通信、锚地等行政管理工作。

“十一五”时期，交通部长江航务管理局认真执行《三峡通航发展规划》，实施基本建设项目14个，累计投资约5.87亿元，完成了三峡坝区航运配套设施应急工程、三峡坝区航运管理基地工程、三峡坝区通航调度工程、三峡坝区航道设施近期建设工程、三峡坝区航运配套通信工程、航运调度中心用房改造工程、三峡坝区船舶服务区待泊锚地建设工程、三峡坝区航运配套设施工程等8个重点项目，新建航标102座、船艇12艘、码头4座、救助防污基地1个、待闸锚地5处、应急停泊区11处、站房3356m^2；建成三峡通航指挥中心、三峡通航政务中心、三峡通航应急救助中心。长江三峡通航管理局以服务和效能为先导，不断提升三峡通航行政管理精细化、现代化管理水平，应用现代信息化科技手段，实行“一次申报、统一计划、统一调度、分坝实施”的调度指挥模式，实现远程监管、远程申报，初步形成通航智能化、装备现代化、服务便捷化和管理协同化。

三、三峡通航船闸过闸情况与影响

（一）三峡船闸近年来的货物通过情况

三峡船闸自2003年6月18日向社会船舶开放以来，截至2013年，三峡船闸累计通过货物6.4亿t，加上翻坝转运货物，通过三峡枢纽断面的货运总量达7.6亿t，是三峡工程蓄水前葛洲坝船闸投运后22年（1981年6月至2003年6月）过闸货运量2.1亿t的3.6倍。2011年，三峡船闸货运量首次突破1亿t，是三峡蓄水前该河段年最高货运量1800万t的5.6倍。

具体来看，三峡船闸通过能力不断提高，但过闸货运量增速放缓。三峡船闸每年过闸货物量从2004年的3431万t增加至2011年的10033万t，年均增长为16.6%[1]。其中上行货运量从1010万t增加至5533万t，年均增长27.5%；下行货运量从2421万t增加至4499万t，年均增长9.3%。此后，2012年和2013年货运量分别为8611万t和9707万t，基本维持稳定。其中，2012年出现了明显的下降。三峡船闸通过货运量8611万t，同比下降

[1] 三峡工程于2003年6月建成并进入试通航阶段，根据可比原则，在计算年均增速时所采取的时间段为2004—2011年。

14.17%；上行货运量为5345万t，同比下降3.40%；下行货运量3266万t，同比下降27.41%。

从上下行结构看，近年来三峡船闸上下行发生了转变，货运量增长主要来自上行货物，下行货运量近年来呈下降趋势。如图5.3-1所示，三峡过闸货运量过去以下行货物为主，所占比重一般超过60%，而上行货运量的比重则不到40%。但近年来上行货运量增长势头强劲，从2008年的2112万t增加至2013年的6029万t，共增加3917万t，其中的75%来自矿建材料（主要是黄砂）、矿石和钢材，分别增长了1951万t、687万t和305万t。主要受汶川地震重建、上游城镇化和工业化建设等的影响，下行货运量则出现回落趋势。2011年上行货运量已经开始超过下行货运量，2013年下行货物占过闸货运量的38%，而2004年的下行货运量占比为70%。上下行货运量的变化趋势将对未来三峡船闸的通航需求产生重要的影响。

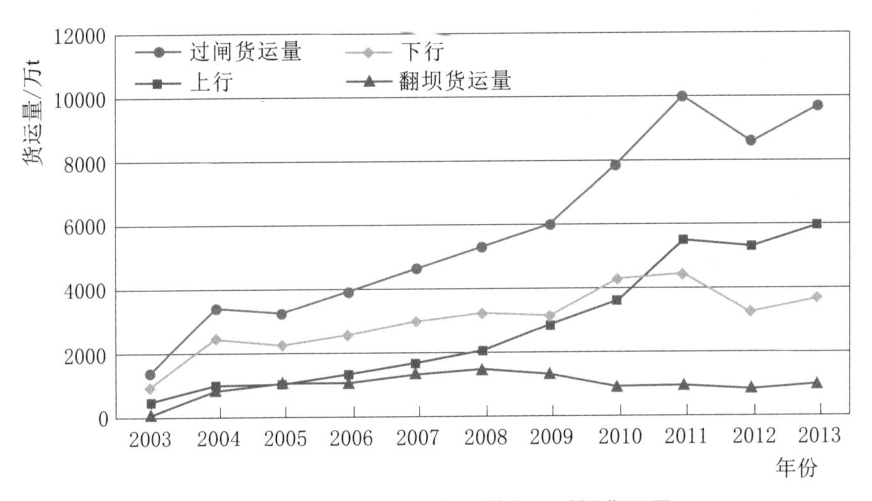

图5.3-1 2003—2013年三峡枢纽过闸货运量

此外，还有一部分翻坝的货运量。可以看到，翻坝货运量从2004年的878万t增加至2008年的1477万t，此后逐渐下降到2012年的878万t，2013年又增加至1015万t。三峡翻坝高速公路从宜都红花套至秭归曲溪，于2010年12月30日竣工通车，全长约58km。三峡翻坝高速公路连接三峡坝上码头与沪渝高速公路，对构建长江南北两岸的立体交通体系，繁荣三峡库区经济具有重要意义。通车初期，因相关原因，三峡翻坝高速公路17座以下车辆通行费为0.836元/km，载货类汽车计重收费标准基本费率为0.132元/(t·km)。许多车辆为了节省通行费用，宁愿绕道，也很少选择走三峡翻坝高速，导致该公路车流量很低。2012年12月5日开始，通行费全面下调，17座以下车辆通行费降至0.44元，降幅约50%，货车通行费降幅约33%。

可以预见的是，作为三峡综合运输体系的组成部分，随着沿江高速公路和相关铁路的修建，一些货物不再采用翻坝的方式继续走水路，而采取多式联运的方式，直接从坝前公路转向公路或铁路，进一步扩大了宜昌三峡区段的货运通过能力。

（二）三峡船闸货运量的货种结构

从图 5.3－2 和表 5.3－1 可以看出，2004 年以来三峡船闸货运量分类构成来看，三峡过坝货物的结构一直较为稳定，但近年来发生了明显的变化。从货物构成及其变化趋势来看，总体表现出以下特征：

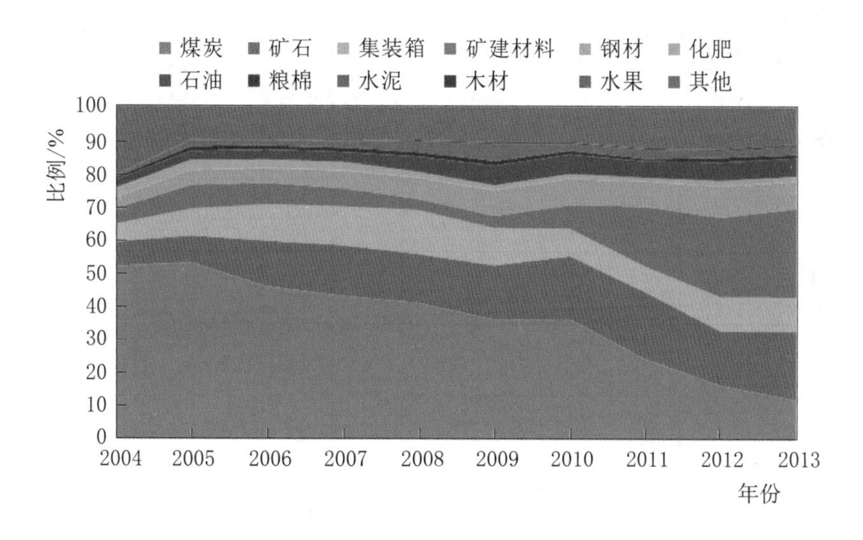

图 5.3－2　2004—2013 年三峡船闸货物分类通过量构成

煤炭、矿石、集装箱、矿建材料、钢材等五类货物是三峡大坝过闸最主要的货种。过闸物资中，矿建材料（主要是黄砂）、煤炭、矿石（含金属矿石和非金属矿石）、钢材和集装箱的运量之和约占全部过闸运量的 80％，其中矿建材料和煤炭约占全部过闸运量的 40％。

2004—2013 年以上五种物资过闸运输吨位占全部过闸货物总量的比例分别为 72.6％、80.9％、81.8％、80.8％、78.7％、74.9％、78.5％、77.7％ 、77.5％和 77.8％。

煤炭曾是三峡大坝过闸量最大的货种，但是近年来在全部货种中的比重大幅下降，2013 年已降至第三位。在所有过闸物资中，2003 年以来至 2011 年，煤炭运量始终处于领先地位。近年来运量开始下降，煤炭运量在全部货种中所占比重出现了明显的下降趋势，占过闸货运量的比例由 2004 年的 52％下降到 2013 年的 12.4％，过闸运量从 2004 年的 1785 万 t 增长到 2011 年的 2298 万 t 后，2012 年和 2013 年分别为 1370 万 t 和 1198 万 t，已被矿建材料和矿石所超过。

表 5.3-1　三峡船闸 2004—2013 年主要过闸货物统计表

货物种类	2004 年		2005 年		2006 年		2007 年		2008 年		2009 年		2010 年		2011 年		2012 年		2013 年	
	数量/万 t	占比/%	数量/万 t	占比/%	数量/万 t	占比/%	数量/万 t	占比/%	数量/万 t	占比/%	数量/万 t	占比/%	数量/万 t	占比/%	数量/万 t	占比/%	数量/万 t	占比/%	数量/万 t	占比/%
煤炭	1785	52.0	1750	53.2	1822	46.3	2030	43.3	2214	41.2	2215	36.4	2875	36.5	2472	24.6	1370	15.9	1198	12.4
矿石	252	7.4	263	8.0	541	13.7	706	15.1	783	14.6	978	16.1	1481	18.8	2017	20.1	1768	20.5	2004	20.6
集装箱	181	5.3	266	8.1	430	10.9	546	11.7	705	13.1	682	11.2	649	8.2	758	7.6	846	9.8	990	10.2
矿建材料	158	4.6	238	7.2	261	6.6	256	5.5	176	3.3	216	3.6	550	7.0	1788	17.8	1926	22.4	2561	26.4
钢材	114	3.3	145	4.4	168	4.3	247	5.3	351	6.5	467	7.7	636	8.1	759	7.6	765	8.9	794	8.2
化肥	105	3.1	100	3.0	95	2.6	124	2.7	94	1.7	102	1.7	114	1.5	124	1.2	140	1.6	151	1.6
石油	78	2.3	88	2.7	116	3.0	134	2.9	237	4.4	349	5.7	452	5.7	480	4.8	455	5.3	526	5.4
粮棉	25	0.7	44	1.3	42	1.2	59	1.3	71	1.3	83	1.4	82	1.0	76	0.8	103	1.2	98	1.0
水泥	22	0.6	64	1.9	65	1.8	88	1.9	186	3.5	321	5.3	172	2.2	289	2.9	178	2.1	252	2.6
木材	3	0.1	3	0.1	4	0.1	6	0.1	15	0.3	30	0.5	35	0.4	32	0.3	36	0.4	58	0.6
水果	2	0.1	2	0.1	2	0	3	0.1	1	0	1	0	0	0	0	0	0	0	0	0
其他	706	20.6	330	10.0	394	10.0	488	10.4	538	10.0	644	10.6	836	10.6	1236	12.3	1026	11.9	1073	11.1

投资基建相关材料（矿建材料、矿石、钢材、水泥等）近年来快速增长，迅速成为三峡过闸的主要货种。从过闸统计数据来看，2003年以来增长最为迅速的货种就是矿建材料、矿石和钢材。矿建材料、矿石和钢材分别由2004年的158万t、252万t和114万t增长到2013年的2561万t、2004万t和794万t，分别增长了15.2倍、6.9倍和6倍。2004—2008年，矿建材料、矿石和钢材在整个过闸货运总量中的比重分别为15.3%、19.6%、24.6%、25.8%和24.4%。2008年汶川地震发生后，上行投资基建材料运量明显增加。2009—2013年以上三种货物在整个过闸货运总量中的比重分别为27.3%、33.8%、40.6%、46.7%和55.2%，运量则由2008年的1310万t增加至2013年的5359万t，全部货运量中一半左右是投资建设类材料，反映出汶川地震后上游地区基础设施修复和市政建设加快的情况。

近年来与农业相关的过闸货运量维持在过闸运量2%～4%的较低水平。在现有的货物分类方式下，12类货种中化肥、粮棉以及水果等与农业直接相关。2004—2013年，化肥、粮棉以及水果三种货物的累计过闸运量分别为132万t、146万t、138万t、186万t、165万t、186万t、196万t、200万t、243万t和249万t，其中化肥的运量从2004年的105万t增加至2013年的151万t，粮棉的运量从2004年的25万t增加至2013年的98万t，水果的运量从2004年的约2万t下降到2013年的0.35万t。

近年来集装箱过闸运量稳中有降。2004—2013年，集装箱过闸运量分别为181万t、266万t、430万t、546万t、705万t、682万t、649万t、758万t、846万t和990万t，从货运量的历史数据来看，前几年集装箱的过闸运量增长很快，但受金融危机的影响，自2008年以来集装箱的过闸运量呈现出有所下降、又逐渐回升的趋势。

（三）三峡枢纽区域货物运输需求流向分析

要想较为准确地把握不同货物未来的运量变化趋势，除需要了解这些货种历史上的变化趋势外，还应该了解这些货种的运输流向，明确这些货种的货源地和目的地（更准确地说是生产地和消费地）。遗憾的是，目前还缺乏相应的详细数据，因此本专题只能根据其他现有的研究成果或者调研的资料进行一些初步分析。

第一，三峡枢纽下行货物流向分析。三峡枢纽下行的货物主要包括煤炭、非金属矿石、钢铁、水泥、化工原料及制品以及集装箱等，如图5.3-3所示。其中煤炭是最主要的下行货物。长江上游地区四川、重庆、云南、贵州等地都是煤炭产地；而长江中下游地区（湖北、江苏、上海等[1]）则煤炭资源比较匮乏，随着经济的发展下游地区电力需求越来越大，电煤的空间运输需求也随之增加。同时水路运输因其成本低、运距长自然成了煤炭调运的理想方式。早期通过三峡下行的煤炭主要来自四川和重庆，随着重庆、四川等地自身煤炭需求的上升，云南、贵州甚至是陕西、山西等地的煤炭也开始运往长江中下游。对于金属矿石，长江上游的贵州盛产磷矿石，重庆则盛产石膏、石灰石、含钾岩石；另外长江上游地区还产重晶石、方解石、萤石、石英砂、硫铁矿等。其中磷矿石主要销往长江中下游的铜陵、宜昌等地；湖北兴山磷矿石主要运往长江中下游地区。重庆市的石膏、石灰石、含钾岩石等远销日本、东南亚以及沿海一带；乌江流域在涪陵中转的重晶石、方解石、萤石、石英砂、硫铁矿等运往长江中下游各省市。

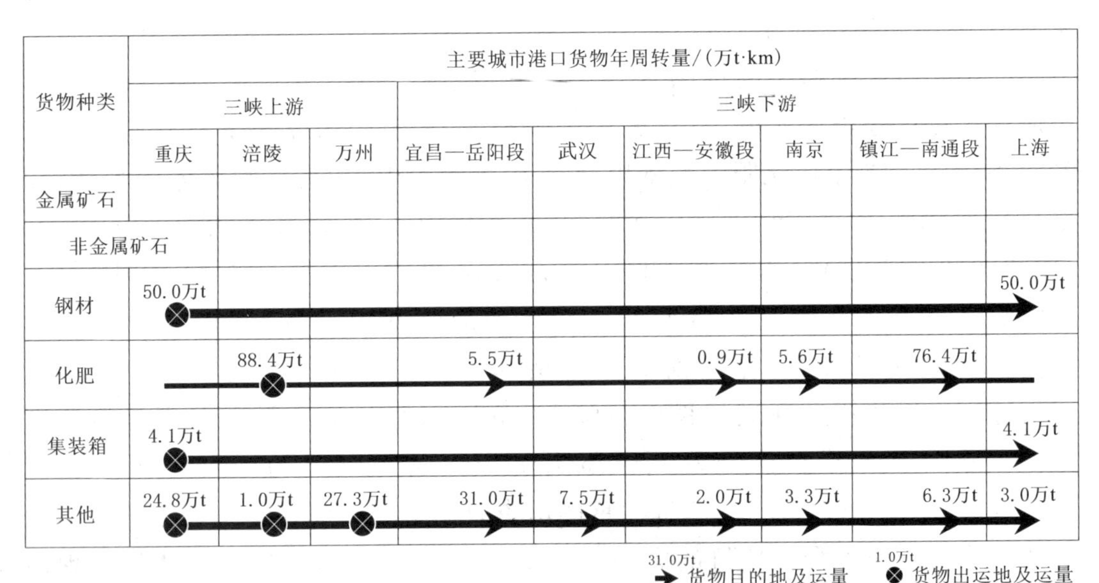

图 5.3－3　2005 年重庆市重点企业长江下行货物运输分类

此外，长江上游区域还有许多工业制成品也通过三峡大坝被运往长江中下游地区或者运往国外，比如重庆生产的钢材、摩托车及零配件等。

第二，三峡枢纽上行货物流向分析。三峡枢纽上行的货物与下行的货物稍有不同。从历史数据来看，三峡枢纽上行的货物主要包括矿建材料、金属矿石、石油以及集装箱等，如图 5.3－4 所示。其中上行货物中运量最大的主要是矿建材料和金属矿石。长江上游相关的钢铁厂主要有重庆的重庆钢铁（集

[1] 根据课题组的调研，通过三峡下行的煤炭大约有 60％运往江苏，5％运往上海，剩下 35％运往湖北和安徽。

团）有限责任公司和四川的攀钢集团有限公司。由于该区域的铁矿石品位不高且含磷量高，与进口的铁矿石相比质量较差，因而这些钢铁企业需要大量进口铁矿石。据统计，重庆钢铁（集团）有限责任公司消耗的铁矿石中75%需要从国外进口，而攀钢集团有限公司消耗的铁矿石也有10%左右需要进口。这些进口的铁矿石大多通过海运送达华东地区的港口，然后通过长江航道转运至此。

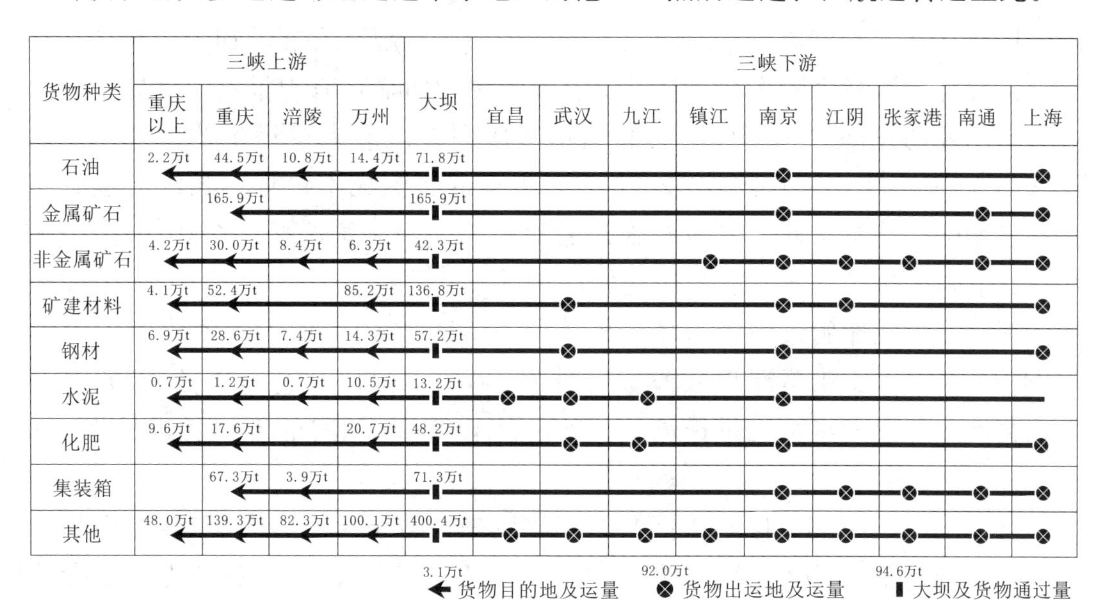

图 5.3-4　2004 年三峡船闸上行货物分类统计

在汶川地震的灾后重建、金融危机爆发之后政府刺激经济政策的出台以及西部地区自身经济的加速发展等多种因素的带动下，近年来西部地区投资需求快速增长，由投资拉动的矿建材料（主要是黄砂）需求也随之大幅上升。这些矿建材料主要由长江中下游（如武汉、南京和上海等地港口）通过水路运输运至重庆和四川等地。此外长江上游地区的石油资源较为匮乏，不能满足本地的消费需求，该区域能源需求中的原油和成品油（尤其是柴油）大多需要从国外进口（主要是原油）和长江中下游的炼油厂调入。

（四）三峡通航的经济社会效益

三峡船闸工程建成后，过闸货运量持续、快速提高，通航率和闸室面积利用率保持较高水平，长江中上游成为名副其实的黄金水道和贯通东西的航运大通道，促进带动了长江水运和沿江经济发展，产生了巨大的经济社会效益。

第一，三峡工程降低了长江水运的物流成本。三峡水库蓄水后，由于库区水流流速减缓、流态稳定、比降减小，船舶载运能力明显提高，油耗明显下降。根据航务部门的测算，库区船舶单位千瓦拖带能力由成库前的 1.5t 提高到成库后的4～7t，而每千吨公里的平均油耗由蓄水前的7.6kg下降到2013年的2.0kg，库区船舶运输成本大幅降低。2004年三峡库区水运吨公里运价为0.06元左右，而公路和铁路吨公里运价分别为0.3元和0.2元。蓄水至175m后，航道条件进一步改善，船舶大型化、标准化、高速化的发展趋势更加明显，促进了船舶节能减排技术的应用和创新，长江水运的单位物流成本逐年下降。同时，伴随着燃油价格的快速攀升和公路"治超"力度的加大，长江水路运输能耗低、运量大、安全可靠的综合优势更加明显，有力推动了库区水运行业和造船业的发展。一个标准集装箱从重庆到上海的水运运价约为3000元，铁路约为5000元，公路约为12000元，水运的物流成本最低，长江航运竞争力明显增强。除重庆外，其他不临江的地区亦开始大量选择"弃陆进江"，长江上游航运实现了前所未有的快速发展。

第二，三峡船闸过闸货运量快速增长。1981年6月15日，葛洲坝2号和3号船闸通航，长江葛洲坝区段货运量为147万t。1981年6月至2003年6月，葛洲坝区段的年货运量最高为1803万t，其23年间的年均货运量为938万t。

自2003年6月18日向社会船舶开放以来，截至2013年，三峡船闸累计过闸货物6.4亿t，加上翻坝转运的货物，通过三峡枢纽断面的货运总量达7.6亿t，是三峡工程蓄水前葛洲坝船闸投运后23年（1981年6月至2003年6月）过闸货运量2.1亿t的3.6倍。

2011年三峡坝区通过货物1.1亿t（包括翻坝转运），是蓄水前最高年份货运量1803万t的6.1倍。2013年，长江干线年货运量已连续8年位居世界内河首位，是美国密西西比河的4倍、欧洲莱茵河的9倍。表5.3-2显示了三峡枢纽通航情况。

表5.3-2　　三峡枢纽通航情况表

（2003年6月18日至2013年12月31日）

项目	2003年	2004年	2005年	2006年	2007年	2008年	2009年	2010年	2011年	2012年	2013年	累计
运行闸次/闸次	4386	8719	8336	8050	8087	8661	8082	9407	10347	9713	10770	94558
通过船舶/万艘次	3.5	7.5	6.4	5.6	5.3	5.5	5.2	5.8	5.6	4.4	4.6	59.4
通过货物/万t	1377	3431	3291	3939	4686	5370	6089	7880	10033	8611	9707	64414
通过旅客/万人次	108	173	188	162	85	85.5	74	50.8	40	24.4	43.2	1033.9

续表

项目	2003年	2004年	2005年	2006年	2007年	2008年	2009年	2010年	2011年	2012年	2013年	累计
翻坝转运旅客/万人次	6.6	22.3	17	71.3	109	—	2.7	—	—	22.5	—	251.4
翻坝转运货物/万t	98	879	1103	1085	1371	1477	1337	914	964	878	1015	11121
三峡枢纽通过旅客/万人次	115	195	205	233.3	194	85.5	76.7	50.8	40	46.9	43.2	1285.4
三峡区段通过货物/万t	1475	4309	4394	5024	6057	6847	7426	8794	10997	9489	10722	75534

第三，三峡船闸的运行效率不断提高。通过采取多项缩短过闸时间的措施，船舶过闸时间进一步缩短。2013年三峡船闸四级运行平均过闸历时为2.98h，较运行初期的平均4.2h明显缩短。五级运行平均过闸历时为3.77h。双线船闸的日均运行闸次数稳步提高，从通航初期的日均运行17.5闸次增加至2013年日均29.5闸次，单日双线闸次也由运行初期的20个闸次提高至35个闸次。

三峡船闸的通航率和闸室面积利用率保持了较高水平。运行以来，船闸年平均通航率在94%～99%的水平（完建期除外），明显高于设计水平(84.13%)。在停航时间方面，因通航流量超过限制标准及大风大雾等气候因素导致的停航约占50%，计划性检修抢修和例行停航保养约占停航时间的39%。

通过加强运行管理、检修和设备设施更新改造，船闸设备设施运行情况良好，设备故障率低。2003年6月18日至2004年6月17日船闸试通航期间，影响通航的设备故障仅有3次，累计处理时间2.9h。2004—2013年设备运行停机故障率分别为5.1%、1.34%、0.84%、0.79%、1.33%、0.75%、0.29%、0.47%、0.53%和0.44%。2013年主要设备完好率为100%，全部设备完好率为99.38%，设备设施处于良好工况。2013年主要设备完好率为100%，全部设备完好率为99.38%，设备设施处于良好工况。

第四，三峡通航促进了长江水运和沿江经济快速发展。三峡工程极大改善了长江中上游的航行条件，水运发展成为三峡库区的主要运输方式，由原来占库区货物运输周转量的30%上升到2011年的70%，促进了长江水运和沿江经济快速发展。2011年，重庆地区水运直接从业人员达15万人，其中近8万人来自三峡库区，依赖水运业的三峡库区煤炭、旅游、公路货运等产业的从业人员达50万人以上，水运业及与水运业关联产业吸纳了库区200多万剩余劳动力，为库区经济社会发展发挥了十分重要的支撑作用。

由于蓄水后水位明显升高，三峡库区大部分码头作业条件得到根本改变，一批现代化的新码头陆续兴建，改善了库区港口货物运转环境，为构建现代化的库区水运体系创造了基础条件。重庆港逐步发展成为长江上游地区最大的集装箱集并港、大宗散货中转港、滚装汽车运输港、长江三峡最大的旅游集散地及邮轮母港。重庆港的集装箱吞吐量从2001年的3.6万TEU快速增长到2008年的52万TEU，其中约40%来自重庆以外其他省市；2005年重庆地区的水路货运总量首次超过陆路货运总量。2010年，重庆港水路货运量和港口货物吞吐量双双超过9000万t。2011年1—11月，重庆水路货运量达到1.07亿t，港口货物吞吐量达到1.04亿t，重庆港成为长江上游首个亿吨级大港。2011年，重庆市水路货运量、港口货物吞吐量分别达到1.18亿t、1.16亿t，同比分别增长21.7%、20%；水路货运周转量达到1558亿t·km，占全社会货运周转量的62%。2011年，重庆市90%以上的外贸物资通过水运完成，临港产业带集中了全市约90%以上的冶金、机械制造、电力、汽车、摩托车等企业。此外，在四川泸州、宜宾和云南水富等城市，港口码头建设方兴未艾，长江上游已建和在建的集装箱年吞吐能力超过了1000万TEU，在建的大型船舶运力达数百万载重吨。

第五，三峡通航的社会效益显著。①节能降耗成效显著。以2002年的单耗标准作为测算依据，从2003年6月至2013年年底，重庆市运输船舶共节约燃油447万t，按国家环保有关技术标准估算，蓄水后共减少二氧化碳排放量1341万t、二氧化硫排放量17.9万t、氮氧化物排放量23.7万t。②库区船舶运输安全性显著提高，安全保障能力大幅提升。三峡水库蓄水后，由于航道条件的改善以及安全管理能力和服务水平的提升，初步统计，三峡工程蓄水后（2003年6月至2013年12月）与蓄水前（1999年1月至2003年5月）相比，三峡库区年均事故件数、死亡人数、沉船数和直接经济损失分别下降了72%、81%、65%和20%。③航段连续多年未发生一次死亡（失踪）10人以上水上交通事故、船舶漂流撞坝事故和重大水域污染事故。

四、三峡航运发展的新趋势与新挑战

（一）三峡航运发展的新趋势

三峡水库蓄水以来，长江上游航运发生了重大变化，呈现出一些新的发展特征和趋势。

1. 船舶大型化的发展速度加快，新建的干线货船以5000吨级及以上自航船为主

三峡库区航道尺度加大，航行条件改善，水运价格偏低而成本上升（燃油价和人员工资），促进了川江及三峡库区船舶的大型化。近年来，川江及三峡库区船舶大型化的发展速度加快，集装箱船舶的载箱量从40TEU发展到超过300TEU。2013年，2000吨级以上船舶占全年过闸总量的75.8%，比2004年提高了约59个百分点。

三峡水库蓄水通航以来，交通运输部先后发布了三次船舶标准化文件：2012年交通运输部颁布《长江水系过闸运输船舶标准船型主尺度系列》（2012年第69号）；2003年、2010年分别颁布《川江及三峡库区运输船舶标准船型主尺度系列》，船舶主尺度相对适应三峡和葛洲坝船闸的集泊面积，要求的船舶宽度不大于16.2m，单船载重吨位最大6000吨级。通过三峡、葛洲坝船闸的单船包括：内河干散货船、液货船标准船型7种、内河集装箱船标准船型6种、内河滚装货船3种等。根据新标准，船舶类型减少，船舶主尺度相对便于过闸组合，将有利于提高船闸通过能力。

2009年7月，交通运输部、财政部等机构联合发布了《推进长江干线船型标准化实施方案》，规定自2013年1月1日起全面禁止600总吨以下运输船舶通过三峡船闸，鼓励现有小吨位船舶提前退出航运市场，自2009年10月1日至2013年12月31日，符合条件的船舶，船东可申请政府补助。这一措施预计可提高船闸年通过能力10%～30%。在水运市场激烈竞争和过闸需求持续增长的背景下，有实力的航运公司积极淘汰小船，建造大船。长江干线货运船舶平均载重吨数已从“十一五”初期的600t提高到2011年的近850t。重庆长江轮船公司的江山号客轮、144～208TEU集装箱船、1000吨级以下液化危险品船、3000吨级以下散货船普遍经营亏损，逐渐退出航运市场。现在长江上游航运公司新建造的干线货船，以5000吨级及以上自航载货单船（以下简称“自航船”）为主。

重庆长江轮船公司计划在2015年年底前建造40艘107m×17.2m×4.3m（长×宽×吃水深度）、325TEU的集装箱船；计划在2012—2015年建造80艘110m×19.2m×4.65m（长×宽×吃水深度）、6700～6900t的大型散货船；计划建造17～20艘2500～3500t的液化危险品船和4艘新型国内游船。值得注意的是，这些新建船舶的平面尺度均不符合现行标准。

民生轮船公司新建的5艘326TEU集装箱船已投入使用，公司现拥有300TEU船型为主的标准集装箱船舶45艘；拥有以320车位、580车位为主

的商品汽车专用滚装船12艘，是长江上最大的商品汽车滚装船船队。民生轮船公司已开工建造超出现行船型标准的900车位商品车滚装船和390TEU集装箱船。

随着全线航道条件的改善、造船技术的发展和水运规模化发展，如何建造适应船闸和升船机尺度的“三峡船型（船队）”还有许多工作要做。

2. 长江干线自航船运输发展迅速，地方航运保持快速增长势头

由于自航船在经济性、安全性、时效性、适货性、适港性等方面具有明显优势，长江干线自航船运输发展迅速。2009年长江干线省际货运船舶7.94万艘，而驳船不足1000艘，只占省际货运船舶总艘数的1.26%。长江干线以拖（推）轮和驳船组成的船队快速衰落并全面退出。

初步设计通过三峡船闸的代表船型为船队。值得关注的是，近年来，一种基于自航船拖带的新运输方式在长江干线开始出现。已有部分企业采用实船试航和对比分析的方式，探索长江干线自航船绑拖自航船、自航船绑拖驳船等新的运输方式，但这种探索目前还处于初级阶段。

改革开放前，中国长江航运集团有限公司在川江航运中占绝对优势。改革开放后，尤其是三峡水库蓄水后，中国长江航运集团有限公司不适应新的竞争环境，在川江航运业中所占比重大幅下降。长江上游地方航运发展迅速，其中，重庆市航运的发展势头最为强劲。2013年重庆、湖北、河南、四川籍过闸货运量约占船闸货运量的55.91%、29.12%、6.07%和3.83%。中国长江航运集团有限公司和民生轮船公司两家公司过闸船舶货运量约占全部过闸船舶货运量的0.64%和0.28%，统计数据见表5.4-1。

表5.4-1　　2008—2013年三峡船闸过闸货运量

年份	货运量/万t						
	重庆	湖北	河南	四川	长航	民生	其他
2008	3108	934	393	341	290	145	159
2009	3661	1137	404	312	277	124	173
2010	4443	1870	626	355	239	83	264
2011	5440	2882	588	467	181	50	424
2012	4762	2470	521	369	83	33	374
2013	5427	2826	589	372	62	27	403

“十一五”时期，重庆市水运完成总投资145亿元，内河通航里程达到4451km，港口吞吐能力达到1.3亿t，集装箱吞吐能力200万TEU，水运主要指标较“十五”末期实现翻番。“十二五”时期重庆市水运投资将达到200

亿元，重庆水运业今后仍将保持快速增长势头。

3. 矿建材料运量大幅增加，下行过闸货运量占货运总量的比重不断下降

（1）过闸物资中，矿建材料、煤炭、矿石、钢材和集装箱的运量之和约占全部过闸运量的80%。其中矿建材料（主要是黄砂）和煤炭约占全部过闸运量的40%。随着我国经济社会的发展，粗放型经济结构向集约型经济结构调整的深入，对生态环保的日益重视，以及沿江城市工业化、城镇化基本完成，以上物资的运量将逐步趋于稳定或回落，减少过闸需求总量。

2004年，煤炭占52.0%、矿石占7.3%、矿建材料占4.6%、钢材占3.3%、石油占2.3%，五大货类运量合计占总运量的69.5%；2013年，煤炭占12.4%、矿石占20.6%、矿建材料占26.4%、钢材占8.2%、集装箱占10.2%，五大货类运量合计占总运量的77.8%。

2011年前，在所有过闸物资中，煤炭所占比重一直保持第一位。但2012年以来，受汶川地震和上游地区城镇化、工业化建设的影响，矿建材料和矿石的运量增长迅速，超过煤炭运量。煤炭运量从2010年的2875万t回落到2013年的1198万t，所占比重由2010年的36.5%下降到2013年的12.4%，下行煤炭运量占过闸运量的比重由2008年的99.5%下降到2013年的68.8%，上行煤炭运量由2008年的10万t增长到2013年的374万t，反映出上游重庆等库区对优质煤炭的需求增长，在减少川煤外运的同时，增加了进口煤炭的需求。矿建材料（主要是黄砂）运量大幅增加，2013年达到了2561万t，比2010年增加2011万t，占总运量的比重为26.4%。与2008年相比，近年上行过闸运量增长的80%是矿建材料、矿石和钢材。表5.4-2和表5.4-3显示了三峡船闸主要过闸货物构成情况。

表5.4-2 三峡船闸主要过闸货物构成（2008—2013年）

货物种类	2008年		2009年		2010年		2011年		2012年		2013年	
	货运量/万t	占比/%	货运量/万t	占比/%	货运量/万t	占比/%	货运量/万t	占比/%	货运量/万t	占比/%	货运量/万t	占比/%
矿建材料	176	3.3	216	3.6	550	7.0	1789	17.8	1926	22.4	2561	26.4
煤炭	2214	41.2	2215	36.4	2875	36.5	2472	24.6	1370	15.9	1198	12.4
小计	2390	44.5	2431	40.0	3425	43.5	4261	42.4	3296	38.3	3759	38.8
集装箱	705	13.1	682	11.2	649	8.2	758	7.6	846	9.8	990	10.2
矿石	783	14.6	979	16.1	1168	14.8	1628	16.2	1329	15.4	2004	20.6
钢材	351	6.5	467	7.7	635	8.1	759	7.6	660	20.5	794	8.2
合计	4229	78.7	4559	75.0	5877	74.6	7406	73.8	6131	84.0	7547	77.8

表 5.4-3　三峡船闸过闸货物构成情况（2010 年和 2013 年）

货物名称	2010 年		2013 年	
	货运量/t	占比/%	货运量/t	占比/%
杂货	271626.00	0.34	182379	0.19
一级危险品	1314728.00	1.67	2359668	2.43
柴油	1757318.00	2.23	1242349	1.28
煤油	496985.00	0.63	701105	0.72
沥青	312047.00	0.40	756115	0.78
其他二级危险品	1948979.00	2.47	2561470	2.64
煤	28748210.00	36.48	11984005	12.35
金属矿石	8407617.00	10.67	10684529	11.01
非金属矿石	6398248.00	8.12	9358109	9.64
矿建材料	5500069.00	6.98	25613837	26.39
钢铁	6380098.00	8.10	7937856	8.18
有色金属	—	0.00	37300	0.04
轻工、医药产品	—	0.00	16900	0.02
水泥	1720026.00	2.18	2519539	2.60
木材	349950.00	0.44	583206	0.60
机械、设备、电器	295263.00	0.37	385366	0.40
化工原料及制品	1959778.00	2.49	1830917	1.89
化肥及农药	1141149.00	1.45	1507903	1.55
盐	284305.00	0.36	506668	0.52
排泥管	4499.00	0.01	12300	0.01
粮棉	816450.00	1.04	978177	1.01
食用油	299328.00	0.38	301516	0.31
水果	2080.00	0.00	3500	0.00
禽畜水产品	5860.00	0.01	700	0.00
集装箱	6489686.00	8.24	9902456	10.20
商品车	639348.00	0.81	519770	0.53
其他普货	3260263.00	4.14	4579084	4.72

（2）三峡船闸过闸货运量中，新型货类发展较快。2013 年集装箱过闸 604541TEU，折合 990.25 万 t，占总运量的 10.20%；商品车过闸 52.0 万 t，占总运量的 0.53%。过闸危险品 762.07 万 t（上行 610.34 万 t，下行 151.73 万 t），占总运量的 7.85%，同比增长 16.46%。其中过闸一级危险品船舶

1280 艘次，通过一级危险货物 235.97 万 t（其中一级易燃易爆危险品 873 艘次，123.81 万 t），同比增长 18.15%；二级危险货物 526.10 万 t，同比增长 15.71%。

伴随着三峡库区化工产业的快速发展，载运化工原料及制品等危险货物船舶的过闸量日益增长，对库区水域和生态环境、枢纽通航建筑物安全构成较大威胁，水上安全管理工作面临严峻挑战。危险品待闸、过闸不同于一般货船，根据相关规定，过闸危险品船舶实行“先检查、后通过”的调度原则，一级易燃易爆危险品必须专闸通过。2013 年载运一级危险货运量同比增长 18.15%，若过闸运输规模继续增大，与之相对应的防爆防污建设力度必须加大。

（3）三峡水库蓄水后，下行过闸货运量占货运总量的比重不断下降。三峡水库蓄水初期，过闸货物以重庆、四川、贵州三地煤炭为代表的资源输出为主；伴随着西南地区经济社会的发展和产业结构、消费结构的调整，三峡船闸过闸货类结构、上下行过闸货运量在总运量中所占比重都发生了明显变化，下行过闸货运量占货运总量的比重有较大幅度的下降。2004—2013 年，各年下行过闸货运量分别占上下行总量的 70%、68%、65%、64%、61%、52%、54%、45%、38%和 38%。

（4）货运量增长主要来自上行货物，下行货运量近年来呈下降趋势。上行货运量占全部过闸货运量的比例由 2004 年的 30%上升到 2013 年的 62%。上行货运量从 2008 年的 2112 万 t 增加至 2013 年的 6029 万 t，共增加 3917 万 t。上行增长货运量主要来自矿建材料（主要是黄砂）、矿石和钢材，其中矿建材料的运量急剧增长（增长 1951 万 t），是 2008 年上行运量的 13.3 倍；矿石增长 687 万 t，钢材增长 305 万 t。以上三种货物上行运量共增长了 2943 万 t，占上行增量的 75%，主要受汶川地震重建、上游城镇化和工业化建设等因素的影响。下行货运量则出现回落趋势，2008 年为 3259 万 t，2011 年达到 4499 万 t 后，2013 年下降到 3678 万 t，降幅明显。

4. 客船数量和客运人数大幅下降，旅游船大型化趋势明显

2004—2013 年，三峡船闸过闸客运量呈逐年下降趋势。2004 年为 173.0 万人，2013 年为 43.2 万人。2011 年，三峡船闸过闸客船 3331 艘次，占过闸船舶总数的 6%，占用闸次数约为 10%。2013 年过闸客船 2533 艘次，日均 7.3 艘次，每艘客轮平均载客 170 人。

旅游船高星级、超豪华、大型化趋势明显。“总统旗舰”总长 135.2m、型宽 19.6m，“长江黄金一号”总长 136.0m，型宽 19.6m。这类大型旅游船，过闸时闸室利用率低，今后也不能通过目前正在建设之中的三峡升船机。

（二）三峡通航面临的新挑战

1. 三峡坝区船舶待闸时间呈延长趋势

根据有关规定，过闸船舶应当按照交通运输部门规定的程序和要求，提前向三峡通航管理机构报告。船舶过闸前应通过通信或信息网络或到指定地点向通航调度部门申报过闸申请计划，需在两坝或两坝间停留、编组、装卸货物的船舶，需在申报时予以说明。过闸前应接受三峡海事管理机构的例行安全检查，以及水上公安部门的消防检查，经检查不合格者，不得过闸；过闸调度执行“一次申报、统一计划、统一调度、分坝实施”的原则；船舶应按规定接受检查，风力达到或超过6级时，船闸停止运行；上行通航视程小于500m或者下行通航视程小于1000m时，禁止船舶进出闸。长江三峡通航管理局将待闸时间统计为船舶实际进闸时间与计划申报过闸时间之差，并自2013年5月开始待闸时间统计。

根据通航部门的调查数据，三峡坝区平均在锚地时间由2004年的7.7h增加至2011年的17h，通过三峡河段的船舶待闸现象渐趋突出，除客轮外，过闸船舶待闸1～1.5d已成常态，待闸时间由长至短的顺序为中小散货船、大型散货船、危险品船、商品车滚装船、集装箱船。2010年，三峡两线船闸因流量超过通航标准、大风大雾累计停航时间达到561h。2012年，由于葛洲坝一号船闸计划性大修和三峡南线船闸岁修、浓雾和汛期大流量限航（25000m^3/s以上的天数51d）等原因，三峡和葛洲坝区域中小船舶大量滞留，船舶平均在锚地时间达43.7h。后通过优化综合调度，适时调整和减小下泄流量，疏散了滞留船舶。

一般船舶在过闸前需在锚地停留、编组、接受检查，按调度计划有序通过引航道和通航建筑物，船舶待闸是普遍现象。分析近年来船舶待闸时间延长的原因，主要有：①三峡蓄水通航促进了川江航运的高速发展，实际增长超过预期；②船舶标准化工作滞后，过闸船舶船型杂、数量多，船舶尺度与三峡船闸的闸室平面尺度匹配性不高，影响了船闸使用效率；③汛期两坝间通航流量标准低于船闸的运行标准，致使汛期大量船舶滞留在三峡区段。此外大风、浓雾以及船闸停航检修等也有影响。

第一，三峡工程建成后过闸货运量增长速度远超过预期。三峡河段是船舶进出川江及三峡库区的咽喉要道，是长江黄金水道的关键节点。20世纪80年代，相关部门对三峡船闸通过能力做了大量论证工作，预测三峡船闸单向下水货运量2000年为1550万t，2030年为5000万t。

1949年，长江干线货运量仅191万t。1981年6月15日，葛洲坝2号和

3号船闸通航，长江葛洲坝区段货运量为147万t。葛洲坝船闸投入运行后，促进了航运的发展，从1983年的459.1万t增加至2002年的1802.7万t，平均增长7.07%。2003年三峡水库蓄水后，从根本上改善了库区通航条件，2004年通过三峡的3431万t增加至2010年的7880万t，平均增长12.6%。远高于三峡工程论证预测的4.5%的水平。2011年，三峡船闸通过货运量为10033万t。其中，船闸上行货运量5533万t，提前19年达到船闸单线5000万t的设计指标。但2012年和2013年过闸货运量增速放缓，货运量分别为8611万t和9707万t，基本维持稳定。其中，矿建材料（主要是黄砂）上升为过闸运量的第一货种，2012年和2013年分别为1926万t和2561万t，分别占过闸总量的22.4%和26.4%。

第二，三峡船闸实际过闸船型及运营组织与原设计有较大差异。船闸的通过能力，参考了葛洲坝船闸的经验和三峡工程建成后的航行条件及远景船闸过闸吨位进行计算。初步设计考虑的过闸船舶以万吨级船队为主，即长航12000t船队占过闸运量的80%，地方3000吨级船舶（队）运量占20%。

三峡水库蓄水以来，库区航道条件大幅度改善后，而三峡船闸通航以来过闸船舶以自航船为主，过闸船舶约5000艘，常年通过三峡船闸的船舶有3000余艘，船队运输基本消失。长航集团等国营运输公司运量不足过闸运量的10%，2013年中国长江航运集团有限公司和民生轮船公司两家公司过闸船舶货运量约占全部过闸船舶货运量的0.64%和0.28%。90%以上的过闸运输船舶是家庭拥有的、小规模运输船舶。水运市场较30年前发生了根本变化。

2013年，三峡船闸日均运行闸次数和过闸船舶载重利用系数分别为设计指标的66.7%和66.7%，降低了船闸的使用效率，不利于提高船闸的通过能力。

第三，航道条件以及大风、大雾等天气因素的影响。如前所述，枯水期葛洲坝下游航道、汛期两坝间航道对三峡和葛洲坝船闸通航均构成约束条件。

2008年交通运输部下发了“关于《三峡工程初期运行期通航管理办法补充规定》的批复”（交海发〔2008〕123号），对三峡—葛洲坝两坝间大流量条件下船舶通航做了明确的规定，在25000～45000m^3/s的不同流量级下，根据船舶主机功率的大小进行限航，船舶的主机功率越小允许的通航流量同步减少，中小功率船舶在两坝间大流量下禁止通航。

2012年汛期，经优化防洪调度后，三峡日均出库流量大于或等于45000m^3/s的天数为3d，但25000m^3/s以上的天数仍有51d，造成了大量中小船舶积压。

交通运输部长江航务管理局关于《三峡工程初期运行期通航管理办法补充

规定》明确，遇大风、大雾气候，三峡和葛洲坝区域河段停止通航，具体标准规定："大风"是指通航水域实测风力达到或超过6级并持续10min以上的有风天气。"大雾"是指船舶上行能见距离不足500m或下行能见距离不足1000m的有雾天气。

根据2008—2013年运行资料，南线船闸因天气原因停航时间797.87h，占日历时间的1.52%，北线船闸因天气原因停航时间857.76h，占日历时间的1.63%；两线船闸平均停航时间占日历时间的1.57%。三峡船闸因天气原因停航时间分布见表5.4-4。

表5.4-4　　2008年以来三峡船闸因大风大雾天气停航时间

年份		2008	2009	2010	2011	2012	2013	合计
停航时间/h	南线船闸	103.67	183.32	32.41	67.61	271.44	139.42	797.87
	北线船闸	103.95	137.93	212.92	57.81	225.73	119.42	857.76

受两坝间和葛洲坝下游通航条件的影响，为减少两坝间滞留船舶，当以上区域的一些断面受到大风大雾等天气影响时，三峡船闸也实行限制性通航或停航运行，减少了其通过能力。

三峡船闸自2003年试通航以来，通过加强日常维护、专项修理和更新改造，各类设备完好率保持在98%以上，设备运行停机故障率小于1%，设备设施运行情况总体良好，为船闸高效运行奠定了坚实基础。

2. 船舶运能快速增长与产能严重过剩局面共存

2003年三峡水库成库后，重庆航运条件大为改善，重庆境内长江干线航道由原来的三级提高到现在的一级，通过能力显著提高，5000吨级单船和万吨级船队从下游可直达重庆。水路运输得到快速发展，水运物流大通道的作用日益显著。2007年，重庆市人民政府作出《关于充分发挥长江黄金水道作用，进一步加快建设长江上游航运中心的决定》。2008年，重庆市委市政府作出建设"畅通重庆"的决定，提出"将长江黄金水道建设成为西部内陆出海主通道"。2002—2009年，重庆市水运建设累计完成投资150亿元，重庆已成为长江上游唯一拥有一级航道、5000吨级深水码头、水运一类口岸和保税港区的地区。港口货物通过能力由2002年的4900万t增加至2009年的1.15亿t，集装箱通过能力由2002年的5.5万TEU增加至2009年的171万TEU。货运船舶平均吨位由2002年的301t增加至1400t。最大的豪华游轮吨位已达到1万总吨。水运货运量、货运周转量、港口吞吐量和集装箱吞吐量等水运指标年均增长速度达到20%左右，水运货运周转量从2004年起稳居各种运输方式之首。重庆已成为长江上游地区外贸物资的主要通道，90%以上的外贸物资通过水运完成，周边省市中转量占全港货物吞吐量的35%。2009年，全市完成水运货运量7771万t，是2002年的4.1倍，年均增长22.3%；货运周转量968亿t·km，是2002年的6.7倍，年均增长31.2%；港口货物吞吐量8612万t，是2002年的2.9倍，年均增长16.4%；集装箱吞吐量51.8万TEU，是2002年的5.9倍，年均增长29%。水运货运周转量占综合交通比重由2002年的36%提高到2009年的58.9%。

2011年，《重庆市人民政府关于进一步加快重庆水运发展的意见》提出，到2015年，基本建成以"一网络、八大港、三体系"为支撑的长江上游航运中心。"十二五"时期总投资200亿元，建设一干两支、干支联动的叶脉状航道网络，全市四级以上航道里程达到1600km以上。建设主城果园、主城寸滩、主城东港、万州新田、涪陵龙头山、永川朱沱、江津仁沱、忠县新生8个规模化、专业化的枢纽型港口物流园区，全市港口货物吞吐能力达到2亿t，集装箱吞吐能力达到700万TEU，其中主城港区集装箱吞吐能力达到500万TEU。建设技术先进、绿色环保的现代化船队体系，船舶总运力达到750万载重吨，5000吨级船舶成为主力船型，全市船舶平均吨位达到2000载重吨，船型标准化率达到75%以上。建设反应快速、保障有力的安全监管、应急救援体系和方便快捷、优质高效的现代航运服务体系，周边地区经重庆港中转货物比重达到50%以上，基本建成以重庆航运交易所为依托的现代航运服务体系。

到2020年，全面建成长江上游航运中心。5000吨级单船及万吨级船队常年通行重庆长江水域，全市港口货物吞吐能力达到2.5亿t，集装箱吞吐能力达到900万TEU，全面实现船舶现代化，周边地区经重庆港中转货物比重达到60%以上，形成功能齐全、服务高效、市场活跃的现代航运服务体系。

内河运力得到大幅度提升。运力的提升使船舶供给与需求逐渐平衡，货运船舶开始出现供给大于需求的趋势。2007年起，各地陆续开始严格控制电煤运输，这项严控政策导致重庆航运10%的货源缺口，至今仍没有新货源补充。另外，国家出台政策控制投资房地产行业，房地产发展所带动的河沙、水泥等大宗货物正是内河运输的主要货源之一。需求的增长放缓导致航运价格进一步降低。货源的增长没有跟上运力的增长，导致供给比需求大30%左右。卖家成本竞争日趋激烈。内河航运完全变为买方市场。运价价格低的主要原因是航运业如今供大于求。

据交通运输部长江航务管理局的数据，2003—2009年，长江水系内河运量增长超过60%，运力增长量则超过了100%。鉴于航道、港口条件改善，单船吨位增加、效率提高等因素，目前长江航运至少多出1200万t运力。不过，高增幅的背后，除带来严重的产能过剩、行业分散、小企业众多现象外，同时也加剧了恶性竞争。2008年，长江水系各省（市）拥有的内河运输船舶达15万艘、5000万载重吨，干线省际航运企业2335家，省际运输船舶达到3400万载重吨，平均每家企业只有1.5万载重吨，船舶平均吨位333t，其中干线船舶平均吨位800t。目前长江前十名航运企业的运力总和还不到长江总运力的10%。部分私营业主追求短期经济利益，千方百计在船舶建造、船员配备、安全管理等方面违反规范要求，甚至出现船舶造价低于正常造价30%以上、配员少50%左右的情况❶。

3. 航道条件制约三峡和葛洲坝船闸通过能力充分发挥

第一，三峡与葛洲坝两坝间航道的影响。受高山峡谷影响，葛洲坝上游水位抬高未能根本改变其原始通航状态，石牌、喜滩、水田角等部位在中洪水期通航条件仍不能满足要求，部分船舶在35000m^3/s以上流量下无法通航。由于该河段两岸的岸坡较为陡峻，进行整体航道整治的费用较高且成效不大，因此该段航道成为三峡工程建成后的通航控制航道。

目前三峡船闸通航流量标准为：入库流量不大于56700m^3/s且下泄流量不大于45000m^3/s。两坝间通航流量标准执行通航管理部门于2008年制定的《三峡—葛洲坝两坝间水域大流量下船舶限制性通航暂行规定》，对汛期葛洲坝入库流量在25000～45000m^3/s的两坝间单船主机功率200～630kW及以上通行船舶实行限制性通航。

2012年7月，三峡枢纽遭遇了三次超过50000m^3/s的洪水过程，根据国家防汛抗旱总指挥部和长江防汛抗旱总指挥部的调度要求，枢纽实施控泄，汛期日均出库流量基本保持在45000m^3/s以下，日均出库流量超过45000m^3/s（停航）的时间有4d，出库流量在25000～45000m^3/s期间，按照《三峡—葛洲坝两坝间水域大流量下船舶限制性通航暂行规定》实行限航。2012年7月6日至8月16日，三峡和葛洲坝河段由于流量超限出现较为集中的待闸船舶滞留与积压现象。其中，滞留积压船舶在7月31日达到最高峰941艘：三峡坝上428艘、两坝间31艘、葛洲坝下482艘，滞留船舶以中小船舶为主。2012年7月，三峡船闸过闸船舶艘次占比同比下降57%，船闸效率没有充分发挥。

关于三峡—葛洲坝两坝间通航问题，在三峡工程规划阶段就曾提出过，因为修建三峡工程本身并不能解决两坝间的通航条件问题，必须另外进行专门的研究规划，采取合理、必要的工程措施和管理措施。从目前的实际情况看，两坝间通航的问题已经越来越突出，它不但制约航运的发展，而且也使三峡枢纽

❶ 来源于财新网2010年8月13日《长江运能过剩　企业亟需整合》。

的防洪调度受到一定的影响。

第二，宜昌下游的荆江河段，在三峡工程建成前枯水期只能保证2.9m航道水深。枝城至城陵矶河道蜿蜒曲折，河床演变频繁剧烈，存在多处碍航浅滩。三峡工程建成后，通过加大枯水期下泄流量等措施，可使该河段维持3.2m以上的通航水深。由于3000吨级以上船舶满载吃水不少于3.5m，因此3000吨级以上大型船舶每年必须减载运行的时间为2～4个月，降低了通过三峡船闸船舶的装载系数，影响了船闸的通过能力。

4. 长江沿江地区对过坝运量需求有较高增长预期

对于未来一段时期三峡过坝运量需求，目前有多种预测。从促进地方经济发展角度出发，重庆、四川、云南、贵州和湖北等沿江地区对过坝需求增长均寄予较大期望。交通运输主管部门开展的西部项目《三峡枢纽区域运输组织模式及对策研究》（2007年项目，2009年完成）预测了2010年、2020年、2030年的三峡枢纽过坝运量、通过能力，比较了运量缺口关系。研究结果是：从2010年起，三峡船闸通过能力即不能满足货物过闸需求，采取翻坝等综合措施后，可在较大程度上缓解通航矛盾；预计到2015年，三峡坝区通过能力的饱和状况将最终出现，供需缺口约为1936万t、约占总需求13.6%的货物无法通过坝区，船舶待闸将常态化，且缺口还将逐年扩大，具体预测结果见表5.4-5。

表5.4-5　各特征年三峡枢纽货运通过能力和需求缺口　单位：万t

项目		2010年	2015年	2020年	2030年
货物总需求	上行	3500	6800	7800	9000
	下行	5200	7800	8300	10000
三峡船闸通过能力	上行	3536	5130	5560	6057
	下行	3885	5534	5868	6486
通过能力缺口	上行	0*	1670	2240	2943
	下行	1315	2266	2432	3514
滚装翻坝运量	上行	890	900	950	980
	下行	910	1100	1150	1220
翻坝后通过能力缺口	上行	0*	770	1290	1963
	下行	405	1166	1282	2294

* 表示通过能力有富余。

2005—2009年，国家发展和改革委员会综合运输研究所、交通运输部长江航务管理局、长江三峡通航管理局、大连海事大学、重庆市交通运输委员会、重庆市港航管理局等单位曾对三峡过坝运量分别作过预测。由于运量预测工作涉及面广、变化因素多、预测方法多、主观影响大，不同单位的预测结果差异较大。

长江三峡通航管理局、交通运输部长江航务管理局的预测结果是：2011—2015年，每年三峡过坝客运量为40万～50万人次。其中每年下行过坝客运量为24万～30万人次；货运量2012年为1.00亿～1.05亿t（其中下行0.55亿～0.58亿t）、2013年为1.20亿～1.25亿t（其中下行0.66亿～0.69亿t）、2014年为1.35亿～1.40亿t（其中下行0.74亿～0.77亿t）、2015年为1.50亿～1.55亿t（其中下行0.83亿～0.85亿t）。实际三峡船闸2012年和2013年的货运量分别为8611万t（其中下行3266万t）和9707万t（其中下行3678万t）。

重庆市交通运输委员会测算，重庆市每亿元工业总产值产生8000t至1万t水运货运量，2015年重庆工业总产值预计将超过2.5万亿元，考虑到IT产业一般不通过水运，2015年重庆将产生1.8亿t水运货运量，三峡过坝货运量约为1.65亿t。

重庆航运交易所对2020年前重庆工业总产值和可产生水运量的预测结果见表5.4-6。

表5.4-6　重庆工业总产值和可产生水运量预测

年份	工业总产值/亿元	可产生水运量/亿t
2013	15000	1.2
2015	20000	1.4
2020	30000	1.8

根据以上机构的长江水运货物运输量预测结果可见，在现有过闸船型下，早则2013年，迟则2015年，三峡坝区面临巨大的通航压力。因此，迫切需要进行深入的调查分析，研判长江航运发展趋势，准确预测今后一段时期的过闸需求。同时要及时采取有效应对措施，挖掘三峡通航的潜力，提高船闸运行效率，防止船舶过闸积压现象逐年加剧。

5. 三峡区段综合运输体系有待协调发展

统计数据显示，2003年和2013年，水运在我国国民经济综合运输体系的货物运输总量中保持约10%的比例，公路约为76%和79%、铁路约为13%和9%，其余为管道和民航，见表5.4-7。

自三峡船闸2003年6月18日通航以来，通过三峡区段的货物主要从船闸通过，约占77%～93%，近三年来维持在90%以上；通过翻坝公路货运量近三年来维持在区段货运量的10%以内，2005年曾达到25.1%，见表5.4-8。

表5.4-7　2003年和2013年我国各种运输方式完成运输量

指　标	2003年运输量	2013年运输量	指　标	2003年运输量	2013年运输量
货物运输总量/亿t	151.81	450.63	水运/亿t	15.81	49.3
铁路/亿t	20	39.7	民航/万t	217	557.6
公路/亿t	116	355	管道/亿t		6.6

表5.4-8　三峡区段船闸和公路货运通过比例

年份	2003	2004	2005	2006	2007	2008	2009	2010	2011	2012	2013
船闸通过比例/%	93.4	79.6	74.9	78.4	77.4	78.4	82.0	89.6	91.2	90.7	90.5
翻坝通过比例/%	6.6	20.4	25.1	21.6	22.6	21.6	18.0	10.4	8.8	9.3	9.5

长江经济带覆盖上海、江苏、浙江、安徽、江西、湖北、湖南、四川、重庆、云南、贵州等11个省（直辖市），人口约6亿人，面积205.1万km^2，占国土面积约21.4%，国内生产总值23.6万亿元人民币，占全国约40.9%。长江横贯东中西，连接东部沿海和广袤的内陆，如何依托长江黄金水道，统筹推进水运、铁路、公路、航空、油气管网集疏运体系建设，构建与国民经济综合运输体系协调发展的网络化、标准化、智能化的综合立体交通走廊，使长江这一大动脉更有力地辐射和带动广阔腹地发展，需要研究和改进。

作为连接东中西部发展的大通道，长江全长6300余千米，长江干流宜昌以上为上游，长4504km，流域面积100万km^2。但长江航道条件对发展水运也存在制约条件，长江中游的三峡至城陵矶区段，存在汛期三峡至葛洲坝之间河段通航条件较差，枯水期宜昌至城陵矶河段航道通航维护水深较低的情况，由此带来的如何构建综合交通运输体系、推动产业转型升级、新型城镇化、培育对外开放新优势、强化生态环境保护、创新协调发展等任务也迫在眉睫。

6. 长江生态安全需要持续关注和改善

我国是一个淡水资源总量较大而人均水资源贫乏的国家，三峡水库是国家战略性淡水资源库和长江流域重要的生态屏障，必须重视水资源的可持续开发利用。

长江流域资源丰富，经济发展迅速，在我国国民经济以及社会发展中有着举足轻重的地位，但随着长江流域经济的快速发展和大规模的开发，使得流域生态安全形势日益严峻。长江流域水旱灾害历来是我国生态和经济安全的巨大威胁。据统计，1951—1999 年 49 年间长江流域共发生严重水灾 28 次，主要集中在中下游地区；发生旱灾 26 次，上、中游均较严重。

长江水灾的重要原因，除了直接的气象原因外，还应看到沿江严重的人口超载。目前长江流域人口总量已大大超过亚马孙河、尼罗河与密西西比河世界三大江河流域人口的总和，而这三大江河的径流总量是长江的 5 倍，流域面积超过长江的 7 倍。过多的人口势必向环境过度索取资源，比如森林的砍伐量远大于生长量，植被覆盖率显著下降。

据历史记载，长江流域森林覆盖率曾达到 50%以上，到 20 世纪 60 年代初期下降到 10%左右，1989 年森林覆盖率提高到 19.9%，但森林资源总量不足，质量不高。20 世纪 50 年代，长江流域水土流失面积为 36 万 km^2；到 80 年代达 62 万 km^2，年土壤侵蚀量达 24 亿 t，全流域每年损失的水库库容量近 12 亿 m^3。1998 年长江洪灾造成的巨大损失至今令人记忆犹新。有的专家对长江治理提出以下建议：①控制沿江人口；②植树造林增加森林覆盖率，保持水土，改善生态环境；③退田还湖，增强湖泊的泄洪能力。1998 年洪灾以后，我国政府采取了一系列的政策措施，进行封山育林、人工造林，森林覆盖率有所提高，但要恢复其生态功能需要有一个较长的周期。

五、三峡通航需求的中长期趋势

综合而言，影响三峡通航需求中长期发展趋势最为重要的因素包括：①中国经济社会的整体发展趋势；②三峡相关地区尤其是上游地区的经济社会发展；③经济结构调整和替代运输方式的发展。基于对上述三大因素的判断，综合分析经济社会宏观趋势和三峡通航的需求结构变化，可得出三峡通航需求的未来总体变化趋势。

（一）三峡通航需求影响因素分析

1. 中国经济中长期增长速度逐步放慢，将在根本上减缓三峡船闸未来的通航压力

改革开放以来，中国经济已经以 10%左右的高速度增长了 30 多年，伴随着人口结构的变化、人力成本的上升，资源环境压力的增加等各种因素的作用，中国传统的低成本竞争的发展模式已经难以持续。在发展方式转变的要求下，中国的经济增速在未来将难以避免地迎来一个下降的过程。

根据各国发展过程中收入水平和能源、原材料等消费水平之间关系的国际

经验，国务院发展研究中心课题组分别利用全国数据、各省份加总数据、人均用电量、人均汽车保有量、人均钢铁消费量等对中国未来的GDP发展趋势进行分析（表5.5-1）。根据测算，中国经济的潜在增长率可能会在2015年左右下一个台阶，“十二五”时期（2011—2015年）中国GDP年均增速将继续保持在10%左右，而“十三五”时期（2016—2020年）将可能下降到7.8%左右。

表5.5-1　　不同测算方法下的中国经济未来的增长速度

测算方法		GDP年均增速/%			
		2001—2005年	2006—2010年	2011—2015年	2016—2020年
基于全国数据测算		9.8	11.13	10.0	8.2
基于省际数据测算		9.8	11.24	9.7	8.0
用实物量测算	基于用电量	9.8	11.09	9.1	6.9
	基于汽车保有量	9.8	11.15	10.9	7.5
	基于钢铁消费量	9.8	11.15	10.3	8.1
均　值		9.8	11.15	10.0	7.8

综合来看，未来5～10年内，中国经济依旧有潜力保持较高速度的增长，但考虑到各种要素条件的客观变化（劳动力成本上升、资源环境约束增强等）以及加快转变发展方式的主观要求，中国未来经济增长的潜在增速将逐阶回落。“十二五”时期，中国经济预计会保持平均8%～10%的高速增长；但随着要素约束和国际环境变化，我国经济发展将步入由高速增长到中速增长的“新常态”，预计到2015—2020年经济增速将逐渐下降到7%左右，到2020年后则将回落到6%甚至更低。2014年中国GDP增速已经下降到7.4%，考虑到目前经济形势尚未有明显的好转，以上预测的经济增速回落的情况可能会略有提前。

从根本上来看，三峡通航需求的未来变化将深受中国经济整体增速逐渐放缓的影响，伴随着中国整体经济潜在增速的逐渐下滑，三峡通航的总需求将难以保持过去20%左右的增长速度，其增速也会呈现出逐渐下降的态势。尤其是下行的货运量主要由外部需求的大环境所决定，在中国经济增速逐步放慢的大背景下，下行货运量的未来增速逐阶下降的特征也会更加明显。

2. 三峡上游地区的工业化、城市化的持续发展以及金沙江等资源的开发，将使上行货运量在未来5～10年内仍将保持一定的增速

三峡船闸的上行货运量更为直接地受上游地区经济社会发展的影响，从目前来看，重庆、四川等三峡上游地区仍处在其工业化和城市化继续发展的过程，从而将对上行的货运量带来相应的需求。

首先，从工业化的角度来看，目前中国不同地区之间的工业化进程差异较大。根据工业化理论构造了评价中国各省份工业化阶段的指标，并对 2004 年中国 31 个省份的工业化阶段给出判断（表 5.5－2）。根据这一研究，2004 年东部的 10 省中有 6 省（市）已经达到工业化后期或者已经完成工业化，其中上海已经处于后工业化阶段，江苏属于工业化后期前半阶段；而西南四省基本都处于工业化初期，尤其是贵州仍处于工业化初期前半阶段。又经过了七八年的发展后，目前长江下游的东部地区工业化比重都逐渐接近峰值并开始逐渐下降，例如江苏省工业比重于 2006 年时达到峰值 56.3%，近年来已有所下降。相比之下，虽然西部地区最近几年工业发展的速度非常之快，但是由于其工业化基础较弱，目前来看，这些地区应该还是处于工业初期和中期阶段。从未来的发展趋势来看，长江下游的省份随着工业比重的下降，一些处于产业链低端的行业将逐渐向中西部和其他的发展中国家转移，工业的比重将逐渐下降；而西南地区在未来的 5～10 年内都会处在工业比重有所上升的阶段。

表 5.5－2　　中国各地区工业化阶段的比较（2004 年）

阶段		四大经济板块	31 省（自治区、直辖市）
后工业化阶段			上海（100）、北京（100）
工业化后期	后半阶段		天津（94）
	前半阶段	东部（72）	广东（77）、浙江（75）、江苏（73）
工业化中期	后半阶段		山东（51）
	前半阶段	全国（42） 东北（41）	辽宁（49）、福建（47）、山西（44）、吉林（40）、黑龙江（36）、河北（34）
工业化初期	后半阶段	中部（24） 西部（20）	内蒙古（33）、宁夏（32）、湖北（31）、重庆（28）、陕西（28）、青海（22）、新疆（22）、云南（22）、湖南（22）、河南（22）、甘肃（20）、江西（19）、安徽（19）、四川（18）、海南（17）
	前半阶段		广西（13）、贵州（11）
前工业化阶段			西藏（0）

注　括号内为工业化阶段指标的计算值。

其次，从城市化的角度来看，城市化为社会经济发展提供了强大的动力，带来了大量的基础设施投资需求，拉动了投资建设类商品货运需求量的增长。根据最新人口普查的资料，东部地区绝大部分省份的城市化率都高于全国平均水平，一些发达省市（例如上海）的城市化率已经上升到相对稳定的阶段。从各国经济发展规律来看，城市化的推进通常伴随着工业化进程，工业化完成的阶段也是城市化不断减速并逐渐稳定的阶段。可以预期未来长江下游的东部地区城市化的速度将趋缓。然而从西南省份来看，根据最新人口普查的数据，除了重庆的城镇化率略高于全国平均水平，其他三省的城镇化率都在40%左右或40%以下。尽管西南省份由于其地理特点（如山区）等因素，其城市化的峰值将会低于东部地区，但是从目前的城市化水平和经济发展水平来看，其未来城市化仍然有较大的发展空间。根据《全国城镇体系规划（2006—2020年）》的预测，未来十年西南各省份的城市化率将增长十多个百分点，其中重庆的城市化率从2010年的49.1%上升到2020年的63.9%；四川从2010年的39.1%上升到2020年的53.0%（表5.5-3）。

表5.5-3　各省份的未来城市化率

省　份	城市化率/%		省　份	城市化率/%	
	2010年	2020年		2010年	2020年
上海	82.8	86.6	云南	33.4	47.1
江苏	50.6	60.6	贵州	31.3	43.4
湖北	46.1	57.1	四川	39.1	53.0
湖南	42.4	52.4	重庆	49.1	63.9
江西	40.6	52.3	全国	46.2	56.5
安徽	40.8	52.8			

同时，近年来，金沙江中下游阶梯水电站等一系列项目纷纷获得核准，区域资源开发不断推进，对三峡通航的需求也会产生一定的影响。从长期来看，上游地区资源的进一步开发，会带来通航需求的短期迅速增加，而随着开发的持续推进，航运过闸需求增速会逐渐回落。

综合对三峡上游地区的工业化和城市化进程分析，可以看到，目前这些地区仍处在工业化和城市化继续推进甚至近期内有所加速的阶段，因此，未来5～10年内三峡上行的货运量仍将会保持一定的增速，从而给未来的三峡通航需求尤其是上行货运量带来很大的压力。从长期来看，在汶川、雅安等地震灾区重建后，伴随着三峡上游地区的工业化和城市化加速过程的结束，三峡通航需求增速则会有较为明显的下降。

3. 替代运输方式不会从根本上改变通航货种结构，三峡未来通航需求中仍将以基建能源类货物为主

替代运输方式（铁路、公路）的发展将对三峡未来的通航需求造成影响，

然而长江的水路运输具有运量大、运距长、成本低等独特优势，在某些特定的运输货种（矿石、水泥、沙子等）上其他运输方式很难与其竞争，因此三峡未来通航需求的货物结构也应该会保持相对的稳定。

可以从欧洲莱茵河货运数据上看到内河航运货种结构的相对稳定性。如图5.5-1所示，莱茵河主要运输货种包括农产品、粮食和饲料、固体燃料、石油、金属矿石、钢铁、建材、化肥、化工产品、汽车和机械等十大类散货。其中建材运量最多，占总运量的1/5左右；其次是石油和金属矿石，分别占运输总量的18%和17%左右；另外固体燃料也占有较高的比重，达11%左右。这四类货种合计占全部货运总量的比重达到70%左右。将莱茵河货物运输的结构与三峡过闸货运的结构进行对比，不难发现两者的结构还是比较相似。这表明，虽然莱茵河流经的区域（德国、荷兰等）经历了较为完整的工业化和城市过程，已经是欧洲经济社会发展水平相当高的地区，但水路运输自身的特点（成本、运距等）仍是影响水路运输货种结构的主要因素，因此基建、能源类货物将是未来三峡通航需求的主体。本研究在进行分货种预测时也将重点分析能源、基建类货运量的未来趋势。

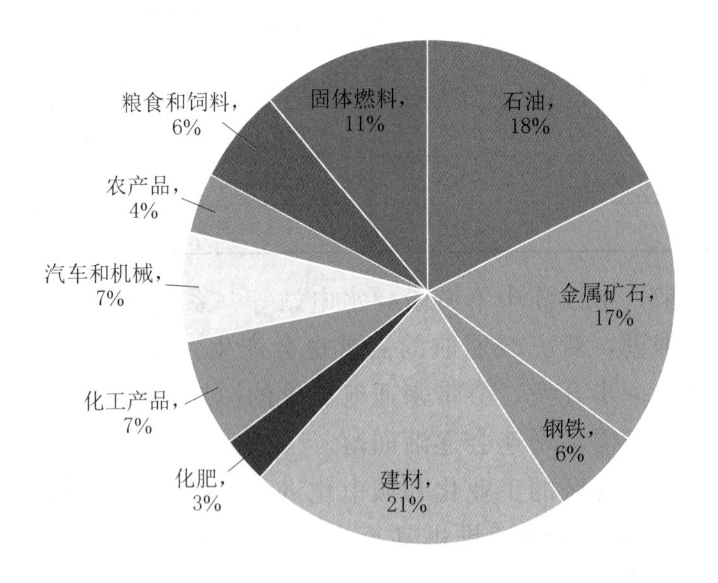

注　数据来源于莱茵河航运中心委员（Central Commission for Navigation on the Rhine）。

图5.5-1　莱茵河运量货种结构（2001年）

4. 对产能过剩行业的结构调整将影响过闸货运需求

2013年10月，《国务院关于化解产能严重过剩矛盾的指导意见》（以下简称《意见》）指出：受国际金融危机的深层次影响，国际市场持续低迷，国内需求增速趋缓，我国部分产业供过于求矛盾日益凸显，传统制造业产能普遍过剩，特别是钢铁、水泥、电解铝等高消耗、高排放行业尤为突出。2012 年年底，我国钢铁、水泥、电解铝、平板玻璃、船舶产能利用率分别仅为 72%、73.7%、71.9%、73.1%和 75%，明显低于国际通常水平。钢铁、电解铝、船舶等行业利润大幅下滑，企业普遍经营困难。值得关注的是，这些产能严重过剩行业仍有一批在建、拟建项目，产能过剩呈加剧之势。如不及时采取措施加以化解，势必会加剧市场恶性竞争，造成行业亏损面扩大、企业职工失业、银行不良资产增加、能源资源瓶颈加剧、生态环境恶化等问题，直接危及产业健康发展，甚至影响到民生改善和社会稳定大局。

当前，我国出现产能严重过剩主要受发展阶段、发展理念和体制机制等多种因素的影响。在加快推进工业化、城镇化的发展阶段，市场需求快速增长，一些企业对市场预期过于乐观，盲目投资，加剧了产能扩张；部分行业发展方式粗放，创新能力不强，产业集中度低，没有形成由优强企业主导的产业发展格局，导致行业无序竞争、重复建设严重；一些地方过于追求发展速度，过分倚重投资拉动，通过廉价供地、税收减免、低价配置资源等方式招商引资，助推了重复投资和产能扩张；与此同时，资源要素市场化改革滞后，政策、规划、标准、环保等引导和约束不强，投资体制和管理方式不完善，监督检查和责任追究不到位，导致生产要素价格扭曲，公平竞争的市场环境不健全，市场机制作用未能有效发挥，落后产能退出渠道不畅，产能过剩矛盾不断加剧。

产能严重过剩越来越成为我国经济运行中的突出矛盾和诸多问题的根源。企业经营困难、财政收入下降、金融风险积累等，都与产能严重过剩密切相连。化解产能严重过剩矛盾必然带来阵痛，有的行业甚至会伤筋动骨，但从全局和长远来看，遏制矛盾进一步加剧，引导好投资方向，对加快产业结构调整，促进产业转型升级，防范系统性金融风险，保持国民经济持续健康发展意义重大。因此，要坚决控制增量、优化存量，深化体制改革和机制创新，加快建立和完善以市场为主导的化解产能严重过剩矛盾长效机制。

化解产能严重过剩矛盾是当前和今后一个时期推进产业结构调整的工作重点。当前要积极有效地化解钢铁、水泥、电解铝、平板玻璃、船舶等行业产能严重过剩矛盾问题。《意见》要求，重点推动山东、河北、辽宁、江苏、山西、江西等地区钢铁产业结构调整，充分发挥地方政府的积极性，整合分散钢铁产能，推动城市钢厂搬迁，优化产业布局，压缩钢铁产能总量 8000 万 t 以上。

就三峡船闸的过闸需求来讲，五大过剩产能行业中的“钢铁、水泥”均为过闸的主要货物，平板玻璃也属建材过闸类物资。

当前过闸物资中，矿建材料（主要是黄砂）、煤炭、矿石、集装箱和钢材约占80%；与2008年相比，近年上行过闸运量增长的80%是矿建材料、矿石和钢材。通过优化调整长江中西部产业布局，过闸需求增长有望减缓。2012年过闸货物中，上行矿建材料（主要是黄砂）近2000万t，占上行过闸运量的34%。过闸物资中，矿建材料（主要是黄砂）和煤炭占40%以上，均为低附加值原材料。有关方面建议通过在库区建砂场和大力发展水电等措施，减少或控制矿建材料（主要是黄砂）和煤炭过闸运输。对于煤炭运输，可通过调整能源结构，大力发展水电来增大有关地区的电力供应，或先转换为电能后再经电网传输。以上措施，符合国家能源结构调整和发展要求，减少了社会总成本。

5. 综合运输体系的发展将使货运需求更为市场化，三峡目前的航道条件将制约船闸通过能力充分发挥

三峡枢纽扩能不仅牵涉枢纽水运、水利、水电等水资源的综合利用，还与沿江中西部地区公路、铁路、航空和管道等综合运输体系的协调可持续发展密切相关。

当前航运突出的问题是装载系数低、运力过剩、大量水运企业严重亏损，2011年、2012年中国远洋海运集团年度亏损额分别高达104.5亿元和95.6亿元，不得不靠变卖资产维持经营。而马士基航运（Maersk Line）2012年和2013年分别盈利4.61亿美元和15.1亿美元。

建立水路、公路、铁路、管道及航空运输等协调发展的综合运输体系，无疑会对三峡的当前过闸需求产生重大的分流作用。综合运输体系作用下，市场机制将发挥更为主导的作用，货运需求将向更为有序的方向发展，三峡过闸需求将受到一定影响，需要在需求预测中重点考虑。

同时，三峡的航道条件制约船闸通过能力的充分发挥。当前，三峡与葛洲坝两坝间通航流量标准执行通航管理部门于2008年制定的《三峡—葛洲坝两坝间水域大流量下船舶限制性通航暂行规定》，对汛期葛洲坝入库流量在25000～45000m^3/s的两坝间单船主机功率200～630kW及以上通行船舶实行限制性通航。宜昌下游的荆江河段，在三峡工程建成前枯水期只能保证2.9m航道水深。三峡水库建成后，通过加大枯水期下泄流量等措施，可使该河段维持3.2m以上的通航水深。

（二）三峡通航需求综合趋势判断

2011年三峡船闸货运量达到10033万t，2012年三峡船闸过闸货运量同比下降14.2%。2013年三峡船闸货运量回升至9707万t，但仍低于1亿t。未来过闸需求仍然存在很多不确定性，需要放在更长的时间周期进行研究。不仅要看当前过闸需求快速增长的现象，也要分析国家经济总量增速逐渐放缓、工业化和城镇化发展高峰过后，过闸货物需求出现回落和稳定的情形。发达国家的水运经历了起步—发展—回落—稳定的阶段，要分析过闸需求是阶段性增长还是长期可持续性增长，就要尽可能减少或避免水运高峰过后出现通航建筑物、码头、船舶等设施闲置和从业人员过剩问题。应采取措施，鼓励老、旧船改造，促进船舶大型化。同时，加强通航信息化建设，提高船舶的平均载货量和经济效益。

综合以上各种因素的分析，在中国整体经济增长速度将逐渐放缓的背景下，三峡下行货物量的增速也将逐步下降。随着三峡上游地区工业化和城市化进程的推进，未来5～10年三峡上行货物量仍将保持相当的增速，长期来看伴随着上游地区经济社会发展速度的放缓，上行货物需求增速将经历一个明显的下降过程。总体而言，预计未来5～10年内三峡整体的通航需求增速仍将保持在8%左右，到2020年以后则逐渐下降到5%左右甚至更低，其中下行货运需求增速变化将较为平稳，而上行货物需求增速则将经历一个保持较高水平、然后迅速下降的阶段。

对于三峡工程中长期通航需求分析与提高通航效率问题，应结合沿江中西部地区综合运输发展规划和长江流域综合发展规划，遵循科学规划、统筹兼顾、优先挖潜、协调发展的原则，着力于提高沿江区域综合运输体系的通过能力。

六、三峡通航需求的分类预测

从前面的分析可以看出，三峡枢纽货物运输中的货种较为集中，大类货种相对稳定。本专题将从影响不同类型的货种运量需求变化的原因出发，将通过三峡枢纽的货物划分成几大类，分别进行预测。本专题将所有三峡枢纽运输货物划分成五大类，即能源类、投资建设类、农业相关类、集装箱和其他。其中能源类货物主要包括煤炭和石油，投资建设类货物主要包括矿石、钢材、矿建材料、水泥和木材等，农业相关类包括粮棉、化肥农药、水果、禽畜水产品等。

（一）能源类货运量需求预测

1. 近年来能源类货运量变化及其原因分析

图5.6－1显示了2004年以来的煤炭和石油的过闸量。从图5.6－1中的数据来看，2004年以来煤炭和石油的过闸量都出现了大幅上升，但是两者表

现出来的特征却明显不同，这是受区域经济增长格局变化的影响所致。其中煤炭主要是下行，满足的是东部省份的电煤需求，反映的是东部地区经济增长状况；而石油则主要是上行，满足的是西南地区的重庆、四川等地的能源需求，反映的是西部地区经济增长态势。

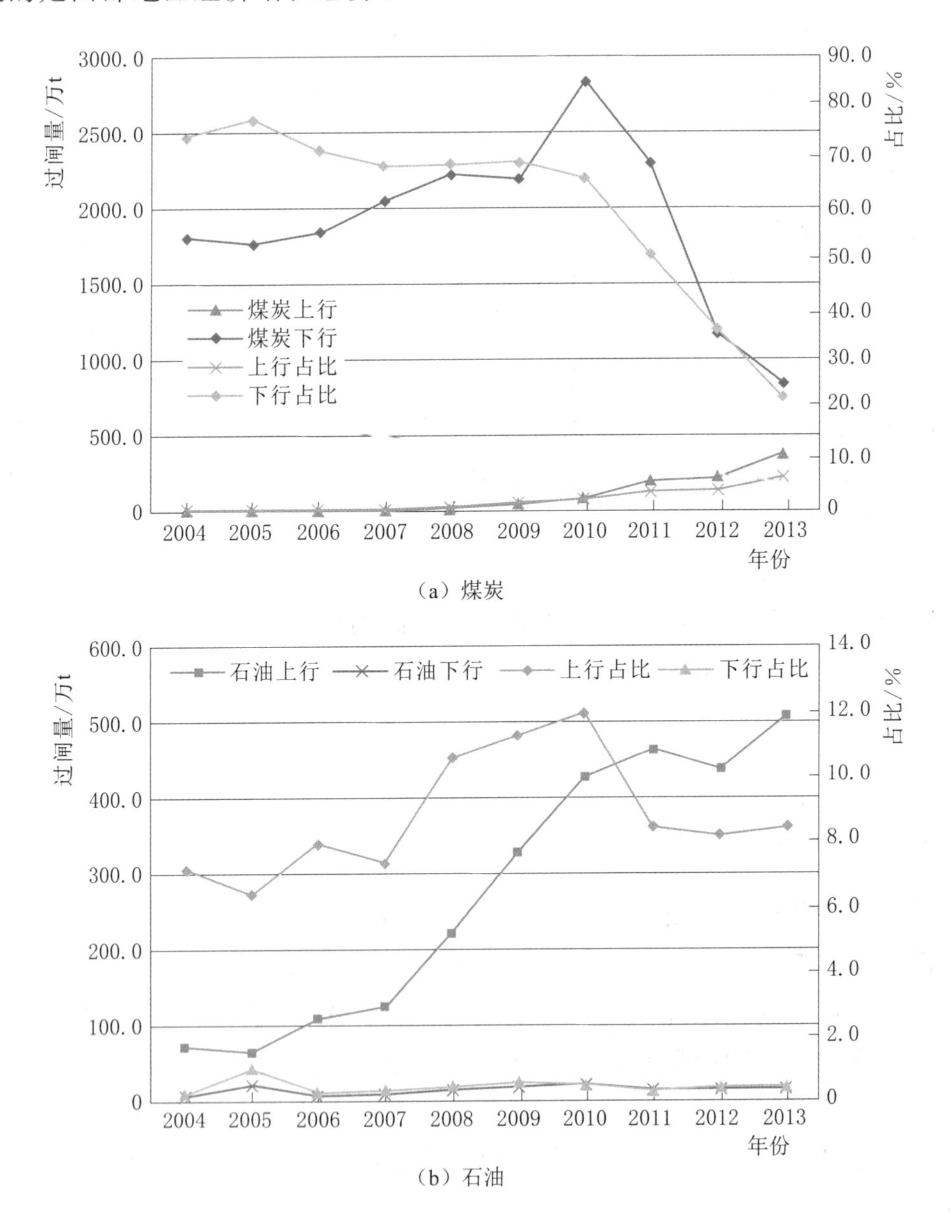

图 5.6-1 三峡大坝能源类货物过闸量

图 5.6-2 给出了 2000 年以来长江上游和下游部分省份的经济增长速度的变化。可以看出上游省份和下游省份的经济增长表现出不同的趋势。2006 年以来，长江下游的上海市和江苏省的经济增长速度出现了明显下滑趋势，江苏

省的经济增长速度从2006年的15%下降到2011年的11%；上海市从2007年的16%下降到2011年的8%左右。与此不同的是，上游省份的经济增速尽管出现了波动，但整体上一直处于不断加速的状态。正是上下游不同的经济增长态势对煤炭和石油过闸运量造成了不同的影响。

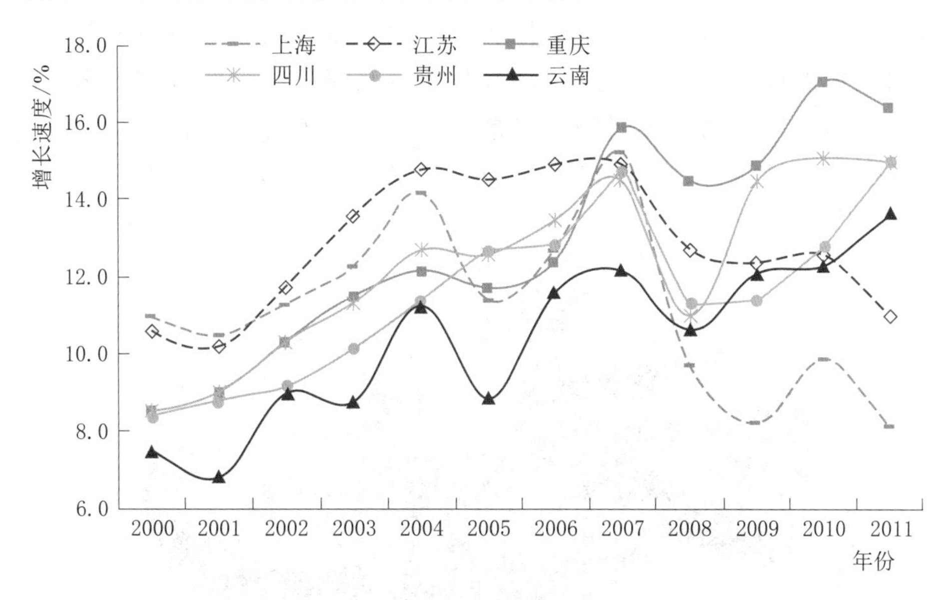

图5.6-2　长江上游和下游部分省份经济增长速度

2012年，上海、江苏、重庆、四川、贵州、云南、湖北的经济增长速度分别为7.5%、10.1%、13.6%、12.6%、14%、13.0%和11.3%；2013年，上海、江苏、重庆、四川、贵州、云南、湖北的经济增长速度分别为7.04%、9.44%、10.93%、10%、16.85%、13.69%和10.87%。

虽然煤炭运输需求总量在不断提高，但在整体三峡通航运量中的比重却在不断下降，这是因为，一方面长江下游东部地区的经济增长出现了明显的减速趋势；另一方面是西部经济增速的提高，自身对煤炭的需求大幅提升，从而减少了煤炭的调出量。对于石油而言，由于西部经济增长的加速带来能源需求的大幅提升，从而导致了石油运输需求快速上升，石油运量在上行货物运输总量中的比重不断上升。

从图5.6-1还可以看出，在2008年开始出现了上行煤炭运输需求，而且2013年已达到374万t，这主要是由于三峡上游地区的煤炭质量不好，因此在配煤的过程中需要从外地调入质量较高的煤。而与煤炭不同的是下行的石油运输需求一直较小，而且比较稳定。

2. 能源资源的空间分布

图5.6-3给出了我国尚未开采的煤炭资源储量的区域分布。从图中可以

看出，我国的煤炭资源主要分布在中西部地区，其中山西、陕西、内蒙古和宁夏最为丰富。西南地区（重庆、四川、云南和贵州）也具有一定的煤炭资源，占全部未开采的煤炭资源储量的9%。而华东地区除了安徽和山东外其他省份煤炭资源则极为匮乏，整体未开采的煤炭资源仅占全国的2%不到。因而长江下游地区的煤炭需求基本上都是依赖从外省调入或者进口。目前来看，长江下游地区的煤炭需求主要还是通过“铁海联运、北煤南运”的方式来满足的，而通过长江水路向下运输的煤炭则仅仅是补充。相对于每年4亿t左右的“铁海联运”的煤炭运量而言，三峡航运2000万t左右的煤炭运量规模很小。

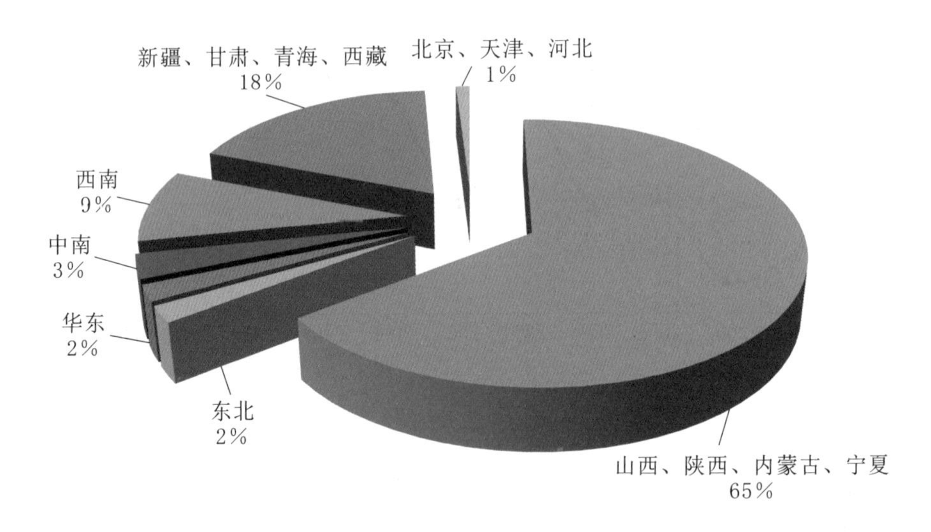

图5.6-3　尚未开采的煤炭资源储量的区域分布

石油资源的分布与煤炭资源的分布存在较大差异，石油资源主要分布在东北、华北和江淮地区，该地区的石油地质资源量约占全国的40%，可采资源量约占全国的60%；而西南地区的石油资源比较匮乏，这也是三峡过坝石油运输需求增长的根本原因之一。

3. 煤炭过坝运量预测

对能源类产品过坝运量的预测将结合供给和需求两个角度展开。煤炭的需求方主要是长江中下游的上海、江苏、安徽和湖北，需要分析这几个地区未来的经济增长对煤炭需求的影响；供给方主要是长江上游的云南、贵州、四川和重庆四省（直辖市），要考察这四省（直辖市）煤炭外调的供给能力的变化，包括其煤炭的生产能力和煤炭自身的消费需求变化。

（1）从供给角度来看煤炭运量的预测。根据全国能源建设的相关规划，未来贵州和云南将充分发挥煤炭资源相对丰富的优势，建设云贵大型煤炭基地，配合“西电东送”工程的建设，加快煤炭开发建设步伐，适度扩大生产能力，以满足当地需要为主，并调出部分煤炭到两广、湖南等地。根据国家发展和改革委员会的《煤炭工业发展“十二五”规划》（以下简称《规划》），2015 年全国煤炭总产量达到 35 亿 t，西部煤炭产量达到 20.9 亿 t，占全国的 59%，其中贵州、云南产量略有增加，重庆和四川产量有所下降。对于煤炭的跨区调运平衡，《规划》预测 2015 年煤炭调出省净调出量将达到 16.6 亿 t，其中云贵地区 0.5 亿 t，主要调往两广和湖南等地；华东等地区的煤炭调入主要由山西、陕西、内蒙古、宁夏、甘肃、云贵地区供应；川渝地区 0.4 亿 t，主要由新疆供应 0.3 亿 t，其余由山西、陕西、内蒙古、宁夏、甘肃补充供给。

根据上述《规划》，预期“十二五”“十三五”时期三峡过坝煤炭将基本都来自云南和贵州两地，而重庆和四川两地的煤炭将部分依靠新疆等地的煤炭补给实现自身的平衡。山西、陕西、内蒙古、宁夏、甘肃等地的煤炭将通过规划建设的蒙西、陕北至湖北、湖南和江西的煤运铁路运至长江中下游。根据《贵州省煤炭经营企业“十二五”合理布局规划》，预计 2015 年贵州省煤炭总需求将从 2010 年的 1.4 亿 t 上升到 2.1 亿 t，同时参照《国家大型煤炭基地规划》的要求，“十二五”时期贵州省每年煤炭净调出量约 4000 万 t。

长期来看，根据国家煤炭基地建设规划以及西南地区的煤炭资源分布状况，可以预期重庆和四川未来将成为煤炭的净调入省份；云南和贵州两地的煤炭产量将会继续上升，煤炭资源的外调量也会有所增加，但是考虑到川渝以及周边的两广和两湖地区煤炭资源的匮乏，因此云南和贵州两地通过长江向华东地区调运的煤炭供给量增长空间不大。至于新疆、陕西等地的煤炭是否会通过重庆、四川的长江港口供给长江下游地区，则除了三峡枢纽运力限制外，很大程度上取决于下游地区的煤炭需求。

（2）从需求角度来看煤炭运量的预测。三峡下行的煤炭主要运往江苏、上海以及湖北和安徽等地，考虑到安徽省整体的煤炭自给率非常高，甚至有部分煤炭供给外省，随着省内煤炭运输储配体系的建设，其内部煤炭空间调配能力将不断增强，同时加之距离山西等煤炭基地较近，未来安徽省对三峡上游煤炭的需求量会很小。因此主要从江苏、上海以及湖北三省（直辖市）的煤炭需求分析入手，以此来分析三峡过坝煤炭运量的未来变化趋势。煤炭主要用于发电、供热、炼焦、工业终端耗能等，其中火电是煤炭最主要的用途，例如上海的电煤需求占了 70%的煤炭消费量；江苏的电煤需求也占了 60%左右，因此电煤的未来需求变化在根本上决定了整体的煤炭需求走势。

从国际经验来看，随着经济社会发展水平的提高，单位 GDP 的电耗将呈现快速增加、然后趋缓的过程。具体而言，在人均 GDP 达到 15000 国际元之前，单位 GDP 电耗将不断上升，之后单位 GDP 电耗将开始趋于平稳，在人均

GDP 达到 2 万国际元之前，单位 GDP 电耗水平没有出现明显的下降趋势。

从韩国等新兴工业化国家的发展经验来看（图 5.6－4），随着经济发展水平的提高，受电力需求快速增长的拉动，电煤的需求也将不断增长。根据上述国际经验，预计三峡下游地区未来十年的煤炭需求仍将缓慢增长。

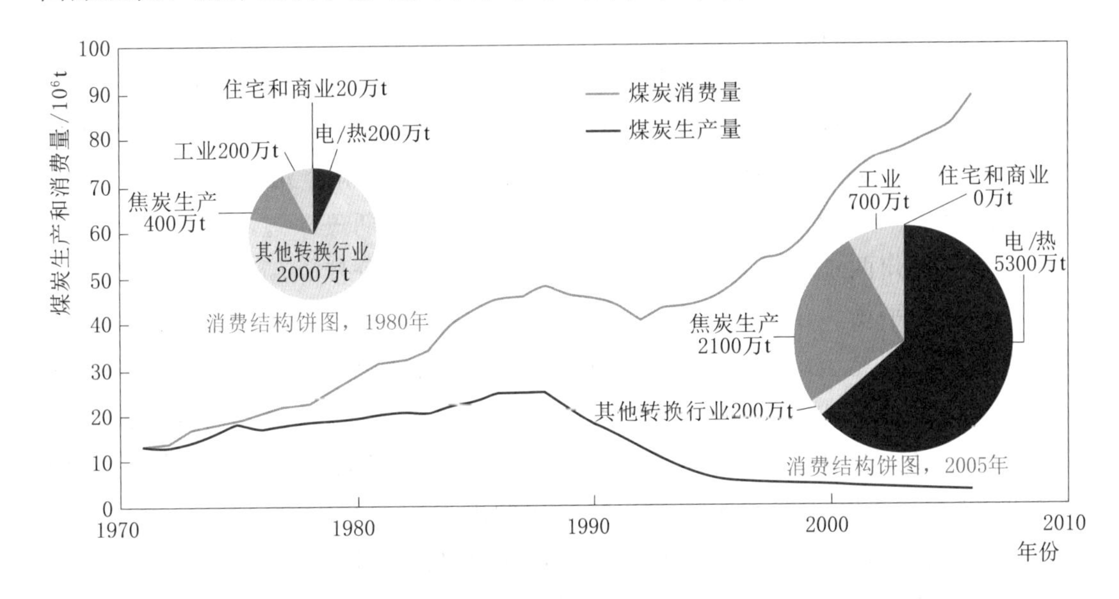

图 5.6－4　韩国煤炭生产和消费历史变化

根据各国经济增长的规律，同时考虑各省工业化和城市化的实际进程，预期“十二五”和“十三五”时期东南沿海省份的增长速度将继续下滑。未来十年上海和江苏的经济增长速度将分别下滑到 7% 和 8%，2020—2030 年两地经济增长速度则分别为 6% 和 7% 左右。预期 2010—2020 年和 2020—2030 年湖北的经济增长速度将分别达到 10% 和 8% 左右。如果未来十年的电力需求弹性维持在过去近 20 年 0.7～0.8 的水平，2020—2030 年电力需求弹性将下降到 0.5 左右。据此可以推算 2015 年、2020 年和 2030 年上海和江苏两地电力总需求量将分别达到 7400 亿 kW·h、9000 亿 kW·h 和 1.3 万亿 kW·h，湖北的电力需求总量将分别达到 2000 亿 kW·h、2800 亿 kW·h 和 3900 亿 kW·h。

从电力的供给角度来看，东南沿海地区电力来源主要是火电和核电。目前正在运行的三个核电站分布在沿海的浙江、江苏和广东。根据国家核电中长期发展规划，未来的 13 个核电机组中 10 个分布在东南沿海各省。预计到 2020 年，核电运行装机容量争取达到 4000 万 kW；核电年发电量达到 2600 亿～2800 亿 kW·h。由此可以预期虽然未来火电的比重将会有所下降，但仍然是最主要的电力供给来源。对于湖北来说，水电资源相对充足，只有一半的电力需求来自火电。

从煤炭的需求角度来看，除了火电，其他的煤炭需求主要来源于高耗能行业的终端煤炭需求。随着劳动力成本、土地成本等的不断上升，我国制造业呈现由东部地区向中西部地区转移的趋势，高耗能行业这种转移的趋势也较为明显。近年来珠江三角洲地区、长江三角洲地区加快了耗能较大的陶瓷、水泥等非金属矿物产业的转移力度。随着东部沿海地区城市化水平逐渐接近峰值，三峡下行的钢铁和建材需求也将有所放缓。因此上海、江苏等地对工业煤炭需求的增长速度将下降，长期来看需求的绝对值水平也会下降。湖北随着承接东部的产业转移以及城市化继续快速推进，工业煤炭需求将继续保持增长，伴随着湖北省工业化和城市化推进速度逐步放缓，其工业煤炭需求增长速度将逐渐下降。

随着“西电东送”工程的建设以及特高压电网的建设，未来东部地区直接调入电力的比重将不断上升。假定未来 20 年上海、江苏两地总的电力调入比例由现在的 20%左右提高到 40%左右，考虑核电等替代电力的发展，火电占当地发电总量的比重将稍有下降。假定发电煤耗指标比现在降低 10%。由于沿海省份将更早地完成工业化，高耗能行业逐渐向内陆省份转移，预期非电煤需求到 2020 年将有所下降。

根据前面的各项设定，可以推算上海、江苏以及湖北三地煤炭 2015 年、2020 年和 2030 年的总需求量将由现在的 4 亿 t 左右分别上升到 5 亿 t、6 亿 t 和 6.5 亿 t 左右。由此，三峡下游地区的煤炭需求量仍将继续增长，但是增长的速度将不断下降。

（3）未来三峡煤炭过坝运量的预测。在煤炭供给侧，目前西南地区向外调出的煤炭供给能力增长有限，疆煤东运仍然受到铁路运力的约束。随着疆煤东运重要通道红淖三铁路项目一期 2014 年正式投入运营，疆煤东运运力制约局面可能会稍有缓解。该条铁路设计的近、远期输送能力分别是 6000 万 t 和 1.5 亿 t。红淖三铁路建成后，北端直接服务于淖毛湖、三塘湖、巴里坤等煤田，并延伸服务于中蒙边境老爷庙口岸；中部与哈临线相接，输送疆煤经大包线、大秦线下水供应东部沿海省份；南端通过兰新线将疆煤输送至甘肃、川渝等地。因此无论是从短期运力还是长期输送能力来看，疆煤通过川渝输送长江下游的铁路输送能力较为有限。另外，由于川渝地区自身煤炭量不足，需要大量的新疆、陕西等地煤炭补给，加之运输距离和运输难度较大降低了水路运输的成本优势，因而未来新疆、陕西等地煤炭大量通过三峡运至下游地区的可能性较小。

在煤炭需求侧，虽然下游的江苏、上海等地的煤炭需求在未来仍然会保持有所增长的态势，但由于工业化和城市化趋于完成，煤炭需求增长的速度将会明显下降。同时考虑到新增的西煤东送的两大通道（“煤运第三通道”和“大秦二线”）的建设，下游地区煤炭需求对长江航道的依赖程度难以出现较大幅度的增加，远期来看将会有所下降。另外，出台的《“十二五”综合运输体系规划》明确指出加快建设鄂尔多斯盆地、陕西等综合能源基地至湖北等中部地区的煤炭运输通道。2012 年 1 月国家发展和改革委员会批准新疆蒙西至华中地区铁路煤运通道工程项目，该铁路可将内蒙古、陕西等地煤炭运送至湖北等中部地区，设计输送能力达 2 亿 t（建成初期达到 1 亿 t），预计 2017 年建成，这将很大程度上减轻中部地区对于三峡上游煤炭的依赖。

而从实际运量变化来看，2008—2013 年，下行通过三峡船闸的煤炭运量分别是 2204 万 t、2173 万 t、2806 万 t、2278 万 t、1160 万 t 和 824 万 t，已经呈现出下降的趋势。

综合以上分析，由于下游地区煤炭需求增速将不断下降以及其他运输通道的建设，总体来看中期三峡过坝的煤炭运量将平稳下降，基本维持在 2000 万 t 左右。预计 2015 年和 2020 年三峡过坝（下行）煤炭运量将分别达到 1500 万 t 和 2000 万 t 左右，2030 年逐渐稳定至约 2050 万 t，展望 2050 年约回落至 1000 万 t 并保持稳定。三峡过坝煤炭运输主要是下行的需求，未来难以出现较大规模的上行煤炭需求。

4. 石油过坝运量的预测

石油过坝运量的需求主要来自长江上游地区，而供给则包括进口和从下游炼油企业调入，考虑到进口石油资源的充足供给和下游炼油企业较强的生产能力，因此，石油运量的预测主要考虑上游地区的经济增长对石油需求的影响。石油的运量预测相对煤炭要简单一些，这主要是基于两个事实：①我国目前石油的进口依存度已超过 50%，大量的石油消费需求需要依靠进口，无论是直接进口原油还是成品油都必须经过沿海港口，然后再运至内陆；②西南地区除了四川有少量的原油生产外，其他三省基本不产原油，基本都是靠外省调入。2010 年西南地区柴油的整体自给率不到 5%，最高的四川也仅达到 16%左右。本专题首先分析西南地区未来的石油消费需求的变化，然后据此判断三峡枢纽石油过坝需求的变化。

目前西南省份经济发展水平还较低，工业化和城市化有较大的空间，预期未来仍可以继续保持较高的增长速度。结合各地的“十二五”规划等，预计“十二五”和“十三五”时期重庆和四川两地的经济增长速度预期保持在 11%左右，而贵州和云南两地的经济增长速度保持在 9%左右；2020—2030 年间重庆和四川两地经济增速将有所下滑，预计可以达到 8%左右；而贵州和云南两地经济增长可以达到 6%左右。从最近十年全国和西南地区石油消费和经济增长的数据来看，石油消费的弹性大致在1.0左右。考虑到消费结构的升级和能源品种的升级，预期未来十年西南地区的石油消费弹性将继续保持在1.0左右，2020—2030年间将有所下降，保持在0.8左右。据此预测未来十年西南地区石油消费量将年均增长10%左右，2020—2030年间年均增速将达到6%左右。

从油品的来源和运输方式来看，目前对三峡过坝石油运量影响最大的是中缅油气管道的建设，该项目将在2013年6月贯通，预计将给重庆带来1000万t炼油、100万t乙烯和100万t石油化工中下游产品的生产能力。另外，目前在建的从乌鲁木齐至兰州的1150m的石油管线，可以将新疆的油直接运到兰州，也会对三峡过坝石油运量带来一定的影响。虽然这些管道的建设将在一定程度上减轻西南地区原油和成品油的上行需求，但是也会带来相应化工产品下行的运输需求。

从实际通过量来看，2004—2013年通过三峡船闸的油品运量分别为78万t、88万t、116万t、134万t、237万t、349万t、452万t、480万t、455万t和526万t，呈现出一定的增长态势。

综合以上各种因素，预计未来三峡枢纽过坝油品运输量将继续保持一定速度的增长，2015年、2020年将分别达到650万t和900万t左右，2030年将达到1300万t左右。远期展望，2050年增速将减缓并保持稳定，预计1500万t左右。三峡过坝油品主要是上行的需求量，而下行货运量则很少并保持稳定。

但同时，石油运输也可通过管道进行。若管道建设延伸到三峡上游地区，该部分运量将作为管道运输的补充，维持在几百万吨的水平。

（二）投资建设类货运量需求预测

矿石、钢材、矿建材料、水泥和木材等货物的需求与基建投资直接相关，且其需求大多表现出相似的规律。长期来看，影响这些货物需求变化的最主要因素就是工业化和城市化带来的基础设施建设（如机场、码头、道路、地铁等）和住房需求的扩张。在经济发展的起步和加速阶段，工业化和城市化步伐都在不断加快，因而这些投资建设类货物的需求也随之快速增长；而随着工业化的趋于完成和城市化接近稳定阶段，这些投资建设类货物的需求也逐步达到峰值；随后随着工业化的完成和城市化的稳定，投资建设类货物的需求会有所下降。这就是通常所归纳的投资建设类货物需求的倒U形规律。

三峡过坝的矿建货物的未来运量不仅与长江流域各省份工业化和城市化进程有关，也与资源以及相应产业的空间分布有关。因此要在工业化和城市化的空间格局及其变化趋势的基础上，对该类货物从供给和需求两个方面进行分析，从而对未来三峡投资建设类货物的过坝运量需求给出定量的预测结果。

1. 水泥和矿建材料过坝运量预测

（1）水泥的运量预测。图 5.6－5 给出了 2004 年以来水泥过闸量的相关数据。2009 年之前上行水泥的需求量一直在快速提高，而 2009 年以后上行水泥的运量却有大幅的下降；与此同时下行水泥的需求量在 2009 年以后出现了大幅快速上升的趋势。2013 年三峡上、下行水泥运量分别达到 6 万 t 和 246 万 t，2012 年三峡上、下行水泥运量分别达到 18 万 t 和 160 万 t。2011 年三峡上、下行水泥运量分别达到 34 万 t 和 255 万 t。2010 年的水泥运量为 172 万 t（上行 137 万 t、下行 35 万 t）。这一现象表面上与“西部地区经济的加速、四川等地灾后重建以及东部地区经济适度放缓的现实”不相吻合，其产生的根本原因在于水泥产业本身的转移，即一些大型水泥企业近年来已经从下游转移到了上游。三峡上游地区的水泥生产企业不仅满足了本地快速增长的水泥需求，而且开始满足下游地区的部分需求。典型的案例是亚洲第一大水泥生产企业安徽海螺集团投资 36 亿元、年产 1000 万 t 的新型干法水泥项目于 2008 年 12 月在重庆忠县动工，它是西部承接东部沿海产业转移的最大水泥生产项目，大大提高了西部地区水泥生产能力。该项目同时还配套建设年吞吐量达 1500 万 t 的专用码头。

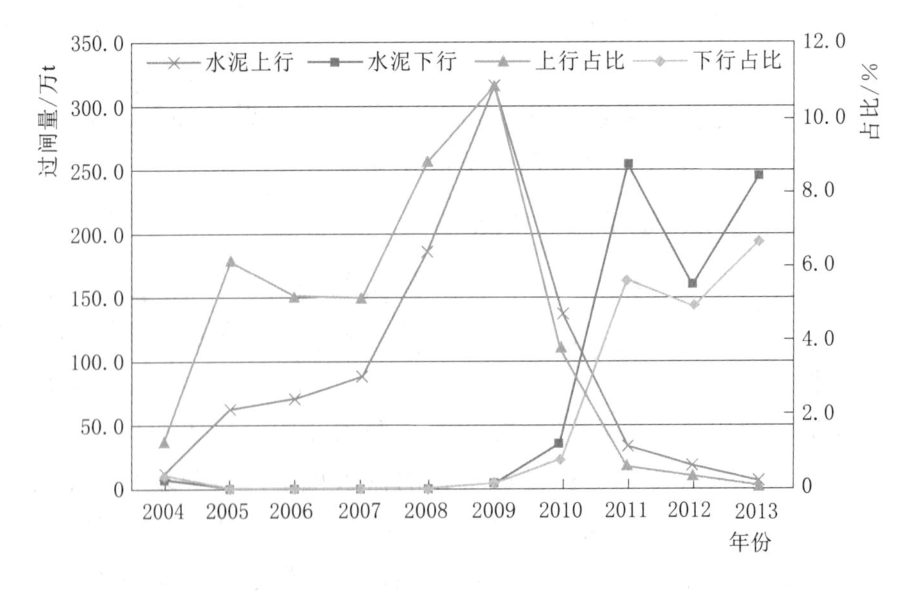

图 5.6－5　三峡大坝水泥过闸量

从水泥生产所需的矿石资源的分布来看，长江流域沿线地区的相关矿石资源都非常丰富。中下游地区包括安徽的怀宁、贵池、铜陵等地，以及江苏和湖北沿长江流域等都分布着大型的石灰石矿区，是我国目前石灰石矿的主要产地。上游四川中南部的峨眉山、攀枝花一带，以及重庆的涪陵、丰都、忠县等地的石灰石资源也较为丰富。因此，未来三峡过坝水泥运量将更多地由上、下游的水泥需求量以及水泥产业的空间布局所决定。

《水泥工业“十二五”发展规划》指出，随着经济发展方式加快转变，“十二五”时期国内市场对水泥总量需求将由高速增长逐步转为平稳增长，增速将明显放缓。当前各地都出现了水泥产能过剩的现象，到2011年年底重庆市水泥产能达到了8200万t，远大于5200万t的市场需求❶。预测全国水泥产量年均增长3%～4%，2015年国内水泥需求量将达到22亿t左右。从空间布局角度来看，规划指出“十二五”时期以满足市场需求、抑制产能过剩和优化生产力布局为目标，其中上海原则上不再新增水泥产能，由周边地区统筹供给；江苏、浙江、安徽、山东水泥工业规模较大，要严格控制产能扩张；湖北、湖南、河南应控制总量；川渝要严格控制产能扩张，西南其他地区要结合当地建设需求，坚持减量置换，调整优化结构。

从国际经验来看，当工业化趋于完成和城市化步伐放缓，水泥消费也将达到峰值。根据对美国、德国、法国、日本等发达国家水泥消费量的分析，可以发现当人均累计水泥消费量达到12～14t，年人均水泥消费达到600～700kg时，水泥消费逐渐达到饱和，消费总量和人均消费量开始呈缓慢下滑的趋势❷。中国各省份的人均水泥消费量也呈现出类似的规律。由于不同地区之间国土特征、经济起步的阶段以及水泥的品质等因素的差异，其峰值会有所不同，相较而言，中国的水泥消费量的峰值要明显高于其他国家，较高省份峰值会达到2t/人左右，大部分省份峰值会在1～2t/人。

未来长江下游东部省份的城市化逐步完成，基础设施建设趋于饱和，水泥消费量也将逐渐达到峰值并保持相对稳定，随后会不断下降至较低的水平。预计2020年江苏省人均水泥消费量将从现在的2t左右下降至1.2t左右，2030年将进一步下降至400～600kg；上海的人均水泥消费量也会较快下降至更低水平。而长江上游的西南地区未来人均水泥消费量将继续较快增长，2020年重庆和四川的人均水泥消费量将分别达到2t和1.5t左右，贵州和云南由于地理条件等因素的影响，其城市化峰值应低于东部地区，因此两省人均水泥消费量峰值也会低于东部地区。2020年两省的人均水泥消费量预计将接近1t，此后也都会相继达到峰值而逐渐下降，到2030年将下降至400～600kg。结合人

❶ 参见《重庆市人民政府办公厅关于重庆市水泥工业发展和结构调整的实施意见》。

❷ 参见《水泥工业发展专项规划》(国家发展和改革委员会)。

口的预测数据，可以预计到2020年长江下游的江苏和上海两地的水泥消费总量将由目前的2亿t左右下降至1亿t多一点，到2030年将进一步下降到6000万t左右。长江上游的重庆、四川、贵州和云南四省（直辖市）的水泥消费量将继续快速增长，到2020年消费总量将达到2.7亿t左右，2030年回落至1.5亿t左右。而各省（市）城镇化建设至2050年基本完成，水泥消费量预计将会大幅回落。

从供给角度来看，随着区域经济增长格局的变化，水泥产业将会继续向中西部转移，中游和上游地区的水泥产业将继续不断扩张。综合供求两方面的因素，未来三峡水泥的上行运量会不断萎缩，而下行水泥的运量会有所上升，考虑到安徽、湖北等沿江流域都具有丰富的石灰石资源，因而向西部转移的水泥产业将更多地用以满足当地的水泥需求，下游东部省份水泥需求的缺口也将更多地依赖中游省份的供给来弥补，因此三峡下行水泥运量的上升空间也不会很大。

综合前面的分析，并考虑不同运输方式之间的替代性，预计到2020年上行的水泥运量将明显萎缩，到2030年将更是如此，2050年水泥运量将会保持一个基本的底量；而对于下行的水泥来说，预计2015年和2020年将分别上升到300万t和400万t左右，到2030年将回落到300万t左右，2050年预计回落并稳定至50万t左右。

（2）矿建材料的运量预测。图5.6－6给出了2004年以来的矿建材料（主要是黄砂）过闸量的相关数据，2009年以来上行的矿建材料运量大幅攀升，而下行的矿建材料虽然也表现出上升的趋势，但是增幅相对较小。从上行的矿

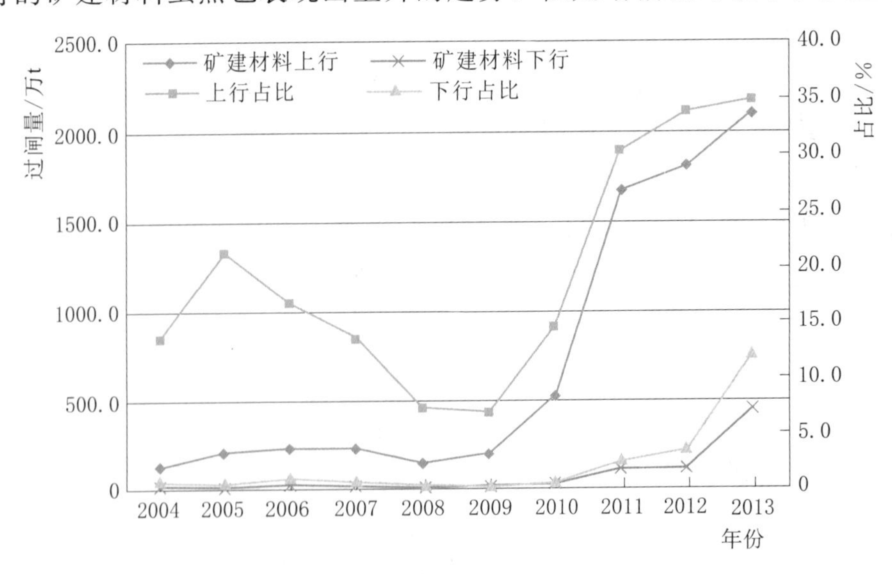

图5.6－6　三峡大坝矿建材料过闸量

建材料来看，快速上升的上行运量与灾后重建以及西南地区近几年持续的高投资密切相关。矿建材料与水泥货运量的变化趋势截然相反，说明矿建材料产业转移要明显慢于水泥产业。由于产业转移没有跟上，短期快速扩张的矿建材料需求在当地得不到满足，从而导致从下游调运的矿建物资量大幅上升。下行的矿建材料目前运量比较小，但也在不断上升，说明虽然矿建材料产业向西部地区转移较慢，但是少部分低端的矿建材料产业已开始向西部转移，而大部分相对高端的矿建材料产业还集中在中部和东部。

矿建材料和水泥都是基础建设的主要材料，与工业化和城市化带来的投资变化密切相关，也都存在一个需求从快速增长到峰值，最后再下降至稳定阶段的过程。从产业的布局来看，由于矿建物资不适合成本较高的长距离调运，尤其是公路运输，因此其生产基地的布局应离市场需求较近。目前西部地区对矿建材料的需求在快速增长，本身的矿物资源也比较丰富，从而为三峡上游地区的矿建材料产业发展提供了有利的条件；而东部地区面临着土地、人力成本上升的压力，以及不断提升的节能减排要求，因此东部地区的部分矿建材料企业也将逐步向西部转移。《建材工业“十二五”规划》指出“要引导平板玻璃生产企业向资源、能源富集的西部地区有序适度转移，引导玻璃深加工企业在消费地周边或平板玻璃生产地集中布局、集聚发展……中部地区依据相关产业政策，高起点、高水平、高质量因地制宜地承接东部地区陶瓷产业转移”。

基于以上分析，未来三峡大坝矿建材料运量的趋势预测如下：近几年随着西南地区投资需求的继续快速扩张，矿建材料的上行运量还将继续增长，但是随后随着部分产业向西部转移将逐渐趋于平稳并随之下降；而下行的矿建材料会随着产业的转移而逐步增加运量需求。具体而言，预计三峡大坝过坝的矿建材料上行运量将经历一个先上升后下降的过程。2015 年和 2020 年上行运量将增长至 2400 万 t 和 2700 万 t 左右，以后则逐渐下降，2030 年下降至 1700 万 t 左右，2050 年下降至 1000 万 t 左右；而下行的矿建材料将逐步增加并趋于稳定，2015 年、2020 年、2030 年和 2050 年运量将分别达到 600 万 t、700 万 t、800 万 t 和 1000 万 t。

2. 钢材和矿石过坝运量预测

（1）钢材的运量预测。图 5.6－7 给出了 2004 年以来钢材过闸量的相关数据，钢材的运量变化趋势与矿建材料比较接近，即上行和下行的钢材过闸量都在不断上升，上行过闸量的增速远高于下行，这一变化趋势的原因与前面提到的水泥、矿建材料基本一致，主要由上游地区工业化和城市化加速发展所导致。需要指出的是，钢材过闸量的变化除了跟基础设施建设密切相关外，还与汽车、船舶等制造业的发展以及钢铁产业的空间布局密切相关。与矿建材料类似，钢材的消费同样也会经历一个增长、稳定和衰退的历程。

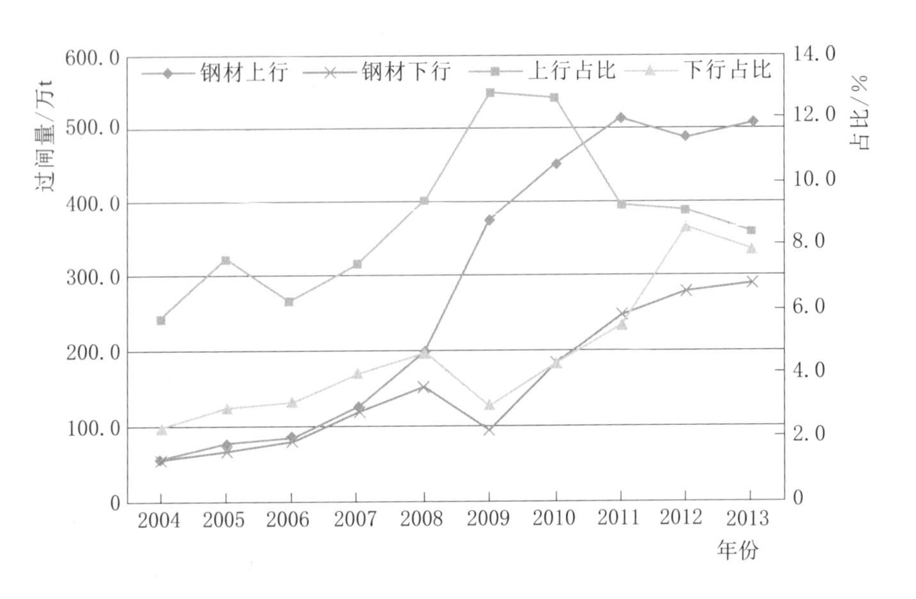

图 5.6-7　三峡大坝钢材过闸量

从需求角度来看，根据《钢铁工业“十二五”发展规划》的预测，“十二五”时期我国整体的粗钢消费量将继续增长，预计到2015年将达到7.1亿～8.1亿t；从中远期来看，规划采用了人均粗钢消费法和国内生产总值消费系数等方法预测我国粗钢消费量将在2015—2020年期间达到峰值，7.7亿～8.2亿t。根据国务院发展研究中心课题组的预测，我国的钢材消费总量将更早达到峰值。

从分区域的钢材消费量来看，长江下游大部分地区的钢材消费量将很快达到峰值，而西南地区未来十年钢材消费量仍将继续快速增长，预计2020年之后将达到峰值，随后将逐步转入稳定和衰退期。根据弹性系数法并结合钢材消费的国际经验，预计西南地区整体平均的人均钢材需求将从现在的600～700kg（如果剔除灾后重建因素，估计在300～400kg）上升到2020年的800～900kg，预计2020年西南地区的钢材消耗量将接近1.8亿t，到2030年钢材消耗量预计将有所回落，为1.2亿～1.4亿t。从供给角度来看，目前我国的钢铁企业大多集中在沿海和北方，尤其是环渤海地区，因此造成了“北钢南运”的局面。根据《钢铁工业“十二五”发展规划》，“未来环渤海、长三角地区原则上不再布局新建钢铁基地，同时推进东南沿海钢铁基地建设，加快建设湛江、防城港沿海钢铁基地建设……，对于西部地区来说，要立足资源优势，承接产业转移，结合能源、铁矿、水资源、环境和市场容量适度发展钢铁工业……，新疆、云南等沿边地区，要积极探索利用周边境外矿产、能源和市场，发展钢铁产业。另外要充分发挥攀西钒钛资源，发展有资源综合利用特色的钢铁工业”。

从影响三峡过坝运量的角度来看，一方面下游的沿海省份钢材消耗量已经达到或者接近峰值，同时长三角地区自身的钢铁基地和环渤海钢铁基地足以保障该区域钢材的供给，因此未来三峡下行的钢材运输增长的空间不大。另一方面，尽管西南地区也有着自身钢铁行业发展的优势，比如四川攀西有着较为丰富的钒钛磁铁矿，也会带来一定的钢铁行业空间布局的调整。但是大量依靠进口矿石的属性决定了大部分的钢铁行业还是会集中在沿海和沿边地区，因此三峡上游地区的钢铁需求仍将部分由调入来满足，未来三峡上行的钢材运输会继续保持一定的增长态势。

从实际运量来看，2011 年、2012 年和 2013 年钢材通过三峡船闸的运量分别是 759 万 t（上行 510 万 t、下行 249 万 t）、765 万 t（上行 486 万 t、下行 279 万 t）和 794 万 t（上行 504 万 t、下行 290 万 t），保持相对平稳的小幅上升。

结合供求双方的分析，即便假设西南地区未来钢铁工业的产能增长能够与需求的增长同步，考虑到钢铁行业分布的特点，可以预计 2020 年三峡上行的钢材运输需求将明显增加，而下行的钢材需求将集中在一些特殊用途的钢材方面，运量将比较稳定。具体而言，2015 年过坝上行钢材运输需求将达到 650 万 t 左右，到 2020 年三峡大坝上行的钢材运输需求将达到 1100 万 t，2030 年将有所回落，预计在 900 万 t 左右，2050 年稳定保持在 500 万 t 左右；而 2015 年和 2020 年下行的钢材运量将有所增长，达到 350 万 t 和 400 万 t，2030 年和 2050 年将保持 350 万 t 和 300 万 t 左右。

（2）矿石的运量预测。图 5.6－8 给出了 2004 年以来三峡矿石过闸量的变化趋势，矿石运输需求变化基本与其他的投资建设类货物类似，即上、下行运

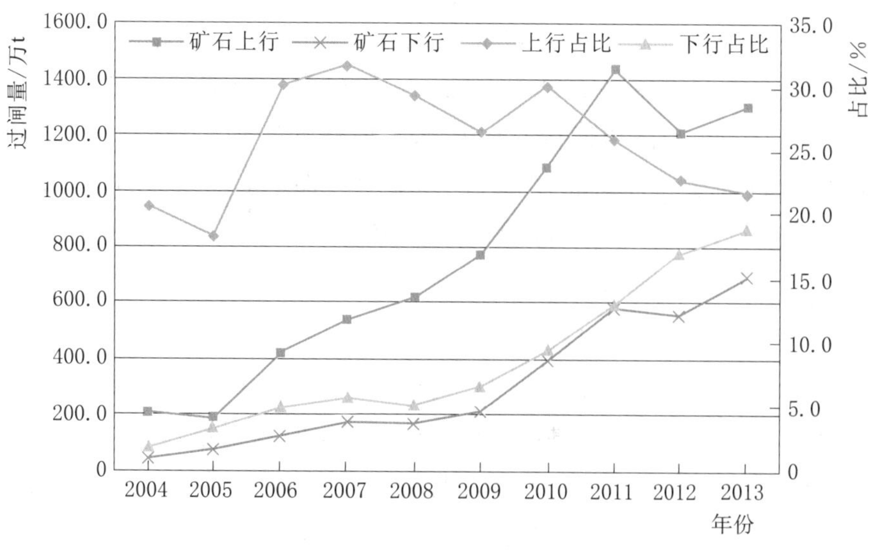

图 5.6－8　三峡大坝矿石过闸量

量都在不断增长，而上行的运量增长速度要远快于下行，与其他的投资建设类货物相比，矿石运量的增速提升发生得更早。

为了更好地分析未来矿石运量的变化趋势，再将矿石细分成两类：第一类是金属矿石，主要用于金属冶炼，绝大部分用于炼钢；第二类是非金属矿石，这类矿石又跟矿建材料相关。从矿石的流向构成来看，上行的矿石主要是金属矿石，占总量的70%以上；而下行的矿石则主要是非金属矿石，占近90%。

我国铁矿资源品位相对较低，开采成本较高，大量的金属矿石需要进口，沿海地区的钢铁企业具有较强的成本优势，未来主要钢铁企业仍将集中在沿海地区，长期而言，三峡上游地区的钢铁需求很大一部分将依靠调入外地的成品钢材来满足。与此同时，西南地区未来的钢材需求仍存在较大的增长空间，且本地钢铁企业靠近市场需求具有一定的市场优势，由于钢铁企业对地方经济具有较大的拉动作用，地方政府也有较强动力推动自身的钢铁企业扩张，因此短期内三峡上行的金属矿石运输需求将继续快速增长，但长期来看三峡枢纽上行的金属矿石运输量难以大幅增长，西南地区一些特色的金属矿石（如钒钛矿）会成为调出的对象。随着西南地区基建等投资需求的快速扩张，未来上行的非金属矿石也会增长较快；由于能源密集型的非金属矿物制品业将向中西部继续转移，下行的非金属矿石运量未来增长空间有限，长期来看则将不断萎缩。

从实际运量来看，2011年、2012年和2013年通过三峡船闸的矿石运量分别是2017万t（上行1431万t、下行586万t），1767万t（上行1210万t、下行557万t）和2004万t（上行1306万t、下行698万t），趋势相对稳定。

在对钢材和矿建材料需求分析的基础上，结合弹性系数法，预计2015年上行的矿石需求将继续增长，达到1600万t左右，而下行的矿石需求量将达到800万t；2020年上行和下行的矿石需求将分别达到2000万t和900万t左右；2030年上行的矿石需求将回落到1300万t左右，而下行的矿石需求量保持在800万t左右；2050年上行的矿石需求将稳定在1000万t左右，而下行的矿石需求量保持在500万t左右。

3. 其他投资建设类货物过坝运量预测

其他投资建设类货物主要指木材。图5.6-9给出了2004年以来木材过闸量的变化情况，木材过闸量在整个过坝运量中的份额都是比较小的。最近几年由于灾后重建，木材的上行过闸量出现了突然的增长，但基本维持在30万t左右。而木材的下行过闸量非常之少，最近几年才达到1万t以上，之前只有2000～3000t。

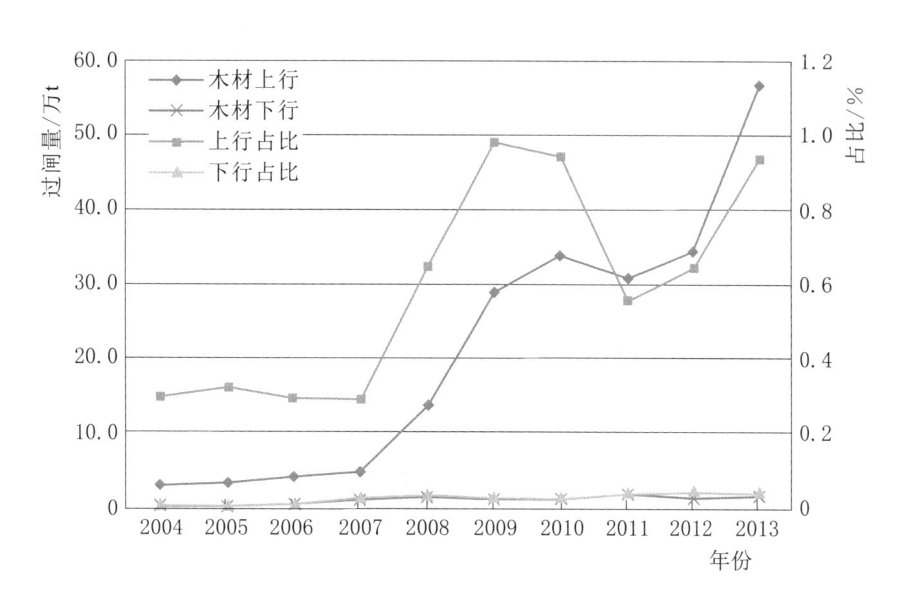

图 5.6－9　三峡大坝木材过闸量

从木材资源的空间分布来看，西南地区的木材资源非常丰富，单位面积蓄积量很高，主要分布在川西、滇西北等地，但由于当地的地理条件决定了其开采使用的成本较高，本地区林业用地的利用率仅为 40%左右，远低于全国平均水平。未来这一地区木材资源将主要满足自身的需求，在基础设施建设不断改善的情况下将适当调出以满足其他地区的木材需求。

预计未来随着灾后重建的完成，木材上行需求将会有所回落，2015 年木材的上行过坝需求将达到 50 万 t 左右，2020 年回落到 35 万 t，2030 年达到 25 万 t，2050 年维持在 10 万 t 左右；而下行的木材过坝需求量预计将会有所增长，到远期保持稳定，2015 年、2020 年、2030 年和 2050 年预计将分别达到 3 万 t、5 万 t、10 万 t 和 10 万 t。

（三）农业相关类货运量需求预测

与农业相关的过坝货物主要可以分成两类：一类是农业相关的产品，如粮棉、水果以及禽畜水产品等；另一类是农业生产资料，如农药和化肥等，这里主要就运量较大的粮棉、农药和化肥等货物展开分析。

1. 粮棉三峡过坝运量预测

从图 5.6－10 可以看出，三峡过坝的粮棉运输主要是上行需求，下行的粮棉运输量非常小。从变化的趋势来看，粮棉的运量在 2007 年之前增长较快，最近几年则基本保持在 70 万 t 左右。影响未来粮棉运量的主要因素包括：相关的粮棉产区产量的变化趋势、相关区域粮棉消费趋势以及粮棉的运输通道建设等。

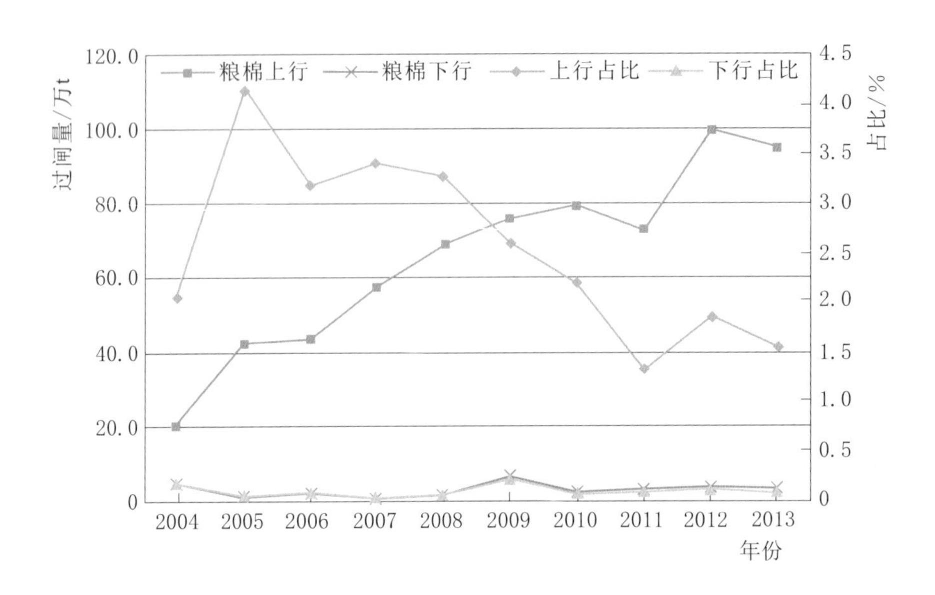

图 5.6 10 三峡大坝粮棉过闸量

从现有粮食的供求格局来看，长江流域诸多省份都是粮食的主产区[1]，上游地区中四川也属于粮食主产区，而重庆、云南、贵州等地区都属于粮食的平衡区。可见，长江上游省份基本可以保持粮食供求的自我平衡，导致三峡过闸的粮食运量很小。从未来的粮食供给格局来看，根据《全国新增 1000 亿斤粮食生产能力规划（2009—2020 年）》，国家一方面将着力打造粮食生产核心区，提高商品粮调出能力；另一方面将加强非主产区产粮大县建设，提高区域自给能力。

在粮食生产核心区的 680 个县中，长江流域共 171 个县（市、区），占核心区县总数的 25%，主要分布在江西、湖北、湖南、四川四省。未来十年该区域将承担新增粮食产能任务 56 亿 kg，占全国新增产能的 11.2%。在非主产区产粮大县中，西南地区的重庆、贵州、云南三省（直辖市）有 38 个县（市、区），占非主产区产粮大县总数的 32%。未来十年该区域将承担新增粮食产能任务 5 亿 kg，占全国新增产能的 1%。

从粮食运输的具体流向来看，目前我国粮食主要流向是东北的玉米、稻谷和大豆流向华东、华南和华北地区，黄淮海的小麦流向华东、华南和西南地区，长江中下游的稻谷流向华东、华南地区。粮食运输以铁路和水路为主，分别占跨省运量的 48%（不含铁海联运）和 42%，公路运输仅占 10%。未来加

[1] 根据《全国新增 1000 亿斤粮食生产能力规划（2009—2020 年）》，粮食主产区包括黑龙江、辽宁、吉林、内蒙古、河北、江苏、安徽、江西、山东、河南、湖北、湖南、四川等 13 个省（自治区），平衡区包括山西、广西、重庆、贵州、云南、西藏、陕西、甘肃、青海、宁夏、新疆等 11 个省（自治区、直辖市），主销区包括北京、天津、上海、浙江、福建、广东、海南等 7 个省（直辖市）。

快西南粮食物流通道建设是打通“北粮南运”通道的重要组成部分，其中四川被纳入全国规划建设的六大散粮物流通道。四川作为全国13个粮食主产区之一，除了自给还有部分粮食销往外省，主要是周边的云南、贵州、重庆、西藏，只有少量销往广东、福建等地。四川粮食调出至云南、贵州主要依靠铁路，如南部的成昆、内昆等主要铁路物流通道，销往重庆的粮食则主要依靠公路运输。长江及其支流也成为其南部粮食调出的重要通道。另外，四川省每年需要从东北、华北地区调入玉米、小麦和高粱，主要通过铁路运输，如宝成线承担了大部分从东北和华北调入的粮食运输。

从粮食需求角度来看，西南地区人口众多，又是全国最大的饲料和酿酒基地，因而粮食消费非常大。同时考虑到目前该区域生活水平相对较低，随着生活水平的提高，粮食需求还会有所增长。长期来看，口粮的增长将十分有限，甚至会出现下降，但饲料用粮和酿酒等工业用粮将会继续增长。因此未来西南地区的粮食消费将会继续增长，尤其是对饲料用粮和酿酒用粮。

综合以上分析，西南地区整体的粮食自给能力较强，总量上可以保持区域内部的平衡，但是存在结构性粮食缺口，比如对于区域外（如华北和东北）的玉米、小麦和高粱的需求。从粮食的物流通道来看，无论是跨省和省内的流通都主要依靠铁路，水路运输只是补充。未来西南地区从区域外部调入的粮食会有所增加，但通过三峡枢纽的粮食调运量增长空间有限。

从棉花的供求关系来看。棉花的生产非常集中，三大棉区（黄河流域、长江流域和西北内陆三大优势棉区）植棉面积占全国的比重超过99%，主要集中在河北、山东、河南、山西、新疆等13个省（自治区）。其中西南四省的棉花播种面积仅占全国的0.36%，棉花产量只占全国的2%左右。

棉花是纺织业的主要原料之一，因而纺织业的布局直接影响着棉花的需求。我国纺织工业80%左右的产能集中在东部地区，西部地区生产能力相对较弱，2010年西南地区四省的纺织业产值仅占全国的2.8%左右。根据《纺织工业“十二五”发展规划》，“未来将根据国家主体功能区的规划，考虑资源禀赋、消费市场、产业基础、环境容量、运输条件等因素，引导纺织产业有序转移，促成东中西部协调发展的区域布局。西部地区发挥资源、能源、劳动力、民族文化等优势，适度发展棉纺、毛纺、丝绸、民族文化产品等特色产业”。

根据棉花产地的区域特征，以及我国纺织行业的棉花对外依存度高达30%的特点，中部地区作为棉花的主产区，加之大量的人口带来的纺织品巨大的消费市场，预计会成为东部地区与棉花相关的纺织行业转移的主要对象。相较而言，西部地区承接相关产业转移的优势要明显弱于中部地区。这一点从

2005年以来的纺织业区域格局变化的趋势中可以得到印证。2010年东部地区纺织业产值占全国的比重较2005年下降了5.5个百分点，同期中部地区纺织业比重上升幅度超过4个百分点，而西部地区仅上升了1个百分点左右。

综上所述，预计西南地区的纺织业未来会随着产业的转移继续有所增长，由此带来棉花需求的增长。因为西南地区自身的棉花生产能力不足以满足自身的棉花需求增长，需要从区域外部调入。考虑到西北内陆的新疆和甘肃等地区充足的棉花供给，西南地区的棉花需求可能更多会依赖西北内陆棉花优势区的供给，而通过三峡枢纽从中游地区调入棉花的需求增长空间较小。

根据前面对于粮食和棉花的区域供求分析，结合人口、城市化等因素未来的变化趋势，预计2020年三峡大坝过坝上行粮棉运量将比目前略有增加，保持在100万t左右，2030年和2050年将基本维持2020年的运量水平；未来下行的粮棉运量将继续保持当前较低的水平。

2. 农药和化肥过闸运量预测

图5.6-11是2004年以来三峡过闸化肥和农药运量的变化，这两类农业生产资料的下行运量虽然波动较大，但处于上升的趋势；而上行运量处于不断下降的态势。

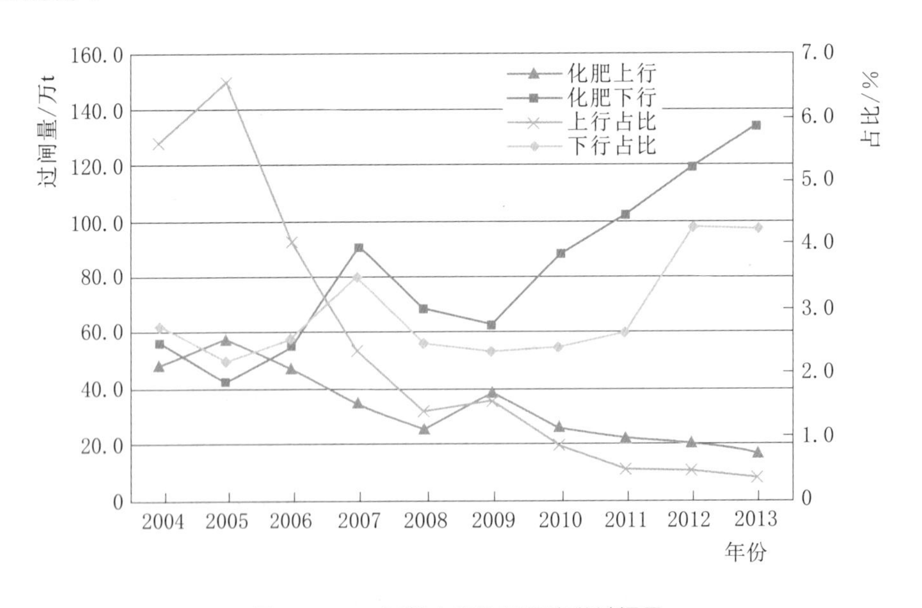

图5.6-11　三峡大坝化肥和农药过闸量

从化肥的供给来看，不同的化肥生产利用的原料不同，在很大程度上影响着化肥产业的分布。目前来看，除了可以采用原料本地化的氮肥生产外，磷肥和钾肥的生产都逐步向磷和钾资源丰富的地区集中，如磷肥生产主要集中在湖北、云南、贵州、四川等磷资源丰富的地区，青海盐湖、新疆罗布泊钾肥规模也在逐步扩大。根据2010年化肥的产量分布来看，西南地区的化肥生产总量达到1400万t左右，占全国化肥生产总量的23%，这一比重要明显高于西南地区农作物种植面积占全国的比重（15%），这跟西南地区的丰富的磷资源是密不可分的。目前，我国的化肥产业布局正逐步形成“基础肥料向资源地、专用肥料向用肥市场调整”的格局。根据《化肥工业“十二五”发展规划》，未来将进一步促进基础肥料向资源产地和优势企业集中，支持企业在能源产地和有条件的粮棉主产区建设大型尿素生产基地。在云南、贵州、湖北、四川等磷资源产地，依托现有企业完善大型磷肥基地建设。未来的氮肥工业更多靠近消费端，而磷肥和钾肥将更多地向资源密集区域集中，化肥的跨省调运将更多是磷肥和钾肥，西南地区则将成为重要的磷肥生产基地。

从需求角度来看，化肥的使用量与农作物的播种面积直接相关。根据化肥的产量和农作物播种面积，西南地区化肥产量占全国的比重明显高于农作物播种面积所占的比重，说明西南地区的化肥生产除了供给自身，还有一份用于调出供给其他省份。结合此前粮食供给的区域分析可以看出，西南地区生产的磷肥部分调出用于供给长江下游的粮食主产区的需求。根据《全国新增1000亿斤粮食生产能力规划（2009—2020年）》长江流域未来十年将承担56亿斤粮食增产任务，增加产量相当于该区域当前产量的7%～8%，可以预期未来三峡大坝下行化肥运量将仍然有一定的增长空间。

相较化肥而言，农药的使用量要明显小得多。2010年我国化肥产量超过了6000万t，而农药产量只有200万t左右。从农药的供求关系来看，目前我国农药产业处于明显的供大于求的局面，农药的出口量占全部产量的1/4左右。就农药产业区域分布来说，农药生产主要集中在东部沿海省份，其中江苏省的产量就占全国的1/4左右，再加上浙江和山东两省，三省总产量已占到全国的一半左右。对于西南地区而言，其整体的农药产量在全国所占的比重要明显小于其农作物播种面积在全国所占的比重，需要从外部调入农药。根据《农药工业“十二五”发展规划》，未来国家将严格控制原药生产企业新布点，同时新建农药原药企业向化工园区等专业工业园区或化工集中区聚集，制剂加工要向交通便捷、靠近市场的地区转移。

从未来农药需求的变化来看，长江流域未来播种面积的增长空间主要分布在中下游地区，从环境和水源的角度，西南地区农药产业未来增长的空间也不会太大。与此同时，随着土地集约化和精细化程度的提高以及经济作物播种面积所占比重的提高，单位面积农药使用量将会继续提高。因此未来三峡过坝的上行农药需求将会保持有限的增长。

未来三峡过坝下行的农药和化肥类货物将以化肥为主，预计2020年和2030年分别达到150万t和160万t左右，2050年稳定在200万t左右；而上行该类货物将以农药为主，预计2020年和2030年分别达到30万t和40万t左右，2050年稳定在50万t左右。

3. 其他与农业相关货物过坝运量预测

其他与农业相关的货物包括食用油、水果以及禽畜水产品等。从最近几年的运量来看，这几种货物除了食用油外，其他的货运量都非常小。这在一定程度上与水路运输的时间较长、而水果和禽畜水产品等由于保鲜要求而不适宜长时间运输有关。长期来看，随着生活水平的提高，人们对于食品品质的要求越来越高，因而对水果和禽畜水产品保鲜要求也越来越高，决定了这些货物的水路运量也不会有太大增长空间。

目前我国食用油加工企业更多地靠近油料种植区，主要分布在长江流域、东北和沿海地区。西南地区的四川省是全国第二大油菜籽产地，主要分布的是油菜籽和油茶籽加工企业。从总量上讲，西南地区的油料产量很高，占全国的13%，与其人口的比重比较接近。由于西南地区目前人均植物油的消费量相对较低，目前西南地区植物油总量供给应该可以满足本地需求；而随着生活水平的提高，人们对于植物油品种的需求越来越趋于多元化，西南地区则需要通过三峡枢纽从外地调入植物油。

结合未来西南地区城市化和人口的变化以及人均植物油消费量的倒U形规律，同时考虑区域油料种植类型比较稳定的因素，可以预计2020年和2030年三峡枢纽上行的植物油运量将分别达到50万t和60万t左右，2050年稳定在50万t左右。为方便核算，将该类货物统一计入其他货物类中统计。

（四）集装箱运量需求预测

图5.6-12是三峡大坝集装箱过闸量的变化情况，2008年以前集装箱的运量飞速增长，年均增速达到40%～50%；而2008年以来集装箱的运量相对比较稳定，基本保持在50万TEU左右。三峡枢纽的建成极大地改善了川江航道的通航条件，使得由于缺乏运输条件而积累的集装箱运输潜在需求得以在很短的时间内释放，因此2008年之前的飞速增长可以说是一种“补课”现象。

2008年之后集装箱的运输增长之所以比较稳定，有以下几个原因：①金融危机的爆发使得外贸需求增长乏力；②集装箱运输除了需要较好的通航条件，也需要相关的基础设施配套，例如集装箱港口、经济腹地的疏散通道建设等，这些并非一蹴而就的工程；③灾后重建以及大型基础设施建设带来的投资建筑类物资运量需求太过庞大而紧迫，挤占了集装箱运能的扩大；

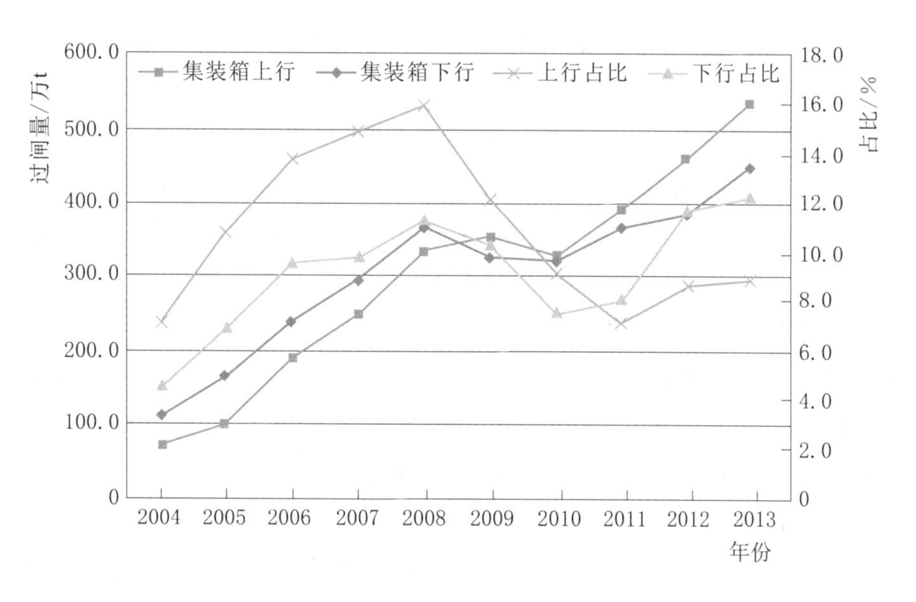

图 5.6-12　三峡大坝集装箱过闸量

④一些向西部转移的产业尚处于产能建设阶段，需要一段时间才能真正形成产能。从未来的发展趋势来看，除了第一点外，其他三点都在朝着有利集装箱运输需求增长的方向发展，因此三峡过坝集装箱需求未来仍将保持较快增长的局面。从近期的两个数据就可印证这一点：2012 年 3—4 月，集装箱通过量达到 8.22 万 t，比去年同期增长了 13.8%；上半年宜宾港已完成集装箱吞吐量超过 1 万 TEU，比去年同期增长 521%，也大幅超过 2011 年全年 8055TEU 的吞吐量。

下面分别从集装箱运量供给和集装箱港口建设两个角度分析未来三峡过坝集装箱运输走势。作为长江上游最重要的运输枢纽的重庆，是我国六大老工业基地之一，有着良好的工业基础，一直是全国最大的摩托车、铝制品生产基地和重要的汽车生产基地，逐渐成了“中国制造”的西南中心。不断完善的综合交通网络，使西南各省份之间的经济联系更加紧密，也使得长江上游港口的经济腹地将覆盖更多的西南区域。目前重庆市已经是我国综合交通网中横向沿江大通道和纵向（包头—广州）大通道的交汇处，通过这两大通道可以打通四川、贵州、云南等地与外界联系的水路大通道。良好的工业基础、丰富的矿产资源、日趋便利的交通运输条件，为西南地区的工业快速发展提供了良好的条件，也为西南地区集装箱运输提供了相应的货源。

从集装箱港口的建设来看，根据《重庆市人民政府关于进一步加快重庆水运发展的意见》，到 2015 年，重庆将基本建成以“一网络、八大港、三体系”为支撑的长江上游航运中心。建设主城果园、寸滩等 8 个规模化、专业化的枢纽型港口物流园区，集装箱吞吐能力达到700万TEU；到2020年，全市港口货物吞吐能力达到2.5亿t，集装箱吞吐能力达到900万TEU。另外，根据四川省的《泸州—宜宾—乐山港口群布局规划》，到2020年四川省港口群集装箱通过能力将达到400万t，到2030年港口群集装箱通过能力将达到940万t。从港口能力建设角度来看，三峡上游港口集装箱的运输能力十分充裕。

2013年重庆市港口集装箱吞吐量90.58万TEU，宜宾港集装箱吞吐量5.56万TEU，泸州港集装箱吞吐量16.4万TEU，共计完成112.54万TEU。

根据水运集装箱的生成机制，影响集装箱生成量的主要因素有：①由地理区位、自然禀赋、经济发展、产业结构等因素决定的一个地区的对外（包括国内和国际）贸易量；②由贸易结构等因素决定的贸易集装箱生成系数；③由综合运输体系等因素决定的水运集装箱比重；④由贸易不平衡、运输组织水平等因素决定的空箱运输比重。其中第一个因素最为重要，决定了潜在的集装箱运输需求。可用下面的公式来具体计算水运集装箱的生成量：

$$C = a \times b \times T / d \tag{5.6-1}$$

式中：C为水运集装箱生成量，万TEU；a为贸易实际集装箱生成系数，TEU/万元；b为水运集装箱比重，%；T为国内和国外贸易金额，亿元；d为集装箱重箱比例，%。

下面依次从各个参数的变化来分析未来三峡大坝集装箱运量需求的变化。采用弹性系数法对西南地区未来的对外贸易量进行预测，根据历史数据可以计算出贸易量[1]和GDP增长率之间的弹性，过去十年西南地区贸易量增长弹性在1.6左右。由于中国加入世贸组织强有力地促进了对外贸易，未来这种影响将逐渐减弱，因此弹性系数会有所下降，同时假定2010—2020年和2020—2030年西南地区的贸易量增长弹性为1.4和1.2，2030—2050年西南地区的贸易量增长弹性为1.05。在对西南地区未来经济增长速度分析的基础上，测算未来西南地区对外贸易量2010—2020年、2020—2030年以及2030—2050年期间年均增长速度将分别达到12%、8%和3%左右。

随着西南地区工业的发展，对外贸易中制成品的比重将会不断提高，适合采用集装箱运输的货物比重也会有所提高。结合沿海发达省份的经验，假设未来的10～20年贸易实际集装箱生成系数将会有10%～20%的提高。一方面随着港口基础设施和内陆基础设施的建设，水路运输的便捷性会不断提高，成本也会有所下降，对水路运输将起到促进作用；另一方面随着沿江公路、铁路的

[1] 出口的贸易量已经根据进出口价格的变化进行了价格平减。

建设，也会分流水路运输的一部分货物，因此假设水运集装箱比重未来不变。根据东部沿海省份的经验，未来 10～20 年西南地区的集装箱重箱比例将有 5～10 个百分点的提高空间。

从实际数据来看，2004—2013 年三峡船闸过闸集装箱运量分别是 181 万 t、266 万 t、430 万 t、546 万 t、705 万 t、682 万 t、649 万 t、758 万 t、846 万 t 和 990 万 t，环比增长率分别为 47.0%、61.7%、27.0%、29.1%、－3.3%、－4.8%、16.8%、11.6%、17.0%，平均增速基本符合预测增长率。

根据上述参数的设定，预计 2015 年、2020 年和 2030 年三峡上行的集装箱运输量将分别为 650 万 t、1000 万 t 和 2700 万 t 左右，2050 年预计达到 4000 万 t；预计 2015 年、2020 年和 2030 年三峡下行的集装箱运输量将分别为 550 万 t、900 万 t 和 2200 万 t 左右，2050 年预计达到 4000 万 t。

（五）其他货运量需求预测

其他货物包括轻工、医药产品、机械、设备、电器、化工原料及制品、商品车以及其他杂货等。这些货物未来随着西南地区工业化的推进，过坝运输需求将会保持继续增长。与此同时，部分这些货物将会采用集装箱的形式进行运输。

统计数据显示，其他货物占过闸货物总量的 10%～12%，上行占过闸货物总量的 13%～9%，下行占过闸货物总量的 8%～15%。考虑到运行数据的不确定性，采用弹性系数法进行预测。由此预计 2015 年和 2020 年上行的这些货运量将由现在的 510 万 t 增长到 670 万 t 和 1200 万 t 左右，2030 年将达到 1600 万 t 左右，2050 年将达到 2000 万 t 左右；2015 年、2020 年、2030 年和 2050 年这些货物下行运量将分别达到 630 万 t、900 万 t、1500 万 t 和 2000 万 t 左右。

（六）各种货物需求预测汇总

表 5.6－1 为对三峡通航各种货运量预测的汇总情况。总体来看，未来三峡过坝货运量需求将继续快速增长，2015 年、2020 年和 2030 年双线船闸货物运输总量需求将分别达到 1.21 亿 t、1.61 亿 t 和 1.82 亿 t 左右，展望到 2050 年约达到 1.95 亿 t 并保持相对稳定。其中 2015 年的上、下行货运量分别为 7230 万 t、4900 万 t；2020 年的上、下行货运量分别为 9580 万 t、6487 万 t；2030 年的上、下行货运量分别为 10075 万 t、8200 万 t；2050 年的上、下行货运量分别为 10370 万 t、9120 万 t；此后将保持基本稳定甚至局部下降。

表 5.6－1　　三峡枢纽分类货物过坝运量预测　　单位：万 t

货物种类	2015 年			2020 年			2030 年			2050 年		
	总量	上行	下行	总量	上行	下行	总量	上行	下行	总量	上行	下行
煤炭	1920	420	1500	2500	500	2000	2450	400	2050	1200	200	1000
石油	672	650	22	922	900	22	1320	1300	20	1550	1500	50
木材	53	50	3	40	35	5	35	25	10	20	10	10
集装箱	1200	650	550	1900	1000	900	4900	2700	2200	8000	4000	4000
水泥	320	20	300	415	15	400	310	10	300	60	10	50
矿建	3000	2400	600	3400	2700	700	2500	1700	800	2000	1000	1000
矿石	2400	1600	800	2900	2000	900	2100	1300	800	1500	1000	500
粮棉	100	95	5	110	100	10	110	100	10	110	100	10
钢材	1000	650	350	1500	1100	400	1250	900	350	800	500	300
水果	—	—	—	—	—	—	—	—	—	—	—	—
化肥	165	25	140	180	30	150	200	40	160	250	50	200
其他	1300	670	630	2200	1200	1000	3100	1600	1500	4000	2000	2000
总计	12130	7230	4900	16067	9580	6487	18275	10075	8200	19490	10370	9120

七、三峡通航需求预测综合研判

成渝经济区作为我国西部重要的人口、城镇、产业集聚区，凭借长江大通道、东西铁路大动脉、高速公路网以及西部航空枢纽的综合立体运输物流优势，将促进区域一体化格局加快形成，其将成为引领西部地区加快发展、提升内陆开放水平、增强国家综合实力的重要增长极，在带动西部地区发展和促进全国区域协调发展中发挥更重要的作用。

长江综合运输通道以长江黄金水道、沿江铁路、沿江高速公路为主骨架，主要承担长江上游地区与华中、华东沿江沿海地区之间的物资交流任务。近年来，依托水运大运能、低能耗、低成本的优势，长江黄金水道在加强西部地区与国际国内市场联系等方面发挥的作用日益突出。为满足川渝地区经济快速发展和扩大对外开放的需要，该区域交通发展目标主要为“强化枢纽建设、扩大对外通道、完善区域内部网络”，形成水陆空一体化的综合交通枢纽和国际物流大通道。

长江水运服务腹地是西部与东中部省份和海外物资交流最活跃的地区，将在区域产业集聚、对外开放中发挥引导和支撑作用。水运作为腹地大宗能源和外贸物资的主要运输方式，将加强航道和港口建设：以长江干线和嘉陵江、渠江、乌江、岷江等支流高等级航道为重点，建设干支衔接、水陆联运、功能完善的内河水运系统；加强重庆港主要港口和泸州、宜宾、乐山港口建设；大力发展集装箱、汽车滚装、大宗散货、化学危险品运输和旅游客运，推进重庆长江上游航运中心建设。

在三峡工程建设前，1988 年三峡工程论证阶段完成的《长江三峡工程航运论证报告》预测，2000 年长江川江下水过坝运量 1550 万 t、客运量 250 万人次；2030 年长江川江下水过坝运量 5000 万 t、客运量 390 万人次。而现实发展状况，货运量远远超过了当年的预测，必须在新的条件下对这个问题进行深入研究。

三峡枢纽船闸投入运行后，2005—2013 年，先后有多家单位对过坝运量进行了预测（表 5.7－1）。自三峡船闸投入运行以来，随着运量的高速增长，船闸通过能力不足的矛盾日显突出，预测者们根据每一个阶段过坝运量的发展特色做出相应的运量需求调整。虽然各家从各自的角度进行运量预测，其结果存在一定的差异，但随着时间的推移，过坝运量预测值逐步提高的规律是一致的。

表 5.7－1 各阶段三峡过坝运量预测成果表

预测机构	预测时间	货运量	2000 年	2010 年	2015 年	2020 年	2030 年
三峡工程论证航运专家组	1988 年	下行/万 t	1550				5000
国家发展和改革委员会综合运输研究所	2005 年	总量/万 t		6100		8750	11400
		下行/万 t					
		滚装车辆/万辆		50		45	
交通部长江航务管理局	2005 年	总量/万 t		6700		10400	13000
		下行/万 t		4360		6315	7750
		滚装车辆/万辆		50		55	60
武汉理工大学	2008 年	总量/万 t		5900	8100	9100	10800
交通运输部水运科学研究院	2009 年	总量/万 t			11400	13800	16200
		上行/万 t			3225	4500	5350
		下行/万 t			8175	9300	10850
		滚装车辆/万辆			57	60	63
大连海事大学	2009 年	总量/万 t			10600	12000	14700
		上行/万 t			2800	3700	4700
		下行/万 t			7800	8300	10000

续表

预测机构	预测时间	货运量	2000年	2010年	2015年	2020年	2030年
交通运输部水运科学研究院	2011年	总量/万t			10400	12900	
交通运输部规划研究院	2012年	总量/万t			12050～13800	14520～16600	18040～20400
		下行/万t			5250～6400	6000～7300	7400～8700
		翻坝运量/万t			1400	1800	2100
重庆市交通运输委员会	2012年	总量/万t			16775	23524	
		上行/万t			9712	12744	
		翻坝运量/万t			1500	2500	
国家发展和改革委员会综合运输研究所	2012年	总量/万t				13690～20000	20960～31690
		上行/万t				8210～12000	11530～17430
		下行/万t				5470～8000	9430～14260

近年来，国家高度重视三峡枢纽通过能力问题。《国务院关于依托黄金水道推动长江经济带发展的指导意见》（国发〔2014〕39号）提出，加快三峡枢纽水运新通道和葛洲坝枢纽水运配套工程前期研究工作。其中，国家发展和改革委员会综合运输研究所、国务院发展研究中心、交通运输部规划研究院、长江勘测规划设计研究有限责任公司4家机构分别提出各自过闸运量预测成果，见表5.7-2。

表5.7-2　三峡船闸货运量预测情况

预测机构			国家发展和改革委员会综合运输研究所	国务院发展研究中心	交通运输部规划研究院	长江勘测规划设计研究有限责任公司
货运量/万t	2020年	总量	15690	16300	18000	14000～16500
		上行	9040	9580	10700	8000～9400
	2030年	总量	24280	18200	25000	21000～24500
		上行	13350	10075	14500	11600～13500
	2050年	总量	25820	19500	30000	25000～31000
		上行	13990	10370	17000	13000～16000

上述预测机构综合考虑社会经济、产业布局、交通运输等影响因素后，相关预测结果虽然有一定差异，但对三峡枢纽通航需求的基本趋势判断比较

一致。

第一，均认为2030年前三峡枢纽过闸货运需求尽管不可能延续过去的“跳跃式”增长，但依然呈现增长态势。2030年后，随着沿江工业化和城镇化进入平稳发展阶段，大宗物资运输需求趋缓乃至有所下降，三峡过闸货运需求低速增长。

第二，三峡枢纽过闸货运需求预测方法有待进一步优化。在三峡通航不同阶段，对三峡枢纽过坝运量的预测，主要基于三峡枢纽船闸运行后的运量增长、结构变化的分析而测算。随着三峡枢纽过闸实际运量不断超出各阶段的预测结果，预测值也在不断地变化和提升，因此，预测方法需要根据实际经济发展与航运结构做进一步优化完善。

第三，综合各研究机构的预测成果，初步考虑选择三峡过坝运量需求在2020年、2030年分别达到1.6亿～1.8亿t、2.0亿～2.5亿t，或符合实际需求。但是，随着西部地区新型工业化、新型城镇化以及区域一体化的深入推进，今后三峡枢纽过闸货运发展尚存在一定不确定性，需继续对此进行深入研究，广泛探讨，凝聚共识。

附件：

专题组成员名单

组　长： 程国强　中国人民大学教授，国务院发展研究中心学术委员会原秘书长、研究员

成　员： 宣晓伟　国务院发展研究中心，研究员

何建武　国务院发展研究中心，研究员

兰宗敏　国务院发展研究中心，研究员

沈俊杰　国务院发展研究中心，研究员

朱满德　贵州大学，教授

戴　鹏　贵州财经大学，副教授

专　题　六

三峡船闸货运量和通过能力分析

一、三峡过坝货运量分析与预测

（一）三峡枢纽过坝运输发展的现状分析

三峡枢纽作为长江上游地区与中下游地区交流的水运咽喉，是长江综合运输通道的重要组成部分。2003 年运行以来，三峡枢纽过坝运量增长迅速，2013 年达到 11574 万 t。三峡枢纽的过坝运输量包括船闸通过量、翻坝运量两部分。其中，2013 年三峡过闸运量 10559 万 t（含客轮折合吨 852 万 t）；翻坝滚装汽车运输量 29 万辆，折合货运吨 1015 万 t。过闸货运量中煤炭、矿石、矿建等大宗散货占主导，危险品、钢材、集装箱和商品汽车滚装运输成为新的增长点；过闸客运量逐年下降，2013 年为 43 万人次；过闸运量中 90%以上服务于川渝地区。三峡过闸货运量的结构变化是上游地区沿江产业的快速发展和城市建设加快的结果。

长江上游地区（主要包括重庆、四川、贵州和云南北部以及湖北宜昌部分地区）位于我国长江经济带和西部地区 T 形交汇处，资源丰富、产业基础较为雄厚。西部大开发战略实施以来，得益于三峡工程对长江航运条件的显著改善，以成渝经济区为中心的城市群大力推进工业沿江布局，区域内经济实现了持续、健康、快速发展，国民经济和对外贸易增长速度均高于全国平均增长水平，航运条件的改善促进、诱发经济的增长，经济高速发展是水运量增长的主要原因。

重庆依托“一圈两翼”的区域发展战略，四川省已经形成的成都、攀西、川南、川东北、川西北五大经济区，正在构建各具特色的产业带。长江上游沿江地区形成了以化工、钢铁、电力、造纸和汽车等产业为主的临港产业带。重庆市约 80%以上的工业园区布局在沿江，并集中了全市 95%以上的化工、钢铁、电力、造纸等企业。惠普、富士康、英业达、西门子、英特尔、摩托罗拉、必盛、中芯国际、友尼森、爱立信等一批国际知名公司相继落户川渝地区，世界500强企业在川渝超过200家，与外商的广泛合作对川渝两地外贸的快速发展起到重要推动作用。沿江产业发展、对外开放是长江水运量增长的动力。

近年来，川渝两地的经济快速发展带来了旺盛的运输需求，腹地内以重庆、成都等综合运输枢纽为核心节点，依托长江黄金水道、高速公路、铁路等交通主骨架初步形成了综合运输体系。长江水运承担了长江上游地区大部分大宗能源、原材料和外贸物资运输，承担了川渝地区60%的煤炭外调量，55%外贸铁矿石调入量以及45%的外贸集装箱运输量，长江航运在腹地能源、原材料运输体系中发挥着重要的作用。同时，长江水运承担了重庆市约90%、四川省约20%的外贸物资运输以及云南、贵州两省大宗散货资源外调的任务，为长江上游地区经济和对外贸易的快速发展提供了重要支撑和保障。水运优势促进了过坝运输的高速增长。

（二）长江上游经济社会发展面临的宏观形势

1. 区域宏观经济社会发展趋势

我国的改革开放首先带动了东部沿海地区的高速发展，为实现区域经济协调发展，党的十四届五中全会首次提出国家发展战略重点西移，逐步缩小东、中、西部地区发展差距。1999年，中央决定实施西部大开发的发展战略，国务院各部委围绕西部大开发对西部的基础设施、生态环境、优势产业的发展进行全面规划，重点实施了水利、交通、石油、天然气、有色矿产和城市基础设施等建设，西部地区经济明显改善。尤其是长江上游地区，随着三峡工程的建设，沿江经济社会、产业布局、城市建设得到迅猛发展。

“十一五”时期以来，推动中、西部地区发展，成为我国全面建成小康社会、提升整体发展水平的重大任务。同时，随着国际金融危机的爆发，国内外环境变化复杂，我国经济社会发展也面临新的机遇和挑战。走资源节约型和环境友好型的发展道路，努力增加国内市场对经济的贡献，实现城乡统筹和区域经济协调发展。为此，中央提出了西部大开发的新十年一系列战略部署，将通过加大投入、强化继续支持推动西部大开发战略的稳步实施。

党中央、国务院从我国经济社会发展全局出发作出了重要战略部署，2011年颁布了《成渝经济区区域规划》。成渝经济区包括重庆“一小时经济圈”在内的31个区（县）以及四川成德绵地区在内的15个地市，总面积超20万km^2。成渝经济区地区生产总值占四川、重庆两省（直辖市）90%及四川、重庆、云南、贵州三省一市总量的60%以上，成为引领西部地区加快发展、提升内陆开放水平的前沿区域，是我国经济第四个增长极。《成渝经济区区域规划》将成渝经济区推向了我国内陆地区对外开放、经济崛起和统筹协调的前沿，国家为其赋予了更高的战略定位：是西南地区重要的经济中心，是全国重要的现代产业基地，是深化内陆开放的试验区，是统筹城乡发展的示范区，是长江上游生态安全的保障区。

2014 年 4 月 28 日，11 个长江经济带省（市）政府主要负责人座谈会召开，提出依托黄金水道建设长江经济带，为中国经济持续发展提供重要支撑。这是在“西部大开发”“中部崛起”之后，中央又一个面向西部地区发展的大战略。这一战略将通过改革开放和实施一批重大工程，让长三角、长江中游城市群和成渝经济区三个“板块”的产业和基础设施联结起来、要素流动起来、市场统一起来，促进产业有序转移衔接、优化升级和新型城镇集聚发展，形成直接带动超过 1/5 国土、约 6 亿人口的强大发展新动力。

为统筹长江经济带交通基础设施建设，加强各种运输方式有机衔接，完善综合交通运输体系，国务院编制并发布了《长江经济带综合立体交通走廊规划（2014—2020 年）》，在其发展目标中指出“充分发挥长江水运运能大、成本低、能耗少等优势，加快推进长江干线航道系统治理，整治浚深下游航道，有效缓解中上游瓶颈，改善支流通航条件，优化港口功能布局，加强集疏运体系建设，打造畅通、高效、平安、绿色的黄金水道。”

依托长江黄金水道的独特作用，围绕打造中国经济新支撑这一主线，未来长江经济带将致力于打造具有全球影响力的内河经济带、东中西互动合作的协调发展带、沿海沿江沿边全面推进的对外开放带和生态文明建设的先进示范带。

面对中央提出的一系列新的战略部署，西部地区将进入新一轮加快经济社会发展的黄金期。通过加大基础设施投入，促进现代产业体系形成，建成国家重要的能源基地、资源深加工基地、装备制造业基地和战略性新兴产业基地。加之国际国内产业分工深刻调整，我国东部沿海地区产业向中西部地区转移步伐加快。重庆、成都等地依托优良的投资环境和生活环境，良好的产业发展基础，运输大通道和运输枢纽，广阔的国内市场和高素质的人力资源等，在新一轮发展战略中将发挥引领、主导作用。作为我国西部地区经济发展的中心地区，2020 年成渝经济区区域一体化格局将基本形成，成为我国综合实力最强的区域之一；凭长江黄金水道、东西铁路大动脉、高速公路网以及西部航空枢纽之利，成为国内外产业转移的热点地区之一；依托雄厚的产业基础，将成为以高新技术和装备制造业为主导的新兴产业基地；人民生活水平和质量上一个大台阶，生态环境得到较大改善。

2. 交通运输发展趋势

川渝地区位于长江上游，地处西南内陆，是承接华中华东、连接西南西北、沟通中亚东南亚的交通走廊。经过多年发展，长江上游已初步具备贯通南北、连接东西、通江达海的西部综合交通网络。未来一段时期长江上游川渝等西部地区经济进入新的跨越式发展阶段，沟通我国东、中、西经济区的长江综合运输大通道将在区域产业集聚、对外开放中发挥引导和支撑作用。

长江综合运输通道以长江黄金水道、沿江铁路、沿江高速公路为主骨架，主要承担长江上游地区与华中、华东沿江沿海地区之间的物资交流任务。近年来，依托水运大运能、低能耗、低成本的优势，长江黄金水道在加强西部地区与国际国内市场联系等方面发挥的作用日益突出。为满足川渝地区经济快速发展和扩大对外开放的需要，该区域交通发展目标主要为"强化枢纽建设，扩大对外通道、完善区域内部网络"，形成水陆空一体化的综合交通枢纽和国际物流大通道。

长江水运是西部与东中部省份和海外物资交流最活跃的地区，将在区域产业集聚、对外开放中发挥主要的引导和支撑作用。水运作为腹地大宗能源和外贸物资的主要运输方式，将加强航道和港口建设：以长江干线和嘉陵江、渠江、乌江、岷江等支流高等级航道为重点，建设干支衔接、水陆联运、功能完善的内河水运系统；加强重庆港主要港口和泸州、宜宾、乐山港口建设；大力发展集装箱、汽车滚装、大宗散货、危险品运输和旅游客运，推进重庆长江上游航运中心建设。

（三）各阶段三峡过坝货运量预测成果分析

自三峡工程建设始，随着中央西部大开发等一系列战略的实施和航运条件的改善，三峡过坝运量高速增长，运量预测工作也在不断推进中。

在三峡工程建设前，1988 年三峡工程论证阶段完成的《长江三峡工程航运论证报告》预测，2000 年长江川江下水过坝运量 1550 万 t、客运量 250 万人次；2030 年长江川江下水过坝运量 5000 万 t、客运量 390 万人次。其中过坝货运量主要是指过闸运量，升船机主要功能是客运。

三峡枢纽船闸 2003 年投入运行，2004 年即实现过坝运量 4309 万 t，其中过闸运量 3431 万 t，过闸运量中下行运量 2421 万 t。面对高速增长的货运需求，2005 年 2 月，受中国长江三峡集团有限公司委托，国家发展和改革委员会综合运输研究所和交通部长江航务管理局分别对三峡过坝运量进行了预测。各单位根据三峡枢纽投入运行后的过坝运量发展情况，采用了各类数学模型进行预测，预测成果见表 6.1－1。

表 6.1-1　　三峡枢纽过坝运量预测表（2005 年）

预测机构	项　目	2010 年		2020 年		2030 年	
		货运量/万 t	客运量/万人次	货运量/万 t	客运量/万人次	货运量/万 t	客运量/万人次
国家发展和改革委员会综合运输研究所	总量	6100	210	8750	250	11400	280
	其中：下行						
	滚装车辆/万辆	50		45			
交通部长江航务管理局	总量	6700	250	10400	280	13000	300
	其中：下行	4360	170	6315	180	7750	200
	滚装车辆/万辆	50		55		60	

2008 年，武汉理工大学在《长江三峡船闸需求与通过能力研究》中采用多种预测方法和组合模型，并结合实际情况定性分析，预测三峡枢纽 2010 年、2015 年、2020 年和 2030 年的过闸货运需求分别为 5900 万 t、8100 万 t、9100 万 t 和 10800 万 t。

为配合三峡工程后续规划的需要，2009 年 9 月交通运输部水运科学研究院开展了三峡工程航运效益拓展研究。其间从三峡枢纽建成后的区域经济增长、经济结构变化、区域经济布局，区域综合交通发展格局、五种运输方式的各自优势、长江运输通道在对中东部地区和对外交往中的作用，水运在运输市场的成本与价格比较优势等方面进行了研究，给出了 2015 年、2020 年、2030 年过坝运量预测，见表 6.1-2。2009 年大连海事大学在交通运输部西部科研课题中也进行了三峡枢纽运量预测，预测 2015 年、2020 年、2030 年三峡过坝运量分别为 1.06 亿 t、1.2 亿 t、1.47 亿 t（表 6.1-2）。

2011 年交通运输部水运科学研究院在《长江三峡过坝通过能力与货运需求预测研究》中预测 2015 年、2020 年三峡过坝运量分别为 1.04 亿 t、1.29 亿 t。

表 6.1-2　　三峡枢纽过坝运量预测表（2009 年）

预测机构	项　目	2015 年		2020 年		2030 年	
		货运量/万 t	客运量/万人次	货运量/万 t	客运量/万人次	货运量/万 t	客运量/万人次
交通运输部水运科学研究院	过坝总量	11400		13800		16200	
	上行	3225		4500		5350	
	下行	8175		9300		10850	
大连海事大学	过坝总量	10600	115	12000	109	14700	100
	上行	2800	38	3700	36	4700	33
	下行	7800	77	8300	73	10000	67

为满足货运增长需要，在不断改善三峡船闸运行管理、提高过闸运量的同时，发展翻坝运输成为重要途径之一，但是各种举措仍然不能满足运输发展需要，船闸通过能力不足的矛盾日益突出。为此，针对扩大三峡船闸通过能力研究，又开展了较为广泛的运量预测工作。

交通运输部规划研究院在2012年8月完成的运量预测中，将长江上游五省（直辖市）作为研究对象，研究了五省（直辖市）的经济特点、区域总的客货运量及东西南北四个方向对外交通量及特点，分析东向通道是上游地区对华中、华东沿海沿江地区交流的主要通道，2011年货物交流量1.87亿t，占整个地区对外交流量的45%；其中长江水运完成1.1亿t，约占东部通道总运量的60%。长江水运通道在东部通道运输中的地位显著，分析长江货运量的构成与上游产业之间的关系，并对货物需求进行了各种运输方式的费用比较，给出了过坝货运量的预测（表6.1-3）。

重庆市交通运输委员会在2012年12月完成的运量预测中，分析了长江上游地区经济发展水平及特点，从经济发展、工业化城市化进程、综合运输发展及规划等研究入手，提出其发展将推动三峡过坝货物运输的持续发展，通过运输强度研究、重大工业项目需求研究，并运用各类数学模型进行了过坝运量预测（表6.1-3）。

国家发展和改革委员会综合运输研究所在2012年三峡枢纽过闸货运需求预测相关研究中，采用总量预测法、货类预测法、趋势外推法对过闸货运需求进行了预测，并分析不同预测情景下的运量（表6.1-3）。

表6.1-3　三峡枢纽过坝运量预测表（2012年）

预测机构	项　目	2015年		2020年		2030年	
		货运量/万t	客运量/万人	货运量/万t	客运量/万人	货运量/万t	客运量/万人
交通运输部规划研究院	总量	12050～13800	5	14520～16600	3	18040～20400	1
	其中：下行	5250～6400	3	6000～7300	2	7400～8700	0.5
	翻坝运量	1400		1800		2100	
重庆市交通运输委员会	过闸货运量	16775		23524			
	其中：上行	9712		12744			
	翻坝运量	1500		2500			
国家发展和改革委员会综合运输研究所	过闸货运量			13690～20000		20960～31690	
	其中：上行			8210～12000		11530～17430	
	其中：下行			5470～8000		9430～14260	

自三峡船闸投入运行以来，随着运量的高速增长，船闸通过能力不足的矛盾日显突出，预测者们根据每一个阶段过坝运量的发展特色做出相应的运量需求调整，预测成果汇总于表 6.1-4。

表 6.1-4 三峡过坝运量预测情况表

预测机构	预测时间	货运量	2000 年	2010 年	2015 年	2020 年	2030 年
三峡工程论证航运专家组	1988 年	下行/万 t	1550				5000
国家发展和改革委员会综合运输研究所	2005 年	总量/万 t		6100		8750	11400
		下行/万 t					
		滚装车辆/万辆		50		45	
交通部长江航务管理局	2005 年	总量/万 t		6700		10400	13000
		下行/万 t		4360		6315	7750
		滚装车辆/万辆		50		55	60
武汉理工大学	2008 年	总量/万 t		5900	8100	9100	10800
交通运输部水运科学研究院	2009 年	总量/万 t			11400	13800	16200
		上行/万 t			3225	4500	5350
		下行/万 t			8175	9300	10850
		滚装车辆/万辆			57	60	63
大连海事大学	2009 年	总量/万 t			10600	12000	14700
		上行/万 t			2800	3700	4700
		下行/万 t			7800	8300	10000
交通运输部水运科学研究院	2011 年	总量/万 t			10400	12900	
交通运输部规划研究院	2012 年	总量/万 t			12050～13800	14520～16600	18040～20400
		下行/万 t			5250～6400	6000～7300	7400～8700
		翻坝运量/万 t			1400	1800	2100
重庆市交通运输委员会	2012 年	总量/万 t			16775	23524	
		上行/万 t			9712	12744	
		翻坝运量/万 t			1500	2500	
国家发展和改革委员会综合运输研究所	2012 年	总量/万 t				13690～20000	20960～31690
		上行/万 t				8210～12000	11530～17430
		下行/万 t				5470～8000	9430～14260

由表6.1-4中数据可见，随着过坝运量的增长，每个阶段虽然各家从各自的角度进行了运量需求预测，但是总体规模差距不大，并且随着时间的推移，预测的运量需求也逐次增大。1988年预测三峡设计水平年2030年运量需求为下行5000万t；2005—2008年，国家发展和改革委员会综合运输研究所、交通部长江航务管理局和武汉理工大学预测运量需求总量2010年超过6000万t、2020年近1亿t、2030年最高1.3亿t，2010年实际过坝运量8795万t。2010年前后，交通运输部水运科学研究院、大连海事大学预测2015年三峡过坝运量超过1亿t、2020年约1.3亿t、2030年约1.5亿t，2011年过闸运量达到上行5534万t，总量10033万t，2013年实际过坝运量11574万t。2012年，交通运输部规划研究院、国家发展和改革委员会综合运输研究所和重庆市交通运输委员会预测2020年过坝运量将达1.5亿～2亿t、2030年将达1.8亿～3亿t。

近年来，国家高度重视三峡枢纽通过能力问题。《国务院关于依托黄金水道推动长江经济带发展的指导意见》(国发〔2014〕39号)提出，加快三峡枢纽水运新通道和葛洲坝枢纽水运配套工程前期研究工作。其中，国家发展和改革委员会综合运输研究所、国务院发展研究中心、交通运输部规划研究院、长江勘测规划设计研究有限责任公司4家机构分别提出各自过闸运量预测成果，见表6.1-5。

表6.1-5 三峡船闸货运量预测情况表 单位：万t

预测机构	项目	2020年	2030年	2050年
国家发展和改革委员会综合运输研究所	总量	15690	24280	25820
	上行	9040	13350	13990
国务院发展研究中心	总量	16300	18200	19500
	上行	9580	10075	10370
交通运输部规划研究院	总量	18000	25000	30000
	上行	10700	14500	17000
长江勘测规划设计研究有限责任公司	总量	14000～16500	21000～24500	25000～31000
	上行	8000～9400	11600～13500	13000～16000

4家预测机构综合考虑社会经济、产业布局、交通运输等影响因素后，初步提出的预测结果有一定差异，但一致认为，2030年前三峡枢纽过闸货运需求尽管不可能延续过去的“跳跃式”增长，但依然呈现增长态势。2030年后，随着沿江工业化和城镇化进入平稳发展阶段，大宗物资运输需求趋缓乃至有所

下降，三峡过闸货运需求低速增长。

三峡船闸自运行以来，过闸货运量增长迅猛，2011 年过闸货运量已超过 1 亿 t。2012 年，受船闸检修、汛期洪水、天气等因素影响，过闸货运量有所降低。2013 年，过闸货运量又保持了增长趋势，单向运量已经超过 6000 万 t。自翻坝运输开展以来，翻坝运输量一直维持在 1000 万 t 左右。每个阶段研究人员对三峡枢纽过坝运量的预测是基于三峡枢纽船闸运行后的运量增长、结构变化的分析而完成的，随着运量不断超出各阶段的推测成果，预测值也在不断提升中。

当前正是国家依托黄金水道建设长江经济带，为中国经济持续发展提供重要支撑的重要时期，东中西经济的高度融合、成渝经济区的加快发展都将依托长江黄金水道的航运能力，水运量还将有较好的发展空间。目前国家正在全力组织开展扩大长江三峡水道船闸通航能力的研究，船闸能力限制不宜作为过坝运量预测的制约因素。综合各家预测成果，选择三峡过坝运量需求在 2020 年、2030 年分别达到 1.6 亿～1.8 亿 t、2.0 亿～2.5 亿 t，可能是较为适宜的。

二、三峡过闸船型发展分析与预测

长江是我国第一、世界第三大河，干流流经七省二市，是我国唯一贯穿东部、中部、西部的水路交通大通道，对促进地区间物资流通和流域经济发展发挥了不可替代的作用。长江航运已成为流域综合运输体系的重要组成部分，以及沿江省市外向型经济发展的重要支撑。

多年来，国家投入巨资建设长江航运基础设施，建设港口，治理航道，取得了明显成效。然而，作为内河运输系统重要组成部分的船舶，存在平均吨位小、船型杂乱、部分船舶技术落后、安全性能差等问题，影响了长江航运的竞争力。特别是三峡水库蓄水后，川江的航行条件和通航环境都发生了较大的变化。为提高三峡船闸的通过能力，保障船舶航行安全、减少船舶对库区环境造成污染，迫切要求尽快实施船型标准化。从 2003 年 6 月三峡船闸试通航以来，交通部积极推动三峡库区的船型标准化工作，制定公布了《川江及三峡库区运输船舶标准船型主尺度系列》和《长江水系过闸运输船舶标准船型主尺度系列》。

（一）川江及三峡库区运输船舶标准船型主尺度

自 2003 年年底以来，交通部先后公布了川江载货汽车滚装船、集装箱船、区间客船、客渡船、油船、散装化学品船和干散货船等标准船型，在此研究成果基础上，制定了《川江及三峡库区运输船舶标准船型主尺度系列》，并于2004年发布实施。

1. 三峡库区运输船舶标准船型主尺度系列遵循的原则

《川江及三峡库区运输船舶标准船型主尺度系列》涉及的船型有干散货船、化学品船、油船、驳船（队）、集装箱船、载货汽车滚装船、运输客船等。在制定《川江及三峡库区运输船舶标准船型主尺度系列》中遵循了以下原则。

（1）与航道等级、船闸等通航建筑物相匹配原则。航行于川江及三峡库区的船舶，主要受三峡大坝通航建筑物和葛洲坝通航建筑物的限制以及跨江大桥的制约，同时长江干线航道以及库区主要支流航道也制约船舶的主尺度。

在制定主尺度系列时，根据三峡大坝通航建筑物和葛洲坝通航建筑物所对应的船闸平面有效尺度，以提高船闸通过率为目标，确定船舶可能的平面尺度组合。

（2）满足需要的最少档次原则。目前航行于川江及三峡库区的船舶种类繁多，技术经济水平参差不齐，同样吨级的船舶尺度也相差较大。这大大降低了航道及船闸的通过能力、增加了管理的难度，使长江干流的水运潜力得不到充分发挥。为此，制定尺度系列时，对于同一吨级的船舶，其主尺度系列在充分考虑航道特点、货流等前提下，尽量减少档次。当不同吨级、不同船型的船长或船宽相差不大、且对船舶技术经济性能影响不大时，将其统一，以减少尺度档次。

（3）各航道等级船型协调性原则。在川江及三峡库区航行的船舶中，有许多来自长江支流以及川江重庆以上的船舶。在确定船舶尺度系列时，1000吨级及以下船舶考虑了干支直达运输的要求，尽可能兼顾各等级船闸、航道的可达性，注意各等级船舶尺度的匹配关系。

（4）船型优选及实用性原则。在满足航道等级、船闸尺度等各方面条件的前提下，综合考虑船舶技术经济性能，选取综合效益好的船型尺度方案。在制定尺度系列时，通过一般性的规律分析，针对市场需求和不同船舶的设计特点，对船型进行选优，从而使制定的船型尺度系列具有较好的技术经济性能。在制定船型尺度系列时，根据川江及三峡库区航道特点，充分考虑已完成的标准船型研究成果，考虑现有优秀船型及各地航运部门的规划船型。

（5）与相关国家标准和交通行业标准相协调原则。我国已颁布了与三峡及川江库区航道相关的部分船型的国家及交通行业标准，这些标准的制定都是根据当时的航道特点和规划情况，从提高船闸等通航建筑物通过能力出发，经广泛调研、征求意见和技术经济论证获得的，故在制定尺度系列时应从整体出发，在与各航道等级和船闸相匹配的前提下，尽可能考虑与相关国家和交通行业标准的协调。

各船型主尺度系列的确定充分考虑市场的需求、川江及三峡库区航道和通航建筑物的状况以及各船型的特点，参照《内河通航标准》（GB 50139—2004）、《三峡枢纽过坝货船（队）尺度系列》（GB/T 18181—2000）、《内河货运船舶船型主尺度系列　普通货船》（JT/T 447.1—2001）、《内河货运船舶船型主尺度系列　集装箱船》（JT/T 447.2—2001）、《内河货运船舶船型主尺度系列　驳船》（JT/T 447.3—2001）、《三峡枢纽过坝集装箱船主尺度系列》（GB/T 19283—2003）等，并最大限度地提高各类船舶混排时船闸的运行效率（船闸充满率、每闸次通过量）。

2. 三峡库区运输船舶标准船型主尺度系列

《川江及三峡库区运输船舶标准船型主尺度系列》自 2004 年颁布实施以来，对促进船舶技术进步、提高航道和船闸等通航设施的利用率、保障水上交通安全、提高内河航运竞争力、促进内河航运结构调整及可持续发展发挥了积极作用，并取得了显著的社会效益和经济效益。

为进一步推进川江及三峡库区船型标准化工作，根据《全国内河船型标准化发展纲要》的要求，在分析和总结《川江及三峡库区运输船舶标准船型主尺度系列》实践经验的基础上，经广泛征求意见，对原主尺度系列标准进行了进一步优化和完善，发布了《川江及三峡库区运输船舶标准船型主尺度系列》（2010 年修订版）。

为推进长江水系内河运输船舶船型标准化工作，在分析和总结近年来实践经验的基础上，由交通运输部长江航务管理局会同有关省市交通运输主管部门对《川江及三峡库区运输船舶标准船型主尺度系列》（2010 年修订版）发布的主尺度系列进行了优化和完善，补充了长江水系有关主要支流过闸船舶的主尺度系列，制定了《长江水系过闸运输船舶标准船型主尺度系列》，并于 2013 年 4 月 1 日起施行。

《长江水系过闸运输船舶标准船型主尺度系列》是在广泛调研的基础上，充分考虑通航技术条件、各航道的差异性、干支流的相通性等因素，遵循船型与航道等级、船闸等通航建筑物相匹配原则，尽可能简化尺度系列档次，兼顾船型优选及实用性，以及与相关国家标准、交通运输行业标准和行业政策相协调等原则，并经多方案技术经济优化论证研究制订。其中规定了长江干线过闸船舶标准船型主尺度，见表 6.2－1。

表 6.2-1　　长江干线过闸船舶标准船型主尺度表（2013 年）

船　型	船型分级（载货吨级）	总长/m	船宽/m	设计吃水深度/m
干散货船、液货船	1000t	55～67	11.0	2.2～2.6
	1500t	60～75	13.0	2.2～3.0
	2000～2500t	72～88	13.8	2.4～3.5
	2000～3000t	82～88	15.0	2.8～3.5
	2500～3500t	82～88	16.3	3.3～4.3
	3500～5000t	90～105	16.3	4.1～4.3
	5500～6000t	125～130	16.3	4.1～4.3
驳船	1000t	53～68	11.0	2.2～2.6
	1500～2500t	70～85	13.8	2.6～3.2
	3000～5000t	75～110	16.3	3.3～4.0
集装箱船	60TEU	62～67	11.0	2.0～2.4
	100TEU	70～80	13.0	2.0～3.0
	150TEU	75～88	13.8	2.2～3.5
	200TEU	85～88	15.0	2.8～3.5
	250TEU	85～88	16.3	2.8～4.3
	300TEU	105～110	16.3	2.8～4.3
	350TEU	105～110	17.2	3.0～4.3
滚装货船（商品汽车运输船）	300 辆	85～88	16.3	2.0～2.2
	400 辆	92～95	17.2	2.0～2.4
	600 辆	99～110	17.2	2.4～2.6

（二）三峡过闸船型标准化、大型化发展趋势

三峡船闸通航以来，渠化了库区水域 600 余千米，枢纽下游航道条件的部分改善及枯季调水量的增加，为船舶大型化发展创造了有利的发展环境。由表 6.2-2 可以看出，三峡船闸运行以来，过闸货运量由 2004 年的 3431 万 t 增长到 2013 年的 9707 万 t，一次过闸平均吨位也由 2004 年的 9029t 增长到 2013 年的 15938t。一次过闸平均船舶数量由 2004 年的 8.61 艘降低到 2013 年的 4.24 艘。

表 6.2-2　三峡船闸过闸货运量表

项目		2003年	2004年	2005年	2006年	2007年	2008年	2009年	2010年	2011年	2012年	2013年
货运量/万t	上行	448	1010	1037	1371	1696	2112	2921	3599	5534	5345	6029
	下行	929	2421	2255	2568	2990	3259	3168	4281	4499	3266	3678
	合计	1377	3431	3292	3939	4686	5371	6089	7880	10033	8611	9707
一次过闸平均船舶数量/艘	上行	7.60	8.45	7.58	6.57	6.41	6.30	6.32	6.18	5.38	4.55	4.25
	下行	8.33	8.78	7.77	7.48	6.78	6.49	6.51	6.21	5.37	4.56	4.23
	综合	7.95	8.61	7.67	7.00	6.59	6.39	6.41	6.20	5.37	4.56	4.24
过闸船舶总定额吨/万t	上行	1482	3268	3427	3720	3868	4113	4084	5617	7444	7346	8050
	下行	1552	3365	3505	3569	3943	4112	4090	5659	7426	7324	8163
	合计	3034	6633	6932	7289	7811	8225	8174	11276	14870	14670	16213
过闸货船平均定额吨/t	上行	1032	1032	1302	1579	1632	1657	1775	2086	2831	3461	3752
	下行	1048	1065	1336	1444	1651	1665	1784	2097	2857	3473	3765
	综合	1040	1049	1319	1510	1642	1661	1780	2092	2844	3467	3759
一次过闸平均吨位/t	上行	7845	8721	9870	10375	10464	10432	11213	12892	15244	15748	15940
	下行	8722	9350	10378	10798	11198	10802	11615	13034	15329	15850	15937
	综合	8269	9029	10121	10575	10822	10614	11411	12963	15286	15799	15938

注　2003年统计时间为6月18日至12月31日。

三峡船闸过闸船舶吨位分布见表6.2-3。从表中数据可以看出，三峡过闸船舶大型化的发展速度还是比较快的。过闸船舶中3000吨级以上船舶过闸艘次占比已由2004年的2.37%上升到2013年的56.18%，其中5000吨级以上船舶的占比，2013年已达到30.18%。

未来，三峡船闸过闸船舶大型化趋势仍将继续。但三峡船舶大型化的发展受到船闸槛上水深的限制和下游航道通航条件的制约。同时，长江干线贯穿我国的东、中、西地区，十余条主要支流覆盖了长江流域各主要经济区，干线的各货类运输特征和各支流的航运条件也决定了船型必须具备多样化和多等级的适用性。所以三峡过闸船舶大型化的发展也是有制约条件的。预计今后三峡船闸5000吨级船舶过闸占到50%是比较理想的。

另外，为了保障通航安全，交通运输部一直在进行长江上游船舶标准化的工作，先后出台了2004年版和2010年版的《川江及三峡库区运输船舶标准船型主尺度系列》，新建船舶按照公布的船型主尺度系列要求建造，根据上述两版尺度标准，2013年过闸货船标准化船舶数量占比达到了69.8%，其中最大船宽大于16.3m的过闸船舶数量占比为19.9%、艘次占比为23.7%。船舶宽度为19.2m的船舶在34m宽闸室内无法并列停泊，因此当大型船舶比例增加时，闸室利用率反而降低，从而影响到船闸的通过能力。

表6.2-3　三峡船闸过闸船舶吨位分布表

<table>
<tr><th colspan="2">吨位等级</th><th>2004年</th><th>2005年</th><th>2006年</th><th>2007年</th><th>2008年</th><th>2009年</th><th>2010年</th><th>2011年</th><th>2012年</th><th>2013年</th></tr>
<tr><td rowspan="2">1000t及以下</td><td>数量/艘次</td><td>50977</td><td>36173</td><td>23498</td><td>18061</td><td>22232</td><td>20432</td><td>18014</td><td>10860</td><td>5166</td><td>4430</td></tr>
<tr><td>占比/%</td><td>67.92</td><td>56.57</td><td>41.68</td><td>33.88</td><td>40.17</td><td>39.43</td><td>30.90</td><td>19.53</td><td>11.67</td><td>9.70</td></tr>
<tr><td rowspan="2">1001～2000t</td><td>数量/艘次</td><td>18285</td><td>20362</td><td>19623</td><td>17747</td><td>17005</td><td>14939</td><td>17121</td><td>13097</td><td>7641</td><td>6644</td></tr>
<tr><td>占比/%</td><td>24.36</td><td>31.84</td><td>34.80</td><td>33.29</td><td>30.72</td><td>28.83</td><td>29.37</td><td>23.55</td><td>17.26</td><td>14.55</td></tr>
<tr><td rowspan="2">2001～3000t</td><td>数量/艘次</td><td>4016</td><td>5580</td><td>9350</td><td>10897</td><td>11017</td><td>10433</td><td>12859</td><td>12837</td><td>9643</td><td>8939</td></tr>
<tr><td>占比/%</td><td>5.35</td><td>8.73</td><td>16.58</td><td>20.44</td><td>19.90</td><td>20.14</td><td>22.06</td><td>23.08</td><td>21.79</td><td>19.57</td></tr>
<tr><td rowspan="2">3001～4000t</td><td>数量/艘次</td><td>1778</td><td>1834</td><td>3912</td><td>4167</td><td>2804</td><td>2730</td><td>4155</td><td>5878</td><td>5969</td><td>6731</td></tr>
<tr><td>占比/%</td><td>2.37</td><td>2.87</td><td>6.94</td><td>7.82</td><td>5.07</td><td>5.27</td><td>7.13</td><td>10.57</td><td>13.49</td><td>14.74</td></tr>
<tr><td rowspan="2">4001～5000t</td><td>数量/艘次</td><td colspan="3" rowspan="4">2007年以前3000t以上船舶未分级统计，均统计为3000t以上</td><td>1720</td><td>1593</td><td>1964</td><td>2423</td><td>3794</td><td>4383</td><td>5143</td></tr>
<tr><td>占比/%</td><td>3.23</td><td>2.88</td><td>3.79</td><td>4.16</td><td>6.82</td><td>9.90</td><td>11.26</td></tr>
<tr><td rowspan="2">5001t以上</td><td>数量/艘次</td><td>720</td><td>700</td><td>1317</td><td>3730</td><td>9144</td><td>11461</td><td>13782</td></tr>
<tr><td>占比/%</td><td>1.35</td><td>1.26</td><td>2.54</td><td>6.40</td><td>16.44</td><td>25.89</td><td>30.18</td></tr>
<tr><td colspan="2">合　计</td><td>75056</td><td>63949</td><td>56383</td><td>53312</td><td>55351</td><td>51815</td><td>58302</td><td>55610</td><td>44263</td><td>45669</td></tr>
</table>

注　吨位等级采用船舶登记信息中的参考载货量划分。

2012年经过进一步的优化调整后，交通运输部公布了《长江水系过闸运输船舶标准船型主尺度系列》，其中取消了集装箱船、滚装货船最大船宽大于17.2m和其他船舶最大船宽大于16.3m的船型。当大型船舶比例增加时，有利于闸室利用率的提高。

交通运输部公告的三峡过闸船型主尺度反映了当前船舶发展趋势，是基本合理的，今后的重点工作除推进船舶主尺度的标准化进程外，将在提高船舶技术性能和专业化水平方面做更多的努力。

三、三峡船闸通过能力仿真分析

（一）船闸通过能力定义和分析方法

1. 船闸通过能力定义

船闸通过能力是反映船闸规模的重要技术经济指标。船闸通过能力计算是船闸规划设计中的一项重要内容。

船闸通过能力是指在特定边界条件下的船闸年可通过货物量。所谓特定边界条件可分为两方面：一方面是船闸建成以后就基本固定下来的边界条件，包括闸、阀门启闭时间，输水时间等；另一方面是在营运期还会发生变化的边界条件，包括船舶组成，船舶进出闸的平均航速和时间间隔，船舶装载量，运输不均衡性等。船闸的总平面布置既有固定的一面，例如在营运期不再改变的导航墙和停泊段的布置；又有可变的一面，例如改变停泊段的位置。船舶进出闸的平均航速和船舶间隔主要受停泊段位置和导航建筑物布置的影响。另外，“可通过货物量”不是指“最大可通过货物量”，而是指满足一定服务水平的“合理的可通过货物量”。因此，船闸通过能力不是一个固定的数据，而是随着可变条件的变化而变化的。

三峡船闸在设计阶段的船闸通过能力分析基于以下边界条件，见表 6.3－1。

表 6.3－1　《永久船闸布置方案选择专题报告》船闸通过能力计算条件

参　数	取　值
一次过闸平均吨位	长航：12000t，地航：3000t
载重利用系数	0.9
货运不均衡系数	$\beta=1.3$
每年通航天数	$N=335$d
昼夜平均工作时间	$t=22$h
非载货船舶过闸次数	$n=0$（非货船通过升船机）
单向过闸进闸及从一闸室进入另一闸室航行速度	$v=0.6$m/s
单向过闸出闸速度	$v=1.0$m/s
开关闸门时间	第 1 级上闸首 $T=5$min，连续式其他闸首 $T=3$min
充泄水时间	连续式 12min
船队进出闸至闸首距离	单向过闸 $S=60$m

根据以上指标计算得到过闸间隔时间为 59.7min，日过闸次数为 22.1 次。过闸平均吨位按 12000t，则单向通过能力为 6062 万 t，若以过闸次数长航占 80%，地航占 20%计，则单向通过能力为 5152 万 t。

三峡船闸建成后，实际过闸船舶组成与设计预测有较大差异，因此，船闸通过能力也随之而变化。

我国现行行业规范《船闸总体设计规范》（JTJ 305—2001）（以下简称

《规范》）对船闸通过能力计算有具体规定。《规范》中指出，船闸通过能力应根据一次过闸平均吨位、一次过闸平均时间、日平均工作小时、日平均过闸次数、年通航天数、运量不均衡系数等因素确定，计算方法如下：

$$P_1=\frac{n}{2}NG \tag{6.3-1}$$

$$P_2=\frac{1}{2}(n-n_0)\frac{NG\alpha}{\beta} \tag{6.3-2}$$

$$n=\frac{\tau\times 60}{T} \tag{6.3-3}$$

式中：P_1 为单向年过闸船舶总载重吨位，t；P_2 为单向年过闸客货运量，t；n 为日平均过闸次数；n_0 为日非运客、货船过闸次数；N 为年通航天数，d；G 为一次过闸平均载重吨位，t；α 为船舶装载系数；β 为运量不均衡系数；τ 为日工作小时，h；T 为一次过闸时间，min。

2. 船闸通过能力影响因素分析

分析上述船闸通过能力计算公式，船闸通过能力影响因素可以分为如下几类：

（1）2 个关键中间参数。船闸通过能力计算有 2 个关键中间参数，分别是一次过闸平均吨位和一次过闸平均时间，这两个中间参数是由其他更基础的影响因素决定的。

1）一次过闸平均吨位。《规范》规定了确定一次过闸平均吨位的原则：以设计船型船队和其他各类船型船队为基础，根据运量、货种、船队中船型组合的比重，结合船闸有效尺度进行组合确定。各期的通过能力，应采用相应的一次过闸平均吨位进行计算。

当船型组成较为简单、船闸较小时，每闸次过闸船舶仅为 1～2 艘，一次过闸平均吨位的确定较为简单。但当船型组成较为复杂、船闸较大时，每闸次过闸船舶数量较多，这时船闸尺度与一次过闸平均吨位之间不存在确定的函数关系。根据船型组成的预测和船舶到达的随机性，建立仿真模型，通过试验得到相应成果是唯一有效的手段。

2）一次过闸平均时间。《规范》规定一次过闸时间分为单向过闸时间和双向过闸时间。

对三峡这类多级单向运行船闸，船舶通过一个闸室所耗时间计算如下：

$$T_3=4t_1+t_2+2t_3+t_4 \tag{6.3-4}$$

式中：T_3 为连续多级船闸船舶通过一个闸室所耗时间，min；t_1 为开门或关门时间，min；t_2 为一闸次船舶进闸时间，min；t_3 为闸室灌水或泄水时间，min；t_4 为一闸次船舶进入相邻闸室所需时间，min。

从式（6.3－4）可以看出，一次过闸时间分为两部分，即船闸运行时间和船舶进出船闸时间。

船闸运行时间包括闸门启闭时间和输水时间。闸门启闭时间根据闸门和启闭机的设计确定；输水时间根据输水系统的设计确定，船闸运行水头变化较大时应按分段水头分别确定输水时间，当最大水头和最小水头的输水时间相差不大时，也可忽略输水时间的差异。

船舶进出闸时间可根据其运行距离、进出闸速度、船舶进出闸时间间隔和船舶数量确定，可采用下式计算：

$$t_2 = t_0 + (n-1)t_5 \tag{6.3-5}$$

式中：t_0 为第一个船舶进闸时间，min；n 为一闸次平均船舶数量，艘；t_5 为船舶间进闸平均时间间隔，min。

船舶运行距离根据船闸总平面布置确定，进出闸速度与引航道布置有关，目前已掌握的实船观测资料较少。船舶进闸安全间隔目前已掌握的实测资料也较少。对三峡船闸做过一段时间的实船观测，积累了一定的基础数据。

每一闸次的船舶数量与过闸船舶的船型组成和各类船舶的尺度分布等密切相关，且具有明显随机性，无法得到解析解或数值分析解，采用仿真试验可能是唯一的工具。

（2）船闸尺度因素。船闸尺度包括闸室有效长度、闸室有效宽度、闸室门槛水深。这三个因素是闸室的主要设计参数，直接决定了闸室内船舶排档的数量和过闸船舶等级，直接影响了一次过闸平均吨位和一次过闸平均时间两个关键中间参数。

（3）船闸工艺因素。船闸工艺包括开闸门时间、关闸门时间、灌水时间、泄水时间。这四个因素是船闸工艺系统的主要设计参数，直接影响一次过闸的平均时间。

（4）过闸船舶组成因素。过闸船舶组成包括过闸船型设计尺度和船舶组合比例两部分内容。过闸船型设计尺度是船舶过闸排档的直接依据，包括船舶吨级、船舶长度、船舶宽度和船舶吃水。不同的船型组合一方面直接影响了过闸船舶的平均载重吨，是总体上反映船舶大小的一个指标，是除闸室尺度以外另一个直接影响一次过闸平均吨位的因素；另一方面，不同船型组合与船闸的有效尺度之间存在一定的约束关系，对于一定尺度的船闸，船舶大型化不一定就会提升一次过闸平均吨位，甚至随着某些大型船舶比例的提升，一次过闸平均吨位会降低。

（5）船闸运营关键参数。船闸运营关键参数主要包括日工作小时、日闸次数、年通航天数和运量不均衡系数。

（6）船闸平面布置因素。

1）引航道的布置形式。引航道的布置不外乎直线进、出闸和曲线进、出闸的不同组合。船舶进闸由于在到达停泊位置前需要制动，因此进闸的平均速度不可能高。船舶出闸时沿直线航行有利于船舶加速，因此与曲线出闸相比，船舶直线出闸的平均速度快于曲线出闸。

2）待闸段与闸室之间的距离。待闸段也称停泊段，是船舶等待过闸的地点，该地点距离闸室距离越近，船舶进入闸室的时间越短，从而提升船舶过闸效率；反之亦然。但应注意进闸的距离影响船舶进闸的平均速度。

（7）船舶性能和船舶航行安全要求。船舶性能和船舶航行安全要求主要包括船舶进闸速度、船舶进闸安全距离（或间隔时间）、船舶出闸速度、船舶出闸安全距离（或间隔时间）、船舶在各闸室间的航行速度。

（8）船闸运行模式。同一个船闸，采用不同的运行模式（单向运行或双向运行），船闸通过能力也会不同。例如，三峡船闸某一线若采用双向运行模式，换向时将增加闸室的空置时间。

3. 船闸服务水平指标

目前，港口码头以及公路系统都提出了基于服务水平的通过能力定义与研究方法，而我国船闸研究还没有系统的基于服务水平的通过能力定义以及相应的研究方法。

本专题研究中采用船舶平均等待时间和船闸有效利用率两个船闸服务水平指标对船闸通过能力进行了分析研究。

（1）船舶平均等待时间。从船舶到达锚地开始至船舶编好队离开锚地结束的这段时间为船舶平均等待时间。

船舶平均等待时间是从船舶过闸的角度对船闸服务水平进行判别。

该指标为船舶接受船闸服务好坏的最直观的感受，船舶平均等待时间越短，船闸服务水平越高；船舶平均等待时间越长，船闸服务水平越低。

但是，一个研究难点是国内行业内还没有一个统一的公认的基于船舶平均等待时间的船闸服务水平标准，在判断合理船闸通过能力上有一定困难。

（2）船闸有效利用率。类比于港口中泊位有效利用率的使用，在本专题中引入船闸有效利用率指标。船闸有效利用率是指船闸一年的实际运行工作时间与一年中可运行时间的比值。

船闸有效利用率从船闸的角度判别船闸服务水平。船闸有效利用率越高，说明船闸越繁忙，船舶到达后等待过闸的时间就会长，船舶接受船闸过闸服务的服务水平越低；船闸有效利用率越低，说明船闸空闲时间长，船舶到达后等待过闸的时间就会短，船舶接受船闸过闸服务的服务水平就越高。

使用船闸有效利用率可以容易地判断船闸饱和通过能力（当船闸有效利用率达到100%时），但是对于判断船闸合理通过能力时，仍然存在一定困难。

4. 研究技术路线

2014年8月，课题组到长江三峡通航管理局进行了现场调研，掌握了三峡船闸近些年的实际运行状况和宝贵的实际运行数据，并对三峡船闸和葛洲坝船闸进行实地考察，加深了三峡船闸实际运行情况的理解，通过计算机仿真模拟试验，采用基于船闸服务水平的分析方法来研究三峡船闸通过能力。研究技术路线如图6.3-1所示。

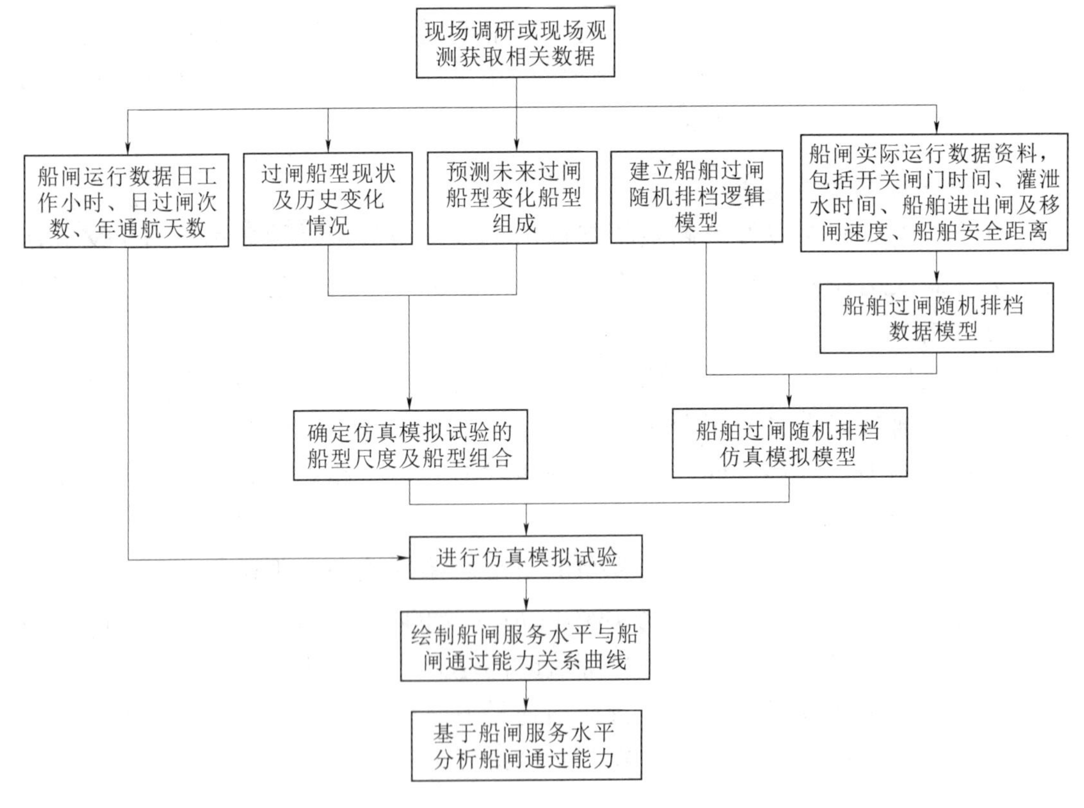

图6.3-1　三峡船闸通过能力分析技术路线图

（二）2013年三峡船闸通过能力分析研究

1. 2013年三峡船闸实际运行数据统计与分析

（1）船舶分吨级统计。2013年三峡船闸船舶分类统计见表6.3-2。

表 6.3-2　2013年三峡船闸船舶分类统计表

船舶类别	船舶吨级/t	船舶数量/艘	平均载重吨/t	上行实载吨/t	船型占比/%
货船	500	853	584	583	1.83
	1000	5431	1192	717	11.67
	2000	8320	2090	1350	17.87
	3000	8705	2976	2288	18.70
	4000	6093	4077	3247	13.09
	5000及以上	15211	5949	4110	32.67
客船		1942			4.17
合计		46555			
货船平均			3712	2641	

（2）过闸船舶尺度统计。2013年三峡船闸过闸船型尺度统计分析见表6.3-3。

表 6.3-3　2013年三峡船闸过闸船型尺度统计分析表

船舶类型	船舶吨级/t	船宽/m	船舶数量/艘	平均船长/m
货船	500	8	60	45.93
		9.2	125	47.07
		10	25	52.12
		11	45	57.64
		13	179	60.56
		16.3	289	85.5
		17.2	130	86.12
	1000	10	451	59.36
		11	2174	64.04
		13	2373	71.15
		15	17	81.5
		17.2	161	99.8
		19.2	255	107.59
	2000	11	838	70.5
		13	5445	76.93
		15	1824	84.5
		16.3	45	88
		17.2	54	112
		19.2	114	119.18

续表

船舶类型	船舶吨级/t	船宽/m	船舶数量/艘	平均船长/m
货船	3000	11	59	80.36
		13	3010	80.36
		15	5349	86.83
		16.3	235	88.69
		17.2	52	100
	4000	13	78	90.28
		15	2590	90.88
		16.3	2943	95.62
		17.2	482	104
	5000	15	489	91.29
		16.3	6062	100.74
		17.2	5686	106.47
		19.2	2974	110.56
客船		8	124	25.32
		9.2	4	46.98
		10	14	56.58
		11	461	69.7
		13	82	76.89
		15	198	87.24
		16.3	204	92.86
		17.2	348	103.09
		19.2	348	133.5
		25	128	150

(3) 三峡船闸主要运行设备实际运行时间统计。三峡船闸为五级连续布置船闸，一般采用单向运行。船舶过闸通过第一个闸室的过程是船闸通过能力的控制工况，因此，本项研究主要针对此工况。三峡船闸主要设备实际运行时间见表 6.3-4。

(4) 船舶进闸时间分析。三峡船闸采用 2 艘船舶编组同时进闸，以节省船舶进闸时间。

船舶进闸时的等待位置至闸首的距离为 120m，闸首+闸室长度为 330m。成组进闸时 2 条船并行同时进闸。根据三峡实际观测数据，由于船舶行驶距离短，加速和减速时间占比相对较大，另外船员操作熟练度不同，实际进闸速度为 0.3～0.5m/s。模拟计算中，2 艘编组船舶进闸平均速度取 0.35m/s，单艘船舶的进闸平均速度取 0.5m/s。

取船长 90m，安全间距取 1 倍船长（90m），头船至闸首距离 60m。

三峡船舶进闸时间分析见表 6.3-5。

表 6.3-4　　三峡船闸主要设备实际运行时间表

运行过程	三峡船闸实际运行时间/min	运行过程	三峡船闸实际运行时间/min
关第一闸首人字门	6.5	第一闸室充水	10
第一闸室泄水	11～15	开第一闸首人字门	3.5
开第二闸首人字门	3	运行总耗时	38～42
关第二闸首人字门	4		

注　第二闸室输水时间受补水、不补水、第一闸室待闸等运行方式及上游水位影响，输水时间不同，但总体控制在 15min 以内；四级船闸补水运行设备总运行时间为 38min，五级船闸运行设备总运行时间为 42min。

表 6.3-5　　三峡船舶进闸时间分析表

船舶数量/艘	进闸时间
2	(330+120) /0.35/60=21.43min
3	船分 2 组，前一组到位时间为 21.43min，后一组船舶仍需航行约 90m 的安全距离，所需时间为 90/0.5/60=3min。 所以，总时间约为 21.43+3=24.43min
4	船分 2 组，前一组到位时间为 21.43min，后一组船舶仍需航行约 90m 的安全距离，所需时间为 90/0.35/60=4.29min。 所以，总时间约为 21.43+4.29=25.72min
5	船分 3 组，前 2 组到位时间同上计算为 25.72min。 第 3 组（第 5 艘船）仍需航行约 90m 的安全距离，所需时间为 90/0.5/60=3min。 所以，总时间约为 25.72+3=28.72min
6	船分 3 组，前 2 组到位时间同上计算为 25.72min。 第 3 组（第 5 艘船）仍需航行约 90m 的安全距离，所需时间为 90/0.35/60=4.29min。 所以，总时间约为 25.72+4.29=30.01min

（5）船舶移泊时间分析。成组移泊时 2 条船并行成组同时移泊。模拟计算中，2 艘编组船舶移泊速度取 0.3m/s，单艘船舶移泊速度取 0.4m/s。闸室停靠线间距 320m。船舶移泊时间见表 6.3-6。

（6）三峡运行模式统计（五级运行或四级补水运行）。三峡运行模式统计情况见表 6.3－7。

表 6.3－6　　三峡船舶移泊时间分析表

船舶数量/艘	进　闸　时　间
2	320/0.3/60＝17.78min
3	分 2 组，前一组到位时间：320/0.3/60＝17.78min。 后一组船舶仍需航行约 90m 的安全距离，所需时间为 90/0.4/60＝3.75min。 所以，总时间约为 17.78＋3.75＝21.53min
4	分 2 组，前一组到位时间：320/0.3/60＝17.78min。 后一组船舶仍需航行约 90m 的安全距离，所需时间为 90/0.3/60＝5min。 所以，总时间约为 17.78＋5＝22.78min
5	分 3 组，前 2 组到位时间为 22.78min。 第 3 组（第 5 艘船）仍需航行约 90m 的安全距离，所需时间为 90/0.4/60＝3.75min。 所以，总时间约为 22.78＋3.75＝26.53min
6	分 3 组，前 2 组到位时间为 22.78min。 第 3 组（第 5 艘船）仍需航行约 90m 的安全距离，所需时间为 90/0.3/60＝5min。 所以，总时间约为 22.78＋5＝27.78min

表 6.3－7　　三峡运行模式统计

<table>
<tr><th colspan="2" rowspan="2">项　目</th><th colspan="2">五　级</th><th colspan="2">四　级</th><th rowspan="2">合　计</th></tr>
<tr><th>上　行</th><th>下　行</th><th>上　行</th><th>下　行</th></tr>
<tr><td rowspan="4">运行闸次数/闸次</td><td>南线船闸</td><td>241</td><td>3817</td><td>0</td><td>1485</td><td>5543</td></tr>
<tr><td>北线船闸</td><td>3702</td><td>102</td><td>1379</td><td>0</td><td>5183</td></tr>
<tr><td rowspan="2">合　计</td><td>3943</td><td>3919</td><td>1379</td><td>1485</td><td rowspan="2">10726</td></tr>
<tr><td colspan="2">7862</td><td colspan="2">2864</td></tr>
<tr><td colspan="2">占比/%</td><td colspan="2">73.30</td><td colspan="2">26.70</td><td></td></tr>
</table>

（7）船舶过闸时间分析。结合表 6.3－4～表 6.3－6，对船舶过闸时间进行分析。三峡双线五级船闸的过闸方式为单向过闸，所以一个闸次船队的过闸时间＝通过一个闸室的总运行时间＋船舶进闸总时间＋船舶移泊（移闸）总时间（表 6.3－8）。

（8）运行时间和运行闸次统计分析。三峡船闸 2013 年北线运行时间为 8133h 即 339d，南线运行时间为 8539h 即 356d，双线合计运行时间为 16672h 即 695d。

根据表 6.3－7 可以得出 2013 年上行运行闸次合计 5322 闸次，下行运行闸次合计 5404 闸次，双线运行闸次合计 10726 闸次。

表 6.3-8 船舶过闸时间分析

船舶数量/艘	进闸时间/min	移泊时间/min	设备总运行时间/min			闸次间隔时间/min	日均过闸次数
			四级补水	五级运行	平均运行时间		
2	21.43	17.78	42	38	39.07	78.28	18.40
3	24.43	21.53				85.03	16.94
4	25.72	22.78				87.57	16.44
5	28.72	26.53				94.32	15.27
6	30.01	27.78				96.86	14.87

注 1. 三峡船闸为多级连续船闸，当进闸时，其他闸室正在移泊，当进闸时间小于移泊时间时，进闸完毕需要等待其他闸室移泊完成，所以在进闸时间小于移泊时间的情况下，计算闸次间隔时应按移泊时间计算进闸时间。

2. "平均运行时间"是根据四级补水运行时间和五级运行时间的占比进行加权平均计算获得。

根据统计数据，2013 年日均上行 15.79 闸次，日均下行 15.23 闸次。估算上行运行时间为 5322/15.79＝337d，下行运行时间为 5404/15.23＝354d。

(9) 三峡船闸实际运行数据与分析。三峡船闸运行数据统计情况见表 6.3-9。

表 6.3-9 2013 年三峡船闸运行数据统计

项　　目	实际运行数据	项　　目	实际运行数据
单向过闸船舶载重吨（上行）/万 t	8050	一次过闸船舶数量/艘次	4.25
单向过闸货运量（上行）/万 t	6029	闸室利用率（上行）	0.72
货船一次过闸吨位/t	15938	装载系数（上行）	0.75

2. 基于 2013 年过闸船舶组合的三峡船闸通过能力模拟试验

为研究 2013 年三峡船闸是否已经达到通过能力，项目组基于 2013 年实际统计的过闸船舶组成、三峡船闸主要设备实际运行时间等数据，分析船舶进闸与移泊的必要时间组成，利用计算机仿真模型模拟了基于随机排档的船舶过闸过程。

该模拟试验共设计了 4 组，分别是基于 2013 年实际过闸船型组合（包含客船），分别向系统输入 5500 万 t、6000 万 t、6250 万 t 和 6500 万 t，模拟结果见表 6.3-10 和图 6.3-2。

表 6.3-10　2013 年三峡船闸实际过闸船型组合实际数据

船闸运行相关参数	试验 1	试验 2	试验 3	试验 4
试验输入货物量/万 t	5500	6000	6250	6500
实际过闸货物量/万 t	5515	6014	6254	6460
实际过闸货船载重吨/万 t	7748	8449	8787	9077
货船一次过闸额定吨位/t	16037	16573	1692	17312
货物一次过闸吨位/t	11415	11767	1205	12321
一次过闸平均船舶数量/艘	4.51	4.66	4.75	4.86
平均一次过闸时间/min	90.60	91.80	91.98	92.40
日平均闸次/闸次	14.34	15.13	15.41	15.56
闸室利用率	0.717	0.741	0.757	0.774
船舶平均等待时间/h	1.86	3.20	5.73	46.55
船闸有效利用率/%	90.41	95.61	98.41	100.00

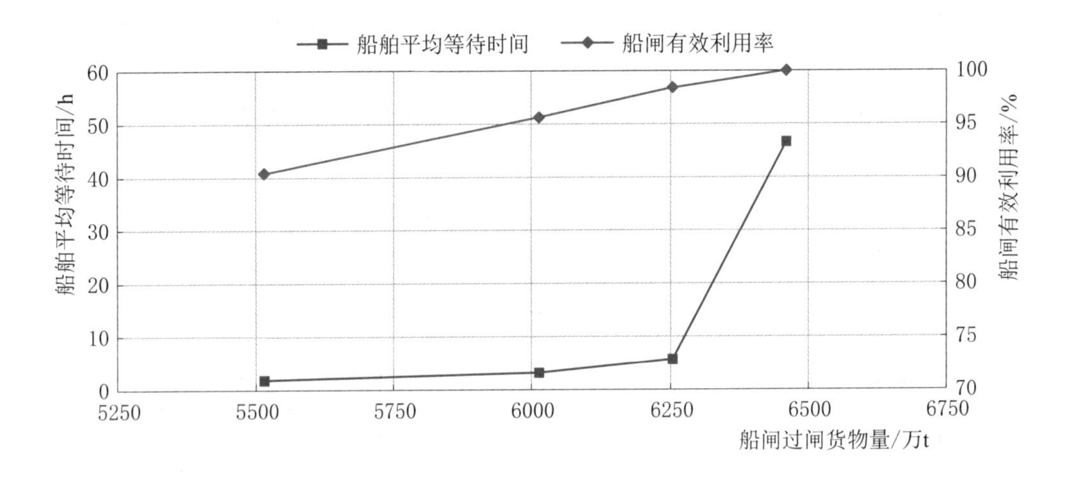

图 6.3-2　船闸过闸货物量与服务水平关系曲线

通过分析表 6.3-10 和图 6.3-2，可以得出如下规律和结论：

（1）随着试验输入货物量（5500 万～6500 万 t）的逐步增加，船闸有效利用率也在逐步增加，当试验输入货物量达到 6500 万 t 时，闸室有效利用率达到 100%，而且船闸实际过闸货物量仅为 6460 万 t，没有完成试验输入的货物量。

（2）随着试验输入货物量（5500 万～6500 万 t）的逐步增加，船舶平均等待时间也在逐步增加，当试验输入货物量达到 6500 万 t 时，船舶平均等待时间增加至 46.5h，说明此时船闸已经处于堵塞状态。

（3）结合上述前两点的分析，可以认为基于 2013 年实际过闸船型组合的

三峡船闸饱和通过能力能够达到近6460万t。

3. 2013年三峡实际运行情况与通过能力模拟研究的对比分析

将上述模拟试验结果与2013年三峡实际运行数据进行对比，分析2013年三峡实际运行情况，见表6.3-11。

表6.3-11　　模拟试验结果与实际运行数据对比分析表

船闸运行相关参数	实际运行数据（上行）	模拟试验数据（输入6000万t）	模拟试验数据（输入6500万t）
单向过闸货运量/万t	6029	6014	6460
货船一次过闸额定吨位/t	15938	16573	17132
一次过闸平均船舶数量/艘	4.25	4.66	4.86
日平均闸次/闸次	15.79	15.13	15.56
闸室利用率	0.72	0.74	0.77
货船平均载重吨/t	3752	3750	
船闸有效利用率/%	100	95.61	100

注　三峡实际运行统计数据一次平均过闸船舶艘次不含客船，而模拟试验数据的一次平均过闸船舶艘次含有客船。

三峡船闸2013年上行实际过闸货物量为6029万t，选取试验输入货物量为6000万t的试验数据进行对比分析，可以得出如下结论：

（1）当模拟试验输入6000万t时，货船一次过闸吨位为16573t，大于实际的运行数据15938t；一次过闸平均船舶数量为4.66艘，大于实际的运行数据4.25艘；闸室利用率为0.74，大于实际的运行数据0.72。

货船一次过闸吨位、一次平均过闸艘次和闸室利用率是三个反映一闸次过闸情况的重要指标，这三个指标越大，说明每个闸次过闸的船舶越多、吨位越大、闸室利用率越高。

上述三个模拟数据均大于实际运行数据，是因为2013年实际运行时，存在闸室没有排满就过闸的情况，说明船闸还未达到完全饱和状态，船闸管理人员证实这样的情况是存在的。

（2）当模拟试验输入6000万t时，日平均运行闸次为15.13，小于实际的运行数据15.79闸次。这个数据说明，在模拟试验中，根据船舶到达的先后顺序，尽可能让闸室装满再放行，日平均运行15.13个闸次就能完成6014万t的货物量。

所以，尽管2013年船闸实际运行的有效利用率为100%，模拟试验输入6000万t时得到的船闸有效利用率为95.61%。

（3）通过上述分析可以认为，6029 万 t 不是基于 2013 年过闸船型组成前提下的饱和通过能力，一闸次平均载重吨位和闸室利用率还有一定提升空间，模拟试验得到三峡船闸的饱和通过能力约为 6460 万 t。

4. 客船对三峡船闸通过能力影响分析

2013 年的实际过闸船舶中含有约 4%的客船，这些客船占用闸室有效面积，影响了船闸通过能力。为了分析客船对三峡船闸通过能力的影响，在实际船型组合中，将客船剔除掉，各吨级和各尺度的船舶组合比例不变。模拟试验结果见表 6.3-12 和图 6.3-3。

表 6.3-12　　模拟试验结果

船闸运行相关参数	试验 1	试验 2	试验 3	试验 4	试验 5	试验 6
试验输入货物量/万 t	5500	6000	6250	6500	6750	7000
实际过闸货物量/万 t	5520	6010	6255	6504	6737	6794
实际过闸货船载重吨/万 t	7755	8443	8787	9137	9465	9546
货船一次过闸额定吨位/t	16661	17066	17342	17692	18114	18238
货物一次过闸吨位/t	11858	12148	12344	12593	12892	12981
一次过闸平均船舶数量/艘	4.49	4.60	4.67	4.77	4.88	4.91
平均一次过闸时间/min	90.72	91.26	91.62	92.04	92.58	92.70
日平均闸次	13.81	14.68	15.04	15.32	15.51	15.53
闸室利用率	0.71	0.727	0.739	0.754	0.771	0.777
船舶平均等待时间/h	1.58	2.19	2.89	4.56	17.62	156.94
船闸有效利用率/%	87.02	93.02	95.63	97.95	99.66	100.00

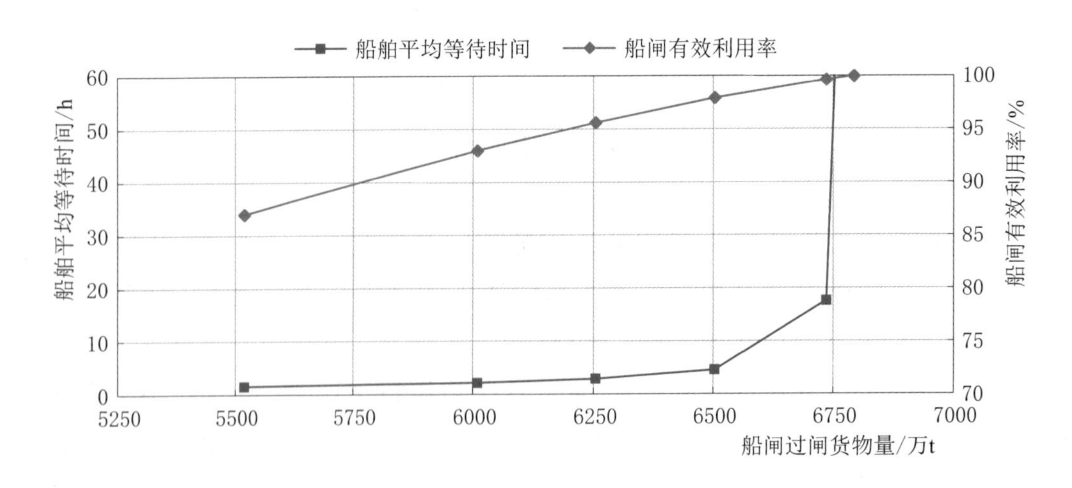

图 6.3-3　船闸过闸货物量与服务水平关系曲线

分析表 6.3-12 和图 6.3-3，剔除掉客船影响，2013 年三峡船闸饱和通过能力（不含客船）能够达到 6794 万 t（试验 6）。

为方便分析客船对三峡船闸通过能力的影响，将表6.3－10中的试验4和表6.3－12中的试验6的数据进行汇总，见表6.3－13。

表6.3－13　2013年客船对三峡船闸通过能力影响对比分析表

船闸运行相关参数	2013年考虑客船试验（表6.3－9中的试验4）	2013年不考虑客船试验（表6.3－11中的试验6）
实际过闸货物量/万t	6460	6794
货船一次过闸额定吨位/t	17312	18238
一次过闸平均船舶数量/艘	4.86	4.91
平均一次过闸时间/min	92.40	92.70
日平均闸次	15.56	15.53
闸室利用率	0.774	0.777

通过分析表6.3－13，可以看出在不考虑客船的情况下，货船一次过闸额定吨位、一次过闸平均船舶数量和闸室利用率都有所提高，必然会增加三峡船闸通过能力；在不考虑客船的情况下，三峡船闸饱和通过能力能够达到6794万t，比考虑客船的三峡船闸饱和通过能力6460万t提高了5%。

（三）未来三峡船闸通过能力研究

1. 船舶大型化对三峡船闸通过能力的影响分析（基于现有过闸船型）

（1）仿真模拟试验方案设计。近些年，三峡船闸过闸船舶大型化趋势十分明显，预计未来大型化趋势仍将继续。为了研究船舶大型化趋势对三峡船闸通过能力的影响，本专题对未来三峡船闸过闸船舶组合进行了预测，见表6.3－14和表6.3－15。

表6.3－14　三峡船闸过闸船舶组合预测（无客船）

船舶吨位/DWT	平均载重吨/t	平均载货吨/t	不同船舶吨位占比/%		
			组合一	组合二	组合三
500	584	583	5	0	0
1000	1192	717	5	5	0
2000	2090	1350	15	10	5
3000	2976	2288	20	15	10
4000	4077	3247	15	20	25
5000	5949	4110	40	50	60
平均载重吨/t			3989	4505	4991

注　各个吨级船舶的各船舶尺度比例同表6.3－3。

表 6.3-15　三峡船闸过闸船舶组合预测（有客船）

船舶吨位/DWT	平均载重吨/t	平均载货吨/t	不同船舶吨位占比/%		
			组合四	组合五	组合六
500（货船）	584	583	5	0	0
1000（货船）	1192	717	5	5	0
2000（货船）	2090	1350	14	9	4
3000（货船）	2976	2288	19	14	14
4000（货船）	4077	3247	14	19	19
5000（货船）	5949	4110	39	49	59
客船	—	—	4	4	4
货船平均载重吨/t			3998	4535	4984

注　各个吨级船舶的各船舶尺度比例同表 6.3-3。

基于 2013 年现有各吨级船舶尺度统计数据（表 6.3-3）与不同的预测船舶组合（表 6.3-14 和表 6.3-15），设计了 6 组仿真模拟试验方案，分别对应表 6.3-14 和表 6.3-15 中的 6 种船舶组合。

（2）船型组合一的仿真试验结果与分析。基于船型组合一的仿真试验结果见表 6.3-16 和图 6.3-4，从中可以看出，基于船型组合一的船闸饱和通过能力约为 6976 万 t。

表 6.3-16　方案一试验数据（船型组合一）

船闸运行相关参数	试验 1	试验 2	试验 3	试验 4	试验 5	试验 6	试验 7
试验输入货物量/万 t	5500	6000	6250	6500	6750	7000	7250
实际过闸货物量/万 t	5506	6013	6252	6517	6761	6925	6976
实际过闸货船载重吨/万 t	7688	8395	8729	9099	9440	9668	9740
货船一次过闸额定吨位/t	16500	16875	17117	17452	17844	18153	18271
货物一次过闸吨位/t	11817	12085	12259	12500	12781	13002	13087
一次过闸平均船舶数量/艘	4.13	4.20	4.29	4.38	4.47	4.55	4.58
平均一次过闸时间/min	88.80	89.40	90.00	90.12	90.60	90.90	91.02
日平均闸次	13.83	14.76	15.13	15.47	15.70	15.80	15.82
闸室利用率	0.683	0.698	0.708	0.722	0.738	0.751	0.756
船舶平均等待时间/h	1.57	2.05	2.54	3.63	6.67	21.47	185.09
船闸有效利用率/%	85.52	91.74	94.30	96.82	98.73	99.76	100.00

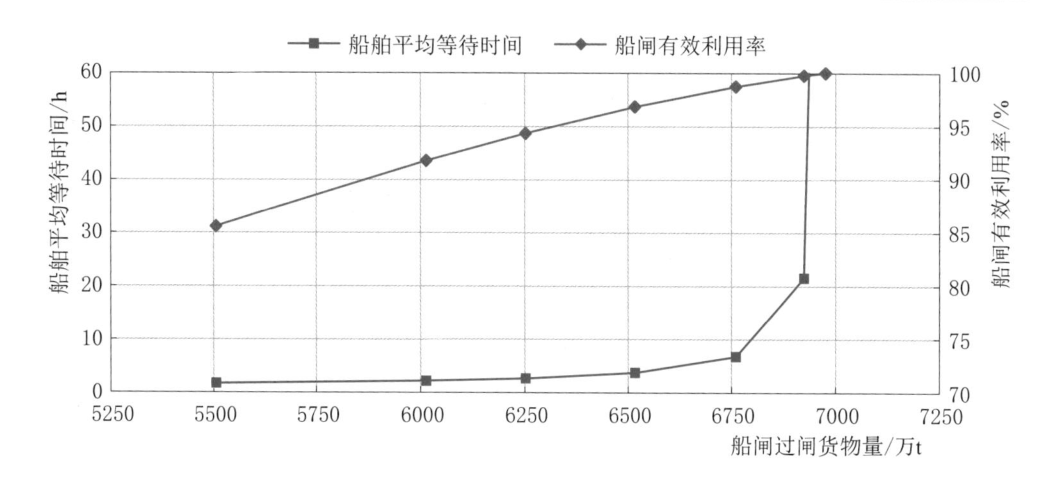

图 6.3-4　船闸通过能力与服务水平关系曲线（船型组合一）

（3）船型组合二的仿真试验结果与分析。基于船型组合二的仿真试验结果见表 6.3-17 和图 6.3-5，从中可以看出，基于船型组合二的船闸饱和通过能力约为 7219 万 t。

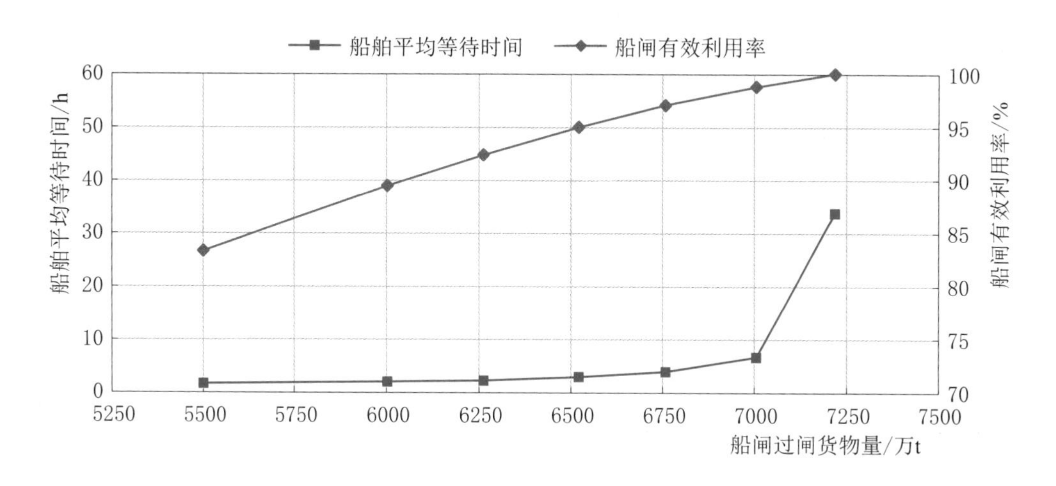

图 6.3-5　船闸通过能力与服务水平关系曲线（船型组合二）

表 6.3-17　　方案二试验数据（船型组合二）

船闸运行相关参数	试验 1	试验 2	试验 3	试验 4	试验 5	试验 6	试验 7
试验输入货物量/万 t	5500	6000	6250	6500	6750	7000	7250
实际过闸货物量/万 t	5501	6003	6263	6522	6758	7006	7219
实际过闸货船载重吨/万 t	7701	8403	8767	9134	9461	9807	1011
货船一次过闸额定吨位/t	16559	16885	17096	17360	17659	18057	18480
货物一次过闸吨位/t	11830	12062	12213	12401	12615	12900	13202
一次过闸平均船舶数量/艘	3.67	3.75	3.79	3.85	3.92	4.01	4.10

续表

船闸运行相关参数	试验 1	试验 2	试验 3	试验 4	试验 5	试验 6	试验 7
平均一次过闸时间/min	86.88	87.24	87.30	87.66	87.90	88.26	88.62
日平均闸次	13.80	14.77	15.22	15.61	15.90	16.12	16.23
闸室利用率	0.644	0.657	0.661	0.675	0.687	0.703	0.719
船舶平均等待时间/h	1.55	1.91	2.13	2.86	3.85	6.59	33.69
船闸有效利用率/%	83.28	89.44	92.36	94.98	97.06	98.80	100.00

（4）船型组合三的仿真试验结果与分析。基于船型组合三的仿真试验结果见表 6.3－18 和图 6.3－6，从中可以看出，基于船型组合三的船闸饱和通过能力约为 7212 万 t。

表 6.3－18　　方案三试验数据（船型组合三）

船闸运行相关参数	试验 1	试验 2	试验 3	试验 4	试验 5	试验 6	试验 7
试验输入货物量/万 t	5500	6000	6250	6500	6750	7000	7250
实际过闸货物量/万 t	5481	5993	6241	6496	6756	7002	7212
实际过闸货船载重吨/万 t	7655	8371	8715	9073	9436	9780	1007
货船一次过闸额定吨位/t	16222	16512	16695	16929	17224	17573	17945
货物一次过闸吨位/t	11615	11822	11953	12121	12332	12583	12848
一次过闸平均船舶数量/艘	3.25	3.31	3.34	3.39	3.45	3.52	3.59
平均一次过闸时间/min	84.96	85.20	85.38	85.56	85.80	86.04	86.34
日平均闸次	14.00	15.04	15.49	15.9	16.26	16.51	16.66
闸室利用率	0.606	0.616	0.623	0.627	0.643	0.656	0.670
船舶平均等待时间/h	1.63	2.03	2.40	3.01	4.20	7.06	32.18
船闸有效利用率/%	82.61	89.01	91.82	94.48	96.85	98.69	100.00

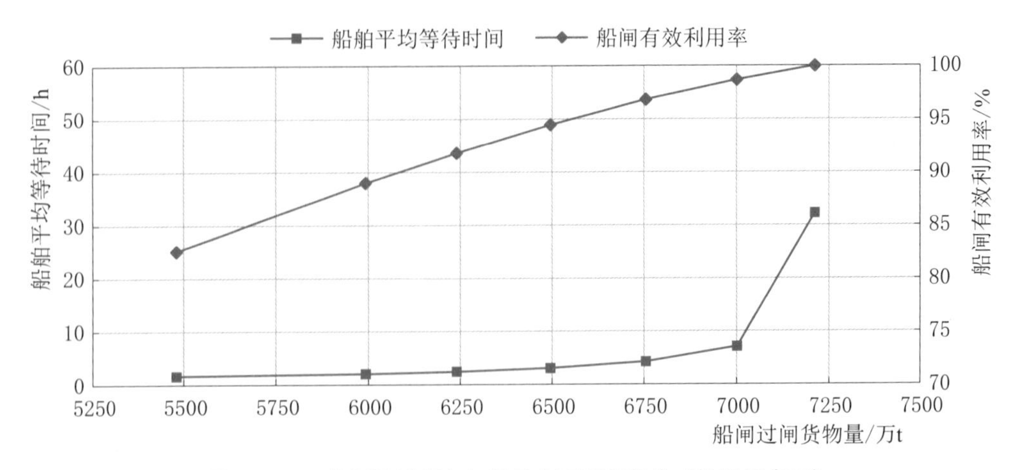

图 6.3－6　船闸通过能力与服务水平关系曲线（船型组合三）

（5）船型组合四的仿真试验结果与分析。基于船型组合四的仿真试验结果见表 6.3－19 和图 6.3－7，从中可以看出，基于船型组合四的船闸饱和通过能力约为 6680 万 t。

表 6.3－19　　方案四试验数据（船型组合四）

船闸运行相关参数	试验 1	试验 2	试验 3	试验 4	试验 5
试验输入货物量/万 t	5500	6000	6250	6500	6750
实际过闸货物量/万 t	5506	6008	6265	6498	6680
实际过闸货船载重吨/万 t	7689	8390	8748	9073	9327
货船一次过闸额定吨位/t	15937	16413	16754	17123	17493
货物一次过闸吨位/t	11413	11754	11998	12263	12528
一次过闸平均船舶数量/艘	4.15	4.28	4.37	4.47	4.56
平均一次过闸时间/min	89.16	89.70	90.12	90.54	90.96
日平均闸次	14.32	15.17	15.49	15.72	15.82
闸室利用率	0.688	0.709	0.724	0.74	0.756
船舶平均等待时间/h	1.75	2.60	3.75	7.29	60.34
船闸有效利用率/%	88.64	94.50	96.96	98.87	100.00

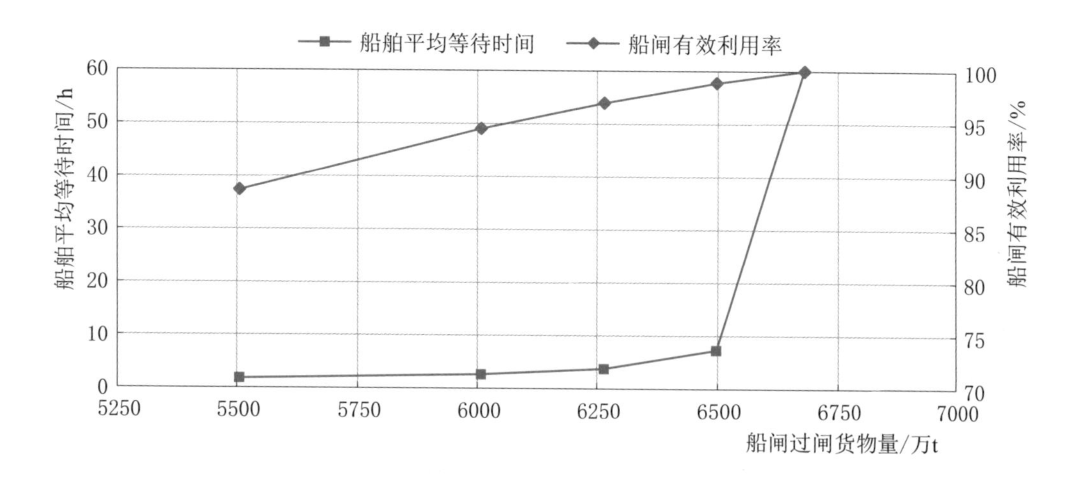

图 6.3－7　船闸通过能力与服务水平关系曲线（船型组合四）

（6）船型组合五的仿真试验结果与分析。基于船型组合五的仿真试验结果见表 6.3－20 和图 6.3－8，从中可以看出，基于船型组合五的船闸饱和通过能力约为 6935 万 t。

表 6.3-20　　方案五试验数据（船型组合五）

船闸运行相关参数	试验 1	试验 2	试验 3	试验 4	试验 5	试验 6
试验输入货物量/万 t	5500	6000	6250	6500	6750	7000
实际过闸货物量/万 t	5495	6002	6262	6506	6761	6935
实际过闸货船载重吨/万 t	7697	8408	8772	9114	9471	9714
货船一次过闸额定吨位/t	15991	16383	16654	16973	17393	17743
货物一次过闸吨位/t	11416	11695	11888	12116	12416	12666
一次过闸平均船舶数量/艘	3.68	3.76	3.82	3.90	4.00	4.08
平均一次过闸时间/min	86.94	87.30	87.54	87.84	88.26	88.56
日平均闸次	14.28	15.23	15.56	15.93	16.16	16.25
闸室利用率	0.648	0.663	0.672	0.687	0.704	0.718
船舶平均等待时间/h	1.70	2.25	2.87	3.99	7.94	53.77
船闸有效利用率/%	86.22	92.31	95.03	97.21	99.02	100.00

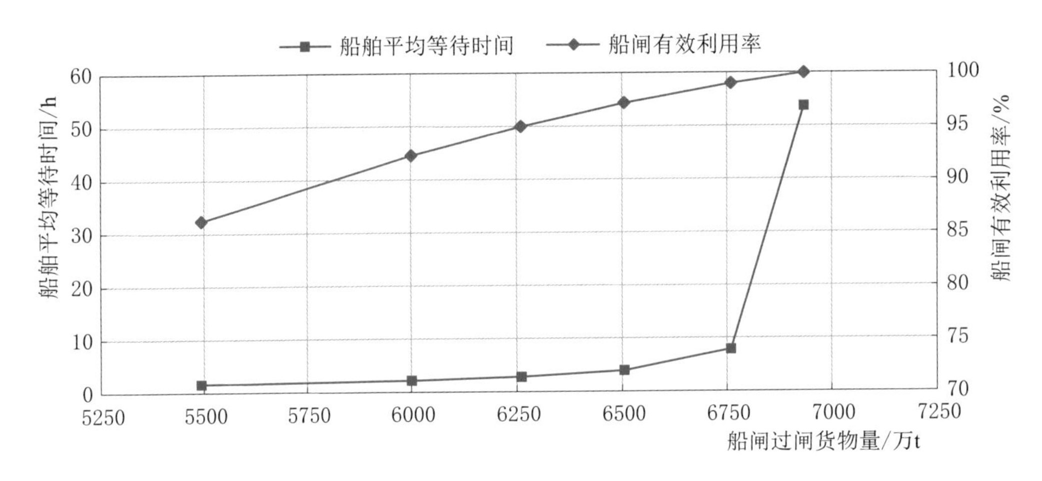

图 6.3-8　船闸通过能力与服务水平关系曲线（船型组合五）

（7）船型组合六的仿真试验结果与分析。基于船型组合六的仿真试验结果见表 6.3-21 和图 6.3-9，从中可以看出，基于船型组合六的船闸饱和通过能力约为 6935 万 t。

表 6.3-21　　方案六试验数据（船型组合六）

船闸运行相关参数	试验 1	试验 2	试验 3	试验 4	试验 5	试验 6
试验输入货物量/万 t	5500	6000	6250	6500	6750	7000
实际过闸货物量/万 t	5491	5991	6249	6499	6747	6931
实际过闸货船载重吨/万 t	7672	8371	8731	9082	9427	9685
货船一次过闸额定吨位/t	15702	16034	16275	16552	16899	17226

续表

船闸运行相关参数	试验1	试验2	试验3	试验4	试验5	试验6
货物一次过闸吨位/t	11238	11475	11648	11846	12094	12328
一次过闸平均船舶数量/艘	3.25	3.32	3.37	3.42	3.49	3.56
平均一次过闸时间/min	84.96	85.26	85.44	85.68	85.98	86.22
日平均闸次	14.35	15.49	15.92	16.28	16.55	16.68
闸室利用率	0.608	0.621	0.63	0.641	0.654	0.667
船舶平均等待时间/h	1.79	2.41	3.06	4.29	8.18	53.50
船闸有效利用率/%	85.55	91.72	94.48	96.88	98.83	100.00

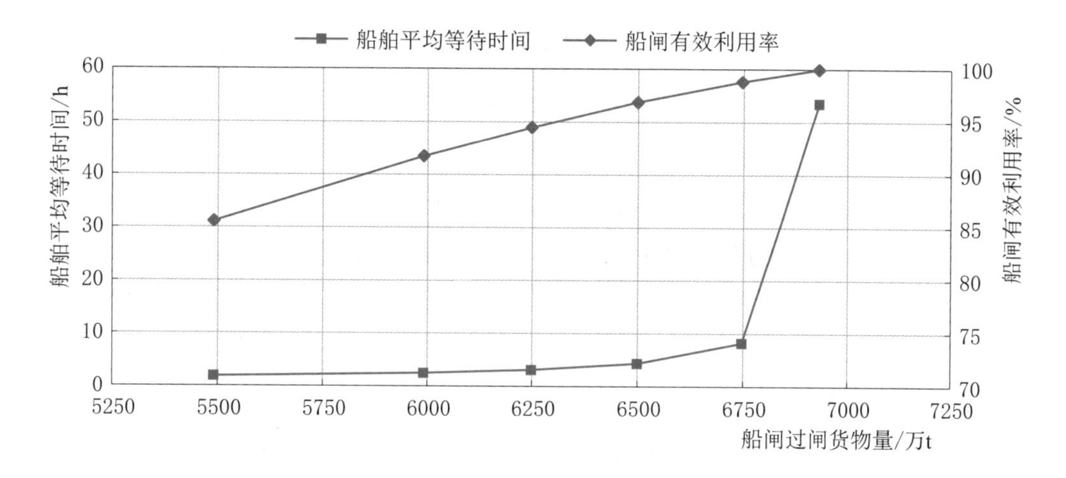

图 6.3-9　船闸通过能力与服务水平关系曲线（船型组合六）

（8）试验数据汇总与分析。前文详细给出了模拟试验数据，并给出了各船型组合下的通过能力与服务水平的关系，并分别给出了各自的饱和通过能力。

为了进一步分析船舶的大型化对三峡船闸通过能力的影响，将各船型组合下的饱和通过能力试验数据进行汇总，见表6.3-22。

表 6.3-22　各船型组合下的试验数据汇总表

船闸运行相关参数	船型组合中不含客船			船型组合中含客船		
	组合一	组合二	组合三	组合四	组合五	组合六
试验输入货物量/万t	7250	7250	7250	6750	7000	7000
实际过闸货物量/万t	6976	7219	7212	6680	6935	6931
货船一次过闸额定吨位/t	18271	18480	17945	17493	17743	17226
货物一次过闸吨位/t	13087	13202	12848	12528	12666	12328

续表

船闸运行相关参数	船型组合中不含客船			船型组合中含客船		
	组合一	组合二	组合三	组合四	组合五	组合六
一次过闸平均船舶数量/艘	4.58	4.10	3.59	4.56	4.08	3.56
平均一次过闸时间/min	91.02	88.62	86.34	90.96	88.56	86.22
日平均闸次	15.82	16.23	16.66	15.82	16.25	16.68
闸室利用率	0.756	0.719	0.67	0.756	0.718	0.667
船舶平均等待时间/h	185.09	33.69	32.18	60.34	53.77	53.5
船闸有效利用率/%	100.00	100.00	100.00	100.00	100.00	100.00
比2013年现状船型能力提升/%	7.99	11.75	11.64	3.41	7.35	7.29

注 2013年现状船型组合能力限通过能力为6460万t。

分析表6.3-22，可以得出如下规律和结论：

(1) 随着船舶的大型化，一次过闸平均船舶数量和闸室利用率在逐渐降低。一方面是由于船舶尺度增大后，相同尺度的闸室可排的船舶数量在减少；另一方面是现状船型中有船宽超过16.2m的非标船舶，严重影响了闸室利用效率，随着这些非标船舶比例的增加，也会影响闸室的利用率。

(2) 随着船舶的大型化，三峡船闸通过能力在增加，比如船型组合一和船型组合二比现状船型的船闸饱和通过能力增加了7.99%和11.75%；但是，当船型大型化到一定程度后，船闸通过能力基本不再增加，比如船型组合三和船型组合二的船闸饱和通过能力基本相同。

2. 基于2012年版发布的标准化船型的三峡船闸通过能力研究

(1) 仿真模拟试验方案设计。上述研究中分析了船舶大型化对三峡通过能力的影响，其中使用的船舶尺寸是三峡目前现有过闸船型。但是，现有三峡过闸船型中含有一定数量的非标超宽的船型（船宽超过16.2m），这些超宽的非标船严重影响了闸室的利用率，降低了闸室利用率，当这些非标的船舶数量达到一定程度时，反而会降低三峡船闸的通过能力。

假设16.3m以上的货船船舶（超宽的客船仍可过闸）不再通过三峡船闸，并且用符合标准船型规定的大船代替大于16.3m的船舶。

修正后的标准化船型及各尺度船型比例见表6.3-23。

由于限制了超标过大的船舶过闸，将表6.3-14和表6.3-15中的5000吨级船舶的平均载重吨由5949t减至5500t，5000吨级船舶的平均实际载货吨位3800t，修正后的船型组合见表6.3-24和表6.3-25。

表 6.3-23　修正后的标准化船型及各尺度船型比例情况

船舶类型	船舶吨级/t	船宽/m	占比/%	平均船长/m
货船	500	8	7.03	45.93
		9.2	14.65	47.07
		10	2.93	52.12
		11	5.28	57.64
		13	20.98	60.56
		16.3	33.88	85.5
		16.3	15.24	86.12
	1000	10	8.30	59.36
		11	40.03	64.04
		13	43.69	71.15
		15	0.31	81.5
		16.3	2.96	99.8
		16.3	4.70	107.59
	2000	11	10.07	70.5
		13	65.44	76.93
		15	21.92	84.5
		16.3	0.54	88
		16.3	0.65	112
		16.3	1.37	119.18
	3000	11	0.68	80.36
		13	34.58	80.36
		15	61.45	86.83
		16.3	2.70	88.69
		16.3	0.60	100
	4000	13	1.28	90.28
		15	42.51	90.88
		16.3	48.30	95.62
		16.3	7.91	104
	5000 (5500)	15	3.21	91.29
		16.3	39.85	100.74
		16.3	37.38	106.47
		16.3	19.55	110.56

续表

船舶类型	船舶吨级/t	船宽/m	占比/%	平均船长/m
客船		8	6.49	25.32
		9.2	0.21	46.98
		10	0.73	56.58
		11	24.12	69.7
		13	4.29	76.89
		15	10.36	87.24
		16.3	10.68	92.86
		17.2	18.21	103.09
		19.2	18.21	133.5
		25	6.70	150

注 表中"占比"一列的数据表示各尺度船型占相应吨级船舶的比例。

表 6.3－24　　三峡船闸过闸船舶组合预测（无客船）

船舶吨位/DWT	平均载重吨/t	平均载货吨/t	不同船舶吨位占比/%		
			组合一	组合二	组合三
500	584	583	5	0	0
1000	1192	717	5	5	0
2000	2090	1350	15	10	5
3000	2976	2288	20	15	10
4000	4077	3247	15	20	25
5000	5500	3800	40	50	60
平均载重吨/t			3809	4280	4721

注 各个吨级船舶的各船舶尺度比例同表 6.3－3。

表 6.3－25　　三峡船闸过闸船舶组合预测（有客船）

船舶吨位/DWT	平均载重吨/t	平均载货吨/t	不同船舶吨位占比/%		
			组合四	组合五	组合六
500（货船）	584	583	5	0	0
1000（货船）	1192	717	5	5	0
2000（货船）	2090	1350	14	9	4
3000（货船）	2976	2288	19	14	14
4000（货船）	4077	3247	14	19	19
5000（货船）	5500	3800	39	49	59
客船	—	—	4	4	4
货船平均载重吨/t			3815	4306	4708

注 各个吨级船舶的各船舶尺度比例同表 6.3－22。

基于修正后的各吨级船舶尺度数据（表 6.3－22）与不同的预测船舶组合（表 6.3－24 和表 6.3－25），设计了 6 组仿真模拟试验方案，分别对表 6.3－24 和表 6.3－25 中的 6 种船舶组合。

（2）船型组合一的仿真试验结果与分析。基于船型组合一的仿真试验结果见表 6.3－26 和图 6.3－10，从中可以看出，基于船型组合一的船闸饱和通过能力约为 7187 万 t。

表 6.3－26　　方案一试验数据（船型组合一）

船闸运行相关参数	试验 1	试验 2	试验 3	试验 4	试验 5	试验 6	试验 7
试验输入货物量/万 t	5500	6000	6250	6500	6750	7000	7250
实际过闸货物量/万 t	5511	6013	6252	6507	6768	7004	7187
实际过闸货船载重吨/万 t	7682	8382	8714	9070	9433	9762	10018
货船一次过闸额定吨位/t	18199	18347	18447	18594	18806	19055	19313
货物一次过闸吨位/t	13056	13163	13234	13340	13492	13671	13856
一次过闸平均船舶数量/艘	4.77	4.82	4.84	4.88	4.94	5.00	5.10
平均一次过闸时间/min	91.80	92.28	92.40	92.58	92.82	93.18	93.48
日平均闸次	12.53	13.56	14.02	14.47	14.88	15.2	15.39
闸室利用率	0.765	0.771	0.775	0.779	0.79	0.801	0.812
船舶平均等待时间/h	1.33	1.58	1.84	2.15	3.30	6.56	51.86
船闸有效利用率/%	80.05	86.86	89.94	92.54	95.96	98.34	100.00

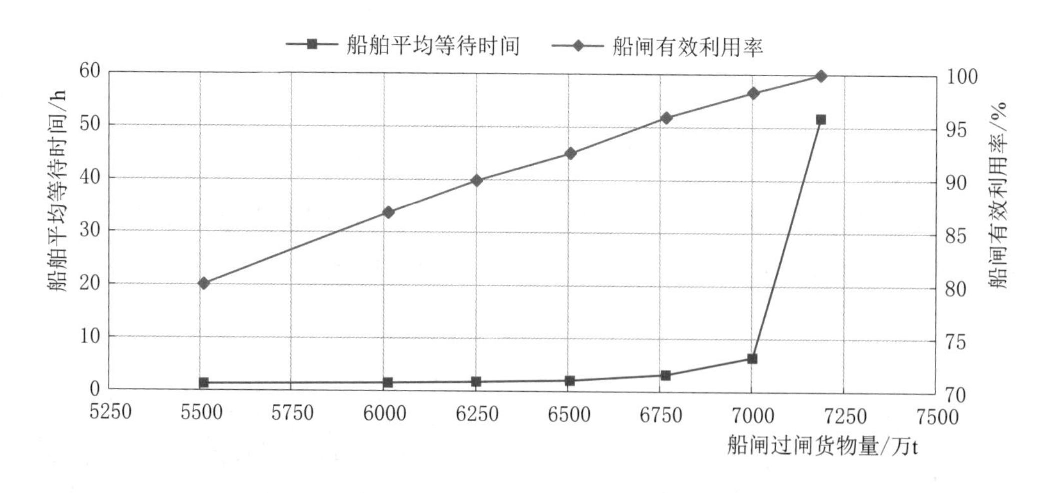

图 6.3－10　船闸通过能力与服务水平关系曲线（船型组合一）

（3）船型组合二的仿真试验结果与分析。基于船型组合二的仿真试验结果见表 6.3－27 和图 6.3－11，从中可以看出，基于船型组合二的船闸饱和通过能力约为 7558 万 t。

表 6.3-27　　方案二试验数据（船型组合二）

船闸运行相关参数	试验 1	试验 2	试验 3	试验 4	试验 5	试验 6	试验 7	试验 8	试验 9
试验输入货物量/万 t	5500	6000	6250	6500	6750	7000	7250	7500	7750
实际过闸货物量/万 t	5505	6005	6271	6514	6760	7010	7255	7516	7558
实际过闸货船载重吨/万 t	7693	8391	87636	91028	94466	97957	10137	10482	10561
货船一次过闸额定吨位/t	18887	18973	19043	19125	19228	19372	19559	19830	19911
货物一次过闸吨位/t	13516	13578	13628	13687	13760	13863	13998	14191	14250
一次过闸平均船舶数量/艘	4.41	4.43	4.44	4.47	4.49	4.52	4.57	4.63	4.65
平均一次过闸时间/min	90.12	90.24	90.30	90.42	90.60	90.78	91.02	91.38	91.50
日平均闸次	12.09	13.12	13.66	14.12	14.58	15.00	15.38	15.68	15.74
闸室利用率	0.747	0.750	0.753	0.757	0.761	0.766	0.774	0.785	0.788
船舶平均等待时间/h	1.29	1.41	1.56	1.78	2.16	2.89	4.62	18.19	124.10
船闸有效利用率/%	75.64	82.24	85.64	88.70	91.70	94.59	97.21	99.53	100.00

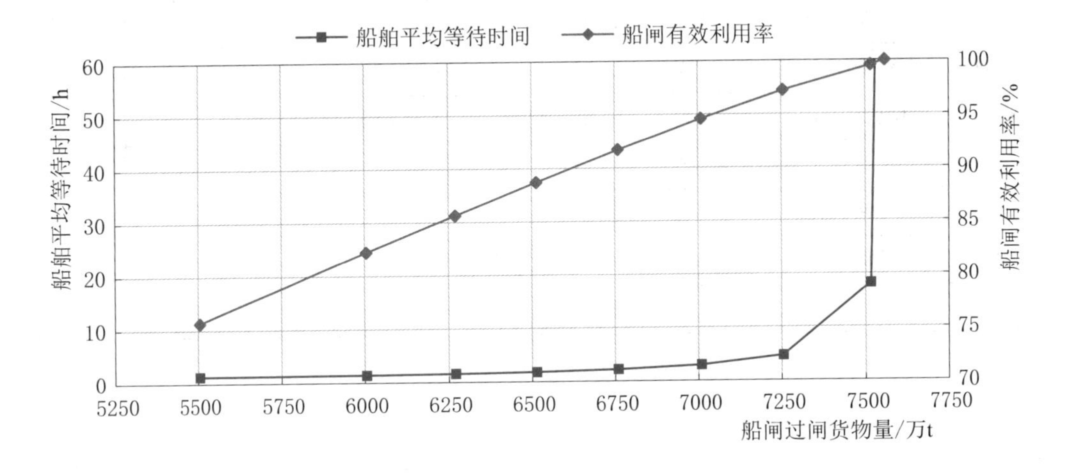

图 6.3-11　船闸通过能力与服务水平关系曲线（船型组合二）

（4）船型组合三的仿真试验结果与分析。基于船型组合三的仿真试验结果见表 6.3-28 和图 6.3-12，从中可以看出，基于船型组合三的船闸饱和通过能力约为 7793 万 t。

表 6.3-28　　方案三试验数据（船型组合三）

船闸运行相关参数	试验 1	试验 2	试验 3	试验 4	试验 5	试验 6	试验 7	试验 8	试验 9	试验 10
试验输入货物量/万 t	5500	6000	6250	6500	6750	7000	7250	7500	7750	8000
实际过闸货物量/万 t	5498	5995	6259	6497	6758	7023	7259	7515	7732	7793

续表

船闸运行相关参数	试验1	试验2	试验3	试验4	试验5	试验6	试验7	试验8	试验9	试验10
实际过闸货船载重吨/万t	7663	8356	8724	9055	9420	9789	10170	10474	10777	10863
货船一次过闸额定吨位/t	19360	19389	19408	19440	19438	19543	19613	19729	19870	19924
货物一次过闸吨位/t	13890	13911	13925	13947	13978	14022	14072	14155	14256	14295
一次过闸平均船舶数量/艘	4.10	4.11	4.11	4.12	4.12	4.14	4.15	4.18	4.21	4.22
平均一次过闸时间/min	88.20	88.26	88.32	88.32	88.38	88.50	88.56	88.74	88.92	88.98
日平均闸次	11.74	12.79	13.34	13.82	14.35	14.86	15.31	15.75	16.09	16.18
闸室利用率	0.735	0.736	0.737	0.738	0.74	0.742	0.745	0.749	0.754	0.757
船舶平均等待时间/h	1.28	1.34	1.43	1.56	1.81	2.26	2.99	5.3	18.54	127.44
船闸有效利用率/%	71.95	78.39	81.78	84.79	88.06	91.32	94.14	97.07	99.38	100.00

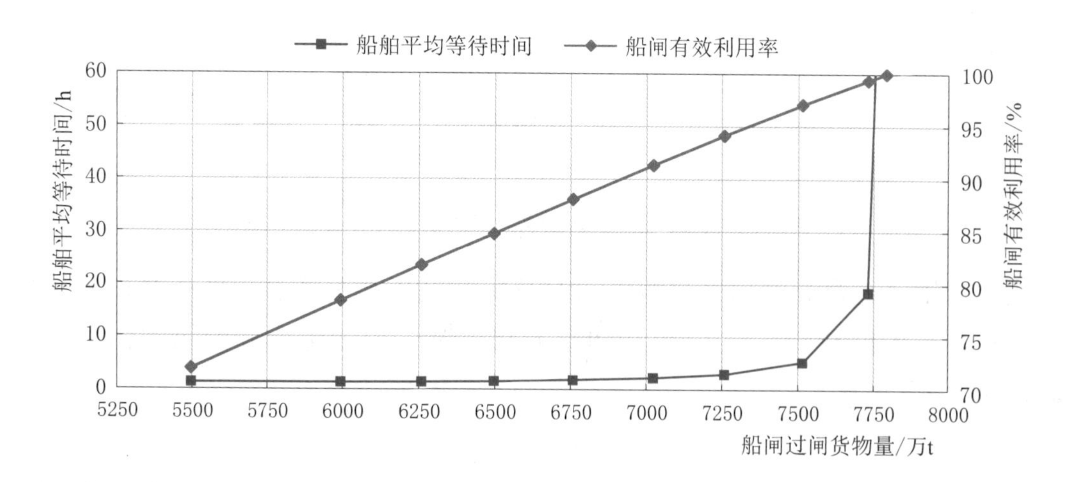

图 6.3-12 船闸通过能力与服务水平关系曲线（船型组合三）

（5）船型组合四的仿真试验结果与分析。基于船型组合四的仿真试验结果见表 6.3-29 和图 6.3-13。从中可以看出，基于船型组合四的船闸饱和通过能力约为 6879 万 t。

表 6.3-29　　方案四试验数据（船型组合四）

船闸运行相关参数	试验 1	试验 2	试验 3	试验 4	试验 5	试验 6
试验输入货物量/万 t	5500	6000	6250	6500	6750	7000
实际过闸货物量/万 t	5514	6010	6255	6506	6547	6879
实际过闸货船载重吨/万 t	7687	8378	8719	9609	9126	9589
货船一次过闸额定吨位/t	17372	17590	17738	19761	17999	18441
货物一次过闸吨位/t	12461	12618	12725	12885	12912	13229
一次过闸平均船舶数量/艘	4.74	4.8	4.84	4.9	4.92	5.03
平均一次过闸时间/min	91.92	92.22	92.40	92.70	92.76	93.30
日平均闸次	13.13	14.13	14.59	14.98	15.04	15.43
闸室利用率	0.763	0.777	0.78	0.789	0.791	0.81
船舶平均等待时间/h	1.44	1.91	2.45	3.61	3.98	100.81
船闸有效利用率/%	83.80	90.49	93.59	96.44	96.88	100.00

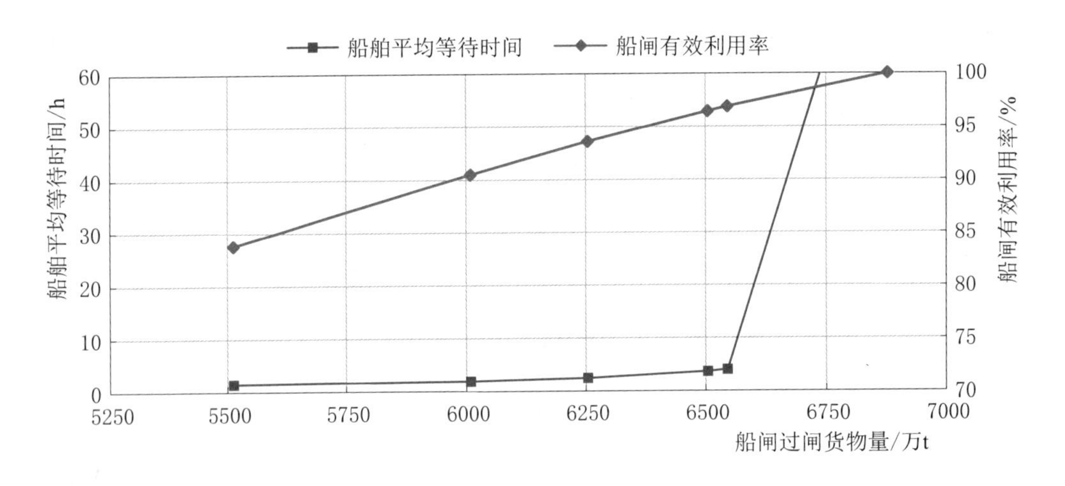

图 6.3-13　船闸通过能力与服务水平关系曲线（船型组合四）

（6）船型组合五的仿真试验结果与分析。基于船型组合五的仿真试验结果见表 6.3-30 和图 6.3-14，从中可以看出，基于船型组合五的船闸饱和通过能力约为 7259 万 t。

表 6.3-30　　方案五试验数据（船型组合五）

船闸运行相关参数	试验 1	试验 2	试验 3	试验 4	试验 5	试验 6	试验 7	试验 8
试验输入货物量/万 t	5500	6000	6250	6500	6750	7000	7250	7500
实际过闸货物量/万 t	5495	6002	6250	6502	6761	6996	7221	7259
实际过闸货船载重吨/万 t	7684	8392	8740	9092	9454	9783	10097	10149

续表

船闸运行相关参数	试验 1	试验 2	试验 3	试验 4	试验 5	试验 6	试验 7	试验 8
货船一次过闸额定吨位/t	18080	18204	18294	18423	18580	18785	19049	19103
货物一次过闸吨位/t	12929	13018	13083	13175	13287	13434	13623	13662
一次过闸平均船舶数量/艘	4.38	4.4	4.43	4.46	4.5	4.55	4.61	4.62
平均一次过闸时间/min	90.00	90.18	90.30	90.48	90.66	90.96	91.26	91.32
日平均闸次	12.61	13.68	14.18	14.64	15.1	15.45	15.73	15.77
闸室利用率	0.746	0.75	0.754	0.76	0.766	0.775	0.785	0.788
船舶平均等待时间/h	1.34	1.56	1.80	2.23	3.08	5.42	27.31	159.54
船闸有效利用率/%	78.84	85.67	88.88	91.99	95.06	97.58	99.68	100.00

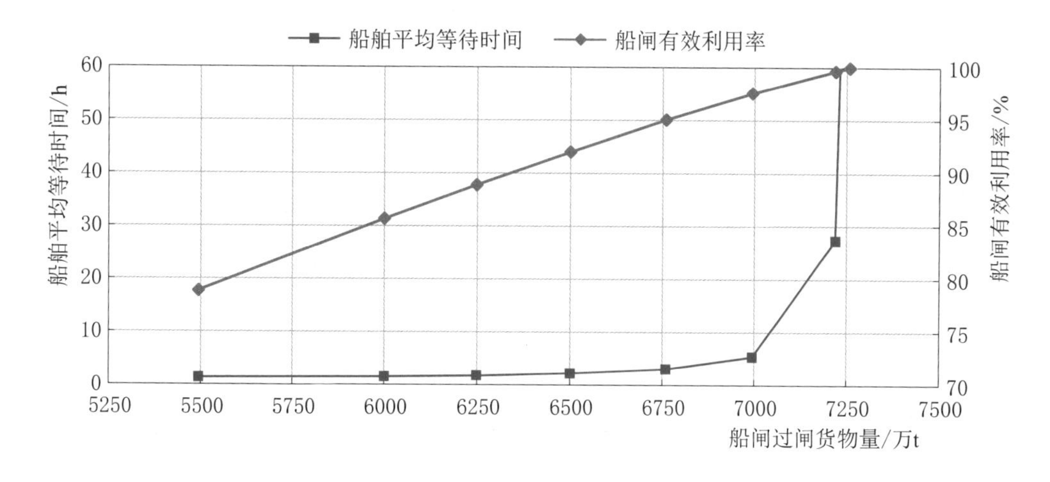

图 6.3-14　船闸通过能力与服务水平关系曲线（船型组合五）

（7）船型组合六的仿真试验结果与分析。基于船型组合六的仿真试验结果见表 6.3-31 和图 6.3-15，从中可以看出，基于船型组合六的船闸饱和通过能力约为 7518 万 t。

表 6.3-31　方案五试验数据（船型组合六）

船闸运行相关参数	试验 1	试验 2	试验 3	试验 4	试验 5	试验 6	试验 7	试验 8	试验 9
试验输入货物量/万 t	5500	6000	6250	6500	6750	7000	7250	7500	7750
实际过闸货物量/万 t	5484	5999	6241	6506	6760	7006	7252	7474	7518
实际过闸货船载重吨/万 t	7647	8365	8702	9072	9426	9770	10113	10422	10483
货船一次过闸额定吨位/t	18589	18639	18684	18731	18799	18886	19011	19176	19218
货物一次过闸吨位/t	13330	13367	13398	13432	13482	13545	13634	13752	13782
一次过闸平均船舶数量/艘	4.07	4.08	4.08	4.1	4.11	4.13	4.16	4.19	4.2

续表

船闸运行相关参数	试验 1	试验 2	试验 3	试验 4	试验 5	试验 6	试验 7	试验 8	试验 9
平均一次过闸时间/min	88.20	88.26	88.32	88.38	88.44	88.56	88.74	88.92	88.98
日平均闸次	12.21	13.32	13.82	14.37	14.88	15.35	15.78	16.13	16.19
闸室利用率	0.733	0.735	0.737	0.739	0.741	0.745	0.75	0.756	0.758
船舶平均等待时间/h	1.31	1.44	1.58	1.83	2.28	3.08	5.59	25.46	157.41
船闸有效利用率/%	74.77	81.62	84.75	88.19	91.38	94.39	97.24	99.58	100.00

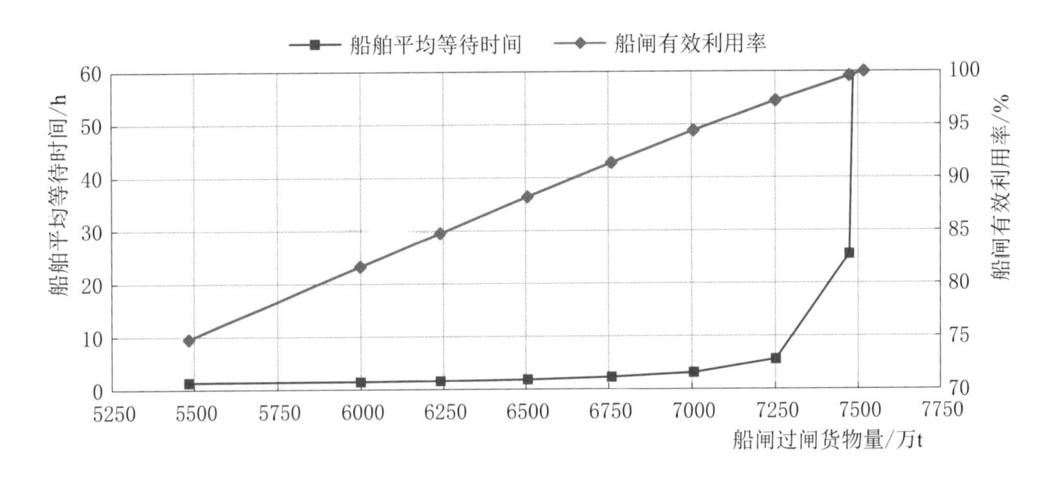

图 6.3-15　船闸通过能力与服务水平关系曲线（船型组合六）

（8）试验数据汇总与分析。前文详细给出了模拟试验数据，并给出了各船型组合下的通过能力与服务水平的关系，并分别给出了各自的饱和通过能力。

为了进一步分析船舶标准化对三峡船闸通过能力的影响，将各船型组合下的饱和通过能力试验数据进行汇总，见表 6.3-32。

表 6.3-32　各船型组合下的试验数据汇总表

船闸运行相关参数	船型组合中不含客船			船型组合中含客船		
	组合一	组合二	组合三	组合四	组合五	组合六
试验输入货物量/万 t	7250	7750	8000	7000	7500	7750
实际过闸货物量/万 t	7187	7558	7793	6879	7259	7518
实际过闸货船载重吨/万 t	10018	10561	10863	9589	10149	10483
货船一次过闸额定吨位/t	19313	19911	19924	18441	19103	19218
货物一次过闸吨位/t	13856	14250	14295	13229	13662	13782
一次过闸平均船舶数量/艘	5.1	4.65	4.22	5.03	4.62	4.2
平均一次过闸时间/min	93.48	91.50	88.98	93.30	91.32	88.98
日平均闸次	15.39	15.74	16.18	15.43	15.77	16.19

续表

船闸运行相关参数	船型组合中不含客船			船型组合中含客船		
	组合一	组合二	组合三	组合四	组合五	组合六
闸室利用率	0.812	0.788	0.757	0.81	0.788	0.758
船舶平均等待时间/h	51.86	124.1	127.44	100.81	159.54	157.41
船闸有效利用率/%	100.00	100.00	100.00	100.00	100.00	100.00
比2013年现状船型能力提升/%	11.25	17.00	20.63	6.49	12.37	16.38

注 2013年现状船型组合能力限通过能力为6460万t。

分析表6.3-32，可以得出如下规律和结论：

(1) 随着船舶的大型化，一次过闸平均船舶数量和闸室利用率在逐渐降低，这是船舶大型化的必然趋势。

(2) 随着船舶的大型化，三峡船闸通过能力在增加，而且相比较非标船型模拟试验，标准化后的船型随着船舶大型化发展，船闸通过能力不存在瓶颈，会始终逐渐增加。

(3) 相比较现状船型尺度，标准化后的船型组合使船闸饱和通过能力的提升十分明显。

(四) 基于船闸服务水平的通过能力分析

前文中分析的船闸通过能力都是当船闸利用率为100%时的船闸单向年通过货物量，此时的通过能力为船闸的饱和通过能力。当船闸达到饱和通过能力时，船闸一般都处于严重堵塞状态，船舶待闸队列和时间过长，船闸服务水平十分低。

从服务对象船舶的角度，可采用船舶平均等待时间作为船闸服务水平。由于行业内没有统一的标准对船闸服务水平进行划分，本专题尝试基于3h、6h、12h和24h共4个标准对船闸通过能力进行分析。

在表6.3-10和表6.3-12中，利用差值计算能够获取基于现状船型尺度和船型组合下的各船舶平均等待时间对应的船闸通过能力，见表6.3-33。

表6.3-33　　现状船型尺度与组合模拟试验结果

船舶平均等待时间/h	含客船船闸通过能力/万t	不含客船船闸通过能力/万t
3	5940	6271
6	6255	6530
12	6286	6637
24	6346	6740
饱和通过能力	6460	6794

从表 6.3-16～表 6.3-21 中，利用差值计算能够获取基于现状船型尺度和船型大型化预测组合下的各船舶平均等待时间对应的船闸通过能力，见表 6.3-34。

表 6.3-34　　现状尺度船舶大型化模拟试验结果

船舶平均等待时间/h	不含客船船闸通过能力/万 t			含客船船闸通过能力/万 t		
	组合一	组合二	组合三	组合四	组合五	组合六
3	6364	6555	6495	6097	6290	6225
6	6707	6953	6911	6413	6636	6608
12	6820	7049	7043	6514	6776	6763
24	6926	7143	7144	6555	6822	6811
饱和通过能力	6976	7219	7212	6680	6935	6931

从表 6.3-26～表 6.3-31 中，利用差值计算能够获取基于标准化船型尺度和船型大型化预测组合下的各船舶平均等待时间对应的船闸通过能力，见表 6.3-35。

表 6.3-35　　船型标准化模拟试验结果

船舶平均等待时间/h	不含客船船闸通过能力/万 t			含客船船闸通过能力/万 t		
	组合一	组合二	组合三	组合四	组合五	组合六
3	6700	7026	7260	6374	6737	6981
6	6963	7282	7526	6554	7002	7257
12	7026	7397	7625	6574	7064	7324
24	7074	7518	7735	6616	7187	7458
饱和通过能力	7187	7558	7793	6879	7259	7518

综合分析表 6.3-33～表 6.3-35，可以得出如下规律和结论：

（1）服务水平越高（船舶平均等待时间越短），船闸通过能力小。

（2）如果取 6h 的船舶平均等待时间为服务水平指标，对于现状船型尺度及船型组合而言，三峡船闸相应的通过能力为 6255 万 t。

（3）如果取 6h 的船舶平均等待时间为服务水平指标，考虑到未来的船舶大型化趋势和船舶标准化发展，三峡船闸的合理通过能力应为 7000 万 t 左右。

四、结论

（1）三峡枢纽建成以来，有多家机构对三峡枢纽过坝运量进行分析预测，每个阶段研究人员对三峡枢纽过坝运量的预测是基于三峡枢纽船闸运行后的运量增长、结构变化的分析而完成的，随着运量不断超出各阶段的预测成果，预测值也在不断地变化和提升。综合近期各家机构的预测成果，选择三峡过坝运量在2020年、2030年分别达到1.6亿～1.8亿t、2.0亿～2.5亿t，是较为适宜的。

（2）为了保障通航安全，交通运输部一直在进行长江上游船舶标准化的工作，先后出台了2004年版和2010年版的《川江及三峡库区运输船舶标准船型主尺度系列》，新建船舶按照公布的船型主尺度系列要求建造，根据上述两版尺度标准，2013年过闸货船标准化船舶数量占比达到了69.8%，其中最大船宽大于16.3m的过闸船舶数量占比为19.9%、艘次占比为23.7%。船舶宽度为19.2m的船舶在34m宽闸室内无法并列停泊，因此当大型船舶比例增加时，闸室利用率反而降低，从而影响到船闸的通过能力。2012年经过进一步的优化调整后，交通运输部公布了《长江水系过闸运输船舶标准船型主尺度系列》，其中取消了集装箱船、滚装货船最大船宽大于17.2m和其他船舶最大船宽大于16.3m的船型。当大型船舶比例增加时，有利于闸室利用率的提高。交通运输部公告的三峡过闸船型主尺度反映了当前船舶发展趋势，是基本合理的，今后的重点工作除推进船舶主尺度的标准化进程外，将在提高船舶技术性能和专业化水平方面做更多的努力。

（3）采用计算机仿真模拟分析，基于三峡船闸2013年过闸统计数据对模型进行了验证。模拟试验结果得到，三峡船闸饱和通过能力约为6460万t。如果禁止客船通过三峡船闸，基于三峡船闸2013年过闸货船船型情况，三峡船闸饱和通过能力约为6800万t。

（4）船舶大型化对三峡船闸通过能力的提升作用是明显的。随着船舶的大型化，一次过闸平均船舶数量和闸室利用率在逐渐降低，但一次过闸货物量在逐步提高，这是船舶大型化的必然趋势。

（5）船舶标准化（2013年三峡过闸船型标准）对三峡船闸通过能力的提升作用也是明显的。对于现状船型组合（存在船宽超16.2m的船舶）而言，当大型船舶达到一定比例时，船闸通过能力不再增加，甚至会出现下降的情况。当船舶标准化后（剔除掉船宽超16.2m的船舶），船闸通过能力会随着大型船舶比例的增加而逐步增加，不存在“瓶颈”情况，不会存在能力下降的情况。

（6）不同的船闸服务水平对应着不同的船闸通过能力。如果取6h的船舶平均等待时间为服务水平指标，考虑到未来的船舶大型化趋势和船舶标准化发展，在预测的六组船型组合下，三峡船闸的合理通过能力约为7000万t。

(7) 考虑到本专题采用船型标准化程度、禁止客船通过三峡船闸和船舶大型化的程度都有理想的成分，在预测的六组船型组合下，综合分析表6.3-35的结果，三峡船闸饱和通过能力约为7500万t较为合理。

附件：

专题组成员名单

组　长：	吴　澎	中交水运规划设计院有限公司，原总工程师兼副总经理 全国工程勘察设计大师，正高级工程师
	蒋　千	交通运输部，原总工程师，教授级高级工程师
成　员：	商剑平	中交水运规划设计院有限公司，正高级工程师
	曹凤帅	中交水运规划设计院有限公司，正高级工程师
	刘晓玲	中交水运规划设计院有限公司，高级工程师
	丁　敏	中交水运规划设计院有限公司，正高级工程师
	刘春泽	中交水运规划设计院有限公司，高级工程师
	王　桃	中交水运规划设计院有限公司，工程师
	黄　瑶	中交水运规划设计院有限公司，工程师

专 题 七

三峡水利枢纽货运过坝新通道研究

一、概述

(一) 三峡工程通航建筑物简介

1. 建筑物形式

通航建筑物形式为一座双线连续五级船闸和一座单线一级垂直升船机。

2. 设计标准

三峡通航建筑物通过工程可行性研究、初步设计和单项技术设计，并经各阶段审查确定，船闸采用双线五级船闸连续布置的形式，升船机采用单线一级垂直升船机形式。两座建筑物均按长江航道的规划标准为Ⅰ级航道，三峡船闸和升船机工程的设计等级均为一级。建筑物的设计最大水头均为113.0m。船闸以货运为主，设计水平年为2030年，规划过坝货运量为年单向下水5000万t，并按照与葛洲坝枢纽相匹配的原则，双线五级船闸规模与葛洲坝水利枢纽的1号和2号船闸相对应，闸室有效尺度为280m×34m×5.0m（长×宽×最小水深）。过闸最大船舶为4×3000t驳船组成的12000t船队。每年有半年时间，万吨级船队可以由武汉直达重庆。升船机按照通过快速船舶的要求设计，规模与葛洲坝枢纽的3号船闸相对应，承船厢有效尺度为120m×18m×3.5m。过机船舶主要为长江的客货轮和三峡水利枢纽的工作船，必要时也可通过单艘3000吨级驳船。三峡船闸的最高通航流量对现有船舶按单向运行为56700m^3/s。万吨级船队逆向运行时，三峡船闸最高通航流量为45000m^3/s。垂直升船机的最高通航流量为45000m^3/s。

3. 投运时间

三峡船闸于2003年6月建成投入试运行，运行一年后投入正式运行。

2016年9月18日，三峡升船机进入试通航运行，试通航期间设备调整检修工作顺利完成。2019 年 12 月 27 日三峡升船机竣工验收，正式通航。

（二）三峡工程航运效益

1. 根本性地改善了三峡工程上游航道的通航条件

在三峡水库蓄水后，基本上淹没了三峡工程以上川江航道中的急流和险滩，消除了川江历来不能夜航和只能单向通航的河段。航道的通航水流条件明显改善，通航尺度明显增大。长江支流的通航里程得到延伸，并使许多原来不能通航的支流具备了通航条件。

通过三峡工程流量调节，葛洲坝工程在下游引航道口门附近庙嘴处枯水期的最小流量，从历史上最小流量 $3200m^3/s$ 提高到了 $5500m^3/s$ 左右，并在下游胭脂坝河段修建了护底工程，以保持庙嘴历史上的最低通航水位 39m，避免了工程清水下泄，下游河道冲深下切而水位降低。在枯水期，通过三峡工程下泄流量调节，一定程度地增加了长江下游航道枯水期的通航水深，一定程度地改善了下游航道的通航条件。

2. 促进了川江航运大发展，过坝货运量大幅度增长

据统计，2013 年三峡水利枢纽上、下水过坝货运总量，已超过 1 亿 t（含翻坝货运量），约为蓄水前 2002 年通过葛洲坝船闸货运总量 1800 万 t 的 6 倍。2004—2013 年，三峡工程过坝货运量年均增速达到 12.24%。

3. 库区船舶拖带能力大幅度提高，平均油耗明显下降

据统计，随着库区航道水流条件改善，船舶的单位千瓦拖带能力，由三峡工程建坝前的 1.5t，提高到目前的 4.0～7.0t。

库区航行船舶的油耗明显下降。由三峡工程蓄水前 2002 年的 7.6kg/(kt·km)，下降到 2013 年的 2.0kg/(kt·km)。不仅节约了船舶的运行成本，对长江的环境保护也有一定好处。

4. 库区船舶航行的安全度显著提高

三峡水库蓄水后，库区航行船舶年平均发生事故的件数、死亡人员数、沉船数以及事故造成的直接经济损失等均明显下降。

二、三峡工程货运过坝新通道船闸研究

货运过坝新通道船闸研究工作的重点，主要放在修建新通道船闸的技术可行性和新通道船闸建设的必要性。工作分三个阶段进行。

（一）工作安排

1. 第一阶段

主要在三峡坝区内外的较大范围内，进行新通道船闸线路可行方案的研

究。重点比较研究新通道船闸在坝区以内和以外布置的可行性和利弊。

2. 第二阶段

在第一阶段研究的基础上，在第一阶段研究推荐的修建新通道船闸的区域内，深入进行新通道船闸线路布置位置的比较研究。

3. 第三阶段

最后对三峡工程货运过坝新通道船闸的技术可行性和新通道船闸建设的必要性，提出结论性意见。

（二）船闸布置比较选择

1. 布置条件

长江以从西北到东北的方向接近直角弯道的形式，通过三峡水利枢纽坝址。

坝址右岸的地形，为曲度较大的凹岸，在右岸布置新通道船闸主体建筑物和上、下游引航道的条件极差，基本上没有布置船闸线路可行方案的条件。因此，新通道船闸的线路位置，与已建三峡工程通航建筑物一样，只在左岸选择线路方案进行比选。

坝址左岸的地形，处于弯道的凸岸，山体坡度较缓，有比较适合船闸线路方案布置的条件。根据三峡工程建设情况，在坝区左岸双线五级船闸以左的太平溪移民新区，地形为丘陵山区，较大范围的地面高程为200～300m，存在适合布置新通道船闸线路的条件。在坝区以内，在三峡双线五级船闸与升船机之间，宽度为800m左右的范围，也有布置单线新通道船闸线路方案的条件。

2. 坝区外不同线路布置的方案比选

在方案初步比选中，共选择了三条线路方案。

三条线路方案布置示意图如图7.2-1所示。

经比较方案Ⅰ的移民数量最少，但上、下游引航道口门区的通航条件最差；方案Ⅲ的移民数量较大，但上、下游引航道口门区的通航条件最好；方案Ⅱ的上、下游引航道口门位置及通航条件与方案Ⅲ基本一致，线路长度较方案Ⅲ稍短。但因地面高程较高，且移民数量较方案Ⅲ更大，考虑到保证船舶通航条件的重要性和尽可能减少移民数量，经比较决定推荐坝区以外方案Ⅲ作为代表，与坝区以内已建三峡船闸与升船机之间布置的单线船闸线路方案进行比较。

3. 坝区内线路方案布置

坝区内线路方案，位于已建三峡船闸与三峡升船机之间。受布置条件限

图 7.2-1　坝区外二条线路方案布置示意图

制，船闸主体段从三峡工程坝轴线往下游布置，但只够布置单线连续四级船闸。船闸方案的上、下游引航道，除靠近主体段上、下的部分外，其余部分均与已建三峡船闸的上、下引航道共用。

4. 坝区内、外线路比选

将坝区外线路与坝区内线路的方案相比较，在工程量和投资方面，坝区内线路方案修建新通道船闸没有移民问题，工程投资明显小于坝区外线路方案。这个方案突出的缺点是新通道船闸，位于已建三峡船闸和升船机之间，新通道船闸施工，对已建通航建筑物的运行，将有较大干扰。在新通道船闸建成后，下游引航道与已建船闸及升船机共用，给船闸的运行管理增加难度。特别是新通道船闸的开挖爆破，距离已建三峡船闸的线路较近，是否会对已建通航建筑物运行的安全造成影响，比较难以估计。且该方案在横向受到已有建筑物的制约，在纵向可用的布置长度偏短，只够修建一座 4 级连续布置的单线船闸，船闸最大的级间输水水头提高至 56.5m，对新通道船闸解决高水头船闸输水问题，增加了技术上的复杂性。相反，坝区外新通道船闸布置方案，除了工程量较大和需要第二次安置移民之外，其他技术条件，都与已建三峡双线五级船闸相近。经比较决定推荐在坝区以外修建三峡新通道船闸的方案。

5. 坝区外新通道船闸线路方案再比选

在推荐坝区外修建新通道线路的基础上，重新选择了三个新通道船闸线路布置方案，进一步综合考虑长江在三峡坝区的河势，地形，上、下游引航道与主河道的衔接，船闸布置的直线段长度，工程对移民占地的数量，以及扩建船闸的位置与已建三峡工程间的整体布置关系等因素，对坝区以外的船闸线路深入地进行了布置方案的再比选。

三峡新通道船闸线路方案布置示意图如图 7.2-2 所示。图中下面两座为已建三峡船闸和升船机，靠岸的三条线路，由已建的三峡船闸最近的一条线路往上数，分别为线路方案Ⅰ、线路方案Ⅱ和线路方案Ⅲ。

图 7.2-2　三峡新通道船闸线路方案布置示意图

在坝区以外重新拟定的三个线路方案，船闸上游引航道口门位置基本相同，都在太平溪新镇附近；下游引航道口门的位置，线路方案Ⅰ比较靠近三峡双线船闸下游引航道口门，线路方案Ⅱ和线路方案Ⅲ下游口门位置，离已建三峡船闸的下游口门较远，靠近下游乐天溪与长江交汇口。线路方案Ⅱ和线路方案Ⅲ两个方案下游引航道口门位置比较靠近，线路方案Ⅱ略靠上游，线路方案Ⅲ略靠下游。

三条线路船闸主体部分在太平溪移民新区占地的程度各不相同。

(1) 新通道船闸线路方案Ⅰ总长约 6km。船闸主体段和上游引航道均位于坝区以外，下游引航道位于坝区以内。

方案的优点是线路长度相对较短，通过的地势较低，工程量较小，占地、移民的数量较少；缺点是下游引航道口门的位置，离已建船闸和升船机下游引航道口门较近，新通道船闸投入运行后，包括升船机在内，口门处将有 4～5 个上、下行船舶的航线在此交会，相互间存在干扰的问题，对进出口门船舶管理工作的难度较大。此外，方案大部分下游引航道，需要通过三峡工程管理区，在新通道船闸施工和运行时，对工程运行管理的影响较大。

(2) 新通道船闸线路方案Ⅱ总长约 7.5km。新通道船闸位置，比较靠近三峡工程的管理区。但基本上仍处于坝区以外，只有一小段下游引航道通过坝区的边缘。

方案的优点是线路的极大部分与枢纽已建主体工程相距较远，基本上仍为工程独立的施工区。在船闸工程施工时，对三峡工程运行的影响相对较小。缺点是线路方案的长度较长，土石方开挖量较线路方案Ⅰ增加较多；船闸的引航道位置，有部分通过坝区和居民密集区，移民和占地的数量比较多。

（3）新通航船闸线路方案Ⅲ的总长接近7km。除了在下游引航道口门附近有一小部分仍必须通过三峡工程坝区外，线路基本都在坝区以外，且离坝区比较远。

方案的优点是线路位置基本避开了工程管理区和附近居民密集区。缺点是线路通过的地势更高，船闸线路长度虽较线路方案Ⅱ的略短，但土石方开挖量反较线路方案Ⅱ的多。工程在太平溪移民新区的占地范围较大；在线路位置与工程管理区之间，还保留有一部分移民区，受新通道船闸施工的影响较大，对船闸建成后的运行管理也不方便。

通过比较，从新通道船闸的运行条件和对船舶的过闸管理，船闸施工对已建工程的影响，船闸布置对太平溪移民新区和已有三峡工程管理区的影响，以及船闸的工程量大小等因素综合考虑，三峡工程过坝新通道船闸建设，推荐采用线路方案Ⅱ的位置。

三、三峡工程货运过坝新通道船闸技术可行性

研究成果表明：在已建三峡双线连续五级船闸以北，靠近坝区的位置，三峡工程坝区以外的太平溪移民新区，有布置过坝新通道单线或双线连续五级船闸的条件。

在技术上，设计修建新通道船闸基本与已建三峡双线五级船闸相近。新通道船闸的总布置，仍采用连续布置五级的形式，船闸的主体段，仍修建在深挖岩槽中，主体结构仍基本采用直立开挖岩体与浇筑钢筋混凝土结构共同受力的衬砌结构形式。船闸输水系统的形式与布置，也与已建三峡双线五级船闸基本相似。但新通道船闸下游引航道的长度，比已建三峡船闸下游引航道长了许多，船闸末级闸室的泄水布置，可能会遇到一些新的技术问题，需要进一步研究解决。

本次研究没有发现影响工程技术可行性的重大技术难题。

四、建设三峡工程货运过坝新通道船闸的紧迫性和合理性

三峡货运过坝新通道船闸工程建设决策的依据，不在技术方面，主要是新

通道船闸工程的建设规模、对长江航运的作用和投资较大，修建工程的紧迫性，在目前尚缺少有力的决策依据。三峡通航工程的必要条件——双线五级船闸虽已具备，但通航工程的充分条件——长江航道、过坝船舶和航运管理等条件目前尚处在配套的过程中。新通道工程建设的紧迫性和经济合理性的深入论证，是对修建三峡新通道船闸进行决策的关键。

对目前认为船闸已不能满足过坝运量的要求，必须修建新通道船闸和认为目前由于各种要素与船闸尚在配套的过程中，制约着船闸货运过坝能力的发挥的关键，不在船闸本身，对这两种具有代表性的分歧意见，应该抓紧开展前期工作，客观地、科学地对这一问题进行深入论证，为新通道船闸工程的建设，提供正确、可靠和科学的决策依据。

（一）论证中存在的主要问题

1. 关于过坝货运量的预测

三峡水利枢纽船闸设计采用的规划运量及过闸船舶，与建成后实际发生的情况相比，差别很大。三峡工程船闸设计审定的设计水平年为2030年，过闸运量为单向下水5000万t/a，过闸最大船舶为4×3000t船队。但自船闸投入运行以来，过闸运量的增长，远远超出原来的预期。设计审定的过闸运量，在2011年已经提前19年出现。分析这几年运量快速的原因：一是国家国民经济改革开放的大环境和重庆市改划为直辖市等因素，加快了地区经济的发展，产生了客观必要性。二是三峡工程的建成，根本性地改善了川江的通航条件，以及修建船闸的公益性，水运运价的低廉，在市场经济中发生了作用，形成了实际的可能性。但国民经济发展，由于一些因素的变化，在某个发展阶段上出现的突变情况，既对运量的增长产生了推动作用，也给水利枢纽过坝运量发展的预测增加了难度。

关于过坝运量发展预测，比较关键的是要能找到运量发展的规律。三峡船闸投运至今才十多年时间，统计的系列太短，对长江上游的运量发展尚无规律可循。在这短短十来年间，运量的主要流向从历史上一贯以下水为主，变成了以上水为主。三峡船闸投运以来，实际运量与规划运量之间的差别太大，就是目前运量的变化没有规律性的一个简单而又现实的例子。

2. 关于三峡双线五级船闸可能承担过坝运量的潜力

在过坝运量的预测与对船闸可能承担过坝运量潜力的分析之间，相对而言，分析已建成船闸通过能力的工作，涉及的元素不是很多，比较容易明确，要较运量预测要容易得多。

在水利枢纽上，船闸本身只是一座建筑物，只是三峡工程发挥货运能力的一个必要条件。船闸能力的发挥是一个系统工程。要使船闸的能力得以充分发挥，必须要有各种相关的要素，即形成通过能力的充分条件与之相配套。

船闸的规模及其技术性能，不是决定船闸的通过能力充分发挥的一个必要条件，但绝不是唯一的一个因素。使船闸的通过能力充分得以发挥的基本要素，还必须要有长江航道实际的等级与实际的通航条件、过闸船舶的组成及与船闸闸室有效尺度之间相适应的程度，以及航道水运和船舶过闸管理的现代化的程度等与之相配套。

在分析三峡船闸的通过能力时，必须全面地分析这些要素在发挥船闸能力中，各自能够发挥的作用。只有这些要素与船闸的规模和与设备的效率实现了全面配套，船闸的通过能力，才能得到充分发挥。

（二）决定三峡船闸通过能力充分发挥的四大要素分析

1. 三峡船闸的规模和设备的技术性能

船闸的规模尺寸和技术性能，是保证船闸能够充分发挥通过能力的基础，也是其他三个要素充分发挥作用的必要条件。

在三峡工程建成运行实践的十多年检验中，三峡船闸已经按照设计规定的标准、规模和技术标准全部建成。

三峡船闸按设计规定的规模建成和投入运行的十多年中，通过能力快速增长的实际验证，已经表明，船闸的技术性能已经达到设计要求。在三峡船闸的规模和技术性能没有变化的情况下，仅由于相关因素与船闸规模及其技术性能的逐渐配套，船闸的通过能力得到了相应程度的发挥，三峡船闸过坝年货运总量，随着这些条件配套逐步增加，船闸适应了货运量不断增长的需要，从投入运行时上下水总运量不到2000万t，增长到了2011年的1亿t左右。

这一事实说明船闸这个“必要条件”，船闸的规模和技术能力的充分发挥，必须要与其他“充分条件”之间全面配套。

目前这两者之间配套的程度，尚处在发展的过程中，离开这三个要素与船闸达到基本配套的程度，还有相当的距离。因此，要求船闸充分地发挥通过能力，目前的关键不是已建三峡船闸规模大小的问题，真正的关键是三峡船闸在目前尚缺少一些进一步发挥通过能力所必须的条件。从船闸与其他三者之间配套距离的大小，就可以知道，目前船闸的货运过坝能力，不是已经不大了，而是还有足够的潜力。

因此，目前需要关注的重点，应该是有计划地、尽快地使其他三个要素与船闸之间实现全面配套。配套的程度越高，船闸发挥货运过坝的能力越大，对三峡船闸发挥的效益越充分，适应过坝运量增长的潜力就越大。

其他三个要素与三峡船闸进行配套，不仅能够充分地发挥三峡船闸的航运效益，且同样有利于全面提升长江航道的等级和通航能力。目前迫切地扩大三峡船闸的建设规模，在实际上并不能真正地对长江中、上游水运和三峡工程的年货运过坝运量产生作用。只能在目前这些要素尚未与船闸全面配套以前，在针对现有的航道、船舶和管理的条件下，有航运管理相对方便的短期效果。可以认为，这种做法，在整体提高长江和三峡工程货运过坝能力方面，不可能产生具有实质意义的效果。

另外需要说明的一点是，在船闸运行过程中，某些时候过闸船舶在闸前出现的拥挤，以致在闸前较长时间“待闸”的问题。但过闸船舶的多少，并不直接等于过坝运量的多少。实际上，发生问题的有些原因，如船闸的检修，在船闸年运行时间中已经作了考虑，又如受自然条件的制约和到闸船舶的调度等，主要是属于对船舶运行管理层面进行安排的问题，似不宜作为讨论船闸规模大小的依据。

2. 长江航道的等级及其通航条件

三峡水利枢纽建成使上游的 660km 航道得到了根本改善，基本达到了设计规划的一级航道标准。但在长江三峡工程至葛洲坝工程之间，南津关河段 38km 航道，以及长江中游某些航段，即使通过三峡工程采取在汛期控制下泄流量，枯水期增加下泄流量的措施，航道等级都尚达不到一级，还制约着大、小船舶载量和正常通航的时间，相应地制约着船舶货运过坝能力的发挥。只有全面提高长江重点航段的通航尺度和通航水流条件，全面提升整个长江航道的等级，才能相应地提高三峡船闸货运过坝的能力。

3. 过闸船舶的大型化、标准化程度

目前，三峡船舶大型化、标准化还在继续发展，能更好适应于长江中、上游航道和三峡船闸，具有代表性的运输船舶尚在研究的过程中。根据船闸设计的经验，在规划船闸闸室的有效尺度时，应尽可能兼顾还需较长期运行现有船舶的要求；但在船闸建成以后，代表性过闸船舶的发展，应考虑尽可能提高与已建船闸闸室有效尺度之间的符合程度。长江在中、上游运输的主要物资为大宗的散货，其特点是物资的种类少，运输的批量大，运输的时间性不高，非常有利于充分利用闸室有效尺度和船舶类型不多的大型标准化船舶的发展。

三峡船闸运行以来，航运部门在过坝船舶大型化方面，已做了较大努力，取得了比较显著成绩。按照 2013 年统计资料，目前，额定载量在 1000t 以上船舶的数量，已超过 90%，3000t 以上的数量的船舶，已超过 50%。船

舶的大型化，十分明显地提高了船闸货运过坝能力的发挥，但还有较大的发展空间。

4. 长江水运和船舶过闸管理的现代化程度

长江水运管理的模式，针对有无三峡工程的情况，应该是完全不一样的。在修建三峡工程双线五级船闸的情况下，对长江中、上游水运的管理，似应把三峡船闸的船舶过闸运行管理，列入长江中、上游航运管理的总体规划，似应把船闸运行的管理，作为长江中、上游航运管理工作的重要组成部分，以获取三峡工程和长江中、上游航运的最大效益。

五、研究结论

三峡水利枢纽过坝新通道初步研究表明，在三峡工程坝区以北的太平溪移民新区，存在布置三峡新通道船闸的条件。在三峡新通道建设的技术方面，未发现难以解决的重大问题。但也有一些新的技术问题，需在下阶段深入研究解决。

关于建设新通道船闸迫切性问题，目前主要存在两种意见。

一种意见认为，随着三峡船闸过闸运量的继续增长，目前在运行中出现的船舶不能顺畅地过闸的现象，就是船闸通过能力不足的表现。三峡工程将难以解决继续较快增长的过坝运量的需求，三峡工程急需修建货运过坝新通道船闸。

另一种意见认为，目前考虑修建新通道船闸的依据不足。三峡船闸已经根据规划设计需要，按照长江为一级航道，船闸为一级建筑物的标准建成。船闸投运后的运行实践表明，船闸规模及其设备的技术性能，均已达到能够充分地发挥船闸通过能力的需要。目前在船闸运行中，有时出现船舶过闸不畅的问题，根本原因不是船闸的规模和船闸通过能力有什么问题，而是在长江航道、过闸船舶组成和运行管理等方面，目前还没有与三峡船闸实现基本配套。做好其他三种要素与三峡船闸之间的配套，使三峡船闸货运过坝潜力得以充分发挥，才是目前在三峡工程过坝通航的当务之急。三峡船闸——三峡通航工程的“必要条件”，与其他要素——三峡通航工程的“充分条件”之间配套的程度，就是决定过坝新通道船闸建设紧迫程度的主要判据。

在目前三峡工程新通道船闸建设的紧迫性以及尚缺少充分依据的情况下，关于建设新通道紧迫性和新通道船闸建设的合理性以及新通道船闸建设中遇到的一些新问题，尚需抓紧进行深入研究，以便为修建三峡船闸新通道，提出切实、有力的决策依据。建议尽快安排前期工作，为抓紧进行进一步研究和论证，提供必要的条件。

附件：

专题组成员名单

组　长：宋维邦　长江水利委员会长江勘测规划设计研究院，教授级高级工程师

成　员：宋志忠　长江水利委员会长江勘测规划设计研究院，教授级高级工程师

童　迪　长江水利委员会长江勘测规划设计研究院，教授级高级工程师

吴俊东　长江水利委员会长江勘测规划设计研究院，正高级工程师

汪亚超　长江勘测规划设计研究有限责任公司，高级工程师

邓润兴　长江勘测规划设计研究有限责任公司，高级工程师

方国宝　长江勘测规划设计研究有限责任公司，高级工程师

主 要 参 考 文 献

[1] 中国工程院三峡工程试验性蓄水阶段评估项目组．三峡工程试验性蓄水阶段评估报告［M］．北京：中国水利水电出版社，2014.

[2] 中国工程院三峡工程阶段性评估项目组．三峡工程阶段性评估报告［M］．北京：中国水利水电出版社，2010.

[3] 三峡论证领导小组办公室．三峡工程专题论证报告［R］．武汉：三峡论证领导小组办公室，1988.

[4] 三峡工程论证航运专家组．长江三峡工程专题论证报告　长江三峡工程泥沙与航运专题　航运论证报告［R］．武汉：三峡论证领导小组办公室，1988.

[5] 三峡工程泥沙专家组．长江三峡工程围堰蓄水期（2003～2006年）水文泥沙观测简要成果［M］．北京：中国水利水电出版社，2008.

[6] 水利部长江水利委员会．长江三峡水利枢纽施工期通航方案设计简要报告［R］．武汉：水利部长江水利委员会，1997.

[7] 水利部长江水利委员会．长江三峡水利枢纽可行性研究报告［R］．武汉：水利部长江水利委员会，1989.

[8] 水利部长江水利委员会．长江三峡水利枢纽单项工程技术设计报告　第三册　永久船闸设计［R］．武汉：水利部长江水利委员会，1994.

[9] 水利部长江水利委员会．长江三峡水利枢纽初步设计报告（枢纽工程）［R］．武汉：水利部长江水利委员会，1992.

[10] 水利部长江水利委员会．长江三峡水利枢纽初步设计报告（枢纽工程）　第五篇　枢纽布置和建筑物设计［R］．武汉：水利部长江水利委员会，1992.

[11] 水利部长江水利委员会．长江三峡水利枢纽初步设计永久船闸布置方案选择专题报告［R］．武汉：水利部长江水利委员会，1991.

[12] 水利部长江流域规划办公室．长江三峡水利枢纽可行性研究专题报告［R］．武汉：水利部长江流域规划办公室，1989.

[13] 中华人民共和国交通运输部．中国水运建设60年——建设技术卷［M］．北京：人民交通出版社，2011.

[14] 长江水利委员会．三峡工程永久通航建筑物研究［M］．武汉：湖北科学技术出版社，1997.

[15] 长江三峡通航管理局. 三峡通航调度年报 [R]. 宜昌：长江三峡通航管理局，2002—2013.
[16] 长江三峡通航管理局. 两坝船闸匹配运行关键技术研究 [R]. 宜昌：长江三峡通航管理局，2012.
[17] 长江三峡通航管理局，交通运输部规划研究院. 三峡枢纽通过能力提升问题研究 [R]. 宜昌：长江三峡通航管理局，2012.
[18] 重庆统计局，国家统计局重庆调查总队. 重庆统计年鉴 [M]. 北京：中国统计出版社，1997—2014.
[19] 重庆市港航管理局，重庆交通大学. 三峡船闸通过能力及实现方案研究 [R]. 重庆：重庆市港航管理局，2008.
[20] 重庆航运交易所. 重庆市营运船舶运力报告 [R]. 重庆：重庆航运交易所，2012—2013.
[21] 重庆航运交易所. 重庆航运人才发展报告 [R]. 重庆：重庆航运交易所，2012—2013.
[22] 重庆航运交易所. 重庆航运发展报告 [M]. 重庆：重庆出版社，2010—2013.
[23] 重庆航运交易所，重庆交通规划勘察设计院，重庆市港航管理局. 扩大三峡船闸通航能力研究报告 [R]. 重庆：重庆航运交易所，2012.
[24] 长江勘测规划设计研究有限责任公司. 三峡枢纽水运新通道和葛洲坝船闸扩能前期研究报告 [R]. 武汉：长江勘测规划设计研究有限责任公司，2014.
[25] 交通部长江航务管理局. 三峡工程建设航运总结性研究成果报告 [R]. 武汉：交通部长江航务管理局，2001.
[26] 长江航道规划设计研究院. 长江三峡工程航道泥沙原型观测年度分析报告 [R]. 武汉：长江航道规划设计研究院，2003—2013.
[27] 长江航道规划设计研究院. 长江中游宜昌至昌门溪河段航道整治一期工程可行性研究报告 [R]. 武汉：长江航道规划设计研究院，2013.
[28] 长江航道规划设计研究院. 长江中游荆江河段航道整治工程昌门溪至熊家洲段工程可行性研究报告 [R]. 武汉：长江航道规划设计研究院，2012.
[29] 长江航道规划设计研究院. 三峡后续工作长江航道影响处理与整治实施规划（2011—2014 年）报告 [R]. 武汉：长江航道规划设计研究院，2012.
[30] 长江航道规划设计研究院，武汉大学. 三峡工程试验性蓄水以来（2008—2013 年）长江中游航道泥沙原型观测总结分析 [R]. 武汉：长江航道规划设计研究院，2014.
[31] 许可. 长江航运史（现代部分）[M]. 北京：人民交通出版社，1991.
[32] 谢凯，胡亚安，周丰. 提高三峡船闸通过能力的若干措施研究 [J]. 水运工程，2012，462 (1)：79 - 82.
[33] 武汉大学. 宜昌-城陵矶河段航道条件变化分析 [R]. 武汉：武汉大学，2010.
[34] 武汉大学，长江航道规划设计研究院. 长江三峡工程航道泥沙原型观测 2003—2008 年度总结报告 [R]. 武汉：武汉大学，2009.
[35] 吴澎，商剑平. 船闸通过能力的计算机仿真分析方法研究 [C] //水运工程标准化

与技术创新论文集. 北京：人民交通出版社，2013：354-363.

[36] 王绍荃. 四川内河航运史（现代部分）[M]. 成都：四川人民出版社，2000.

[37] 商剑平，吴澎. 基于计算机仿真的船闸联合调度方案研究 [J]. 水运工程，2011 (9)：199-204.

[38] 钮新强，童迪. 三峡船闸关键技术研究 [J]. 水力发电学报，2009，28 (6)：36-42.

[39] 马奕. 长江三峡船闸过闸需求与通过能力分析 [D]. 武汉：武汉理工大学，2008.

[40] 马海峰. 三峡枢纽过闸货运量预测分析及对策研究 [J]. 中国水运，2015 (3)：23-25.

[41] 刘远平. 长江三峡船闸过闸需求预测及提高通过能力对策研究 [D]. 重庆：重庆交通大学，2008.

[42] 梁应辰. 长江三峡、葛洲坝水利枢纽通航建筑物总体布置研究 [M]. 北京：人民交通出版社，2003.

[43] 梁晶，李晶，吕靖. 三峡枢纽过坝运输需求分析及其预测 [J]. 水运工程，2009，435 (12)：109-114.

[44] 李灼. 扩大三峡船闸通航能力研究 [D]. 重庆：重庆交通大学，2013.

[45] 李灼，石兴勇，于黎. 扩大三峡船闸通航能力研究 [J]. 中国水运，2013，13 (6)：29-31.

[46] 交通部长江航务管理局. 长江三峡枢纽过坝运量预测报告 [R]. 武汉：交通部长江航务管理局，2005.

[47] 交通运输部长江航务管理局. 长江航运发展报告 [M]. 北京：人民交通出版社，2009—2013.

[48] 交通运输部水运科学研究院. 长江三峡过坝通过能力与货运需求预测研究 [R]. 北京：交通运输部水运科学研究院，2011.

[49] 交通运输部水运科学研究院. 三峡工程航运效益拓展研究 [R]. 北京：交通运输部水运科学研究院，2009.

[50] 交通运输部规划研究院. 三峡枢纽过坝运输需求研究 [R]. 北京：交通运输部规划研究院，2008.

[51] 交通运输部，国家发展和改革委员会，水利部，财政部. 长江干线航道总体规划纲要 [R]. 北京：交通运输部，2009.

[52] 国务院发展研究中心. 长江三峡水库管理体制研究 [R]. 北京：国务院发展研究中心，2007.

[53] 徐伟. 陷阱还是高墙：中国经济面临的真实挑战与战略选择 [N]. 中国经济时报，2011-06-17 (001).

[54] 国务院发展研究中心. 三峡通航建筑物管理体制研究 [R]. 北京：国务院发展研究中心，2009.

[55] 国务院发展研究中心. 三峡后续工作管理体制与能力建设研究 [R]. 北京：国务院发展研究中心，2011.

[56] 国务院发展研究中心. 三峡工程中长期通航需求与拓展通航效益研究 [R]. 北京：国务院发展研究中心，2013.

[57] 国家发展和改革委员会综合运输研究所. 长江干线航运及三峡枢纽过坝运量预测

[R]. 北京：国家发展和改革委员会综合运输研究所，2005.
[58] 郭涛. 三峡船闸通过能力分析 [J]. 水运工程，2011 (12)：112-116.
[59] 郭涛. 三峡船闸实际通过能力的一个动态模型 [J]. 水运工程，2012 (6)：129-134.
[60] 邓誉久. 重庆内河航运志 [M]. 成都：科学技术文献出版社，1992.
[61] 大连海事大学. 长江三峡枢纽水路客货运输量预测 [R]. 大连：大连海事大学，2009.
[62] 陈佳贵，黄群慧，钟宏武. 中国地区工业化进程的综合评价和特征分析 [J]. 经济研究，2006 (6)：4-15.
[63] 曹光荣，曹仲，尹利霞. 三峡船闸的运行管理 [J]. 水力发电，2009，35 (12)：52-54.

后　记

根据中国工程院“三峡工程建设第三方独立评估”工作要求，2014—2015年，梁应辰院士组织行业相关单位和专家开展了航运方面的评估工作。评估课题组通过收集资料、现场调研、总结分析，完成了多项专题研究报告，并在总结上述专题研究成果的基础上，结合“三峡工程阶段性评估报告”“三峡工程试验性蓄水阶段性评估报告”的有关内容，汇总完成了“航运评估课题组报告”，还将评估的主要结论和航运评估课题简要报告汇总到“三峡工程建设第三方独立评估综合报告”之中。该报告完成于2015年，但因故于2020年才正式公开出版。

根据中国工程院对评估工作的总体要求，评估报告中的有关统计数据均截至2013年12月底。在此，对2014年以来三峡船闸的运行情况和长江中上游航运发展情况进行简要的说明。

2014—2020年，三峡船闸设备设施运行总体平稳，设备完好率始终保持较高水平，停机故障率逐年下降，并处于相对稳定的平台期，故障碍航发生时间保持在较低水平，设备设施日常性检修与计划性停航检修模式逐步固定并正常化。过闸货运量保持逐年递增，从2014年的1.09亿t逐年增长到2019年的1.46亿t，2020年受新冠疫情影响，货运量降至1.37亿t。过闸船舶大型化发展趋势明显，过闸货船平均定额吨从2014年的3846t逐年增长到2020年的4693t。

2014—2020年，三峡河段待闸船舶数量较多且逐年增多、待闸时间较长且逐年增长。其中，2018年日均待闸船舶数为883艘，日最高待闸船舶数为1501艘，过闸船舶平均待闸时间为151.19h。为减少三峡坝区待闸船舶的积压，从2018年10月1日起，开始实施新修订的《三峡-葛洲坝水利枢纽通航调度规程》（长航〔2018〕4号），其中将长江重庆云阳长江大桥至石首长江大桥 541.8km 水域，划分为“核心水域、近坝水域、控制水域、调度水域”。当“核心水域”待闸船舶较多时，可将部分计划过闸船舶分散至其他水域。按照新的调度规程，2019 年和 2020 年待闸船舶数量和待闸时间有所减少，但 2020 年船舶平均待闸时间也达到 109.94h，三峡坝区船舶过坝压力进一步增大。

近年来，长江航运基础设施建设不断提档升级，南京以下 12.5m 深水航道全线贯通，6m 水深航道直通武汉，上游航道等级稳步提升。2020 年，长江干线货物通过量 30.6 亿 t，长江干线港口万吨级以上码头泊位数量达 442 个，长江干线港口货物吞吐量超亿吨大港数量达 12 个，长江干线港口年货物吞吐量达 33 亿 t，较 2013 年分别增加了 59.4%、13.6%、33.3%和 54.5%。长江干线码头整治成果显著，港口区域一体化发展效果明显，大大提高了码头的集中度和效率。港口多式联运取得突破性进展，不断拓展港口服务功能，加快完善港口集疏运通道，改善与铁路的无缝衔接，港口吞吐能力和服务能力取得跨越式发展。

重庆市已建成主城果园、江津珞璜、涪陵龙头、万州新田 4 个千万吨级铁公水联运枢纽港，加上之前建成的寸滩港，重庆市境内已有 5 个千万吨级现代化大型港口。到 2020 年，全市航道总里程为 4472km，水运货运量达 1.98 亿 t，港口完成吞吐量达到 1.65 亿 t，集装箱吞吐量 115 万 TEU。水运货运周转量占综合运输比重达 64%，港口吞吐量中约 45%是周边省市通过重庆港中转。重庆航运的聚集和辐射能力明显增强，使长江上游航运中心建设得到推进有力。

湖北省武汉、荆州、宜昌、黄冈、鄂州、襄阳等重点港口加快转型发展，规模化、集约化程度进一步提高。截至 2020 年 12 月，湖北共有生产性港口泊位 828 个，泊位长度 80939m，港口货物通过能力 4.35 亿 t、集装箱 502 万 TEU、滚装车 136.2 万辆。2020 年完成港口吞吐量 3.78 亿 t、集装箱 229 万 TEU，其中武汉港吞吐量 1.05 亿 t、集装箱 196 万 TEU，武汉长江中游航运中心地位进一步凸显。

1993 年 7 月，三峡建委批准的《长江三峡水利枢纽初步设计报告（枢纽工程）》中，三峡升船机形式为“钢丝绳卷扬全平衡垂直提升式”。1995 年 4 月，三峡建委第十二次办公会议研究决定三峡升船机工程缓建。2003 年 9 月，三峡建委第十三次全体会议同意将三峡升船机形式由“钢丝绳卷扬全平衡垂直提升式”改为“齿轮齿条爬升式”。2007 年 8 月，三峡建委办公室以国三峡办函技字〔2007〕110 号文批复《长江三峡水利枢纽升船机总体设计报告》和

《长江三峡水利枢纽升船机工程设计概算》。2008 年 4 月，三峡建委以国三峡委发办字〔2008〕8 号文批复三峡升船机主体部分开工建设。至此，三峡升船机续建工程正式启动。2016 年 7 月，升船机工程开始实船试航。2016 年 9 月 18 日，进入试通航运行。试通航期间设备调整检修工作顺利完成。2019 年 12 月 27 日竣工验收，正式通航。

三峡升船机过船规模为 3000 吨级（排水量），承船厢及其设备（含水）设计总重量 15500t，船厢有效水域为 120m×18m×3.5m（长×宽×水深），最大提升高度 113m，上游通航水位变幅 30m，下游通航水位变幅 11.8m，下游水位变率为±0.50m/h。升船机采用齿轮齿条爬升式，具有提升高度大、提升重量大、上游通航水位变幅大和下游水位变化速率快的特点，是目前世界上技术难度和规模最大的升船机。

三峡升船机自 2016 年 9 月投入运行以来，设备设施运行总体平稳，主要设备性能基本达到设计指标。通过优化完善和加强维护检修，设备状态逐步优化，设备故障率呈下降趋势，从试通航初期的 11.37%降低至 2020 年的 2.5%，故障停机时间不断降低。至 2020 年年底，三峡升船机共有载运行 11226 厢次，通过船舶 11341 艘次，通过旅客 38.93 万人次，通过货物 399.08 万 t。其中，2018 年全年货运量 151.39 万 t，为货运量最高的年份。三峡升船机是船舶的快速过坝通道。但由于近几年船舶大型化的快速发展，目前能够通过三峡升船机的船舶十分有限。三峡升船机的建成，对提升三峡枢纽通过能力，缓解三峡坝区通航压力的作用有限。

2013 年 8 月，国家发展和改革委员会下发《关于开展提高三峡枢纽货运通过能力等有关工作的通知》（发改办基础〔2013〕1979 号），其中要求抓紧启动三峡水运新通道建设和葛洲坝航运扩能前期研究工作。受三峡建委的委托，2014 年 7 月，长江勘测规划设计研究有限责任公司编制完成了《三峡枢纽水运新通道和葛洲坝船闸扩能前期研究报告》，并通过了专家评审。

2015 年，在深入开展环境容量、航运能力等相关研究的基础上，长江勘测规划设计研究有限责任公司编制完成了《三峡水运新通道和葛洲坝航运扩能工程预可行性研究报告》并上报给国家发展和改革委员会。研究认为：为适应快速增长的过闸运量需求，提高三峡区段通航能力，提升长江黄金水道功能，支撑长江经济带和“一带一路”建设，兴建三峡水运新通道和葛洲坝航运扩能工程是十分必要的。工程建设在工程地质、总体布置和通航建筑物设计、施工组织等方面不存在制约工程建设的重大技术问题，在环境保护方面也不存在影响工程建设的重大环境制约因素。之后，在完成船闸尺度、线路方案、环境和移民等方面专题研究基础上，三峡建委于 2017 年 12 月组织长江勘测规划设计研究有限责任公司编制了《三峡水利枢纽水运新通道和葛洲坝水利枢纽航运扩能工程项目建议书》（以下简称《项目建议书》）。受国家发展和改革委员会委托，2018 年 1 月 3—5 日，中国国际工程咨询有限公司组织专家对《项目建议书》进行了咨询评估。根据专家组评估意见，长江勘测规划设计研究有限责任公司对《项目建议书》进行了补充和完善。2018 年 5 月，水利部以水办函〔2018〕72 号文将《项目建议书》报送国家发展和改革委员会。

这期间，交通运输部组织水运行业相关单位针对三峡水运新通道和葛洲坝航运扩能工程建设，在船型尺度、建设规模、总体布置等方面开展了专项研究工作，相关研究结论和建议已被《项目建议书》所采纳。

从多年来三峡船闸运行和长江中上游航运发展情况看，三峡工程的建成极大地改变了通航条件、改善了航道条件、降低了物流成本。2014 年以来的发展情况，也进一步支撑了本次评估的结论。三峡升船机的运行对提高三峡枢纽的通过能力，缓解三峡船闸拥堵的作用有限。2020 年交通运输部发布的《内河航运发展纲要》中指出要研究解决三峡枢纽通航瓶颈，推进三峡枢纽水运新通道前期工作。《中华人民共和国国民经济和社会发展第十四个五年规划和 2035 年远景目标纲要》中指出要深化三峡水运新通道前期论证，因此，本次评估建议加快三峡水运新通道和葛洲坝航运扩能工程前期研究工作。

中国工程院三峡工程建设第三方独立评估
船运评估课题组

2022 年 6 月